全国高职高专机电类专业规划教材

水轮机及辅助设备运行与检修

主　编　梁建和　陈炳森
副主编　李国晓　胡文花　廖旭升
　　　　黎　江　王兴芳
主　审　方勇耕

黄河水利出版社
·郑州·

内 容 提 要

本书是全国高职高专机电类专业规划教材，是根据教育部对高职高专教育的教学基本要求及中国水利教育协会全国水利水电高职教研会制定的水轮机及辅助设备运行与检修课程标准编写完成的。本书所涉及的课程是高职高专院校水利机电类专业必修的一门专业核心课程。本书内容包括水轮机、水轮机调节和油、水、气三大辅助系统，有编写水电站介绍书、拆卸水轮机、水轮机修复、水轮机总装、水轮机功率调节、处理水电站油系统运行故障、处理水电站水系统运行故障、处理水电站气系统运行故障、分析处理水轮机运行故障等9个项目，共计20个典型工作任务。

本书可作为高职高专院校相关专业的教材，也可以作为各类业余大学、函授大学、电视大学及中等职业学校相关专业的教学参考书，并可供相关专业工程技术人员参考使用。

图书在版编目(CIP)数据

水轮机及辅助设备运行与检修/梁建和，陈炳森主编.
郑州：黄河水利出版社，2012.6
全国高职高专机电类专业规划教材
ISBN 978-7-5509-0265-7

Ⅰ.①水… Ⅱ.①梁… ②陈… Ⅲ.①水轮机运行-高等职业教育-教材 ②水轮机-检修-高等职业教育-教材 Ⅳ.①TK73

中国版本图书馆CIP数据核字(2012)第096978号

组稿编辑：简 群 电话：0371-66026749 E-mail：w_jq001@163.com

出 版 社：黄河水利出版社
地址：河南省郑州市顺河路黄委会综合楼14层 邮政编码：450003
发行单位：黄河水利出版社
发行部电话：0371-66026940、66020550、66028024、66022620(传真)
E-mail：hhslcbs@126.com
承印单位：郑州海华印务有限公司
开本：787 mm×1 092 mm 1/16
印张：18.25
字数：422千字 印数：1—4 100
版次：2012年6月第1版 印次：2012年6月第1次印刷

定价：35.00元

前言

本书是根据《教育部、财政部关于实施国家示范性高等职业院校建设计划，加快高等职业教育改革与发展的意见》（教高[2006]14号）、《教育部关于全面提高高等职业教育教学质量的若干意见》（教高[2006]16号）、《教育部关于推进高等职业教育改革和发展的若干意见》（征求意见稿）等文件精神，由全国水利水电高职教研会拟定的教材编写规划，在中国水利教育协会指导下，由全国水利水电高职教研会组织编写的机电类专业规划教材。该套规划教材是在近年来我国高职高专院校专业建设和课程建设不断深化改革和探索的基础上组织编写的，内容上力求体现高职教育理念，注重对学生应用能力和实践能力的培养；形式上力求做到基于工作任务和工作过程编写，便于"教、学、练、做"一体化。该套规划教材是一套理论联系实际、教学面向生产的高职高专教育精品规划教材。

以本书为核心构建的水轮机及辅助设备运行与检修课程是高职高专院校水利机电类专业必修的一门专业核心课程，2010年被评为全国高职高专水利水电工程专业教学指导委员会精品课程、广西壮族自治区精品课程。

在构建水轮机及辅助设备运行与检修课程中，执行"基于工作过程，用行动导向选择内容和组织教学"的总原则，全面贯彻以行动导向教学法组织教材内容的指导思想，采用任务驱动的方案，通过"教、学、练、做"一体化模式组织教学，显现出鲜明的高等职业教育特色。水轮机和水轮机调节部分的内容是根据水轮机检修的一般生产过程设计的，遵循由简单到复杂的认知规律，让学生进行技能训练和知识学习，逐步提升设备检修和维护的实际操作能力，实现学习与工作的一致性目标；油、水、气三大系统的内容是根据水轮发电机值班员等岗位的工作内容和过程设计的。本书在编写过程中，与行业企业合作，基于水轮机及辅助设备运行与检修的工作过程，以真实的设备运行与检修工作为载体，遵循工作任务由单一到综合、工作过程由简单到复杂的规律，设计了编写水电站介绍书、拆卸水轮机、水轮机修复、水轮机总装、水轮机功率调节、处理水电站油系统运行故障、处理水电站水系统运行故障、处理水电站气系统运行故障、分析处理水轮机运行故障等9个项目，共计20个典型工作任务，将知识与技能的学习训练和素质培养融入到工作任务的完成过程中。学生自主学习活动由少到多逐渐增加，学生职业能力由低到高不断提高，这样循序渐进，使学生由新手逐步转化为技术能手。这样的课程开发和设计过程，通过教师和企业实践专家的共同努力，保证了课程以职业能力为重点，充分体现了职业性、实践性和开放性。

我们在对原来的水轮机及辅助设备课程进行基于工作过程的项目化改造中，很难找到直接进行设备构造认识、结构原理分析的典型工作任务；而通过召开实践专家研讨会所获得的相关典型工作任务，又大多与水轮机的拆装及修复有关。为此，我们把水轮机拆装及修复的部分内容引入本课程，该内容原本属于后续课程，即水力机组安装与检修课程，因此要注意在该后续课程中对所述部分内容进行简略处理。课程经项目化改造后，加强了技能性内容和动手能力的培养，原来的课程名称已不能贴切地反映课程内容，故把课程名称改为水轮机及辅助设备运行与检修。

基于工作过程系统化知识体系的重构，实现了理论与实践的一体化，从而保证了课程内容与实际生产的一致性，使学生学到的知识技能与企业的实际无缝连接。近年来，该课程被广泛地安排在学历教育和非学历培训中，其反馈效果很好。

应该注意到，本课程的教学是基于真实的水电站环境，采用“教、学、练、做”一体化、理论与实践一体化的教学模式，通过集中教学、分组实施完成的。因此，对具体工作岗位而言，水轮机相似理论等理论性太强的内容应尽可能简化，以便于基于真实的水电站环境进行行动导向教学。

教材以项目教学目标、工作任务描述、学习任务单（考核表）、相关知识、拓展知识等形式，紧扣实用性、先进性的原则，按照水轮机及辅助设备的操作、维护和保养的典型工作过程安排教学内容，融入企业的操作规范和工艺标准，内容安排循序渐进，语言通俗易懂，满足学习指导的需求，具有很强的可读性和可操作性。

参加本书编写的人员有：广西水利电力职业技术学院梁建和（编写项目1和项目9）、陈绍光（编写项目2）、黎江（编写项目4）、陈炳森（编写项目5）、廖旭升（编写项目6），湖南水利水电职业技术学院胡文花、易中桂（编写项目3），广东水利电力职业技术学院李国晓（编写项目7），三峡电力职业学院王兴芳和广西水利电力职业技术学院姜江（编写项目8）。本书由梁建和、陈炳森担任主编，由李国晓、胡文花、廖旭升、黎江、王兴芳担任副主编。全书由广西水利电力职业技术学院梁建和统稿。浙江水利水电高等专科学校方勇耕担任本书主审，并对本书提出了许多宝贵意见，在此表示衷心的感谢。

本书是针对水利机电类和近机类高等职业教育而编写的，适合作为高职高专院校相关专业的教材，也可以作为各类业余大学、函授大学、电视大学及中等职业学校相关专业的教学参考书，并可供相关专业工程技术人员参考使用。

由于我国基于工作过程用行动导向教学法选择内容、按“教、学、练、做”一体化模式组织教学的高职高专教材建设刚刚起步，加之编写时间仓促、编者水平有限等，书中缺点和错误一定不少，恳请广大同行及读者批评指正。

编　者

2012年2月

目　录

项目1　编写水电站介绍书

教学目标			
典型任务	能力目标	知识目标	素质目标
1.1　水电站基本功能调查	1. 能简述水电站发电过程； 2. 能简述水电站水工建筑物的主要组成及各自的主要功能； 3. 能绘制水电站剖面简图。	1. 水电站的水工建筑物； 2. 水电站发电过程； 3. 水电站各组成部分。	1. 培养制订计划、实施方案的能力； 2. 培养团队合作精神和独立完成能力； 3. 培养查阅资料的能力。
1.2　水轮机型号及参数调查	1. 能正确区分水轮机的类型； 2. 能正确叙述水轮发电机组设备组成及作用； 3. 能对水轮机的参数进行记录及分析计算； 4. 能确定机组的装置形式； 5. 能结合水轮机结构、材质、特性、运行方式等方面的技术要求，拟定设备订购条件等； 6. 能绘制水力发电机组简图。	1. 水轮机型号及参数； 2. 主要机电设备的位置和作用； 3. 机组的装置形式。	

【任务1.1】　水电站基本功能调查

1. 水电站基本功能调查教学情境的创建

水电站是利用水能生产电能的工厂，它先利用水轮机把水流的能量转换为旋转的机械能，再利用发电机把旋转的机械能转换为电能，最后通过电网把电能送给用户。在系统学习水电站设备的理论与操作之前，首先要进行参观调查并编写水电站介绍书，对水电站设备有一个感性认识。水电站基本功能调查教学情境的具体创建见表1-1。

表 1-1　水电站基本功能调查教学情境的创建

项目	教学情境 1-1:水电站基本功能调查
学习形式	现场实际操作并用教学课件演示辅助
实施地点	多媒体教室和水电站
使用教具	电脑、投影仪
作业形式	完成学习任务单
教学步骤	(1)教师(含水电站技术人员、能工巧匠,下同)带领学生初步参观全站; (2)学生分组查阅相关图纸资料; (3)学生根据任务要求制订工作方案,包括调查的内容、记录表设计、行动路线等,经教师审定后进入下一步; (4)各小组按审定的方案实施访问调查,重点查找和了解相应的水工建筑物、设备等,并作好记录; (5)教师实时检查反馈学生任务完成情况; (6)学生汇报自评、教师评价。

2. 现场访问及调查

对水电站领导、技术人员、能工巧匠等实施访问,了解水电站的基本情况,用文字和简单图表记录访问及调查的成果。在访问过程中,首先要注意文明礼貌,只有取得他人的信任和好感才能有效地获得相关知识。要访问和调查的基本内容有:

(1)实现水能到电能的转换的基本原理。

(2)水电站的水工建筑物,包括拦河坝、厂房、引水管道、排水管道等。

【任务 1.2】　水轮机型号及参数调查

1. 水轮机型号及参数调查教学情境的创建

水轮机型号及参数调查教学情境的具体创建见表 1-2。

2. 现场访问及调查

对水电站领导、技术人员、能工巧匠等实施访问,了解水轮机型号及参数,用文字和简单图表记录访问及调查的成果。要访问和调查的基本内容有:

表 1-2　水轮机型号及参数调查教学情境的创建

项目	教学情境 1-2:水轮机型号及参数调查
学习形式	现场布置任务、指导实施并用教学课件演示辅助
实施地点	多媒体教室和水电站
使用教具	电脑、投影仪
作业形式	完成学习任务单
教学步骤	(1)教师引导学生学习水轮机的型号及基本参数相关知识; (2)学生分组查阅相关资料、图纸; (3)学生根据任务要求制订工作方案,包括调查的内容、记录表设计等,经教师审定后进入下一步; (4)各小组按审定的方案实施访问调查,了解水轮机的型号及工作参数等,并作好记录; (5)教师实时检查反馈学生任务完成情况; (6)学生汇报自评、教师评价。

(1)水电站动力设备的功能及基本结构原理。水电站里承担电能生产的设备称为水电站动力设备,包括水轮发电机组、调速系统(水轮机调速器)和辅助设备系统等。①水轮发电机组。它是水轮机和发电机两者的合称,是在水能到电能的转换过程中最主要的动力设备,主要由引水室、导水机构、转轮、尾水管、主轴、轴承等六大件组成。②水轮机调速器。当系统的负荷发生变化时,应当及时调节机组发出电能的多少,以获得电力系统中发电量与用电量的平衡。③辅助设备系统。这主要是对水电站的油、水、气系统等的统称,对水电站的安全运行来说是不可缺少的。

(2)机组台数和单机容量。

(3)机型和装置形式。

(4)水轮机的额定功率、转轮直径、同步转速、吸出高度、安装高程、飞逸转速、轴向水推力等基本参数,对于冲击式水轮机,还应包括喷嘴数目与射流直径等。

(5)水轮机的外形尺寸、质量和价格。

(6)蜗壳、尾水管型号及主要尺寸。

1.1　水电站概述

电力是国民经济的基础。水电即利用水能发电,是一种调节方便、成本低、效率高、运行管理简单、环境污染小的电力生产方式。我国是世界上水力资源最丰富的国家,全国理论蕴藏量为 6.760 471 亿 kW,年发电量为 59 211.8 亿 kW · h,可开发装机容量为 3.785 324 亿 kW,年发电量为 19 233.04 亿 kW · h。据统计,世界上可开发的水电装机容量为 22.6 亿 kW,我国可开发水电装机容量已占世界可开发水电装机容量的 16.75%。从 1912 年我国第一座水电站——石龙坝水电站(装机 2 × 240 kW)在云南滇池出口的螳郫川建成开始，到2004年9月26日，随着黄河公伯峡水电站第一台机组发电投产，我国水电装机容量已突破1亿kW（未含台湾省），水电总装机容量一举超过美国，跃居世界第一；水电发电量位于世界第四，仅次于加拿大、美国和巴西。

1.1.1 水电站的动力设备

1. 能量生产过程

水能到电能的转换，需要借助水工建筑物和动力设备来完成。水电站的水工建筑物包括拦河坝、厂房、引水管道、排水管道等。首先利用拦河坝形成水库，以获得集中的水能，并利用厂房来布置和安装能量转换及输送设备；其次通过引水和排水管道、进水阀及有关流量调节机构调节水能，控制能量转换过程；再次利用水轮机把具有一定落差和流量的水能转换为旋转的机械能，进而带动发电机把机械能转换为电能；最后通过变压器和输电线路把电能送给电力系统或电能用户。

2. 水电站动力设备

水电站里承担电能生产的设备称为水电站动力设备，包括水轮发电机组、调速系统（水轮机调速器）和辅助设备系统等。

（1）水轮发电机组。水轮发电机组是水轮机和发电机两者的合称，是在水能到电能的转换过程中最主要的动力设备。水轮机是水电站的水力原动机，当具有势能和动能的水流通过水轮机时，即把水流的能量传给了水轮机转轮，促使水轮机转动，从而形成旋转的机械能。旋转的机械能又通过水轮机主轴带动发电机旋转，励磁后的发电机转子随发电机轴一起旋转，形成一个旋转的磁场，发电机定子线圈因切割磁力线而产生电能。在水轮机调节系统和发电机励磁系统的控制下，发电机产生的电能以稳定的频率和电压输送到电力系统或电能用户。

（2）水轮机调速器。当系统的负荷发生变化时，应当及时调节机组发出电能的多少，以获得电力系统中发电量与用电量的平衡。如果不能及时调整系统能量的平衡，会导致水轮机转速不稳定，供电频率变化过大，威胁各种用电设备的安全，严重影响工农业生产、社会经济活动和人们的正常生活。为此，必须通过水轮机调速器，根据机组转速的变化，自动地调节进入水轮机的流量，使水轮发电机组在维持额定转速的同时不断适应外界负荷的变化。同时，水轮机调速器还担负着开机、停机及调整机组所带负荷的作用。

（3）辅助设备系统。这主要是对水电站的油、水、气系统等的统称，对水电站的安全运行来说是不可缺少的。油系统的主要作用有机组转动部分轴承润滑，调速器和进水阀等油压设备操作，电气设备绝缘和灭弧等；水系统包括供水和排水两个系统，供水系统主要供给机组运行时所需要的冷却、润滑、消防和生活用水，排水系统主要是将厂房和设备的渗漏及生产用过的废水排出厂房，同时完成机组检修时设备内积水的排除；气系统一般包括高压气系统和低压气系统，其中高压气系统主要提供油压装置及开关操作和灭弧用气，低压气系统则主要提供机组制动、主轴及阀门密封、风动工具等用气。

本课程的研究对象是在水能到电能的转换过程中，除发电机外的水电站动力设备，包括水轮机、调速系统和辅助设备系统。本课程教学的主要内容是：水轮机的构造原理、工作特性及其选型设计；水轮机调速器的构成，各组成部分的构造原理和应用；水电站的油、水、气系统的构成，主要组成部分的作用、原理和应用。

1.1.2　我国水电建设的发展

自 1912 年我国第一座水电站——石龙坝水电站建成开始，我国的水电建设走出了第一步。1951 年，我国第一台 0.8 MW 水力发电机组在哈尔滨电机厂诞生，掀开了我国水力发电机组制造史上新的一页。60 多年来，我国的水轮机及水轮发电机组制造业经历了从无到有、从小到大、从进口到出口的历程，现已基本能生产各种形式的水轮发电机组，并且具备世界级超大容量机组的制造能力。

1. 典型水电站及其机组设备

位于浙江的新安江水电站是我国自行设计、自行制造、自行施工建设的第一座大型水电站，1960 年开始投产，总装机容量 662.5 MW，最大单机容量 72.5 MW，为混流式机组。位于甘肃省永靖县境内的刘家峡水电站是我国自行勘测设计、自行制造、自行施工安装的第一座 1 000 MW 级大型水电站，1969 年开始投产，总装机容量 1 225 MW，最大单机容量 300 MW，为混流式机组，是当时世界上最大的混流式水轮发电机组之一。

葛洲坝水电站是在长江干流上兴建的第一座大型水电站，是我国第一座 2 000 MW 级大型水电站。1981 年开始投产，总装机 21 台，总装机容量 2 715 MW，为当时我国已建成装机容量第二大水电站。

我国单机容量最大的轴流定桨式机组安装在吉林红石水电站，机组单机容量 50 MW；单机容量最大的轴流转桨式机组安装在福建水口水电站，单机容量 200 MW；单机容量最大的灯泡贯流式机组安装在广西桥巩水电站，单机容量 57 MW；应用水头最高的水电站是广西天湖水电站，电站水头 1 074 m，总装机容量 30 MW，采用立轴双喷嘴水斗式机组。

二滩水电站位于四川省的雅砻江上，是我国 20 世纪已建成的最大水电站，总装机容量 3 300 MW，为混流式机组，其 240 m 高的双曲拱坝在同类型坝中排名世界第三，亚洲第一。

三峡水电站位于长江西陵峡中段，是目前世界上最大的水电站。电站的左右两岸共安装 26 台单机容量为 700 MW 的混流式机组，总装机容量为 18 200 MW。2009 年 12 月建成投运的乌江构皮滩水电站装机容量为 5×600 MW，2010 年 8 月建成投运的澜沧江中游的小湾水电站装机容量达 6×700 MW，2010 年 12 月建成投运的大渡河瀑布沟水电站装机容量为 6×600 MW。

在抽水蓄能电站方面，我国第一座抽水蓄能电站是河北省岗南水电站，安装 1 台单机容量为 11 MW 的抽水蓄能机组。我国第一座大型抽水蓄能电站是河北省潘家口抽水蓄能电站，安装 3 台单机容量为 90 MW 的双转速混流式水泵水轮机抽水蓄能机组，1991 年开始投运，全站设 1 台 60 MW 静止变频器，供 3 台机组启动、制动和 1 台机组变速运行。我国已建水头最高的抽水蓄能电站是西藏羊卓雍湖抽水蓄能电站，电站水头达 840 m，采用了 4 台单机容量为 22.5 MW 的三机式抽水蓄能机组。广州抽水蓄能电站是目前世界上已建成的最大抽水蓄能电站之一，安装 8 台单机容量为 300 MW 的可逆式机组，1994 年开始投产。2010 年 12 月开工建设的浙江仙居抽水蓄能电站，计划安装最大单机容量 375

MW。

2. 水轮机调速器

水轮机调速器的发展经历了机械液压调速器(机调)、电液调速器(电调)、微机调速器三个发展阶段。20 世纪 50 年代先后仿制生产了 T 型、CT—40 型机调和电子管式电调。60 年代设计制造了 XT 小型、TT 特小型机调,并在 80 年代将 XT 型改进为 YT 型,从而使 YT 型成为我国机调的代表性产品。70 年代初,研制了晶体管式电调,并从分立式电子元件发展到集成电路式电调。80 年代初,研制了以微处理器为核心的电调,并开始研制适应性变参数、并联 PID 式微机调速器,其主要产品有 WT—S 双微机调速器(Z80 单板机)、SJ—700 系列微机调速器等。90 年代以来,逐步开发和应用可编程控制器(PLC)或可编程计算机控制器(PCC)控制的水轮机微机调速器。目前,PLC 型调速器已成为我国微机调速器的主导产品。

3. 我国水电建设展望

20 世纪末,我国已基本完成全国 12 个大水电基地的部署,完成了长江、黄河、珠江等七大江河流域综合规划及补充修订工作,以及红水河、乌江、大渡河、澜沧江、怒江等数十条河流或河段的水电开发规划报告及补充报告。21 世纪初,主要是大力加快大型水电基地的建设,尽快开发西部水电富矿,实现"西电东送",到 2010 年基本形成了北、中、南电网的互联,至 2020 年将形成基本覆盖全国的统一电网。

我国是世界上水能资源最丰富的国家。2010 年 8 月 25 日,云南小湾水电站最后一台机组投产发电,标志着我国水电装机总容量已达 2 亿 kW,位居世界第一。至 2020 年,我国常规水电装机容量将达到 3.3 亿 kW,抽水蓄能电站装机容量将达到 5 000 万 kW,水电装机总容量将达到 3.8 亿 kW。

"十一五"期间开工建设,并计划于"十二五"期间陆续完成的国家重点大型和特大型水电站有:三峡右岸地下电站(装机容量达 6 ×700 MW),计划 2012 年内完成投运;在金沙江下游,分别于 2005 年 12 月和 2006 年 11 月开工建设的溪洛渡水电站(装机容量为 18 ×770 MW)、向家坝水电站(装机容量为 8 ×800 MW);2006 年 4 月在黄河干流上开工建设的拉西瓦水电站(装机容量为 6 ×700 MW);2007 年 1 月在雅砻江干流开工建设的锦屏二级水电站(装机容量为 8 ×600 MW)。

"十二五"期间,国家将要重点开工建设的电站有金沙江下游的白鹤滩水电站(装机容量为 14 000 MW)和乌东德水电站(装机容量为 8 700 MW),澜沧江下游的糯扎渡水电站(装机容量为 5 850 MW)。同期,将筹建总装机容量超过 23 000 MW 的抽水蓄能电站。

随着我国经济的腾飞,各行各业对电能的需求还会进一步扩大,这将促进我国电力建设的更快发展,水力发电的众多优势也将使我国的水电事业面临更加广阔的发展前景。

1.2 水轮机基本概念

水轮机是把水流能量转换成旋转机械能的水力机械,是水电站最主要的动力设备。水轮机主轴带动发电机轴旋转,利用发电机将机械能转换成电能。水轮机一般装在水电站的厂房内,如图 1-1 所示,当水流经引水管道进入水轮机时,由于水流和水轮机的相互作用,水流的能量便传给了水轮机,水轮机获得能量后开始旋转而做功。因为水轮机轴和发电机轴相连,水轮机便把它获得的能量传给了发电机,并驱动带有磁场的发电机转子转动而形成旋转磁场,发电机定子绕组切割磁力线而感应出电动势,带上外负荷后便输出了电流。

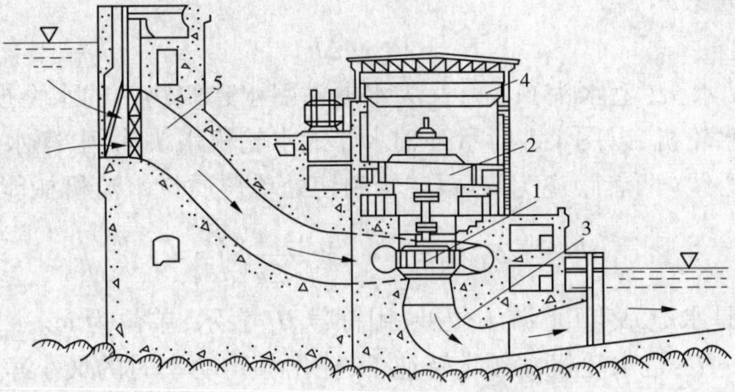

1—水轮机;2—发电机;3—尾水管;4—桥机;5—引水管道

图 1-1　拦河坝式水电站坝后式厂房

1.2.1　水轮机的基本参数

当水流通过水轮机时,水能即转变成机械能,这一工作过程的特性可用水轮机基本参数来表征。其基本参数有:水头 H、流量 Q、功率 P、效率 η 和转速 n 等。

1. 水头 H

水头分为净水头 H、毛水头 H_g、额定水头 H_r、设计水头 H_d、最大水头 H_{max}、最小水头 H_{min}、加权平均水头 H_w。

(1)净水头:是水轮机进口与出口测量断面的总水头差,即水轮机做功用的有效水头,用符号 H 表示,单位为 m。图 1-2 为立轴反击式水轮机的工作水头示意图。

对于反击式水轮机,进口断面取在蜗壳进口处Ⅰ—Ⅰ断面,出口断面取在尾水管出口处Ⅱ—Ⅱ断面,则净水头为

$$H = \left(Z_{\text{I}} + \frac{p_{\text{I}}}{\rho g} + \frac{\alpha_{\text{I}} v_{\text{I}}^2}{2g}\right) - \left(Z_{\text{II}} + \frac{p_{\text{II}}}{\rho g} + \frac{\alpha_{\text{II}} v_{\text{II}}^2}{2g}\right) \tag{1-1}$$

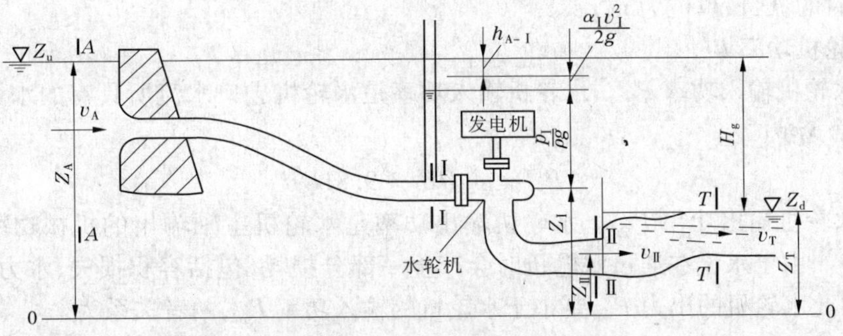

图 1-2　立轴反击式水轮机的工作水头示意图

式中：Z_{I}、Z_{II}分别为断面Ⅰ—Ⅰ和Ⅱ—Ⅱ处相对于某基准的位置高度，m；p_{I}、p_{II}分别为断面Ⅰ—Ⅰ和Ⅱ—Ⅱ处的流体压强，Pa；v_{I}、v_{II}分别为断面Ⅰ—Ⅰ和Ⅱ—Ⅱ处过流断面的平均流速，m/s；α_{I}、α_{II}分别为断面Ⅰ—Ⅰ和Ⅱ—Ⅱ处过流断面的速度分布不均匀系数；ρ为水的密度，kg/m^3；g为重力加速度。

净水头H又可表示为

$$H = H_g - \Delta h_{A-\text{I}} \tag{1-2}$$

式中：H_g为水电站水头（毛水头）；$\Delta h_{A-\text{I}}$为水电站引水建筑物中的水力损失。

对于冲击式水轮机，以图1-3所示卧轴水斗式水轮机水头为例，净水头H则为喷嘴进口断面与射流中心线（两者距离为a）跟转轮相切处单位质量水流机械能之差，即

$$H = \left(Z_{\text{I}} + a + \frac{p_{\text{I}}}{\rho g} + \frac{\alpha_{\text{I}} v_{\text{I}}^2}{2g}\right) - Z_{\text{II}} \tag{1-3}$$

（2）毛水头：是水电站上、下游水位差，用符号H_g表示，单位为m。

（3）额定水头H_r：是水轮机在额定转速下，输出额定功率时的最小净水头，单位为m。

（4）设计水头H_d：是水轮机在最高效率点运行时的净水头，单位为m。

（5）最大（最小）水头H_{max}（H_{min}）：是在运行范围内，水轮机水头的最大（最小）值，单位为m。

（6）加权平均水头H_w：是在水电站运行范围内，考虑负荷和工作历时的水轮机水头的加权平均值，单位为m。

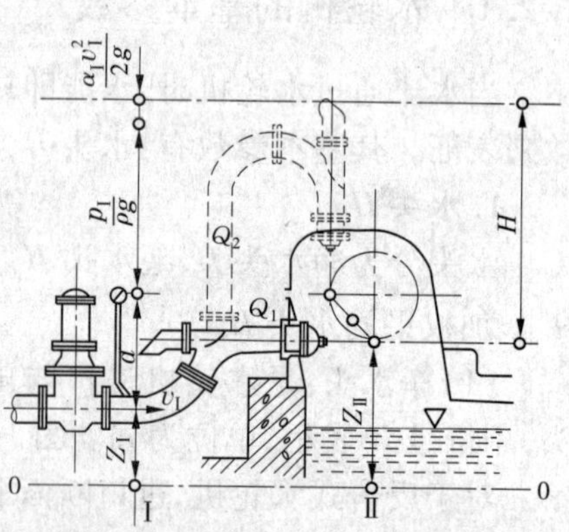

图1-3　卧轴水斗式水轮机水头

2. 水轮机流量Q

水轮机流量是单位时间内通过水轮机进口测量断面的水的体积，用符号Q表示，单位为m^3/s。即

$$Q = Fv \tag{1-4}$$

式中：F为水轮机过流断面面积，m^2；v为过流断面平均流速，m/s。

（1）额定流量Q_r。额定流量是水轮机在额定水头、额定转速下，输出额定功率时的流量，单位为m^3/s。

（2）水轮机空载流量Q_0。水轮机空载流量是水轮机在额定水头和额定转速下，输出功率为零时的流量，单位为m^3/s。

3. 水轮机功率P

（1）水轮机输入功率P_{in}。水轮机输入功率是水轮机进口水流所具有的水力功率，单位为kW或MW。

$$P_{in} = \rho g Q H = 9.81QH \tag{1-5}$$

（2）水轮机输出功率P_{out}。水轮机输出功率是水轮机主轴输出的机械功率，单位为kW或MW。由于水流在通过水轮机时会产生一部分损耗，包括容积损失、水力损失和机械损失，因此水轮机的出力P_{out}要小于水轮机的输入功率P_{in}，两者关系为

$$P_{out} = P_{in}\eta = 9.81QH\eta \tag{1-6}$$

式中：η为水轮机效率，为小于1的系数。

(3)水轮机额定输出功率 P_r。水轮机额定输出功率是在额定水头和额定转速下水轮机能连续发出的功率,单位为 kW 或 MW。

4. 水轮机效率 η

水轮机效率是水轮机输出功率与其输入功率的比值。它表示水流能量的有效利用程度,即

$$\eta = \frac{P_{out}}{P_{in}} \tag{1-7}$$

水轮机的效率与设计、制造工艺及运行工况有关。对于某水轮机而言,在最优运行工况时水轮机效率最高,水轮机各效率中的最大值即为最优效率。目前水轮机效率最高可达93%~96%。

5. 水轮机转速 n

水轮机转速是指水轮机转轮单位时间内旋转的圈数,用符号 n 表示,单位为 r/min。额定转速 n_r 是水轮发电机组按水电站设计选定的稳态同步转速。

一般水轮机的旋转方向是从发电机轴端看到的转轮的旋转方向。对于贯流式水轮机,则应从上游向下游方向看。水泵水轮机的旋转方向取水轮机工况的旋转方向。

1.2.2 水轮机的类型及应用

1. 水轮机基本类型

水轮机属于水力机械中的一种,即水力原动机。不同的水头和流量,所适用的水轮机形式与种类也不一样。现代水轮机按水能利用的特征分为两大类,即反击式水轮机和冲击式水轮机,见表1-3。

表 1-3 水轮机形式及适用范围

类 型	形 式		应用水头(m)
反击式	混流式		25~700
	轴流式	轴流转桨式	3~80
		轴流调桨式、定桨式	3~50
	斜流式	斜流转桨式、斜流定桨式	40~120
	贯流式	贯流转桨式	<20
		贯流调桨式	
		贯流定桨式	
冲击式	水斗式(切击式)		40~450
	斜击式		20~300
	双击式		5~150

(1)反击式水轮机。转轮利用水流的压能和动能做功的水轮机是反击式水轮机。在反击式水轮机流道中,水流是有压的,水流充满水轮机的整个流道,从转轮进口至出口,水

流压力逐渐降低。水流通过与叶片的相互作用使转轮转动,从而把水流能量传递给转轮。为减少水流与叶片相互作用时的能量损失,反击式水轮机的叶片断面多是空气动力翼型形状。反击式水轮机根据其适用的水头和流量的不同,又分为混流式、轴流式、斜流式和贯流式四种形式。

(2)冲击式水轮机。转轮只利用水流动能做功的水轮机是冲击式水轮机。冲击式水轮机的明显特征是:水流在进入转轮区域之前,先经过喷嘴形成自由射流,将压能转变为动能,自由射流以动能形式冲动转轮旋转,故称为冲击式。在冲击式水轮机流道中,水流沿流道流动过程中保持压力不变(等于大气压力),水流有与空气接触的自由表面,转轮只是部分进水,因此水流是不充满整个流道的。为适应于利用水流动能做功的需要,冲击式转轮叶片一般呈斗叶状。按射流冲击转轮叶片的方向不同,冲击式水轮机可分为水斗式(切击式)、斜击式和双击式。

2. 各类型水轮机特点及应用范围

1)混流式水轮机(图 1-4)

混流式水轮机是指轴面水流径向流入、轴向流出转轮的反击式水轮机,又称法兰西斯式水轮机或辐向轴流式水轮机。最早发明这种水轮机的是 1847 年在美国工作的英国工程师法兰西斯。混流式水轮机为固定叶片式水轮机,混流式转轮由上冠、叶片、下环连成一个整体。因此,混流式水轮机结构简单,具有较高的强度,运行可靠,效率高,应用水头范围广,一般用于中高水头水电站。大中型混流式水轮机应用水头范围为 30 ~450 m。可逆混流式水轮机(转轮为主动时可当水泵用)应用水头高达 700 m。中小型混流式水轮机应用水头范围为 25 ~300 m。

2)轴流式水轮机(图 1-5)

轴流式水轮机是指轴面水流轴向进、出转轮的反击式水轮机。其转轮形似螺旋桨,水流在转轮区域是轴向流进、轴向流出的。根据叶片在运行中能否相对转轮体自动调节角度,轴流式水轮机又分为轴流转桨式、轴流调桨式和轴流定桨式。

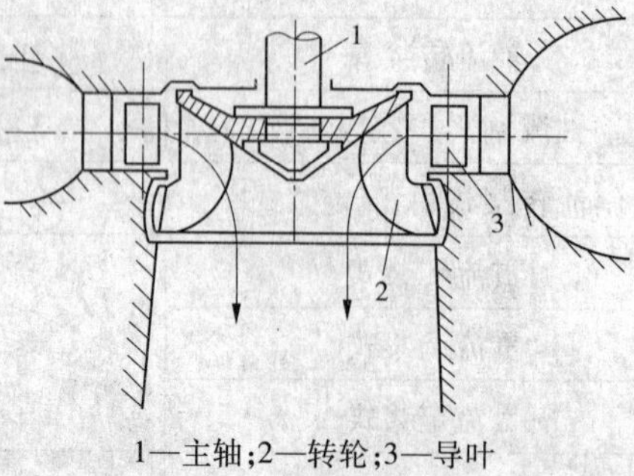

1—主轴;2—转轮;3—导叶

图 1-4 混流式水轮机

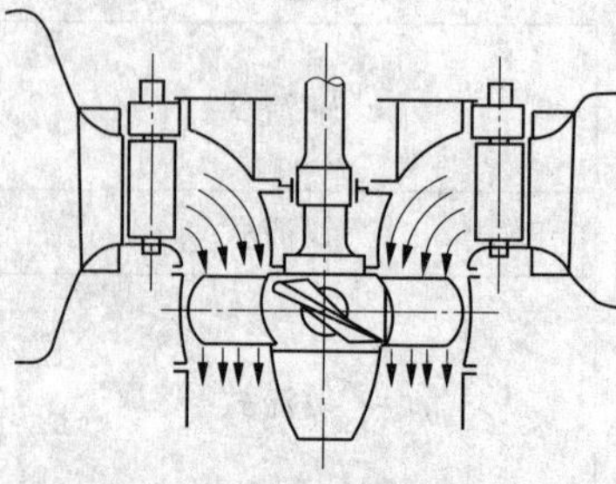

图 1-5 轴流式水轮机

轴流转桨式水轮机是指转轮叶片可与导叶协联调节的轴流式水轮机,又称卡普兰式水轮机。其转轮叶片可以根据运行条件调整到不同角度,转轮叶片角度在不同水头下与导叶开度都保持着相应的协联关系,实现了导叶与转轮叶片双重调节,扩大了高效率区的范围,使水轮机有较好的运行稳定性。但它需要一套转动叶片的操作机构,因此结构较复杂,造价高。轴流转桨式水轮机主要用于大中型水电站,应用水头范围在 3 ~80 m。

轴流调桨式水轮机是指仅转轮叶片可调节的轴流式水轮机,又称托马式水轮机。

轴流定桨式水轮机是指转轮叶片不可调的(或停机可调的)轴流式水轮机。其转轮叶片相对转轮体是固定不动的,出力仅仅依靠导叶来调节,故结构简单,造价低,但在偏离最优工况时效率会急剧下降。因此,轴流定桨式水轮机一般用于功率及水头变幅较小的小型水电站,应用水头通常为3~50 m。

3)斜流式水轮机(图1-6)

斜流式水轮机是指轴面水流以倾斜于主轴的方向进、出转轮的反击式水轮机。其转轮在结构与性能方面介于轴流式与混流式之间。斜流式转轮可分为转桨式和定桨式,一般是转桨式。与轴流转桨式类似,斜流转桨式水轮机的转轮叶片在运行中一般也可以改变角度,从而实现双重调节,但结构复杂,制造难度大。斜流式水轮机有较宽的高效率区,常用于抽水蓄能式水电站,作为水泵水轮机使用。这种水轮机的应用水头为40~120 m。

4)贯流式水轮机(图1-7)

贯流式水轮机是指过流通道呈直线(或S形)布置的轴流式水轮机。贯流式水轮机为卧轴布置,进水管、转轮室与尾水管为同一中心线,水流在整个水轮机流道中"直贯"而过,故称为贯流式。这种水轮机水力损失小,过流能力大,适用于水头小于20 m的低水头水电站。

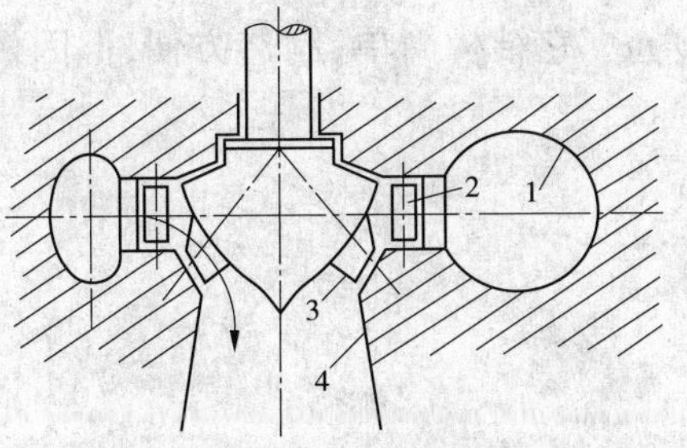

1—蜗壳;2—导叶;3—转轮;4—尾水锥

图1-6　斜流式水轮机

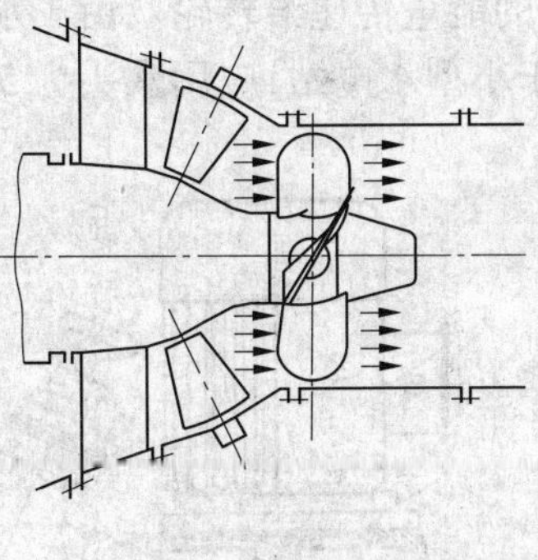

图1-7　贯流式水轮机

贯流式水轮机的转轮与轴流式水轮机相同,只是流道形式有区别。贯流式转轮也可分为贯流转桨式、贯流调桨式和贯流定桨式。此外,根据流道布置形式的不同,又分为全贯流式与半贯流式。贯流式水轮机转轮可设计成双向流动方式在潮汐电站中使用。

5)水斗式水轮机(图1-8)

水斗式水轮机是指转轮叶片呈斗形,且射流中心线与转轮节圆相切的冲击式水轮机,又称贝尔顿水轮机,或称切击式水轮机。它靠从喷嘴出来的射流沿转轮切线方向冲击转轮而做功,因此称为切击式。这种水轮机的叶片如勺状水斗,均匀排列在转轮的轮辐外周,故称为水斗式。水斗式水轮机适用于高水头、小流量的水电站。小型水斗式水轮机的应用水头为40~250 m,大型水斗式水轮机适用于200~450 m水头的电站。

6)斜击式水轮机(图1-9)

斜击式水轮机是指转轮叶片呈碗形,且射流中心线与转轮转动平面呈斜射角度的冲击式水轮机。它靠从喷嘴出来的射流以一定角度(一般约22.5°)斜向冲击转轮叶片做

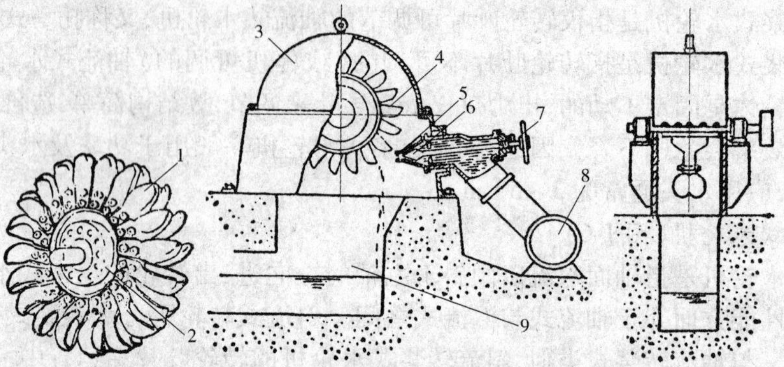

1—水斗；2、4—转轮；3—机壳；5—喷嘴；6—针阀；7—调速手轮；8—压力水管；9—尾水渠

图 1-8　水斗式水轮机

功。它的结构简单，造价低，一般用于中小型水电站中，应用水头为 20 ~ 300 m。

7）双击式水轮机（图 1-10）

双击式水轮机是指转轮叶片呈圆柱形布置，水流穿过转轮两次作用到转轮叶片上的冲击式水轮机。其特点是喷嘴出来的射流首先从转轮的外周进入部分叶片流道，并将约 80% 的水流能量传递给转轮，然后，这部分水流再从转轮内部二次进入另一部分叶片流道，将剩余的能量传递给转轮。由于水流两次冲击转轮叶片，故称为双击式。双击式水轮机一般用于小型水电站，应用水头为 5 ~ 150 m。它结构简单，制造方便，但因效率低已很少采用。

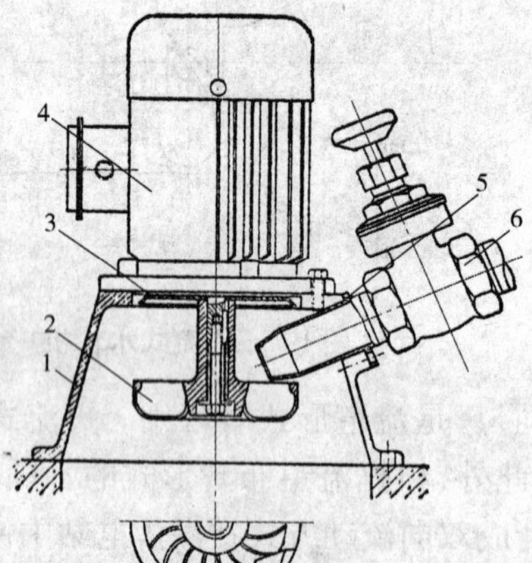

1—机壳；2—转轮；3—挡水盘；
4—发电机；5、7—喷嘴；6—阀门

图 1-9　斜击式水轮机

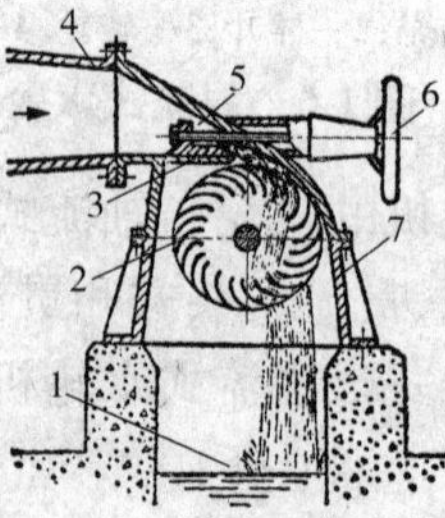

1—尾水渠；2—转轮；3—调节挡板；4—压力水管；
5—喷嘴；6—调速手轮；7—机壳

图 1-10　双击式水轮机

8）水泵水轮机

水泵水轮机是指既可作为水轮机运行又可作为蓄能泵运行的水力机械，亦称可逆式水轮机。同一水轮机，既可作为水轮机运行又能作为水泵运行，工作状态具有可逆性。这种水轮机的转轮兼有水轮机和水泵的特点，当它在水泵工况和水轮机工况运行时旋转方向相反，而且水流方向相反。可逆式水轮机主要用在抽水蓄能电站，调节电力系统的峰谷差。在用电低谷时，它消耗系统电能作为水泵运行，将下游水池的水抽到上游水库；在用电高峰时，将上游水库的水放下，它作为水轮机运行向系统输送电力。可逆式水轮机分混流式、斜流式和轴流式。混流式的应用水头为 50 ~ 700 m，斜流式的应用水头为 20 ~ 200 m，轴流式的应用水头为 15 ~ 40 m。

1.2.3 水轮机的型号及装置方式

1. 水轮机型号

1）水轮机型号的编制方法

现在我国水轮机型号的编制依照 JB/T 9579—1999《水轮机　型号编制方法》。

水轮机产品型号由三部分代号组成，各部分之间用“—”（其长度相当于一个汉字宽）分开。水轮机型号排列顺序如下：

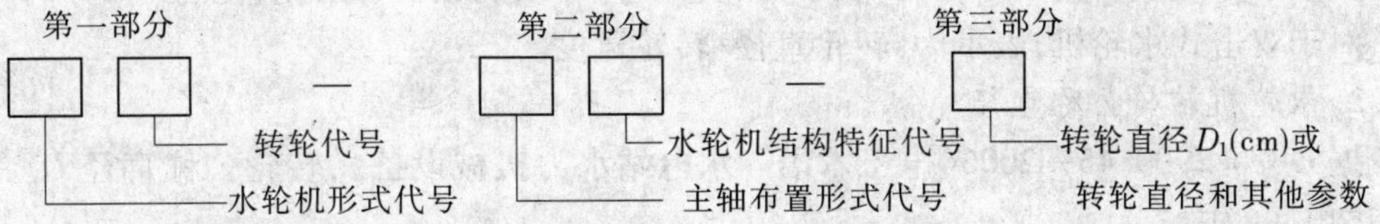

型号的第一部分由水轮机形式代号和转轮代号组成。水轮机形式用汉语拼音字母表示，其代号规定见表 1-4。

表 1-4　水轮机形式的代号

水轮机形式	代号	水轮机形式	代号
混流式	HL	贯流调桨式	GT
斜流式	XL	贯流定桨式	GD
轴流转桨式	ZZ	冲击（水斗）式	CJ
轴流调桨式	ZT	斜击式	XJ
轴流定桨式	ZD	双击式	SJ
贯流转桨式	GZ		

水泵水轮机，在水轮机形式代号后增加汉语拼音字母“B”。转轮代号采用水轮机比转速或转轮代号表示。当用比转速代号表示时，其代号统一由归口单位编制，用阿拉伯数字表示；当用转轮代号表示时，可由制造厂自行编号。

型号的第二部分由水轮机的主轴布置形式代号和结构特征代号组成，用汉语拼音字母表示，其代号规定见表 1-5。

表 1-5　水轮机的主轴布置形式代号和结构特征代号

名称	代号	名称	代号
立轴	L	罐式	G
卧轴	W	全贯流式	Q
金属蜗壳	J	灯泡式	P
混凝土蜗壳	H	竖井式	S
明槽式	M	虹吸式	X
有压明槽式	My	轴伸式	Z

注：主轴非垂直布置形式均用"W"表示。

型号的第三部分由水轮机转轮直径 D_1（以 cm 为单位）或转轮直径和其他参数组成，用阿拉伯数字表示。

对于水斗式或斜击式水轮机，表示为：转轮直径/喷嘴数目 × 射流直径。

对于双击式水轮机，表示为：转轮直径/转轮宽度。

2）水轮机转轮公称直径

据 GB/T 2900.45—2006《电工术语　水电站水力机械设备》，转轮公称直径 D_1 的规定如图 1-11 所示。

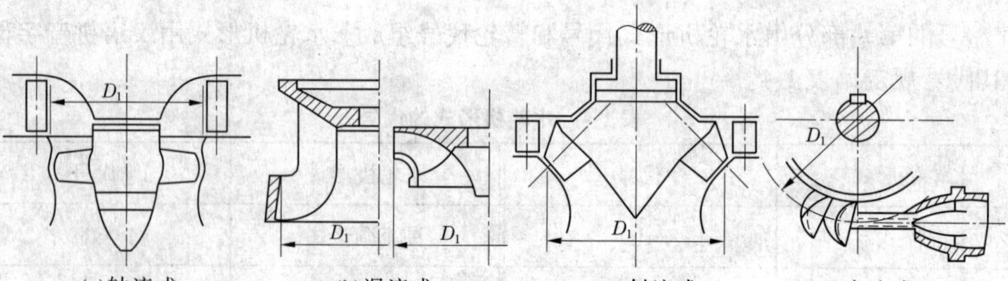

(a)轴流式　(b)混流式　(c)斜流式　(d)水斗式

图 1-11　各种水轮机转轮的公称直径

对于混流式水轮机是指叶片出水边与下环相交处的直径。

对于离心式蓄能泵是指叶轮前盖板进口直径。

对于轴流式、斜流式和贯流式水轮机（轴流式蓄能泵和斜流式蓄能泵）是指与叶片轴线相交处的转轮室内径。

对于水斗式水轮机是指转轮节圆直径。

为了水轮机设计制造上的便利，对水轮机转轮公称直径尺寸系列（cm）规定为：25，30，35，42（40），50，60，71，84（80），100，120，140，160，180，200，225，250，275，300，380，410，450，500，550，600（以下按每 50 cm 进级），…。

上述带括号的直径值仅用于轴流式水轮机。实际上，对于大型或巨型水轮机的转轮直径，常考虑机组额定出力、机组的优化运行等条件，有时不严格按系列值确定转轮直径。

3)水轮机型号示例

例1　HL220/A153—WJ—84:表示为新入谱转轮型号,转轮代号为220、转轮研制单位的轮转代号为A153、卧轴、金属蜗壳混流式水轮机,转轮直径为84 cm。

例2　ZZ560—LH—1130:表示转轮代号为560、立轴、混凝土蜗壳轴流转桨式水轮机,转轮直径为1 130 cm。

例3　XLB200—LJ—300:表示转轮代号为200、立轴、金属蜗壳斜流式水泵水轮机,转轮直径为300 cm。

例4　GD800—WP—250:表示转轮代号为800、卧轴、灯泡贯流定桨式水轮机,转轮直径为250 cm。

例5　CJ22—W—120/2×10:表示转轮代号为22、卧轴、两喷嘴冲击(水斗)式水轮机,转轮直径为120 cm,设计射流直径为10 cm。

例6　SJ40—W—50/40:表示转轮代号为40、卧轴、双击式水轮机,转轮直径为50 cm,转轮宽度为40 cm。

2.水轮机的装置方式

在水电站中,水轮机和发电机通过轴连接在一起,共同组成水轮发电机组,简称机组。机组是指用于发电或抽水蓄能的水力机械和电机的组合装置。

一般所说的水轮机的装置方式,是指水轮机轴的装置方向和机组的连接方式。水轮机轴的装置方式通常分为立轴、卧轴和斜轴。主轴竖装者称为立轴装置,主轴横装者称为卧轴装置,而主轴倾斜装者称为斜轴装置。可见,立式、卧式和倾斜式机组是指主轴呈铅直、水平和倾斜布置的机组,其中立式和卧式机组较为常用。

机组连接方式分为直接连接和间接连接两种形式,水轮机轴与发电机轴在同一轴线上,通过法兰盘用螺栓刚性或弹性连接者,称为直接连接。水轮机轴与发电机轴不在同一轴线上,通过传动装置连接者,称为间接连接。

1)立轴装置方式

此种装置方式为水轮机轴与发电机轴在同一垂直平面内。其优点是:安装、拆卸方便,轴与轴承受力情况良好,发电机安装位置较高,不易受潮,管理维护方便。其缺点是:负载比较集中,水下部分深度增加,因而土建投资大。立轴装置方式多应用在大中型水轮机中。

在立轴装置方式中按轴的连接方式不同,又分为直接连接和间接连接。由于立轴直接连接的方式不需装设复杂的传动装置,机械损失小,传动效率高,运行维护方便,因此机组尽可能采用直接连接方式,特别是大中型水轮机应用最为普遍。立轴间接连接方式主要应用在农村小型水电站,因水轮机转速较低,而发电机的转速一般较高,无法直接连接,在这种情况下,就必须采用间接连接。

2)卧轴装置方式

卧轴装置方式因机组支承面积较大,故不致产生很大的集中载荷,厂房高度较低,但轴和轴承受力情况不好。目前在我国水斗式水轮机、贯流式水轮机和小型混流式水轮机多采用卧轴装置方式。

卧轴直接连接的方式主要应用于大中型水斗式水轮机、贯流式水轮机和中小型混流式水轮机；卧轴间接连接的方式与立轴间接连接的方式一样，主要用于农村小型水电站。

1.3 发电机基本概念

发电机是将原动机传递来的机械能转变成电能的设备，通常由汽轮机、水轮机或内燃机驱动。小型发电机也有用风车或其他机械经齿轮或皮带驱动的。

发电机分为直流发电机和交流发电机两大类。后者又可分为同步发电机和异步发电机两种。现代发电站中最常用的是同步发电机。这种发电机的特点是由直流电流励磁，既能提供有功功率，也能提供无功功率，可满足各种负载的需要。异步发电机由于没有独立的励磁绕组，结构简单，操作方便，但是不能向负载提供无功功率，而且还需要从所接电网中汲取滞后的磁化电流。因此，异步发电机运行时必须与其他同步发电机并联，或者并接相当数量的电容器。这限制了异步发电机的应用范围，使其只能较多地应用于小型自动化水电站。在 20 世纪 50 年代以前多采用直流发电机，但是直流发电机有换向器，结构复杂，制造费时，价格较贵，且易出故障，维护困难，效率也不如交流发电机。因此，大功率可控整流器问世以来，利用交流电源经半导体整流获得直流电以取代直流发电机。

同步发电机按所用原动机的不同分为汽轮发电机、水轮发电机和柴油发电机 3 种。它们结构上的共同点是除小型发电机用永久磁铁产生磁场外，一般的磁场都是由通直流电的励磁线圈产生的，而且励磁线圈放在转子上，电枢绕组放在定子上。因为励磁线圈的电压较低，功率较小，又只有 2 个出线头，容易通过滑环引出，放在转子上比较方便；而电枢绕组电压较高，功率又大，多用三相绕组，有 3 个或 4 个引出头，放在定子上比较方便。发电机的电枢（定子）铁芯用硅钢片叠成，以减少铁耗。转子铁芯由于通过的磁通不变，可以用整体的钢块制成。在大型发电机中，由于转子承受着强大的离心力，制造转子的材料必须选用优质钢材。

发电机通常由定子、转子、端盖及轴承等部件构成。

定子由定子铁芯、线包绕组、机座以及固定这些部分的其他结构件组成。

转子由转子铁芯（或磁极、磁轭）、绕组、护环、中心环、滑环、风扇及转轴等部件组成。

由轴承及端盖将发电机的定子、转子组装起来，使转子能在定子中旋转，做切割磁力线的运动，从而产生感应电动势，通过接线端子引出，接在回路中，便产生了电流。

由于水电站的自然条件不同，水轮发电机组的容量和转速的变化范围很大。通常小型水轮发电机和冲击式水轮机驱动的高速水轮发电机多采用卧式结构，而大中型低速发电机多采用立式结构。由于水电站多数建在远离城市的地方，通常需要经过较长输电线路向负载供电，因此电力系统对水轮发电机的运行稳定性提出了较高的要求：发电机参数需要仔细选择，对转子的转动惯量要求较大。所以，水轮发电机的外形与汽轮发电机不同，它的转子直径大而长度短。水轮发电机组启动、并网所需时间较短，运行调度灵活，它除用于发电外，还特别适宜作为调峰机组和事故备用机组。水轮发电机组的最大容量已达 70 万 kW。

小　结

本项目以编写水电站介绍书为目标，分为水电站基本功能调查和水轮机型号及参数调查两个学习任务。

水电站基本功能调查学习任务：首先介绍了我国水电事业的概况、水力发电的基本过程，以及我国水电建设的发展。其次通过让学生进行任务调查，了解水电站的水工建筑物以及有哪些主要设备。

水轮机型号及参数调查学习任务：在前一个学习任务的基础上，通过学生调查学习，熟悉水轮机的基本参数、水轮机类型及应用、水轮机的型号及装置方式，进一步加深对水电站主要设备的认识。

复习思考题

1-1　水轮机的主要基本参数有哪些？

1-2　水轮机有哪几种形式？各形式水轮机的特点是什么？

1-3　简述水轮机型号的编制方法。

1-4　已知某水电站在设计工况下，上游水位 $Z_u = 63$ m，下游水位 $Z_d = 44.4$ m，通过水轮机的流量为 825 m^3/s，发电机的效率为 0.968，水轮机的效率为 0.86。如忽略引水建筑物中的水力损失，试求水轮机输出功率和机组功率。

项目 2　拆卸水轮机

教学目标			
典型任务	能力目标	知识目标	素质目标
2.1　拆卸水导轴承及主轴密封和导水机构	1. 能按工序正确拆卸水导轴承及主轴密封； 2. 能按工序正确拆卸导水机构。	1. 水轮机水导轴承及主轴密封结构原理、分解工序； 2. 水轮机导水机构的结构原理。	培养安全意识和严格按照规程操作的工作作风
2.2　拆卸水轮机转轮	1. 能正确使用拆除工具和量具拆卸转轮； 2. 能按工序正确吊出转轮； 3. 能按工序正确分解转轮。	1. 水轮机转轮的结构原理，水轮机转轮吊出的工序； 2. 水轮机转轮分解工序。	培养团队合作精神和独立操作意识

【任务 2.1】　拆卸水导轴承及主轴密封和导水机构

本任务以轴流转桨式水轮机为例，说明水轮机水导轴承及主轴密封和导水机构拆卸的过程及注意事项。

1. 拆卸水导轴承及主轴密封和导水机构教学情境的创建

本任务分拆卸水轮机水导轴承及主轴密封和拆卸水轮机导水机构两个教学情境进行，两个教学情境的具体创建见表 2-1。

表 2-1　拆卸水导轴承及主轴密封和导水机构教学情境的创建

项目	教学情境 2-1： 拆卸水轮机水导轴承及主轴密封	教学情境 2-2： 拆卸水轮机导水机构
学习形式	现场实际操作并用教学课件演示辅助	现场实际操作并用教学课件演示辅助
实施地点	多媒体教室和水电站主厂房安装车间	多媒体教室和水电站主厂房安装车间
使用教具	轴流转桨式水轮机、电脑、投影仪	轴流转桨式水轮机、电脑、投影仪
作业形式	完成学习任务单	完成学习任务单
教学步骤	(1)教师引导学生学习水轮机水导装置的组成及各部件的作用； (2)学生分组查阅相关图纸资料； (3)学生制定拆卸水导轴承及主轴密封的工序及选用工具和量具，经教师审查通过后进入下一步； (4)各小组执行水导轴承及主轴密封拆卸任务； (5)检查反馈学生任务完成情况； (6)学生汇报自评、教师评价。	(1)教师引导学生学习水轮机导水机构的组成及各部件的作用； (2)学生分组查阅相关图纸资料； (3)学生制定拆卸导水机构的工序及选用工具和量具，经教师审查通过后进入下一步； (4)各小组执行导水机构拆卸任务； (5)检查反馈学生任务完成情况； (6)学生汇报自评、教师评价。

2. 拆卸水导轴承及主轴密封和导水机构的实操步骤及注意事项

1)拆卸水轮机水导轴承及主轴密封的实操步骤及注意事项

(1)水导盖拆卸吊出机坑。

(2)瓦托拆卸吊出机坑。

(3)水导轴承座拆卸吊出机坑。

(4)水导冷却器拆卸吊出机坑。

(5)水导挡油圈拆卸吊出机坑。

(6)主轴密封拆卸吊出机坑，密封胶挂在轴领上。

(7)检修密封分解吊出机坑。

(8)联轴拉伸器吊出机坑(可以搬运到水车室门口)。

(9)支持盖吊出机坑，吊运至安装间安放。

(10)顶盖拆卸吊出机坑。

(11)吊出活动导叶。

2)拆卸导水机构的实操步骤及注意事项

(1)做好各部件记号。

(2)脚踏板及楼梯拆卸并运出机坑。

(3)控制环、连杆销拆卸并运出机坑。

(4)拐臂压板拆卸并运出机坑。

(5)拐臂分瓣键拔出并运出机坑。

(6)水车室里油、水、风管路拆卸,各种电源电缆拆出。

(7)松水导瓦螺栓,水导瓦吊出并在支持盖内放好(以上各项可以在工作不影响时同时进行)。

(8)接力器拆卸吊出机坑。

(9)拐臂拆卸吊出机坑。

(10)支持盖销钉拔出,螺栓松开拆出,支持盖螺栓销钉运出机坑。

【任务2.2】 拆卸水轮机转轮

水轮机转轮拆卸是水轮机检修的一个重要环节,安排在受油器拆卸、发电机拆卸、导水机构拆卸、水导轴承拆卸及主轴密封拆卸完成之后进行。轴流转桨式水轮机转轮的结构是各种形式水轮机转轮的典型结构,因此本任务以轴流转桨式水轮机转轮为例,说明水轮机转轮拆卸的过程及注意事项。

1. 拆卸水轮机转轮教学情境的创建

水轮机转轮拆卸任务分轴流转桨式水轮机转轮的吊出和轴流转桨式水轮机转轮的分解两个教学情境进行,两个教学情境的具体创建见表2-2。

表2-2 拆卸水轮机转轮教学情境的创建

项目	教学情境2-3: 轴流转桨式水轮机转轮的吊出	教学情境2-4: 轴流转桨式水轮机转轮的分解
学习形式	现场实际操作并用教学课件演示辅助	现场实际操作并用教学课件演示辅助
实施地点	多媒体教室和水电站主厂房安装车间	多媒体教室和水电站主厂房安装车间
使用教具	轴流转桨式水轮机、笔记本电脑、投影仪	轴流转桨式水轮机、笔记本电脑、投影仪
作业形式	完成学习任务单	完成学习任务单
教学步骤	(1)教师引导学生学习轴流转桨式水轮机转轮吊出的相关知识; (2)学生分组查阅相关图纸资料; (3)学生制定转轮吊出的工序及选用相关的工具和量具,经教师审查通过后进入下一步; (4)各小组执行转轮吊出任务; (5)检查反馈学生任务完成情况; (6)学生汇报自评、教师评价。	(1)教师引导学生学习轴流转桨式水轮机转轮组装的相关知识; (2)学生分组查阅相关图纸资料; (3)学生制定转轮分解的工序及选用相关的工具和量具,经教师审查通过后进入下一步; (4)各小组执行转轮分解任务; (5)检查反馈学生任务完成情况; (6)学生汇报自评、教师评价。

2. 轴流转桨式水轮机转轮吊出的实操步骤及注意事项(图 2-1)

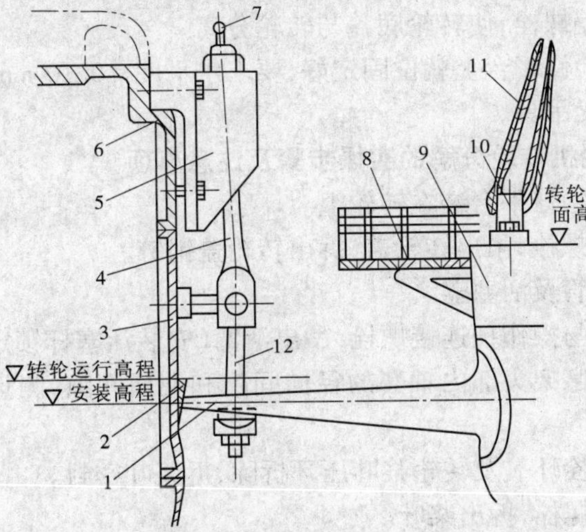

1—浆叶;2—楔子板;3—转轮室;4—长吊杆;5—悬臂;
6—支撑环;7—吊攀;8—工作平台;9—转轮体;
10—吊环;11—钢丝绳;12—短吊杆

图 2-1 轴流转桨式水轮机转轮吊出

1)准备工作

(1)在尾水管内搭好检修工作平台。

(2)测量桨叶与转轮室之间的间隙值,作好记录。

(3)接好油路将转轮体内的透平油排除。

(4)拆除导叶传动机构。

(5)安装叶轮悬吊工具,根据分解发电机轴和水轮机轴的止口尺寸,确定各短吊杆头部螺母的位置。

(6)分解水轮机轴和发电机轴法兰,通过叶轮悬吊工具将转轮挂在支撑环上。

(7)吊出发电机转子。

(8)测量记录水导轴瓦间隙后,拆除水导轴承。

(9)拆除主轴密封和检修密封。

(10)吊出支持盖。

2)吊出转轮

(1)拆除水轮机轴与下操作油管。

(2)测量记录转轮标高。一般将转轮安装高程转换为转轮组合面高程,以利于测量。

(3)全部松开转轮盖螺栓,用大锤对称打紧 8 颗螺栓。

(4)检查处理桥机,确保安全。

(5)拆桥机吊钩,连接好平衡梁吊具。

(6)将平衡梁吊具与转轮连接牢固。

(7)待起重钢丝绳吃劲后,拆除叶轮悬吊工具及楔子板。

(8)将转轮吊出机坑并放至安装间。

(9)松拆泄水锥螺栓,使泄水锥和转轮分离。

(10)松拆转轮底盖螺栓,使转轮底盖与转轮分离。

(11)将转轮吊到检修平台上就位固定好,要求水平度≤0.10 mm/m。

(12)拆转轮平衡梁吊具。

3. 轴流转桨式水轮机转轮分解的实操步骤及注意事项

(1)将水轮机多用检修平台装在转轮上。

(2)松拆出转轮盖螺栓,吊出转轮盖,拆出转轮盖销钉。

(3)拆卸短操作油管及活塞盖。

(4)加热松拆活塞与操作杆连接螺栓,吊出活塞(安装活塞杆锁定装置)。

(5)测量枢轴与十字架头部内轴套的径向间隙和端面间隙,测量转臂与止推轴套的端面间隙,作好记录。

(6)把桨叶压环螺栓环氧及转轮桨叶压环拆除,拆桨叶密封。

(7)加热松拆桨叶螺栓,拆出桨叶。

(8)测量枢轴与止推轴套的径向间隙,作好记录。

(9)安装转轮吊具,转轮翻身(转轮翻身前,应做好转臂枢轴等部件的防转动及脱落措施)。

(10)松拆操作架与操作杆连接螺栓,吊出操作架。

(11)吊出操作杆。

(12)用专用吊具吊出枢轴和转臂。

(13)将转轮体各部件在安装间安放好。

2.1 水轮机转轮的相关知识

2.1.1 轴流式水轮机的类型

轴流式水轮机是指轴面水流轴向进、出转轮的反击式水轮机。

根据桨叶在运行中能否相对转轮体自动调节角度,轴流式水轮机又分为轴流转桨式、轴流调桨式和轴流定桨式。具体内容见项目1。图2-2为轴流定桨式水轮机。

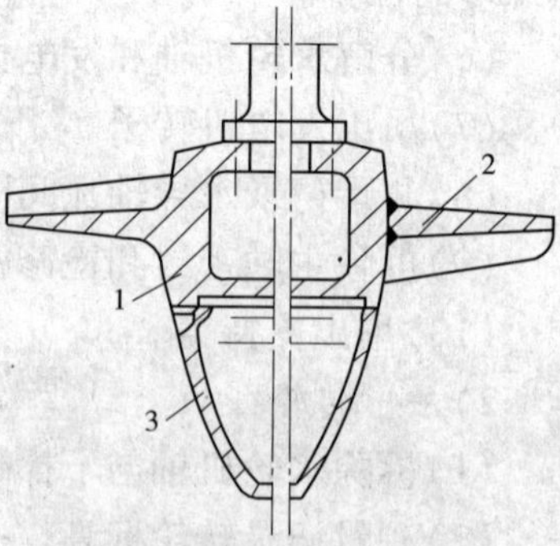

1—转轮体;2—桨叶;3—泄水锥

图2-2 轴流定桨式水轮机

2.1.2 轴流转桨式水轮机转轮的结构

轴流定桨式水轮机的桨叶固定,结构相对简单,但不能适应水头和负荷变化大的水电站。对于一些季节性变化大的河流,可采用桨叶可调转轮,以提高效率,增加发电量。轴流转桨式水轮机转轮在运行过程中可控制桨叶绕自身轴线转动,桨叶转动的角度称为桨叶转角或装置角,通常以 φ 表示。我国工程上规定设计工况时的桨叶转角为

$\varphi = 0°$，向关闭方向转动时称为负角，$\varphi < 0°$；向开启方向转动时称为正角，$\varphi > 0°$；桨叶由负到正的范围一般在 $-20° \sim +35°$。因轴流定桨式的结构比较简单，故以下主要介绍轴流转桨式水轮机转轮。

轴流转桨式水轮机转轮主要由转轮体、桨叶、桨叶操作机构、泄水锥、桨叶密封装置及桨叶操作的液压传动系统等组成，如图 2-3 所示。

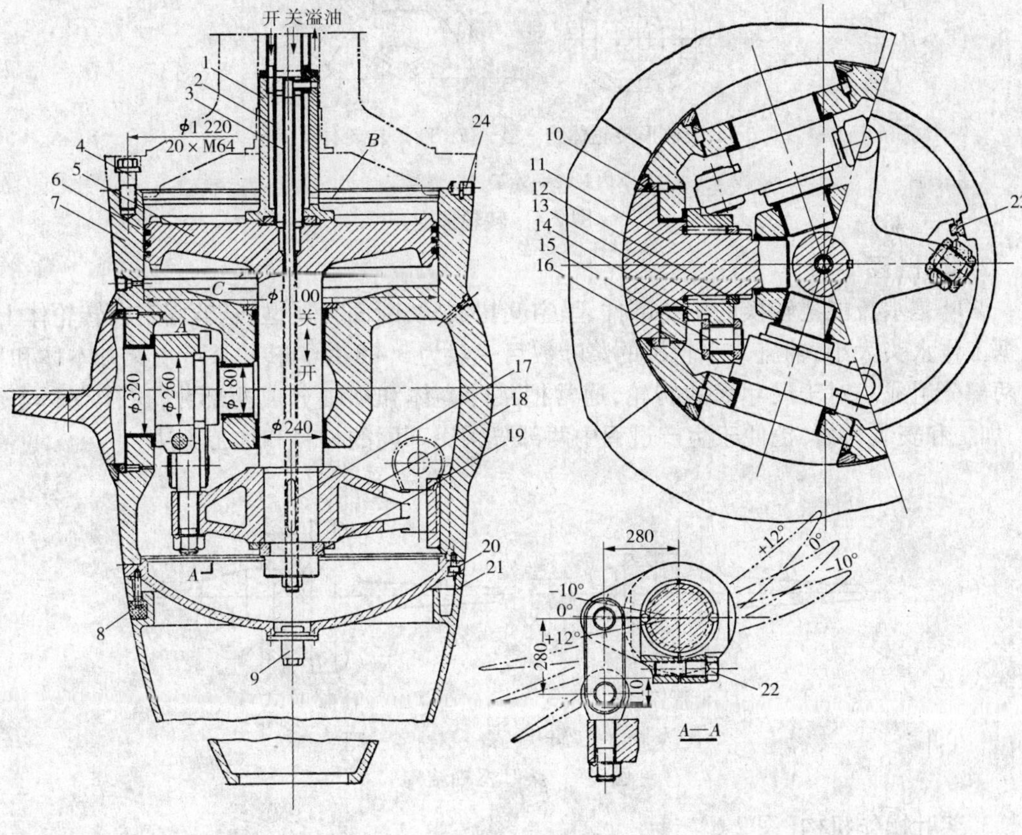

1—外油管；2—内油管；3—溢油管；4—主轴法兰连接螺栓；5—活塞；
6—活塞环；7—轮毂；8—泄水锥连接螺栓；9—放油阀；10—密封；
11—桨叶枢轴；12—卡环；13—圆柱销；14—转臂；15—销轴；16—连杆；
17—键；18—操作架；19—分半卡环；20—端盖；21—泄水锥；22—螺栓；23—导向键；24—圆销

图 2-3　轴流转桨式水轮机转轮

1. 转轮体(图 2-4)

转轮体的主要作用是装置转轮桨叶和布置桨叶操作机构。转轮体又称轮毂，根据外形，可分为圆柱形和球形两种。圆柱形转轮体如图 2-4(a)所示，优点是制造简单，但因转轮体与桨叶之间的间隙随转角不同而改变，在中间位置时最大间隙可达几十毫米，故漏水量大，影响水轮机效率，已逐渐被淘汰。球形转轮体如图 2-4(b)所示，因外形为球形，其间隙在不同转角下都保持不大于 2 ~ 5 mm，故漏水量小、水轮机效率高，有利于桨叶操作机构的布置，应用广泛，但制造复杂。

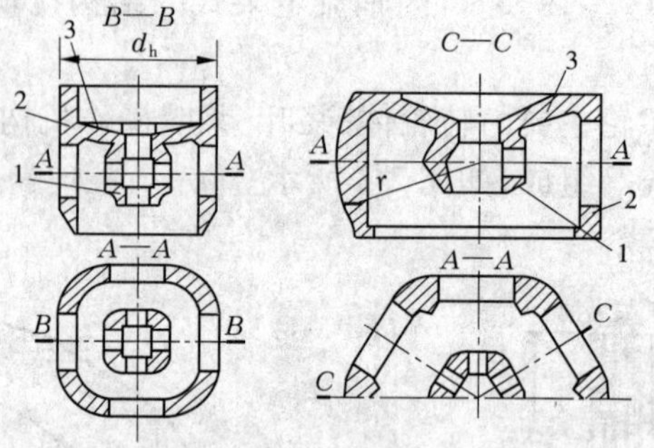

(a)圆柱形转轮体　　(b)球形转轮体

1—内毂；2—外毂；3—连接盆

图 2-4　转轮体

2. 桨叶(图 2-5)

桨叶是水流能量转换的主要部件，呈空间扭曲状，断面为翼型，悬臂固定在转轮体上。根据工作水头大小，轴流式水轮机的桨叶数目一般为 3～8 片。转轮桨叶由桨叶本体和枢轴两部分组成。对于尺寸大的转轮，通常把桨叶本体和枢轴分成两部分，这样有利于铸造、加工和安装检修，也便于生产过程中两部分采用不同的材料和加工方法。

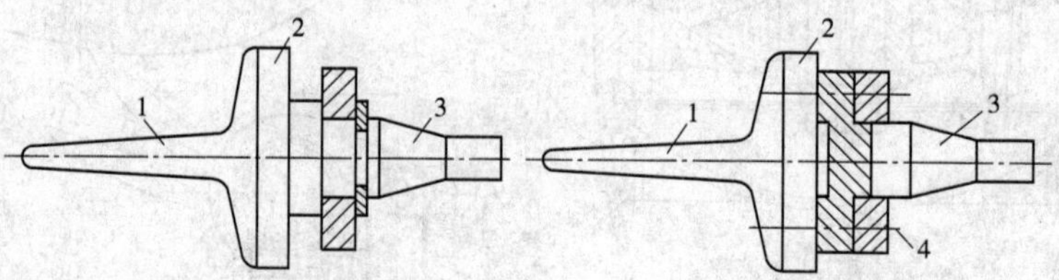

(a)整体式　　(b)分件式

1—桨叶；2—桨叶法兰；3—枢轴；4—螺栓

图 2-5　桨叶枢轴结构

3. 桨叶操作机构(图 2-6)

桨叶操作机构安装在转轮体内，它是由调速器来控制的，其作用是改变桨叶的转角，使之与导叶开度、工作水头相适应，即协联关系，从而保证水轮机效率在任一工况下变化不大。

桨叶操作机构的形式很多，常见的有带操作架和不带操作架两种操作机构，带操作架的又有直连杆和斜连杆两种形式。利用一个操作架同时转动所有桨叶的，称为带操作架操作机构。如图 2-6 所示，带操作架操作机构由转轮接力器、操作轴、操作架、连杆、转臂等组成。其工作过程是，当压力油进入接力器活塞 8 的上腔时，便推动活塞下移，操作轴 9 随活塞一起下移，同

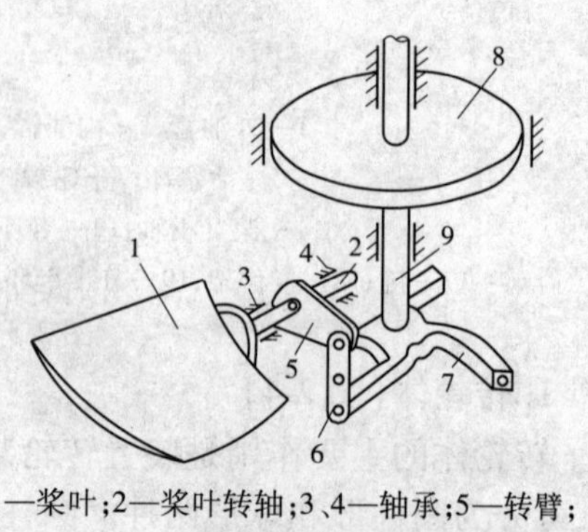

1—桨叶；2—桨叶转轴；3、4—轴承；5—转臂；6—连杆；7—操作架；8—接力器活塞；9—操作轴

图 2-6　桨叶操作机构示意图

时带动操作架7向下运动，与操作架相连的各连杆6也向下移动，连杆拉着转臂5顺时针转动，由于转臂和桨叶转轴2固定在一起，所以转轴2连带桨叶1就顺时针转动，使桨叶转角加大。反之，当压力油进入接力器活塞8的下腔时，活塞向上移动，桨叶逆时针转动，使桨叶转角减小。

4. 泄水锥

泄水锥的外形尺寸由模型试验给定，中小型机组大多采用ZG270—500铸造；大型机组则多采用钢板焊接，根据结构和制造的需要，还可把泄水锥分成两节。图2-7所示为泄水锥与转轮体的连接结构，在泄水锥体上部周圈开有槽口，用螺钉将泄水锥5与转轮体1连接，螺钉头应和锥体点焊防松，装配后槽口外壁用护盖4封焊。

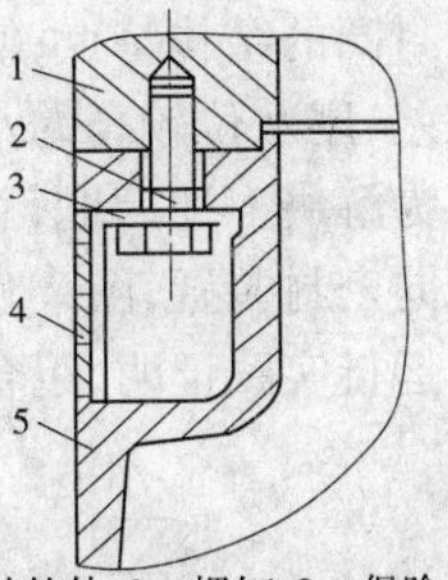

1—转轮体；2—螺钉；3—保险垫；4—护盖；5—泄水锥

图2-7　泄水锥与转轮体的连接结构

5. 桨叶密封装置

为了防止转轮体内的压力油向外渗漏或外部压力水渗入转轮体内，在桨叶和转轮体之间必须设置桨叶密封装置。桨叶密封装置主要有不可拆卸式密封和可拆卸式密封两种形式。

不可拆卸式桨叶密封最常见的有牛皮密封装置，如图2-8所示。其原理是通过磷青铜弹簧片4压紧牛皮圈7而达到止漏作用。不可拆卸式密封装置在制造、安装及检修上工艺要求较高，而且进行检修时，必须将叶轮拆除，因此这种结构的密封装置已经被淘汰，主要应用于20世纪五六十年代制造的机组中。

λ形可拆卸式桨叶密封装置如图2-9所示。在弹簧5的作用下，顶紧环4紧顶λ形密封圈3，使λ形密封圈的三个接触面撑起，紧贴在转轮体及桨叶法兰面上，起到密封的作用。当转轮体内的压力油向外渗漏时，油压将使λ形密封圈的C、B两个接触面分别紧贴在转轮体和桨叶法兰面上，增强了止漏效果。当压力水向内渗漏时，水压将使λ形密封圈右侧的A接触面紧贴在桨叶法兰面上，起到相同的作用。

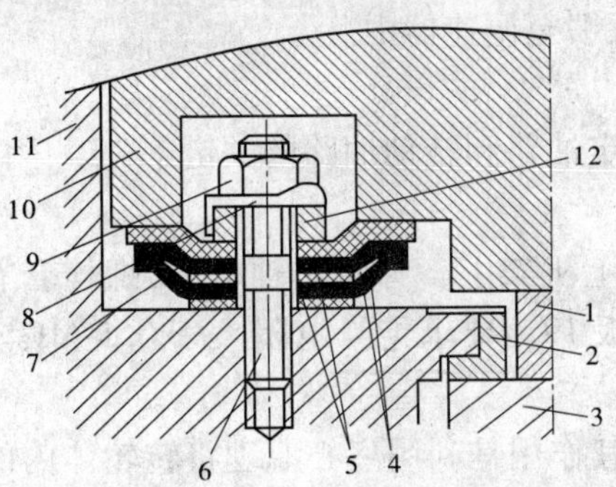

1—枢轴；2—止推轴套；3—转臂；4—磷青铜弹簧片；5—胶皮垫片；6—双头螺柱；7—牛皮圈；8—锁定片；9—螺帽；10—桨叶；11—转轮体；12—压环

图2-8　不可拆卸式桨叶密封装置

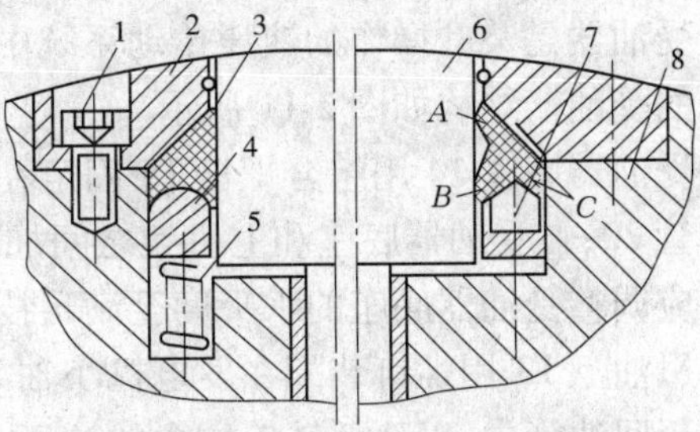

1—螺钉；2—压环；3—密封圈；4—顶紧环；5—弹簧；6—桨叶法兰；7—螺钉；8—转轮体

图2-9　λ形可拆卸式桨叶密封装置

弹簧5的压紧力对密封效果起着至关重要的作用。压紧力过小，止漏效果差；压紧力过大，容易造成λ形密封圈变形发卡。通常采用在弹簧底部加垫片的方法来调整压紧力。

λ形可拆卸式桨叶密封装置主要应用于低、中水头的轴流转桨式水轮机中。由于存在弹簧压紧力不均匀、密封圈变形发卡、老化及磨损等因素，容易造成漏油现象。此外，λ形密封圈的结构特点，使得λ形可拆卸式桨叶密封装置的防漏油效果较好，防渗水的效果较差，尾水位较高的水电站不宜采用。

为解决上述问题，新型机组通常采用组合形桨叶密封装置。图2-10(a)为V形橡胶环双向密封装置；图2-10(b)为V、X形组合密封装置；图2-10(c)为V、λ形组合密封装置。运行实践证明，组合形桨叶密封装置的密封性能良好，无漏油和渗水现象。

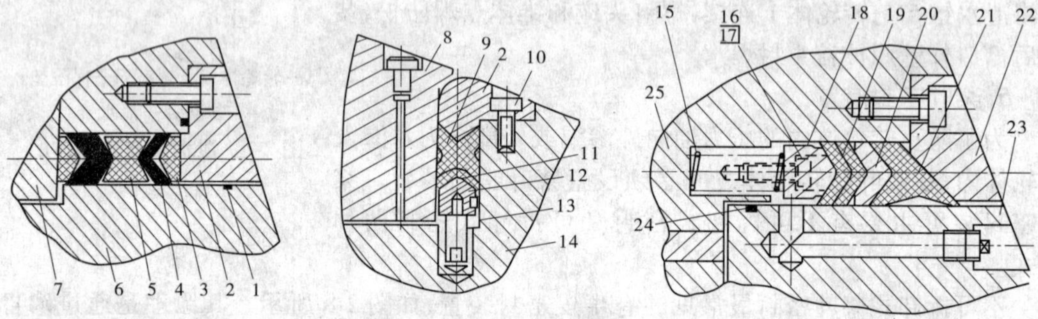

(a)V形橡胶环双向密封装置　(b)V、X形组合密封装置　(c)V、λ形组合密封装置

1、24—O形密封圈；2、22—压环；3—支撑环；4、19—V形密封圈；5—垫片；6—桨叶；7、14、25—转轮体；8—桨叶法兰；9—X形密封环；10—螺钉；11—V形密封环；12—顶紧环；13、15—弹簧；16—导向销；17—螺栓；18—预紧环；20—垫环；21—λ形密封圈；23—叶片

图2-10　组合式桨叶密封装置

6. 桨叶操作的液压传动系统

桨叶操作的液压传动系统由桨叶接力器、内外操作油管、受油器、固定油管和叶轮配压阀组成。其作用是将叶轮配压阀的压力油送入桨叶接力器的开启腔或关闭腔，实现叶轮的开启或关闭操作。同时，将叶轮的操作信号反馈至调速器中。

1)受油器

受油器是桨叶操作的液压传动系统中连接固定油路和转动油路的关键部件。国内最常见的受油器结构如图2-11所示。

受油器底座14用组合螺栓18固定在发电机上机架上。为防止轴电流，螺栓套有绝缘套管20；在受油器底座和上机架之间加绝缘垫板19。要求绝缘电阻大于0.5 MΩ。安装时应调整受油器底座的水平度至满足技术要求。

甩油盘13用螺钉装配在发电机小轴25上。其作用是利用离心原理将转轮体内的漏油吸至回油管中，以降低转轮体内的油压。甩油盘和底座之间采用梳齿式密封结构。

由外油管16和内油管8组成的操作油管头部用紧固螺钉连接在上操作油管的法兰面上，法兰的结合面上加有紫铜垫片23。内油管8用上轴瓦9和中轴瓦15来支撑，外油管16用下轴瓦17来支撑。上、中、下三个轴瓦的同心度应满足技术要求，以避免出现别劲烧瓦现象。盘车时，如果内、外油管的摆度过大，可通过调整紫铜垫片23的方法来处理。

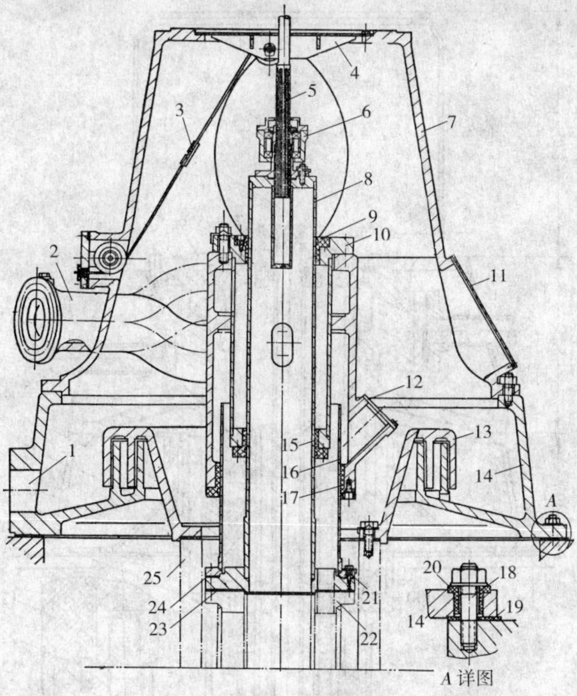

1—排油孔;2—压力油管;3—恢复钢丝绳;4—滚轮架;5—花键轴;6—恢复轴承;7—受油器体;
8—内油管;9—上轴瓦;10—轴瓦座;11—有机玻璃盖板;12—测量孔;13—甩油盘;14—受油器底座;
15—中轴瓦;16—外油管;17—下轴瓦;18—组合螺栓;19—绝缘垫板;20—绝缘套管;21—紧固螺钉;
22—限位螺钉;23—紫铜垫片;24—橡胶石棉垫;25—发电机小轴

图 2-11　常见的受油器结构

外油管 16、内油管 8 和上、中、下三个轴瓦将受油器分为上、下两个空腔,它们分别和叶轮配压阀的关闭油路、开启油路连通。内油管 8 内的油路通过径向孔与受油器的上腔连通。内、外油管之间的油路与受油器的下腔连通。

自整位受油器结构如图 2-12 所示。其特点是上轴瓦、中轴瓦、下轴瓦均具有一定的径向调位能力,有效地缓解了内、外油管别劲烧瓦现象,安装和检修比较方便。

2)操作油管

操作油管如图 2-13 所示,由内油管 12 和外油管 11 等组成。内油管内的油路,经桨叶接力器活塞的斜向孔与桨叶接力器的下腔(关闭腔)接通。内油管和外油管之间形成的油路,经径向孔与桨叶接力器的上腔(开启腔)接通。外油管与主轴内壁之间形成的回油路,上部与甩油盘的回油腔连通,下部通过径向隔板的径向孔与操作杆内的回油孔连通。操作油管分上、中、下三段,各段之间采用法兰连接。为增加其刚度,在主轴中心孔内装有一定数量的引导瓦。在装有引导瓦的部位,操作油管焊有导向套。

当导叶开度增大或水轮机工作水头增大时,调速器协联机构动作,使压力油经过叶轮配压阀的开启腔进入受油器的下腔,再通过内、外油管之间的油路进入桨叶接力器上腔(开启腔),使接力器活塞下移,推动桨叶操作机构动作,增大桨叶转角。接力器下腔(关闭腔)的压力油经过桨叶接力器活塞的斜向孔进入内油管内的油路,再进入受油器的上

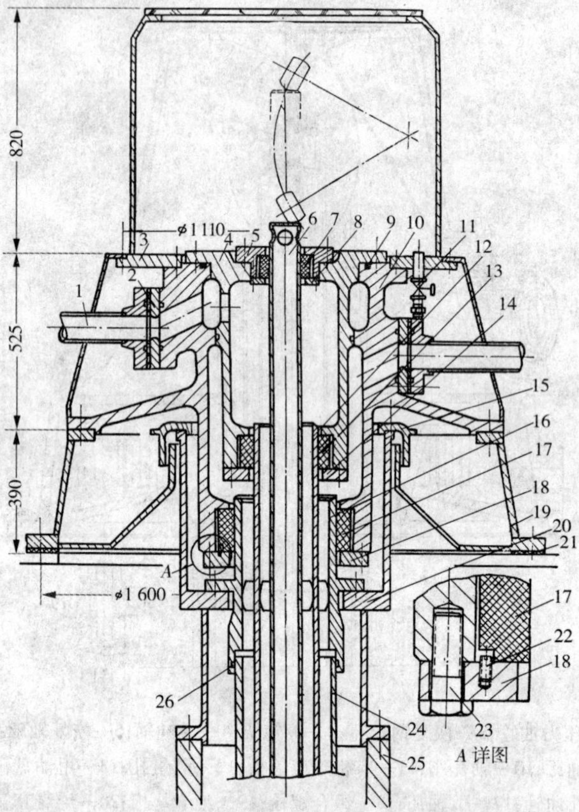

图 2-12　自整位受油器结构

1—压力油管;2—节流板;3—受油器顶筒;4—中轴瓦座;5—上轴瓦座;6—回油管;7—上轴瓦;8—上压板;9—止漏盘根;10—下轴瓦座;11—排气阀;12—内油管;13—中轴瓦;14—中压板;15—甩油盘盖;16—外油管;17—下轴瓦;18—下压板;19—受油器底座;20—甩油盘;21—绝缘垫板;22—紧固螺钉;23—压板螺钉;24—上操作油管;25—发电机小轴;26—密封圈

腔排至叶轮配压阀的关闭腔。

增大桨叶转角的反馈信号,以内油管向下位移的形式,带动恢复轴承向下位移,拉动钢丝绳向调速器输出反馈信号,使叶轮配压阀回中,桨叶停止转动。减小桨叶转角的工作过程与此相似。

在 20 世纪 90 年代后制造的新型机组中,通常采用位移传感器来代替反馈钢丝绳,提高了调节运行的稳定性。

2.1.3　轴流转桨式水轮机转轮的结构实例

如图 2-14 所示为 ZZ560—LH—1130 型轴流转桨式水轮机结构,转轮代号为 560,立轴、混凝土蜗壳,转轮直径为 1 130 cm,它是东方电机厂为我国某大型水电厂生产的大型水轮机。水轮机基本参数为:最大水头 $H_{max}=27$ m,额定水头 $H_r=18.6$ m,最小水头 $H_{min}=10.6$ m,额定流量 $Q_r=1\ 130$ m^3/s,额定转速 $n_r=54.6$ r/min,飞逸转速 $n_{run}=120$ r/min,额定输出功率 $P_r=175.3$ MW,轴向水推力 $F_h=21\ 867.4$ kN,水轮机总重 2 160 t,

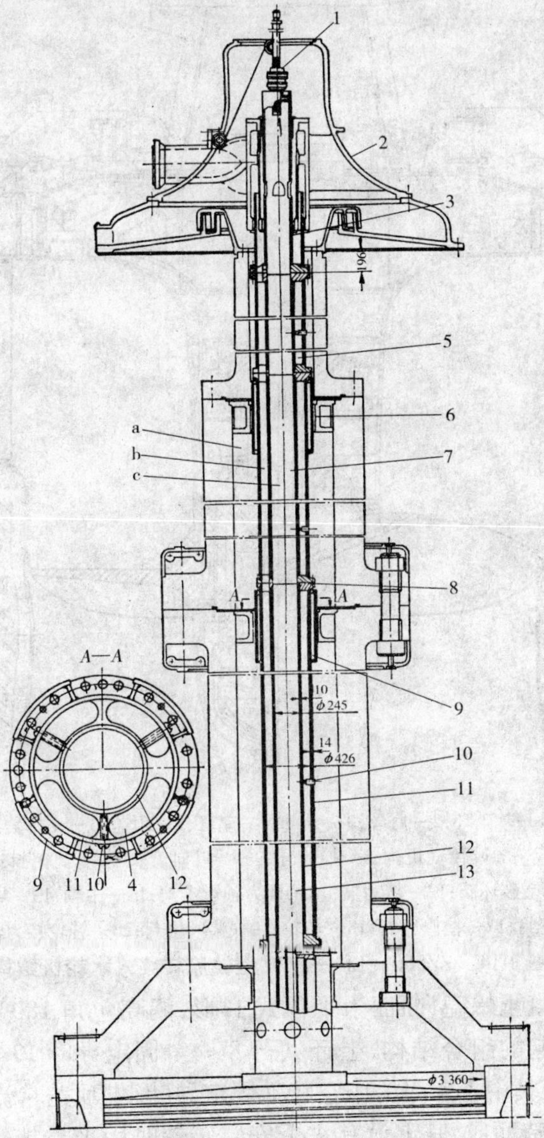

1—恢复轴承；2—受油器体；3—操作油管头部；4—槽孔；5—上油管；
6—钢套；7—中油管；8—法兰；9—导向管；10—螺钉；
11—外油管；12—内油管；13—下油管；a—内压力油腔；b—外压力油腔；c—回油腔

图 2-13　操作油管

吸出高度$H_s = -8$ m，安装高程 $Z = 36.6$ m。

有两台水轮机，其中一台水轮机桨叶采用 15MnMoVCu 钢铸造，在桨叶易空蚀部位堆焊 4 mm 厚的不锈钢；另一台水轮机桨叶采用 0Cr13Ni6Mo 不锈钢整体铸造。桨叶的转角范围为 $\varphi = -10° \sim +24°$，桨叶的操作机构比较特殊，转轮接力器与桨叶操作架合二为一，并布置在转轮下的泄水锥内。这种结构使转轮重心与导轴承之间的距离缩短，重心下移，使机组运行的稳定性提高。转臂与枢轴和桨叶为分开结构，采用螺栓连接。转轮为球形，轮毂比为 0.4，桨叶密封采用 λ 形橡胶密封。

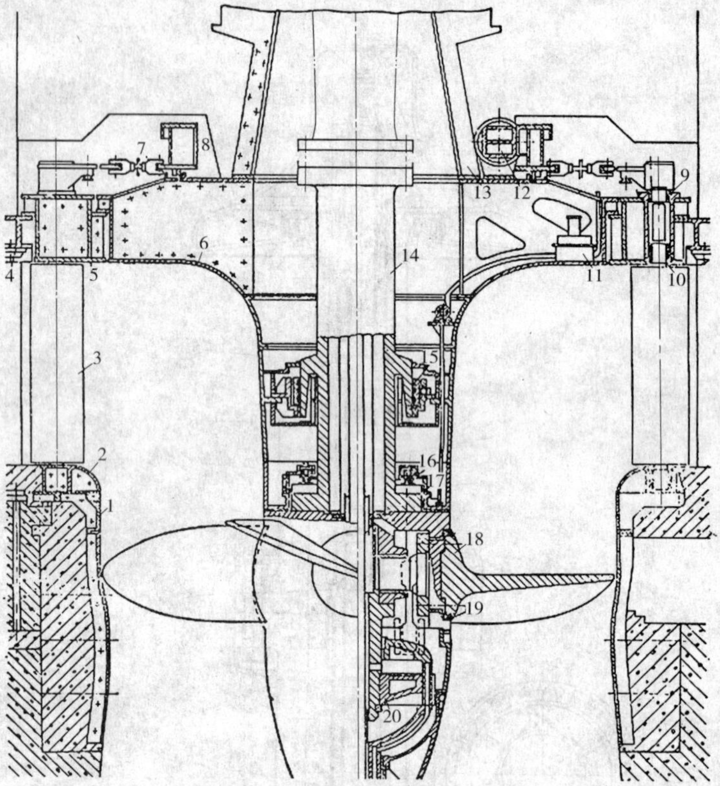

1—基础环;2—底环;3—导叶;4—座环;5—顶盖;6—支持盖;
7—导叶传动机构;8—控制环;9—导叶轴套;10—套筒密封;
11—真空破坏阀;12—接力器;13—推力轴承支架;14—主轴;15—导轴承;
16—主轴密封;17—检修密封;18—转轮;19—桨叶密封;20—转轮接力器兼操作架

图 2-14　ZZ560—LH—1130 型轴流转桨式水轮机结构

该机的蜗壳为混凝土蜗壳,断面为平顶式 Γ 形,蜗壳包角 180°。座环为上环和固定导叶用螺栓连接在一起的组合结构,上环共分 8 瓣。固定导叶 17 个,采用 ZG20MnSi 分两段铸造后焊接而成,其中 1、4 号为中空特殊固定导叶,供顶盖自流排水用。基础环分 4 瓣,用 ZG20MnSi 钢铸造而成,其上设有 4 个安装转轮时用来悬挂转轮的凹台,此凹台在安装完毕后,应用补平块补平。

导水机构的形式为径向式,活动导叶 32 个,用 ZG20MnSi 材料整铸,导叶布置圆直径为 1. 31 m,导叶高度为 4. 54 m。为防止锈蚀,对导叶轴颈进行了电镀。导叶密封采用橡胶密封,导叶轴套用尼龙 1010 制成。为防止泥沙进入轴颈,在导叶中下轴颈处均采用橡胶密封。导水机构的传动机构为叉头式,保护装置为剪断销,当剪断销被剪断时备有不停机更换剪断销的工具。导水机构接力器为 2 只 ϕ900 mm 的环形接力器,缸体安装在支持盖上,活塞与控制环直接相连。

主轴形式为双法兰空心结构,轴中心装有操作油管,主轴带轴领,分四段锻造后用电渣焊接成整体,材料为 18MnMoNb。水导轴承为分块瓦式导轴承,采用稀油自循环润滑,在油槽的下部装有半环式油冷却器。共有 10 块轴瓦,其中 5 块轴瓦安装电阻型温度计,其余5块轴瓦安装膨胀信号温度计。在轴承下方安装有端面可调的水压密封,为防止抬机时损坏密封,在密封盖上特设有减压排水阀。这样既可自动补偿密封块的磨损量,又可使密封面的压力保持稳定和均匀,同时还能防止泥沙进入密封面。检修密封采用空气围带式。尾水管为专门设计的弯肘型尾水管,高度为27.12 m,长度为50.85 m,因尾水管水平扩散段跨距较大,设有两个支墩。为防止机组抬机和反水锤,调速器装有导叶分段关闭装置,并在顶盖上装4只真空破坏阀。防飞逸装置采用ϕ200 mm事故配压阀。

2.2 水轮机转轮的扩展知识

2.2.1 混流式水轮机

1. 混流式水轮机转轮的组成

混流式水轮机转轮一般由上冠3、桨叶4、下环7、止漏环2和6、泄水锥5和减压装置1组成,如图2-15所示。

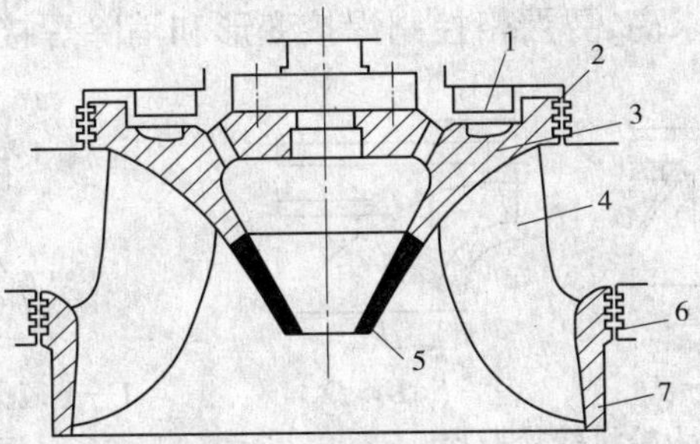

1—减压装置;2、6—止漏环;3—上冠;
4—桨叶;5—泄水锥;7—下环

图2-15 混流式水轮机转轮的组成

上冠的外形与圆锥体相似,其作用是支承桨叶并与下环形成过流通道。上冠的上部中央为均布有数个螺孔的上冠法兰,用以连接主轴;小尺寸转轮的上冠不设法兰面,只设带有锥度的中心孔,并与主轴通过锥面定心、轴头螺母定位、键传力矩来获得固定连接。在上冠中心开有中心孔,用以减轻重量并作为轴心补气通道,消除转轮内真空。在上冠法兰外围四周开有若干个泄水孔,并装有减压装置,以减小作用在转轮上的轴向水压力。上冠的下锥面上均匀布置着若干个转轮桨叶。上冠的外轮缘处装有止漏装置(也称止漏环),以减小转动部分与固定部分的漏水损失。桨叶呈复杂空间扭曲状,其断面形状为翼型,桨叶数目通常为13~18个;桨叶上端与上冠相接、下端与下环固连。下环的作用是将全部桨叶连成整体,以增加转轮的强度与刚度。泄水锥外形为一空腔圆锥体,用螺栓或焊接将它连接在上冠下方,它的作用是引导由桨叶出来的水流顺利地变成轴向,避免水流旋转和互相撞击而造成水力损失。泄水锥的形状和尺寸,直接影响水轮机的效率和振动。

2. 混流式水轮机转轮的结构形式

混流式水轮机应用水头范围广,因应用水头和流量不同,其转轮的形状也各不相同。图2-16(a)为用于低水头、大流量的转轮,这类转轮出口直径D_2大于进口直径D_1;图2-16

(c)为用于高水头、小流量的转轮，这类转轮出口直径 D_2 小于进口直径 D_1；图 2-16(b)为用于中等水头和流量的转轮，这类转轮出口直径 D_2 和进口直径 D_1 大致相等。

由于转轮的应用水头和尺寸大小不同，其结构形式、材料和工艺都有所不同。通常有整铸转轮、铸焊转轮和组合转轮三种。

(1)整铸转轮。整铸转轮是指把桨叶、上冠和下环整体铸造而成的转轮。这种结构适用于中小型转轮，特别是小型转轮用得最多。它具有生产周期短，成本低，且有足够的强度等特点。对低水头中小型混流式转轮，可用优质球墨铸铁铸造。对高水头中小型转轮和低水头大型转轮，可采用 ZG270—500 整铸。对高水头转轮，为提高其强度和抗磨蚀能力，采用高强度低合金钢 ZG20MnSi，在桨叶表面易空蚀、磨损部位堆焊耐磨蚀材料。

(2)铸焊转轮。如图 2-17 所示，铸焊转轮是指将转轮的上冠、桨叶和下环分别铸造，然后焊接成整体。铸焊转轮的不同部位，可以采用不同钢种，使得这种转轮结构更为经济合理，即上冠和下环可采用低合金钢或低碳钢，桨叶采用镍铬不锈钢。特别是近年来一些高效防护材料得以在转轮上应用，如 SPHG1 合金粉末喷焊材料、GB1 焊条和金属陶瓷等。这样做既提高了转轮的抗磨蚀能力，又节省了镍铬不锈钢等稀有材料。但铸焊转轮焊接工作量大，对焊接工艺要求高，要严格控制焊接变形和消除焊接应力等。

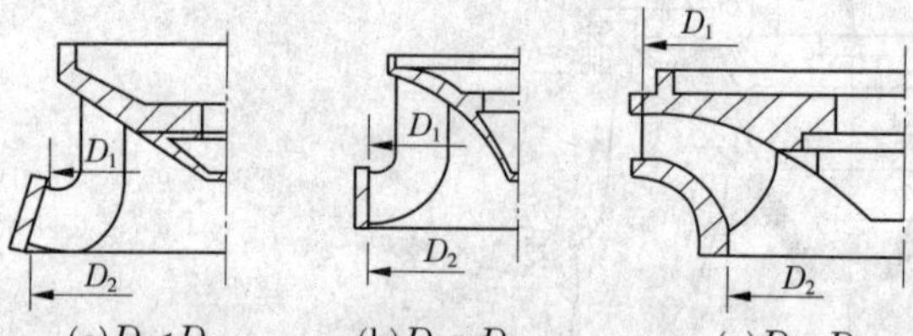

(a) $D_1<D_2$　(b) $D_1\approx D_2$　(c) $D_1>D_2$

图 2-16　混流式水轮机转轮形状

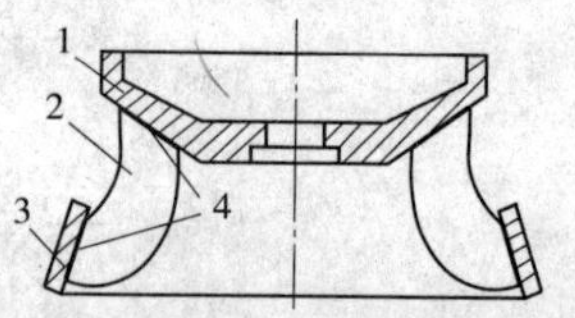

1—上冠；2—桨叶；3—下环；4—焊缝

图 2-17　铸焊转轮

(3)组合转轮。当转轮直径大于 5.5 m 时，因受运输条件或铸造能力的限制，有必要把转轮分瓣制作，运到现场再组合成整体。转轮各部分的组合连接方式不相同，其组合方法也不相同，我国主要采用上冠螺栓连接、下环焊接结构，在上冠连接处有定位销。

3. 混流式水轮机结构实例

(1)HL200—LJ—550 型水轮机。HL200—LJ—550 为混流式水轮机，转轮代号为 200，立轴、金属蜗壳，转轮直径为 550 cm。该机组是哈尔滨电机厂为我国某水电站生产的，它能担任调峰、调频和调相的任务。水轮机的基本参数为：最大水头 $H_{max}=126$ m，额定水头 $H_r=112$ m，最小水头 $H_{min}=81$ m，额定流量 $Q_r=307$ m^3/s，额定转速 $n_r=125$ r/min，飞逸转速 $n_{run}=260$ r/min，额定输出功率 $P_r=306$ MW，最大效率 $\eta_{max}=92.5\%$，轴向水推力 $F_h=9\ 810$ kN，吸出高度 $H_s=-5$ m，安装高程 $Z=286$ m。其结构如图 2-18 所示。

由于制造和运输条件的限制，转轮采用铸造结构并分瓣制造，材料为 ZG20MnSi，上冠采用螺栓连接，运到现场组合，下环为焊接结构。转轮桨叶共 14 个，为防空蚀，在桨叶背面靠下环处堆焊有不锈钢防护层。为减小轴向水压力，在上冠上装有减压装置，并在上冠四周开有均布的 12 个减压孔。为减小漏水损失，设有迷宫式的上部止漏环和下部止漏环。转轮的总质量为 111 t。主轴采用双法兰空心薄壁轴，材料为 20MnSi，主轴直径为 1.62 m，轴长为 5.2 m，在与轴承接触的轴颈处包有不锈钢轴套。因该水电站水质良好，

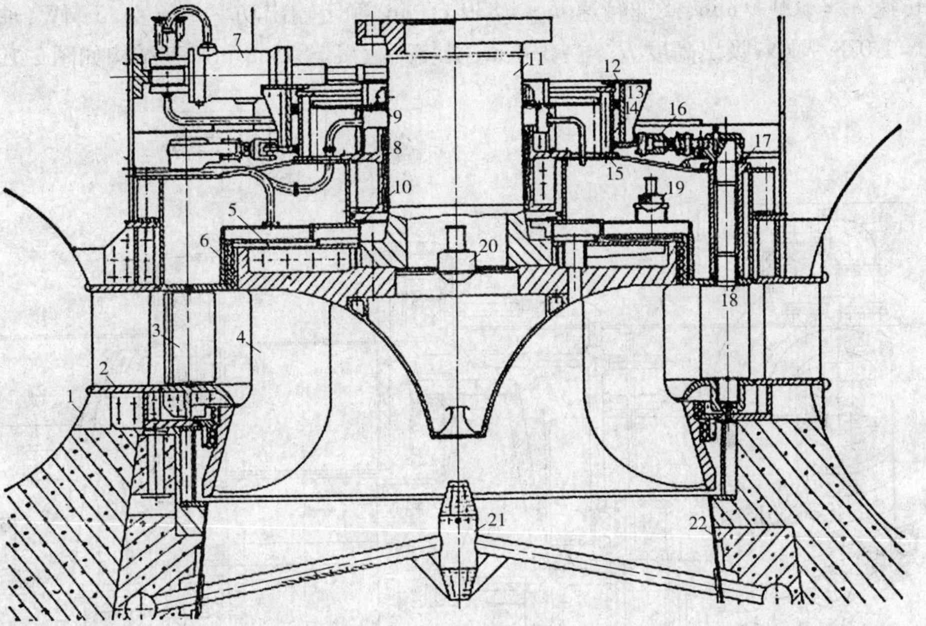

1—蜗壳;2—座环;3—导叶;4—转轮;5—减压装置;6—止漏环;7—接力器;8—导轴承;
9—平板密封;10—抬机式检修密封;11—主轴;12—控制环;13—抗磨板;14—支持环;15—顶盖;
16—导叶传动机构;17—尼龙轴套;18—导叶密封;19—真空破坏阀;20—吸力式空气阀;
21—十字补气架;22—尾水管钢板里衬

图 2-18　HL200—LJ—550 型水轮机

所以该水轮机的导轴承采用水润滑的橡胶导轴承。在轴承体上方装有单层橡胶平板密封的润滑水箱,以防止润滑水漏损。检修密封为抬机式密封。

蜗壳由低合金钢板焊接而成,材料采用 14MnMoVN,蜗壳包角为 345°,进口断面直径为 7.5 m。尾水管采用 4H 形,直锥段内设钢板里衬,并装有十字补气架。尾水管高度为 14.3 m,长度为 22 m。导水机构为径向式,共有 24 个活动导叶,导叶分布圆直径为 6.4 m,导叶高 1.1 mm,上部导叶采用 ZG20MnSi 整铸,导叶密封采用成型橡胶条密封。此结构现已改进。导叶轴套采用聚甲醛及尼龙材料,导叶套筒密封采用 L 形密封。导叶传动机构为叉头式,用剪断销加以保护。导水机构接力器采用两只摇摆式接力器,操作油压为 4 MPa,接力器的直径为 650 mm,行程为 655 mm,它布置在不相邻的两个象限内。锁锭装置设在支持环上,投入时锁住控制环。

机组防飞逸装置采用 GC—150 事故配压阀和快速闸门。补气措施有三处:顶盖上装 2 只 ϕ200 mm 真空破坏阀,当转轮内形成 6.3 kPa 压强时补入空气;主轴下端装 1 只 ϕ400 mm 吸力式空气阀,当转轮内出现真空时自动补气;为防止空腔空蚀和消除涡带,在尾水管的十字补气架的进口管上装 1 只 ϕ200 mm 吸力式真空破坏阀,当尾水管内出现真空时自动补气。

(2) HL100—LJ—2210 型水轮机。HL100—LJ—2210 为低比速混流式水轮机,它应用于水头较高的水电站,过流部件要有抗高水压的强度要求。该水轮机的基本参数为:最大水头 H_{max} = 318 m,额定水头 H_r = 270 m,最小水头 H_{min} = 260 m,额定流量 Q_r = 17.3 m^3/s,

额定转速 $n_r = 500$ r/min，飞逸转速 $n_{run} = 839$ r/min，额定输出功率 $P_r = 41.5$ MW，轴向水推力 $F_h = 1\ 078.7$ kN，吸出高度 $H_s = -3.4$ m，安装高程 $Z = 875.8$ m。其结构如图 2-19 所示。

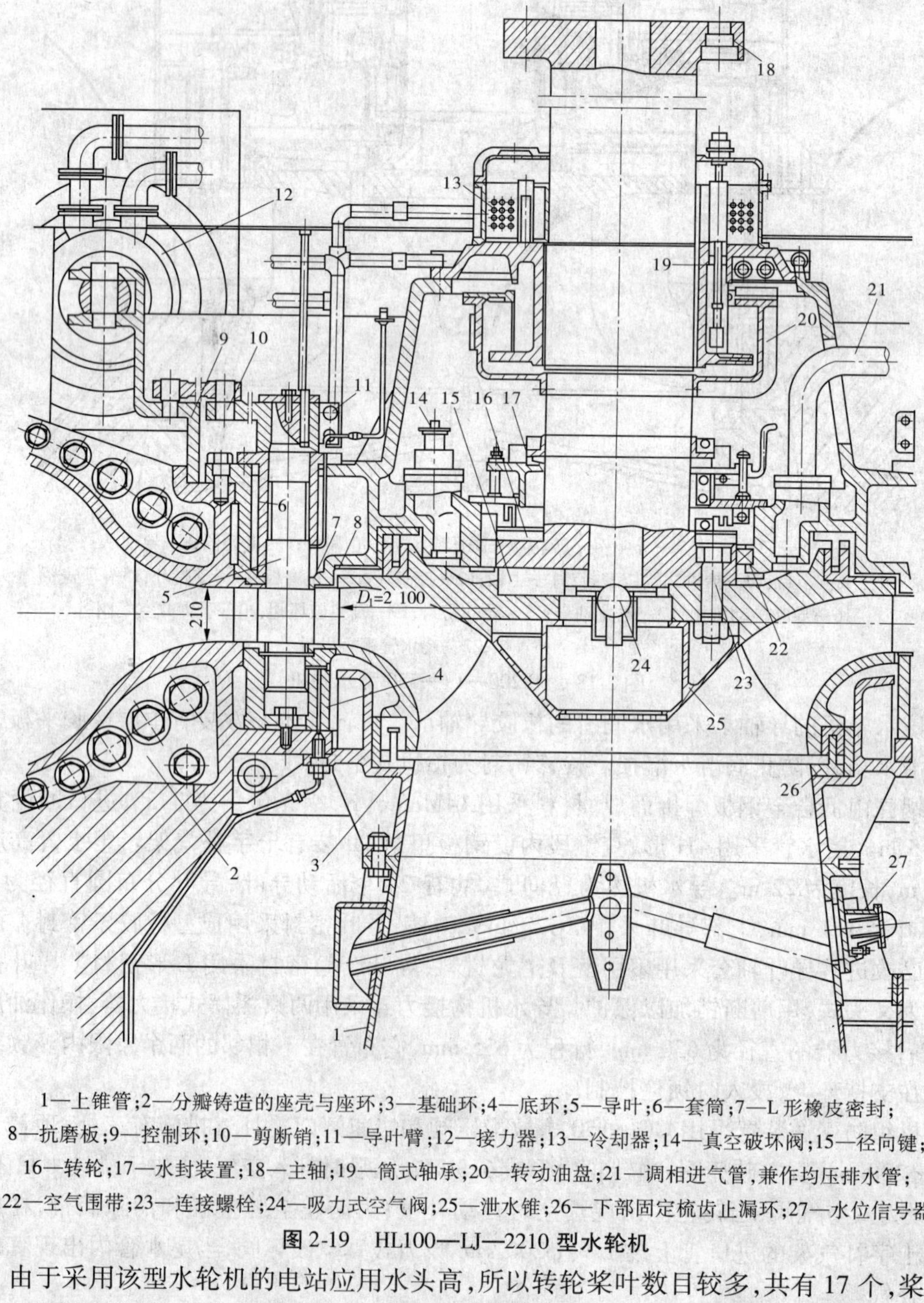

1—上锥管；2—分瓣铸造的座壳与座环；3—基础环；4—底环；5—导叶；6—套筒；7—L 形橡皮密封；8—抗磨板；9—控制环；10—剪断销；11—导叶臂；12—接力器；13—冷却器；14—真空破坏阀；15—径向键；16—转轮；17—水封装置；18—主轴；19—筒式轴承；20—转动油盘；21—调相进气管，兼作均压排水管；22—空气围带；23—连接螺栓；24—吸力式空气阀；25—泄水锥；26—下部固定梳齿止漏环；27—水位信号器

图 2-19　HL100—LJ—2210 型水轮机

由于采用该型水轮机的电站应用水头高，所以转轮桨叶数目较多，共有 17 个，桨叶采用不锈钢材料制造。为减小漏水损失，转轮的上部和下部采用两道止漏环，其中第一道为缝隙式，第二道为梳齿式，这是高水头混流式水轮机提高止漏效果的结构特点之一。在顶盖上装设均压管作为减压装置，以减小轴向水推力，同时兼作调相进气管。该机组的导水

机构为径向式，它具有16个活动导叶。导叶传动机构为耳柄式。由于水轮机径向尺寸较小，所以控制环布置在座环的上面，即布置在导叶分布圆直径以外，这种情况比较特殊。顶盖的形状也比较特殊，为了支撑导轴承，在顶盖上制作有轴承支架，支架和顶盖用整铸结构，顶盖和底环过流面镶有抗磨板。水轮机主轴为双法兰结构，不带轴领，轴颈直径为0.55 m，轴长为3.56 m。轴承为稀油润滑的圆筒式导轴承，轴承下方装有主轴机械式端面密封，密封材料为碳精。

蜗壳采用高强度铸钢分段铸造，并用螺钉连成整体，以满足高水头强度要求，蜗壳包角为354°，进口断面直径为1.5 m。尾水管较长，长度为26.7 m。为便于检查和更换转轮室，尾水管里衬做成可拆卸的，并且不埋在混凝土内，这就要求尾水管具有足够的刚度。防飞逸装置采用球阀。补气措施有三处：顶盖上装2只ϕ100 mm真空破坏阀；主轴下方装有真空吸力阀，此种形式现在已基本淘汰；在尾水管内装有十字补气架。在蜗壳上安装了调压阀，以限制水压上升，当机组甩负荷时，调压阀随同导叶的关闭而开启，将水排入下游。

2.2.2 贯流式水轮机

我国水力资源十分丰富，但是随着我国水电的不断开发，可供开发的中高水头水力资源已剩下不多。随着国内贯流式机组设计、制造水平的提高，贯流式机组应用日益增多，特别是在25 m以下的水头段中，已基本取代轴流式机组。它与中高水头水电站及低水头立轴的轴流式水电站相比，具有以下显著的优点。

(1)流道结构简单，水力损失小。水电站从进水到出水，方向基本上是轴向贯通，形状简单，水流流动方向变化不大，所以水力损失小。

(2)机组过水能力大，比转速和效率高。在水头和功率相同的条件下，贯流式水轮机直径要比轴流转桨式的小10%左右，效率比轴流转桨式高3%~5%。

(3)机组尺寸小，质量轻。在水头和单机容量相同时，贯流式机组比轴流转桨式机组转轮直径小15%左右，其质量约轻25%。

(4)结构布置紧凑，土建投资少。由于贯流式机组取消了复杂的引水系统，减小了土建开挖量，同时结构紧凑，使得厂房面积减小，因此贯流式机组与轴流转桨式机组相比，土建费用可节省30%~40%。

(5)贯流式水轮机适合作可逆式水泵水轮机运行，可应用于具有双向发电、双向抽水和双向泄水的潮汐电站。

根据结构特点和布置形式，目前贯流式水轮机可分为全贯流式和半贯流式两大类。

1. 全贯流式水轮机

全贯流式水轮机的发电机转子磁极与水轮机转轮桨叶合为一体，而发电机的定子磁极直接安装在水轮机桨叶的外缘上，其上有密封防止渗漏，如图2-20所示。其主要特点是：结构更紧凑，轴线短，厂房土建投资少，且安装检修方便，机组运行稳定性好。但制造工艺高，密封装置复杂，现已很少采用。

2. 半贯流式水轮机

半贯流式水轮机又可分为轴伸贯流式、竖井贯流式、虹吸贯流式和灯泡贯流式。

(1)轴伸贯流式。这种贯流式机组均采用卧式布置,如图2-21所示,其轴为水平或略微倾斜,并与流道外的发电机相连,在水轮机与发电机之间布置有增速器,尾水管呈S形。由于其轴线较长,轴封困难,且厂房的噪声较大,所以一般应用于小型机组。

(2)竖井贯流式。它是将发电机布置于一竖井内,水轮机与发电机是通过齿轮或皮带等增速装置连接在一起的,如图2-22所示。它具有防潮,通风性好,运行和维护检修方便等优点,但因竖井增加引水流道的水力损失,效率相对较低。竖井贯流式水轮机在小型电站上应用较多。

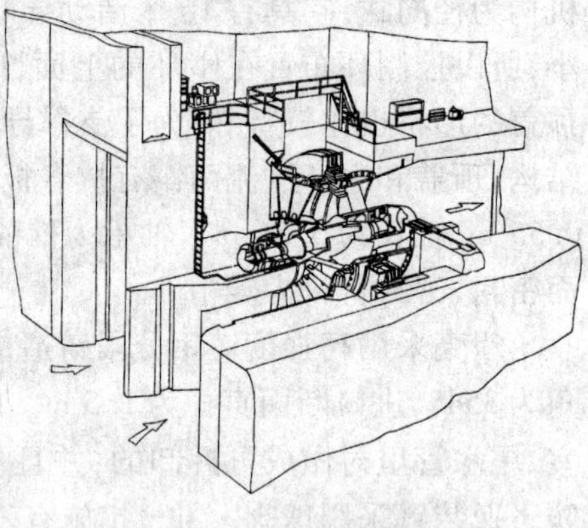

图2-20 全贯流式水轮机

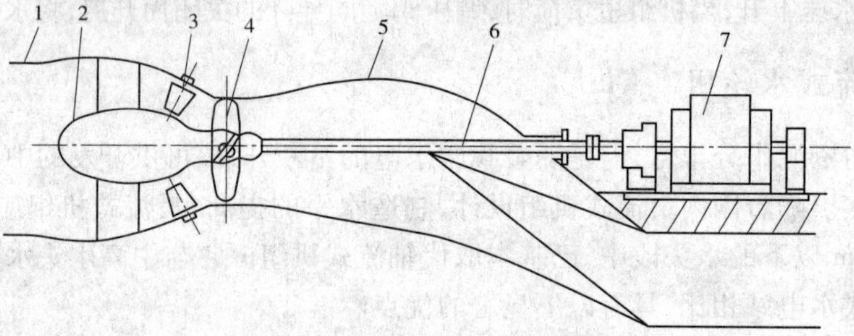

1—引水管;2—灯泡体;3—导水机构;4—转轮;5—尾水管;6—主轴;7—发电机

图2-21 轴伸贯流式水轮机

(3)虹吸贯流式。虹吸贯流式是把水轮机装在一虹吸管道中而得名的,如图2-23所示。它具有厂房基础开挖量少,厂房结构简单,机组运行和安装维护方便等特点。虹吸贯流式水轮机适用于上游水位变化不大的低水头小型电站。

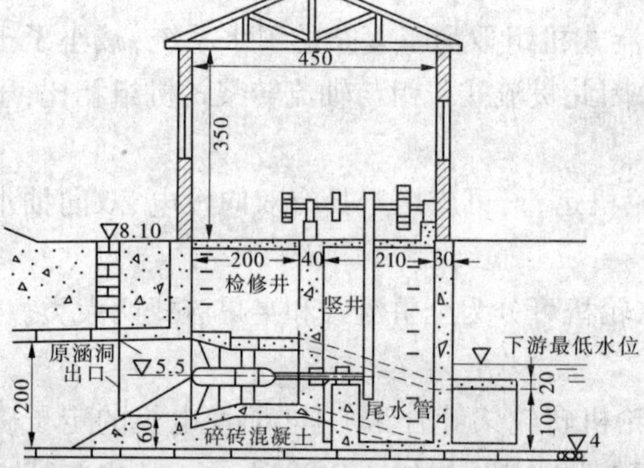

图2-22 竖井贯流式水轮机

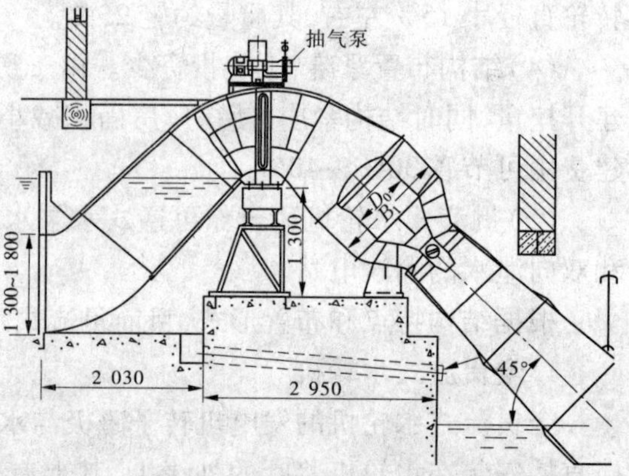

图2-23 虹吸贯流式水轮机

(4)灯泡贯流式。灯泡贯流式水轮机是目前低水头电站中应用最广泛的贯流式机型。它是把发电机密封安装在水轮机上游侧一个灯泡形的金属壳体中,水轮机转轮与发电机主轴水平连接,如图2-24所示。其优点是:由于流道中的水流畅直,水力损失小,效率高;具有较大的单位流量和较高的单位转速,在相同水头和出力条件下,机组尺寸小,质量轻，同时减小了厂房平面尺寸，使得土建投资和机组造价降低。其缺点是容易造成透水事故，安装检修比较困难。

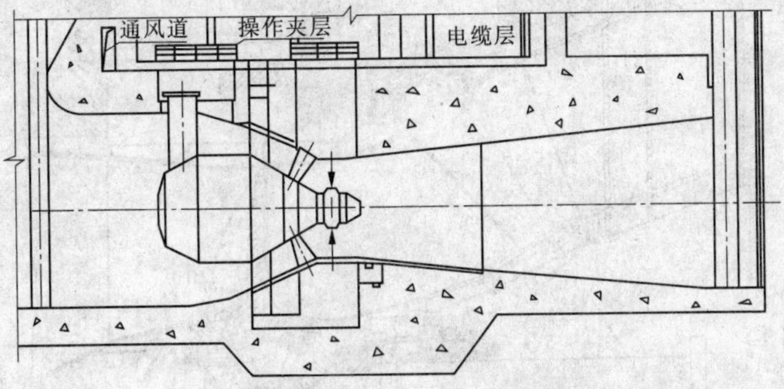

图 2-24　灯泡贯流式水轮机

3. 灯泡贯流式水轮机结构实例

图 2-25 所示为 GZ003—WP—550 型贯流转桨式水轮机结构，转轮代号为 003，卧轴、灯泡式，转轮直径为 550 cm。该水轮机基本参数为：最大水头 $H_{max}=10$ m，设计水头 $H_r=6.2$ m，最小水头 $H_{min}=3$ m，额定流量 $Q_r=199\ m^3/s$，额定输出功率 $P_r=10.46$ MW，额定转速 $n_r=78.9$ r/min，飞逸转速 $n_{run}=215$ r/min，最大效率为 92.5%，向下游看旋转方向为顺时针。引水室均由钢板焊接而成，形状如灯泡，在其中布置发电机、轴承、主轴和管路等。与引水室相连的为座环，采用钢板焊接结构，固定导叶共 8 个，其中上下 2 个为特殊结构，可作为进人检修和管路通道。

导水机构为圆锥式，主要由导叶、底环、顶盖、导叶传动机构和控制环等组成。导叶共有 16 个，由 ZG20MnSi 整体铸造而成。底环、顶盖和导叶两端均采用球面，以保证导叶在转动时能够有效封水。控制环支撑在顶盖上，均为钢板焊接结构。控制环通过推拉杆与两个直径为 500 mm 的普通式直缸接力器相连，并立放在基础墩上。

水轮机转轮为转桨式，共有 4 个桨叶，桨叶与枢轴分别铸造，螺栓与桨叶连成一体。桨叶转动机构为耳柄连杆式，与转轮接力器活塞直接相连。转轮接力器位于转轮体下端空腔内，在转轮体下端壁上固定有转轮体端盖，形成接力器腔，在接力器腔内充满了 2.5 MPa 的操作油。操作油由装在发电机顶端的受油器控制。转轮室为焊接结构，分两瓣，分瓣面采用法兰结构，用螺栓连接，为了便于检查转轮和导水机构，在顶部和底部各设置了一个向外开启的进人门。

水轮机主轴为双法兰空心轴，分别与转轮体和发电机相连，在主轴中间装有操作油管。水轮机导轴承为动静压式对开球轴承，它由轴瓦、球面支承、密封和球面座等组成，轴瓦上部两边各留 50 mm 宽的巴氏合金。轴承采用外冷式油循环系统。径向力通过轴承的凸缘和扇形支撑传至座环。运行中主轴出现的较小位移由法兰凸缘和轴承套管来承担，较大变形则由扇形支撑板来承担。主轴密封为活塞式水压密封，活塞材料为轴承橡胶。在主轴密封右部装有空气围带式检修密封。

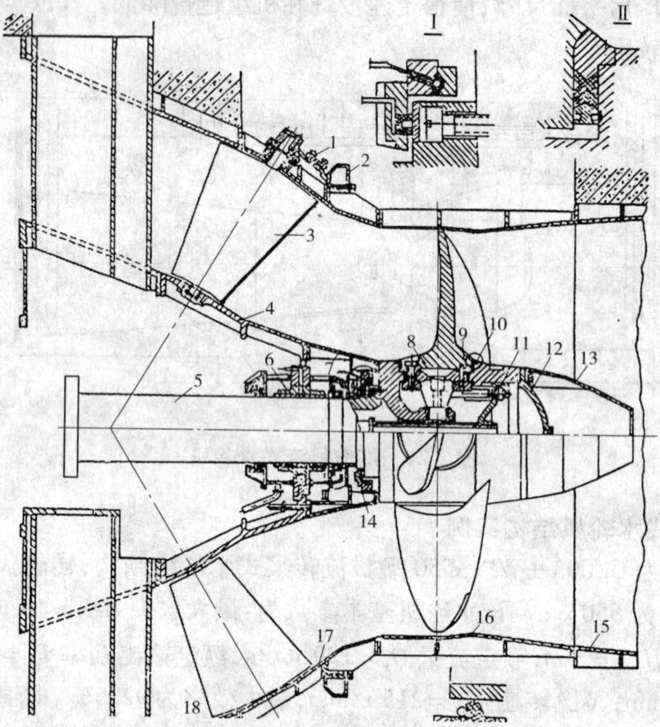

1—导叶传动机构；2—控制环；3—导叶；4—底环；5—主轴；6—水导轴承；7—密封座；
8—转轮；9—桨叶操作机构；10—桨叶密封；11—转轮接力器活塞；12—端盖；
13—泄水锥；14—主轴密封；15—尾水管；16—转轮室；17—顶盖；18—座环

图 2-25　GZ003—WP—550 型水轮机

2.2.3　水斗式水轮机

水斗式水轮机又称贝尔顿式水轮机，它与反击式水轮机的水流能量转换特征不同，只利用水流的动能。由于具有结构简单、应用水头范围大、高效率区宽、空化性能好等优点，它是冲击式水轮机中应用最广、发展最快的一种机型。目前，应用水头最高达 1 667 m，单机容量最大达 315 MW。我国已投入运行的最大的冲击式水轮发电机组，在云南小江水电厂，单机容量为 36 MW，转轮直径为 1.7 m，最高水头为 602 m。

水斗式水轮机是利用压力钢管引来的高压水能经喷嘴转化成动能，冲击水斗进行能量转换的。它适用于小流量、高水头的电站。由于安装于尾水位以上，无复杂导水机构，取消了蜗壳和尾水管，所以它具有安装高程不受空蚀限制、平均运行效率高、机组结构简单和土建投资少等显著优势。

1. 水斗式水轮机的布置形式

水斗式水轮机的布置形式有卧轴和立轴两种。其中，卧轴适用于中小型机组，主轴可配置 1 ~ 3 个转轮。由于转轮空间上布置不方便，一般每个转轮周围布置 1 ~ 2 个喷嘴，如图 2-26 所示。

立轴适用于大中型机组，一根主轴只装一个转轮，其喷嘴一般有 2 ~ 6 个，如图 2-27 所示。

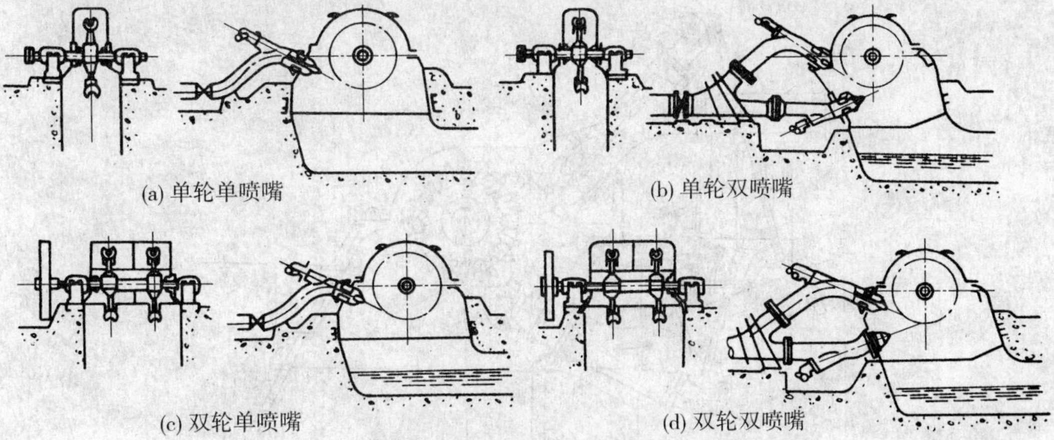

(a) 单轮单喷嘴　(b) 单轮双喷嘴

(c) 双轮单喷嘴　(d) 双轮双喷嘴

图 2-26　卧轴水斗式水轮机

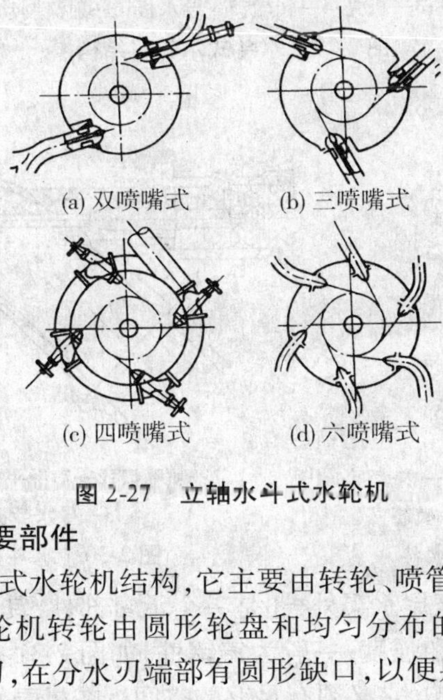

(a) 双喷嘴式　(b) 三喷嘴式

(c) 四喷嘴式　(d) 六喷嘴式

图 2-27　立轴水斗式水轮机

2. 水斗式水轮机的主要部件

如图 2-28 所示为水斗式水轮机结构，它主要由转轮、喷管、折向器、机壳等组成。

(1)转轮。水斗式水轮机转轮由圆形轮盘和均匀分布的水斗组成。其水斗结构如图 2-29所示，正面有分水刃，在分水刃端部有圆形缺口，以便射流。为了增强水斗的刚度和强度，在其背部加有横筋和纵筋。水斗与轮盘的连接方式有组合、焊接和整体铸造等。

(2)喷管。喷管由喷管体、喷嘴、导水叶栅、喷针头和喷针操作机构等组成，如图 2-30 所示。喷嘴由喷嘴口和喷嘴头等组成，流量的控制是通过改变喷针与喷嘴口之间的过水断面面积来实现的，而水流在喷嘴口实现压能与动能的转换。由于水流速度较大，故在喷嘴出口处会产生空蚀和磨损，需在喷嘴口和喷针头采用抗磨蚀性能好的材料。在喷管体内装有导水叶栅，它用来支撑喷针杆和引导水流沿喷针杆均匀流动。

(3)折向器。折向器位于喷管前部的喷嘴头上，正常运行时，它与射流水柱之间保持 3～6 mm 的距离。其原理是：当机组突然甩部分或全部负荷时，在调速器的协联机构的操纵下，折向器快速切断水流，防止机组产生飞逸；同时喷针缓慢关闭，避免引水管上产生过大的水击压力，保证机组的安全稳定运行。

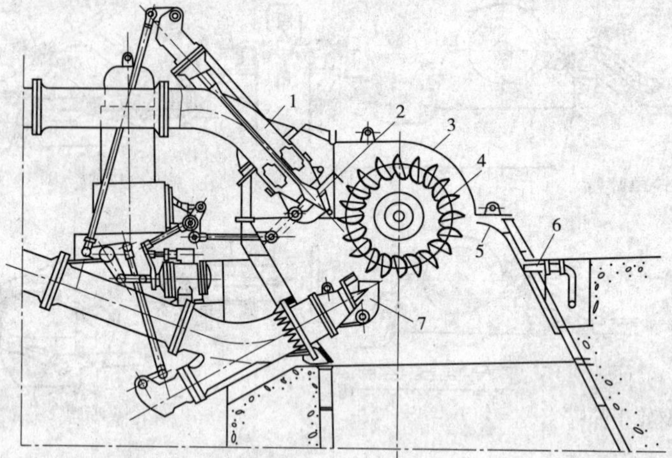

1—喷管;2—喷嘴;3—机壳;4—转轮;5—导水板;6—射流制动器;7—折向器

图 2-28　水斗式水轮机结构

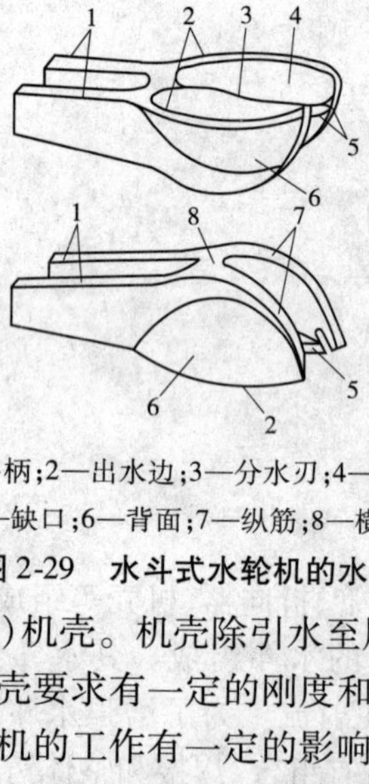

1—水斗柄;2—出水边;3—分水刃;4—内表面;
5—缺口;6—背面;7—纵筋;8—横筋

图 2-29　水斗式水轮机的水斗

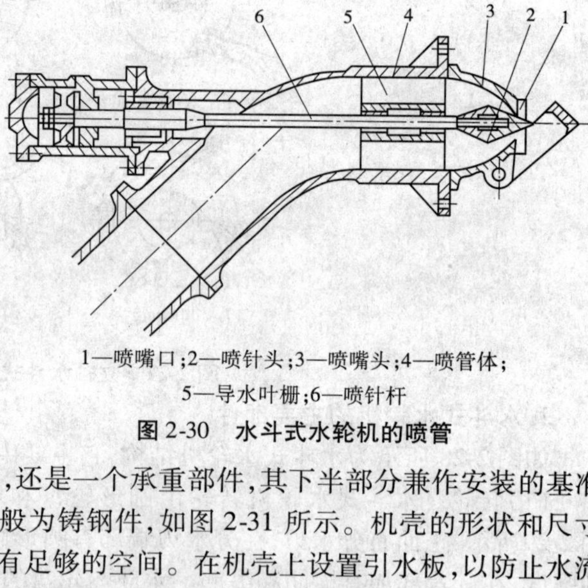

1—喷嘴口;2—喷针头;3—喷嘴头;4—喷管体;
5—导水叶栅;6—喷针杆

图 2-30　水斗式水轮机的喷管

(4)机壳。机壳除引水至尾水渠外,还是一个承重部件,其下半部分兼作安装的基准件。机壳要求有一定的刚度和强度,一般为铸钢件,如图 2-31 所示。机壳的形状和尺寸对水轮机的工作有一定的影响,它必须有足够的空间。在机壳上设置引水板,以防止水流随转轮飞溅至上方造成附加损失,并减小气旋产生的风阻。

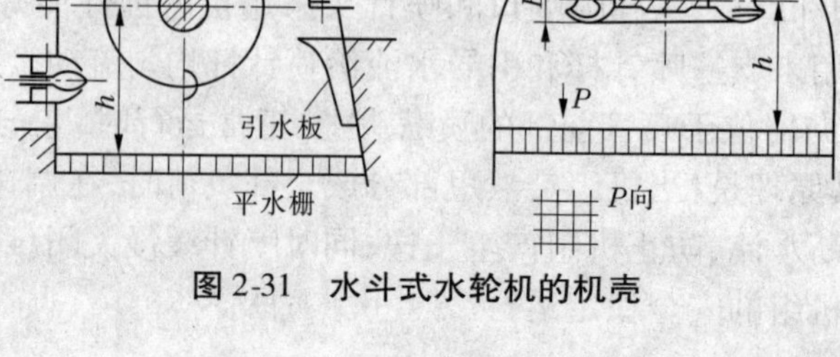

图 2-31　水斗式水轮机的机壳

此外，在机壳下方设有平水栅，可作为削能和安装、检修时的工作平台。其上还装有制动喷嘴，停机时，用以防止损坏轴承，并可缩短停机时间。

小　结

本项目以拆卸水轮机为主题，分为拆卸水导轴承及主轴密封和导水机构、拆卸水轮机转轮两个典型任务。

拆卸水导轴承及主轴密封和导水机构任务：首先以拆卸水轮机水导轴承及主轴密封为主线，介绍水轮机主轴、水轮机主轴密封装置、水轮机轴承、水轮机的辅助装置等内容。然后以拆卸水轮机导水机构为主线，介绍轴流式水轮机导水机构的形式、导水机构的组成、导水机构环形部件、引水部件、泄水部件等主要内容。

拆卸水轮机转轮任务：首先以轴流转桨式水轮机转轮的吊出为主线，介绍拆卸轴流式水轮机转轮的步骤、工艺要求、所需工具等内容。然后以轴流转桨式水轮机转轮的分解为主线，介绍轴流式水轮机转轮的结构和工作原理。

复习思考题

2-1　简述混流式水轮机转轮基本组成及各部分的作用。

2-2　简述轴流转桨式水轮机转轮基本组成及各部分的作用。

2-3　简述反击式水轮机导水机构的作用。

2-4　导叶间隙分为哪两种？各采用哪些密封措施？其间隙如何调整？

2-5　导叶传动机构有哪几种形式？各有何优缺点？

2-6　水轮机导水机构中，底环、控制环、顶盖、支持盖各有何作用？

2-7　金属蜗壳和混凝土蜗壳的应用范围有何不同？各有何特点？

2-8　基础环一般安装在什么位置？其作用是什么？

2-9　水轮机尾水管有何作用？有哪些主要形式？

2-10　水轮机主轴密封有哪些形式？各自的作用和特点是什么？

2-11　水轮机水润滑导轴承和油润滑导轴承的结构特点有何不同？

2-12　水轮机的补气装置通常有哪些？各自的安装位置和作用有何不同？

2-13　机组为什么会出现抬机现象？常见的防抬机装置有哪些？

2-14　水斗式水轮机的主要部件有哪些？它们的相对位置如何？

2-15　水斗式水轮机的折向器有何作用？

项目3　水轮机修复

教学目标			
典型任务	能力目标	知识目标	素质目标
3.1　水轮机空蚀和磨损的部位寻查与修复	能正确分析查找损坏的原因，找出相应解决方法进行修复	1. 水轮机内的水流运动； 2. 水轮机运行工况； 3. 水轮机的空蚀机制、防护措施； 4. 水轮机的安装高程； 5. 水轮机磨损的原因、防护措施、处理方法。	培养团队合作精神和独立完成任务的意识
3.2　水轮机振动现象原因分析与处理	能正确分析查找水轮机振动的原因，找出解决方法进行处理	1. 水轮机振动的原因； 2. 水轮机振动的防护措施； 3. 水轮机振动的处理方法。	1. 培养团队合作精神和独立完成任务的意识； 2. 培养查阅资料的能力。

【任务3.1】　水轮机空蚀和磨损的部位寻查与修复

水轮机在运行过程中，由于存在水流含沙，安装工艺、制造工艺不佳，运行工况复杂等因素，会产生空蚀和磨损现象，将对机组的安全运行有较大影响，因此要根据水轮机的非正常运行状态，分析其原因及找出相应的处理方法。

1. 水轮机空蚀和磨损的部位寻查与修复教学情境的创建

该任务分水轮机空蚀的部位寻查与修复和水轮机磨损的部位寻查与修复两个教学情境进行，具体的教学情境按生产过程中工程技术人员的工作习惯结合学生学习的特点来创建，见表3-1。

表 3-1　水轮机空蚀和磨损的部位寻查与修复教学情境的创建

项目	教学情境 3-1：水轮机空蚀的部位寻查与修复	教学情境 3-2：水轮机磨损的部位寻查与修复
学习形式	现场实际操作并用教学课件演示辅助	现场实际操作并用教学课件演示辅助
实施地点	多媒体教室和水电站	多媒体教室和水电站
使用教具	电脑、投影仪	电脑、投影仪
作业形式	完成学习任务单	完成学习任务单
教学步骤	(1)教师引导学生分析水轮机空蚀和磨损的部位、机制、类型及防护修复措施； (2)学生分组查阅相关图纸资料； (3)学生根据任务要求制订工作方案，经教师审定后进入下一步； (4)各小组按审定的方案进行工作，寻找水轮机空蚀和磨损的部位并提出处理方案或修复； (5)教师检查反馈学生任务完成情况； (6)学生汇报自评、教师评价。	

2. 水轮机空蚀及分析处理

1)认识空蚀并寻查水轮机的空蚀部位

(1)认识空蚀。水轮机在空化的作用下，过流金属表面出现毛糙、麻点和海绵状的蜂窝孔等破坏现象，这就是空蚀。

(2)空蚀的常见部位。水轮机发生空蚀的常见部位有：转轮叶片背面、叶片外缘、叶片法兰下表面、叶片固定螺钉及密封螺钉处、转轮室、转轮体、转轮室连接处、尾水管壁等。

2)水轮机空蚀的机制

由于水流在流经水轮机过流部件时，在某些部位可能产生压力下降，当压力低于汽化压力时水就空化，释放出大量的气泡，使得原溶解于水中的空气也随水蒸气而逸出，因此气泡是水蒸气和空气的混合体。这些气泡在流经高压区时，在高压作用下迅速凝缩成很小的水珠，使得气泡内形成真空，于是周围的高压水流质点，以极大的速度向气泡中心冲击，形成巨大的水锤压力，压力可达几百甚至上千个大气压。在水锤压力作用下空气也被压缩，直到气体的弹性压力大于水锤压力时，才停止压缩。接着气泡由于反作用力而产生膨胀，又会发育成新的气泡，同样又引起水流质点产生冲击力。这样气泡不断形成与溃灭，每秒近千万次。水流质点这种反复高速冲击产生的水锤，使过流部件的金属表面遭到严重的破坏。这种由于空化造成的过流表面的材料损坏称为空蚀。根据近代实验室和现场的研究，空化对过流表面的破坏作用主要是机械作用，其次是电化作用和化学作用。

3)水轮机空蚀类型

根据发生空蚀的位置和条件，水轮机空蚀可分为翼型空蚀、局部空蚀、间隙空蚀和空腔空蚀四种。

(1)翼型空蚀。根据反击式水轮机的工作原理,水流动量矩的改变意味着叶片正面和背面必然存在压差,一般正面为正压力,背面为负压力。当负压区的压力低于相应的汽化压力时,就可能发生翼型空蚀。所以,在转轮叶片背面的空化最为普遍。翼型空蚀的位置与水轮机型号有关,对混流式水轮机,翼型空蚀主要发生在叶片背面出水边的下半部靠下环的 A 区、叶片背面与下环靠近进口处的 B 区和叶片背面与上冠交界处的 D 区,另外在下环内表面的 C 区有时也发生空蚀,如图 3-1(a)所示;对轴流式水轮机,翼型空蚀主要发生在叶片背面出水边与轮毂连接部位,如图 3-1(b)所示,其中,叶片背面出水边中部和外缘后部 B 区的空蚀最为严重,叶片背面进水头部 A 区次之。翼型空蚀见图 3-1(c)。

(2)局部空蚀。局部空蚀是由于水轮机过流部件表面凹凸不平造成局部脱流、水流绕流形成旋涡,使得压力下降而产生的,如图 3-1(d)所示。局部空蚀一般是由水轮机加工制造缺陷或检修变形等因素造成的。对轴流转桨式水轮机,局部空蚀主要发生在转轮室连接处、叶片固定螺钉及密封螺钉处;对混流式水轮机,局部空蚀主要发生在转轮上冠泄水孔后面。

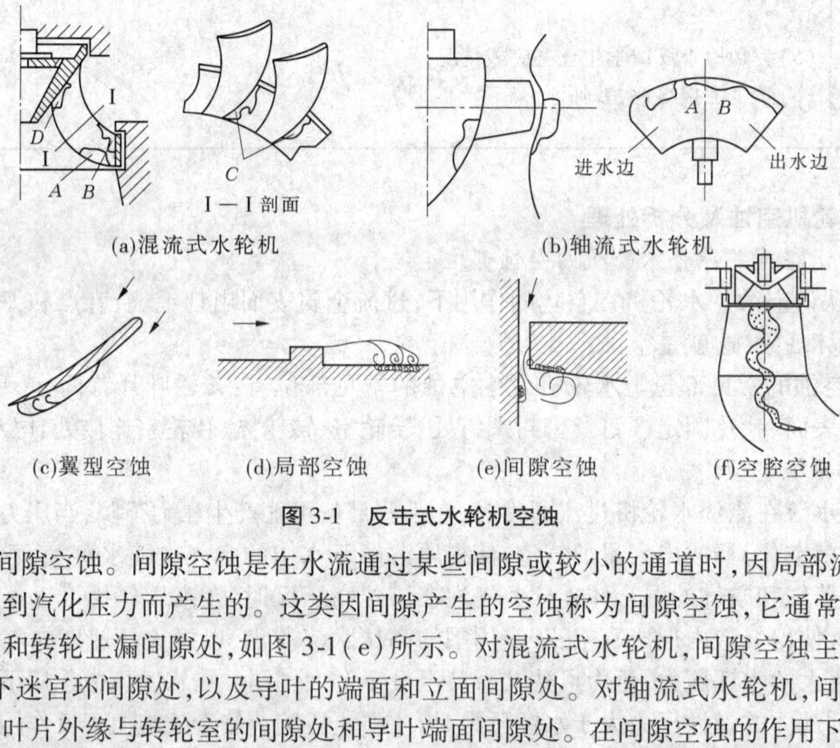

(a)混流式水轮机 (b)轴流式水轮机

(c)翼型空蚀 (d)局部空蚀 (e)间隙空蚀 (f)空腔空蚀

图 3-1 反击式水轮机空蚀

(3)间隙空蚀。间隙空蚀是在水流通过某些间隙或较小的通道时,因局部流速升高,压力降低到汽化压力而产生的。这类因间隙产生的空蚀称为间隙空蚀,它通常发生在导叶间隙处和转轮止漏间隙处,如图 3-1(e)所示。对混流式水轮机,间隙空蚀主要发生在转轮上、下迷宫环间隙处,以及导叶的端面和立面间隙处。对轴流式水轮机,间隙空蚀主要发生在叶片外缘与转轮室的间隙处和导叶端面间隙处。在间隙空蚀的作用下,转轮室、叶片外缘、叶片法兰下表面及转轮体局部都将遭到破坏。

(4)空腔空蚀。当反击式水轮机在非最优工况下运行时,转轮出口水流总是具有一定的圆周分速度 V_{u2},使得水流在尾水管内产生旋转,形成涡带,中心形成真空带。当涡带中心出现的负压小于汽化压力时,水流就会产生空化现象,而中空旋转的涡带周期性地冲击尾水管壁,就会使尾水管壁产生空蚀,这种空蚀称为空腔空蚀,如图 3-1(f)所示。空腔空化的产生与运行工况有关系,涡带从转轮叶片出水边一直延伸到尾水管,其形态随工况而变化。在较大负荷时，尾水管中涡带形状呈柱状，几乎与尾水管中心线同轴；但在低负荷时，空腔涡带较粗，呈偏心螺旋状，极不稳定，将发生强烈的空腔空蚀。由于涡带使得转轮出流不稳定，从而造成流量和压力不稳定，引起水压周期性的脉动，对机组运行稳定性的影响较大。这种压力脉动可能引起基础部件、机件和轴承的垂直振动，引起主轴的摆动、出力波动、剧烈的噪声等运行不稳定现象。

4）空蚀破坏危害

空蚀破坏对水轮机产生的危害主要有以下几个方面：

（1）破坏水轮机过流部件，特别是水轮机转轮叶片。我国某水电站，水轮机空蚀较严重，运行不到两年就导致叶片穿孔而无法运行，必须更换转轮。

（2）导致水轮机效率降低和机组功率摆动。水轮机在非最优工况下运行，特别是在远离设计工况时，转轮内部的流态变坏，易产生空蚀和压力脉动，导致部分能量损失、水轮机效率急剧下降。此时压力脉动的幅值往往比正常运行时大得多。在压力脉动可能造成有效水头变化时，还会引起机组有功功率的摆动。

（3）引起机组的振动、噪声和运行不稳定。在水轮机产生空蚀时，水流从转轮上冠到下环，叶片进水口边脱流，卷成涡带，通过叶片流道。由于水流沿叶片长度方向流动不均匀，自上而下产生二次流，在叶片间产生高强度的不稳定涡流，这种不稳定涡流是振动的激振源。另外，转轮出口绝对速度的圆周分量会产生强烈的螺旋状空腔涡带，拍打尾水管边壁而产生噪声，且水流压力呈周期性脉动变化，严重影响机组的运行稳定性。

（4）空蚀增加了机组的检修周期和检修复杂性。如六郎洞水电站水轮机在空蚀与泥沙磨损作用下，曾发生过平均12天检修一次的情况。黄河上的刘家峡、三门峡等水电站，有的水轮机经过一个汛期的运行就需要检修。这不仅耗用了大量人力物力，增加了费用开支，而且延长了工期，影响电厂发电效益。

5）水轮机空蚀的防护措施

水轮机空蚀是一个复杂的过程，它对水轮机正常运行是十分有害的。通对过国内外许多水电站的运行实践观察、试验和研究，总结出一些防空蚀的经验方法。目前的空蚀防护主要有以下几个方面。

（1）设计方面，主要是改善水轮机转轮叶片翼型设计。例如改善叶片头部的形状，使转轮叶片呈光滑的流线形；尽可能使叶片上压力分布均匀，并缩小低压区；叶片背面无鼓包，使水流平顺、流畅；叶片出口边应较薄等。实践证明，翼型设计得合理，可以减轻空化和空蚀损伤。但从能量观点上讲，要求水轮机的过流量尽可能大，而空化系数又随过流量的增加而增加，为保证水轮机有良好的能量特性，空化系数不可能太小。水轮机空蚀破坏与吸出高度有关，合理确定水轮机的吸出高度，可以避免或减轻水轮机的空蚀破坏。

（2）制造方面，主要是提高制造加工工艺水平。转轮材料的冶炼方法、铸造工艺，以及结构的焊接、叶型加工、铲磨、检测手段、热处理水平及其质量保证体系等，均将影响转轮的成品质量，进而影响水轮机抗磨蚀的性能。转轮叶片加工后的型线应尽可能与叶片木模图一致。实际运行中，在同一个水轮机上，发现各叶片被空蚀损坏的程度差别很大，这是由于制造时型线误差较大造成的。如丹江口水电站3号机和5号机空蚀破坏程度相差25倍。另外，还应注意叶片表面的粗糙度，粗糙度大易使局部脱流空化。

(3)材质选用方面。过流部件材质选择对减轻转轮磨蚀破坏,以及延长转轮使用寿命有着重要作用。不同的材料具有不同的抗空蚀、抗磨损性能,而且区别很大。就抗空蚀、抗磨损、耐腐蚀而言,铸造碳钢(ZG230—450 ~ ZG270—500)是最差的,低合金钢ZG20SiMn在水电站应用很广泛,该材质对于水质清的水电站,在空蚀部位表面增设不锈钢保护层条件下可以维持3~5年大修一次,但抗磨损性能较差。镍铬系列不锈钢有较好的抗空蚀性能,抗泥沙磨损性能也比低合金钢要好,但在多泥沙河流水电站还必须采取抗磨损措施。我国近年来使用ZGOCr13Ni6和ZGOCr13Ni4不锈钢,它们的抗蚀性能均较好。如八盘峡水电站1、2号机采用20SiMn材料的转轮,平均每运行1.65 h就需检修1 h,3、4、5号机改用OCr13Ni材料的转轮。

(4)运行方面。①改善运行条件,合理选定工作区。水电站在水库调度年份内,由于年内来水量不均和水库运用的要求,特别是初期发电,水库蓄水位达不到设计要求而长时间在低水头下运行等,使机组经常不能保持在设计工况下运行。此时水流进入转轮的流态偏离最佳工况,造成压力的变化,形成脱流,引起空蚀破坏。可通过把机组限定在某一出力区运行或者通过改变开机方式,进行成组调节,改善运行工况,尽量避开空蚀区域。②采用空蚀补气。补气对破坏空腔空蚀、减轻振动有一定的作用。将空气送进空蚀区,可减少真空度;因空气具有很好的压缩性,可降低气泡溃灭时产生的冲击力,从而减小空蚀破坏。

6)水轮机空蚀的修复

(1)提高空蚀检修质量。水电站要提高空蚀检修质量,主要应做到以下几个方面:①定期维护检修。空蚀破坏有一定潜伏期,有一定的周期性,及时检查和处理空蚀部位,能够有效地控制空蚀损坏。②轮换备用转轮,缩短检修周期。对于磨蚀严重的水轮机,水电站停机检修的周期主要决定于水轮机转轮的补焊与处理,采用已处理好的备用转轮更换需要处理的转轮,可以大大缩短检修周期,保证检修质量,提高水电站的发电经济效益。③提高检修人员素质,保证检修质量。提高检修质量是延长磨蚀部件寿命的重要因素之一,而提高检修质量决定于检修人员的技术水平和责任心。例如焊接工艺,由于对焊道搭叠、焊接方法、参数等的选择以及焊缝清理、应力消除都需焊工去完成,因此焊工水平的高低,决定了检修质量的好坏。

(2)选用高效抗空蚀的防护材料进行表面防护。水轮机转轮采用高效抗空蚀的防护材料进行防护,是延长转轮使用寿命的重要手段之一。其检修的主要措施是在通流部件上采用各种防护复合层。其方法有铺焊、堆焊、喷焊、表面涂层等。

此外,有些水电站在转轮上增设一些部件,以改善转轮流态,达到减少空蚀破坏的目的。例如:鲁布革水电站混流式机组,在叶片之间加设较短的副叶片;吴河水电站机组,在叶片出口边装设大小不同的导流板;水口水电站轴流式机组,在叶片外缘加设裙边,顶盖上加装阻水筋;新安江、新丰江水电站机组,在叶片上埋设补气管。这些措施都收到一定效果。

3. 水轮机的磨损及分析处理

1)认识磨损并寻找水轮机的磨损部位

(1)认识磨损。水轮机磨损是指在含沙水流条件下,水轮机过流部件表面发生材料损失的现象。

(2)磨损的常见部位。水轮机发生磨损的常见部位有:叶片正面、导叶密封处、顶盖和前盖板。

2)磨损的概念

水轮机在工作时,水流中的泥沙颗粒将撞击和切削过流部件的表面,同时,由于撞击和切削的机械作用而产生高温高压,使金属表面产生氧化。在含沙水流不断冲击下,所产生的交变应力加速金属保护膜的破坏和金属表面细微颗粒的逐步脱落,会出现沿着水流方向的划痕和麻点。随着磨损的进一步发展,水轮机部件表面出现波纹或沟槽痕迹,严重时可使水轮机部件穿孔。磨损一般发生在叶片正面,且在磨损部位呈金属光泽。

磨损对水轮机的运行和检修产生的影响很大,过流部件磨损后,漏水量增加,导致水轮机效率下降和出力不足,特别是空蚀与磨损的联合作用大大加快了过流部件的破坏,从而影响了水电站的安全运行和供电的可靠性。如黄河上游支流的巴家嘴水电站,3 年内 2 台水轮机磨损了 4 个转轮。因此,泥沙磨损问题应引起足够重视,并要设法加以解决。

3)影响磨损破坏的因素

水轮机磨损的因素是多方面的、复杂的,根据多年来对水轮机磨损的研究,大致有以下几个方面:泥沙颗粒的特性、含沙水流的特性和抗磨材料的特性等。泥沙颗粒的特性是指沙粒的形状、大小、成分以及硬度等。沙粒粒径越大、沙粒的形状越尖锐、沙粒的硬度越大,则产生的磨损强度就越大,磨损就越严重。含沙水流的特性是指水流含泥沙的浓度、水流速度和方向。含沙水流的速度、浓度越大,单位时间内冲击水轮机部件的沙粒数量就越多,磨损就越严重。水轮机材料的抗磨性能与材料的硬度、组成、表面的粗糙度及材料的热处理等有关系。一般来说,材料的硬度越高、材料组织越密实、晶体结构越均匀,抗磨性能就越强。

4)水轮机磨损的防护与修复

(1)合理设置拦沙排沙设施,减少进入水轮机的泥沙量。由于河流都含有一定量的泥沙,特别是汛期,所以应当设拦沙和排沙设施,防止泥沙进入水轮机转轮。

(2)合理选择机型和比转速。对多泥沙河流上的高水头水电站,宜选择混流式水轮机,它比冲击式水轮机工作寿命长,但检修工作量大。对低水头水电站,选择混流式水轮机比轴流式水轮机有利,因轴流式水轮机转轮出口相对流速高,转轮磨损严重,但轴流式水轮机(如轴流转桨式水轮机)叶片检修较混流式水轮机方便。

(3)采用合理的抗磨结构和抗磨材料。过流部件结构应避免产生突弯、扩大或缩小,应使流速分布均匀,过水平顺,防止局部脱流、旋涡导致磨损加剧。如在导叶密封处铺焊抗磨材料,有的在顶盖和前盖板加抗磨筋等。常见抗磨材料有金属和非金属材料两种,在各种防磨损措施中,效果较好的是铺焊、堆焊和喷焊抗磨材料,以及涂抹环氧金刚砂、聚氨酯和尼龙等非金属材料。如三门峡、青铜峡和刘家峡等水电站,为解决磨蚀防护问题,经多年的研究,在 30 多种对比防护材料试验中筛选出 4 种具有良好抗磨性能的材料,即 SPHG1、GB1 焊条、环氧金刚砂和金属陶瓷,并总结出相应的工艺措施,取得了良好的效果。

【任务3.2】 水轮机振动现象原因分析与处理

水轮机在运行过程中,由于存在安装工艺、制造工艺不佳,运行工况复杂等因素,会产生振动现象,将对机组的安全运行产生较大影响,因此要根据水轮机的振动状态,分析其原因及找出相应处理的方法。

1. 水轮机振动现象原因分析与处理教学情境的创建

水轮机振动现象原因分析与处理任务的教学情境,按生产过程中工程技术人员的工作习惯结合学生学习的特点来创建,见表3-2。

表3-2 水轮机振动现象原因分析与处理教学情境的创建

项目	教学情境3-3:分析与处理水轮机振动
学习形式	现场实际操作并用教学课件演示辅助
实施地点	多媒体教室和水电站
使用教具	电脑、投影仪
作业形式	完成学习任务单
教学步骤	(1)教师引导学生分析水轮机非正常运行状态; (2)学生分组查阅相关图纸资料; (3)学生根据任务要求查找原因及找出处理方法; (4)各小组汇报完成情况; (5)教师检查反馈学生任务完成情况; (6)学生汇报自评、教师评价。

2. 振动原因寻查与消除

1)认识振动并寻查振动原因

(1)认识振动。水轮机在运行过程中,机轴沿轴向或径向产生明显的周期性位移的现象称为水轮机的振动。

(2)寻查振动原因。水轮机振动的问题是很复杂的,产生原因很多,找出振动产生原因常用的方法有测量法和试验工况及分析法两种。①测量法:采用百分表和压力表进行机组振动、摆度及压力脉动的测量,是最常用的方法。一般在轴承支架和定子机座处设置振动测点,在各导轴承处设置摆度测点,在尾水管等处增设必要的压力脉动测点。采用速度传感器测量振动、电涡流传感器测量摆度、压力变送器测量压力的计算机监测装置,不仅具有幅值显示功能,而且具有波形和频谱分析功能,还可以进行离线或在线监测。②试验工况及分析法:水轮发电机组振动、摆度、压力脉动的测量,应分别在空载无励额定转速、变转速、空载变励磁电流、空载有励额定转速、不同负载、调相等工况下进行。通过空载无励额定转速工况,可了解机组轴线与轴承间机械别劲力作用的大小;通过空载变励磁电流工况,可了解定子铁芯有无冷态振动;通过空载有、无励额定转速工况,可了解发电机电磁不平衡力作用的大小;通过不同负载工况,可全面了解机组运行的稳定性;通过变转速工况，可了解发电机转子质量不平衡的情况；通过调相工况，可了解机组无水力作用因素下的运行情况。总之，水轮发电机组振动、摆度、压力脉动的测量，应在各种不同工况下进行，并通过比较分析，区分各种不平衡力作用的大小，从而查找引起振动的原因，及时处理，保证机组的稳定运行。

2）振动的消除

查明振源和振动原因确认在水轮机后，根据不同的情况采用不同的措施消除或减缓振动。常用的方法主要有以下几种：

（1）补气。轴心孔和尾水管补气，是目前国内最常用的方法，若下游水位超过设计尾水位，且吸出高度 $H_s \leqslant -5$ m，宜采用压缩空气补气或射流补气。

（2）尾水管直锥段加装同心圆导流栅。

（3）尾水管壁加装三角形阻水筋或稳流片。

（4）调整止漏环间隙。对于高水头混流式机组，有时需割除下梳齿来消除水力自激振动。

（5）改变叶型和在叶片间加支撑，可以改变叶片自振频率，消除或减弱转轮叶片卡门涡列振动现象。

（6）调整轴线或调整轴瓦间隙等。

3）振动的类型

振动有很多类型，可根据振动不同的特征来区分不同振动类型。

根据振动的原因可分为：机械振动、水力振动和电磁振动。由机械部分的惯性力、摩擦力和其他力等干扰力引起的振动称为机械振动；水轮机过流部分的动水压力引起的振动称为水力振动；由来自发电机电气部分的电磁力引起的振动称为电磁振动。

根据振动的方向分为：轴向振动和径向振动，即沿着机组轴线的振动和垂直于机组轴线的振动。轴向振动也称为垂直振动，径向振动也称为水平振动。

根据振动的部位分为：轴振动、支座（轴承和机架）振动和基础振动等。轴振动在机组振动中占有重要的地位，它主要有两种振动形式，即：

（1）弓状回旋。弓状回旋是一种横向振动，振动时转子中心绕某一固定点作圆周运动，其半径即为振幅。

（2）摆振。这时轴中心无圆周运动，整个转子在垂直平面上绕某一平衡位置摇摆。

4）振动的原因分析

（1）机械振动。引起机械振动的因素有转子质量不平衡、机组轴线倾斜、导轴承缺陷等。由于转子质量不平衡，转子重心对轴线会产生一个偏心矩，主轴旋转时因不平衡质量的离心惯性力的作用，将发生弯曲变形，即所谓弓状回旋。水轮机和发电机轴线倾斜也会引起振动和摆动。对新安装机组，轴线在安装时要进行测量调整，其摆度值通常都能保持在规定的范围内，因此轴线倾斜一般不会引起剧烈振动。但在运行一段时间后，由于某些原因使轴线改变，就会引起机组振动。

（2）电磁振动。引起电磁振动的因素，大致有转子磁极线圈的匝间短路、转子和定子的空气间隙不均匀以及磁极极性次序错位等。发电机的这些缺陷会使空气间隙内磁通密度的分布不对称，即造成磁力不平衡，从而引起机组振动。

(3)水力振动。引起水力振动的因素有水力不平衡、尾水管中水流不稳定、卡门涡列等。一般说来,水力机组的振动主要是由水力振动引起的。①水力不平衡:当进入转轮的水流失去轴对称时,则会出现不平衡的径向力,而造成转轮振动。造成水力不平衡的因素,通常有蜗壳形状不正确,不能保证轴对称;导叶开度不均匀,引起流入转轮的水流不对称和转轮压力分布不均匀;转轮止漏环不均匀,造成压力脉动,产生横向振动;流道有异物堵塞等。②尾水管中水流不稳定:水轮机在非最优工况下运行时,转轮出口水流的旋转,使尾水管中形成涡带,而引起机组振动。混流式水轮机运行在30%~70%最优负荷时,在尾水管涡带正向螺旋状涡流的作用下,尾水管内将产生显著的压力脉动,其脉动频率为机组转速频率的1/3~1/5。尾水管压力脉动最大值出现在尾水管直锥段的上半部,后沿水流方向逐渐减弱,至肘管后趋于消失。尾水管压力脉动值一般小于水头的10%,但观察发现超大型水轮机尾水管压力脉动值已大大超过了水头的10%,甚至达20%~30%。这种压力脉动除引起尾水管本身过大的振动外,还可引起压力钢管的振动、顶盖和推力轴承的垂直振动、出力波动等。压力脉动还可能引起厂房振动和引水管道的水力共振。③卡门涡列:如果在平行流动的水流中,顺垂直流向放置一个圆柱体,当水流流速增加至其雷诺数 $Re \geqslant 3.5 \times 10^6$ 时,在圆柱体后就会出现几乎平行的两排涡列,这两排涡列的单涡按一定距离交错排列,且方向相反,这就是卡门涡列。在水轮机转轮叶片、导叶等过流部件的尾部,也有可能出现这种卡门涡列并引起振动。当转轮叶片尾部产生的卡门涡列频率与叶片自振频率接近时,叶片将产生共振,使转轮叶片严重损坏。

3.1 水轮机修复的相关知识

3.1.1 水轮机的最优工况

水轮机的运行状态或运行条件称为水轮机的运行工况。水轮机工作水头、流量和功率等参数总是不断变化的,因此水轮机的运行工况也是经常变化的。对于水轮机,特别是混流式和定桨式水轮机,由于转轮叶片不可调,而转轮设计时只能满足一种工况,即最优工况,偏离设计工况均为非设计工况。

水轮机在不同的工况下运行,其中效率最高的工况称为最优工况。这时流道中的水力损失起决定性作用,而水力损失的大小又主要取决于转轮进水方向和转轮出水方向。因为在此工况下,水轮机转轮的进口水流相对速度方向与叶片骨线相切,转轮出口水流为法向,故转轮流道中的相对水力损失是最小的,即无撞击进口和法向出口。

1. 无撞击进口

转轮进口水流相对速度 W_1 方向与转轮叶片骨线在进口点的切线方向一致称为无撞击进口,即 $\beta_1 = \beta_{e1}$,如图3-2(b)所示。此时水流能够平顺地通过水轮机叶片流道,不产生撞击、脱流和旋涡等现象,水力损失最小,水力效率最高。

如图3-2(a)、(c)和图3-3所示,当 $\beta_1 \neq \beta_{e1}$ 时,水流就会产生冲角,即 $\Delta\beta = \beta_1 - \beta_{e1}$。若 $\Delta\beta > 0$ 为正冲角,$\Delta\beta < 0$ 为负冲角,此时会使得叶片头部的正面(或背面)出现脱流和旋涡,形成撞击损失。一般冲角(可用 W_c 来估量)越大,撞击损失就越大。

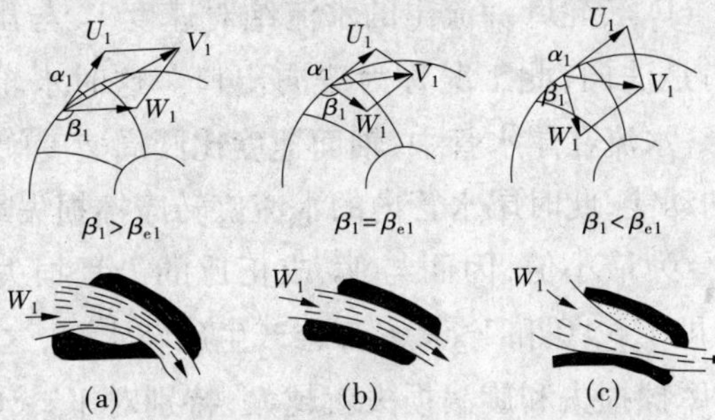

图 3-2　转轮进口处的水流运动

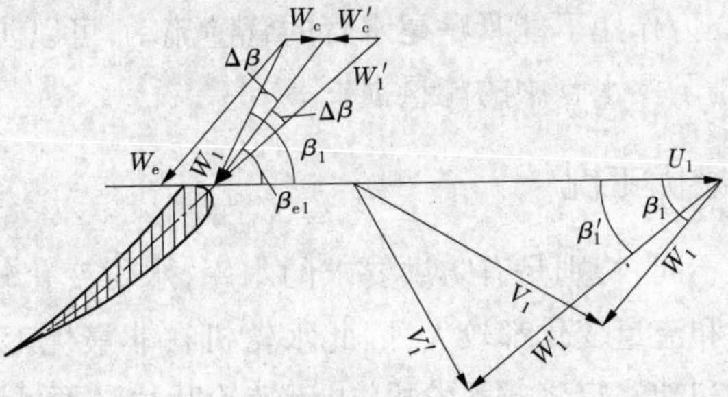

图 3-3　转轮叶片进口冲角

对于机翼型水轮机叶片，由于叶片前缘是圆头形，进口水流对叶片正面的正冲角不大时，撞击损失很小。但是，水流对叶片背面有负撞击，即使对叶片背面撞击不大，也将使叶片正面形成脱流，大大增加水力损失，导致效率急剧下降。因此，在工程设计时，对设计工况不是按 $\beta_1=\beta_{e1}$ 来设计，而是采用小的正冲角，通常取 $\Delta\beta - 3° \sim 10°$。这样既可以改善大流量工况（较大负荷）区的水力性能，同时也可减小叶片的弯曲程度，使之不产生脱流，从而减小了转轮的水力损失和改善空化性能。

2. 法向出口

要研究转轮中的水流损失在何种状态下最小，应先分析转轮出口水流的流动。出口水流的绝对速度方向分为三种情况，即 $\alpha_2<90°$、$\alpha_2=90°$ 和 $\alpha_2>90°$，如图 3-4 所示。

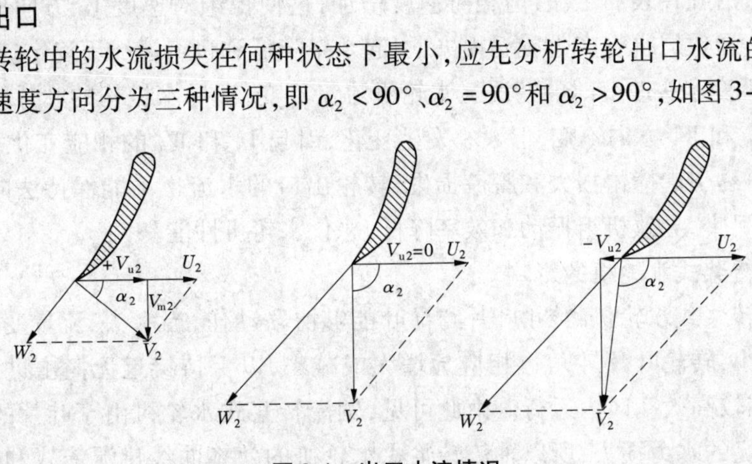

图 3-4　出口水流情况

当 $\alpha_2=90°$时,则 $V_{u2}=0$,转轮叶片流出的水流绝对速度 V_2 与出口圆周速度 U_2 是垂直的,即绝对速度 V_2 方向是法向,此工况称为法向出口。这时水轮机的水力损失最小。一方面因尾水管为扩散形,水流在尾水管中,轴面速度比圆周速度削减更快,而 $V_{u2}=0$,即更有效地利用轴面运动的动能,此时尾水管内的水流旋转摩擦损失最小;另一方面流量不变时,水流法向出口,即 V_2 为最小值,因而与 V_2^2 成正比的沿程损失和局部损失也最小。对于 $\alpha_2<90°$和 $\alpha_2>90°$,即 $V_{u2}>0$ 和 $V_{u2}<0$,都会产生旋转水流,这部分动能尾水管较难回收。V_{u2}越大,尾水管的摩擦损失和旋涡损失就越大,特别对 $V_{u2}<0$,会出现与机组旋转方向相反的旋涡,增加了旋涡损失。

试验表明,当 $\alpha_2=80°\sim88°$时,V_{u2}略大于零。这时转轮出口水流具有略带正向旋转的速度,使得水流在离心力作用下能紧贴尾水管的管壁流动,可以防止或减小水流在尾水管内产生脱流,从而减小了尾水管中的能量损失。

3.1.2 水轮机的非最优工况

由于电站水库特性不同,特别是有防洪要求的水库,水位变化较大;在电网中担负调峰、调频的水轮机,功率和流量变化都较大,因此水轮机在非最优工况下运行往往是不可避免的。尤其是混流式和轴流定桨式水轮机,由于转轮叶片是不可调节的,所以其运行状态往往偏离最优工况,破坏无撞击进口与法向出口状态,产生撞击损失,并使尾水管的动能回收减少,水轮机效率下降。这时的工况称为非最优工况。

1. 对混流式和轴流定桨式水轮机的影响

(1)水头不变流量改变时的情况。当水头不变时,如果负荷改变,则导水机构就会开或关导叶,改变进入水轮机的流量。如图 3-5 所示,其中虚线表示最优工况时的转轮进、出口速度三角形,实线表示导叶改变时的位置,这时 $\beta_1\neq\beta_{e1}$,产生一个冲角,会出现脱流和旋涡区,导致水力损失增大,效率急剧下降。在转轮出口处,由于出口相对速度 W_2 的方向不变,仍然沿叶片表面出流,但相对速度增加,这使得绝对速度 V_2 方向偏离法向,产生圆周分速度,导致尾水管产生旋涡损失,引起效率降低和机组运行不稳定。

(2)流量不变水头改变时的情况。水轮机流量不变,即导水机构的叶片开口不变,当水头变化时,V_1 和 W_2 方向不变,但大小发生变化,引起 V_1 和 W_2 的相应变化,如图 3-6 所示。同样,进口易引起撞击损失和脱流损失,转轮出口的水流也不能保持法向出口,易在尾水管中产生涡带,导致机组振动和效率降低,恶化水轮机性能。

2. 对轴流转桨式水轮机的影响

对于轴流转桨式水轮机,转轮叶片与导叶能够协联动作,当水头、流量变化时导叶开口会增大或减小,转轮叶片转角也相应地增大或减小,以保持接近无撞击进口和法向出口,使得机组在较高效率区内运行。由此可见,轴流转桨式水轮机由于叶片的可调节性,减小了偏离工况的水力损失,所以轴流转桨式水轮机的效率曲线比混流式和轴流定桨式水轮机要平坦得多。

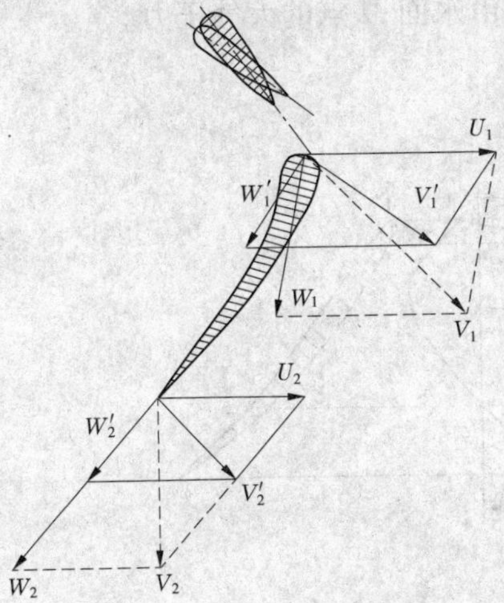

图 3-5　水头不变流量改变时转轮进、出口速度

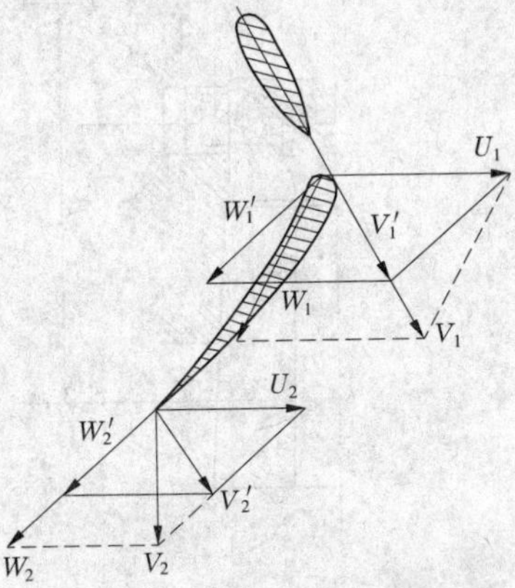

图 3-6　流量不变水头改变时转轮进、出口速度

3.1.3　水轮机的吸出高度和安装高程

1. 空化系数

上述水轮机发生的四种空蚀，在反击式水轮机中是普遍存在的，主要以翼型空蚀为主。水轮机空蚀性能的好坏，一般是指翼型空蚀的好坏。在水轮机中，一般用效率来表示能量性能，用空化系数来表征水轮机空化发生条件和性能。空化系数是一个无因次系数，过去常称为气蚀系数。

为了弄清空化系数的物理意义，我们来研究水流在流经叶片时的压力分布情况。如图 3-7(b)所示为叶片正、背面压力分布示意图。当水流以相对速度 W_1 进入叶栅时，在叶片进口边缘点 1 流速水头全部转变为压力水头 P_H。接着，水流沿叶片进口边缘绕流，由于弯曲产生的离心力作用使液体从叶片上脱离，叶片正、背面的压力均突然下降。以后，水流沿叶栅流动过程中，平均压力沿叶片出口方向逐渐降低。叶片正、背面压力下降不一致，因而在叶片正、背面存在压力差。若与大气压力作比较(图 3-7(b)中 P_a 线)，叶片正面大部分或全部是正压(大于大气压力)，背面则大部分为负压(小于大气压力)。在叶片背面接近出口边的 K 点压力降到最低，而在叶片出口边处点 2，由于叶片正、背面的压力趋向一致，故背面压力稍有回升。根据此压力分布曲线，可以分析和推导出叶片不发生翼型空蚀的条件和空化系数。

一般说来，要保证水轮机不发生空蚀，应使叶片上的最低点压力 P_K 大于给定温度下水的汽化压力 P_v，即

$$\frac{P_K}{\gamma} \geqslant \frac{P_v}{\gamma} \tag{3-1}$$

为了得到不发生空蚀的条件，如图 3-7(a)所示，可列出通过 K 点和尾水渠 M 点流线的伯努利方程如下

$$\frac{P_K}{\gamma} + z_K + \frac{V_K^2}{2g} = \frac{P_M}{\gamma} + z_M + \frac{V_M^2}{2g} + h_w \tag{3-2}$$

式中：h_w 为由 K 点至 M 点的水头损失；P_M/γ 为自由水面 M 点的大气压力。

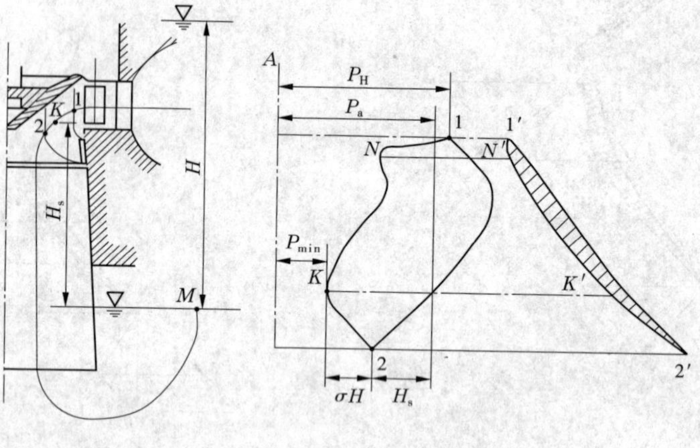

(a)　　　　　　　　(b)

图 3-7　转轮叶片正、背面压力分布

由上式可以得到 K 点的真空值 h_{vM}，即

$$h_{vM} = \frac{P_M}{\gamma} - \frac{P_K}{\gamma} = (z_K - z_M) + (\frac{V_K^2 - V_M^2}{2g} - h_w) \tag{3-3}$$

式中：$z_K - z_M = H_s$，H_s 为静力真空，又称水轮机吸出高度；$\frac{V_K^2 - V_M^2}{2g} - h_w = h'_{vM}$，$h'_{vM}$ 为动力真空。

可见，K 点的真空由静力真空和动力真空两部分组成，其中静力真空与水轮机安装时的吸出高度有关，与水轮机本体无关，而动力真空与水轮机的水头或者说与转轮本身所形成的速度有关，即动力真空与水头成正比。因此，同一台水轮机，应用于不同水头时，其动力真空值也就不同，所以它不能确切地表达这一水轮机的空化性能。为了确切地确定水轮机的空化性能，我们引入一个无因次量——空化系数，令其等于动力真空与水头的比值，即

$$\sigma = \frac{V_K^2 - V_M^2}{2gH} - \frac{h_w}{H} \tag{3-4}$$

由式(3-4)可见，水轮机空化系数 σ 是一个无因次量，它与水轮机的几何形状、水轮机的工况、转轮出口的动能、尾水管的性能和效率等有关。对某一型号水轮机，在确定的工况(如设计工况)下，其空化系数为定值。空化系数大的水轮机，在同样使用水头下，它所产生的动力真空也大，所以发生空蚀损坏的可能性也就越大。在水轮机设计和选型时，在保证良好的能量特性的情况下，应尽量使空化系数小一些。但是，能量特性与空蚀特性通常是相互矛盾的。如何使水轮机既有良好的能量特性又有良好的空蚀特性，这是近期国内外水轮机界研究的一个重要课题。

水轮机的吸出高度 H_s，与水轮机的安装高程有关，式(3-3)若用水轮机吸出高度和水轮机空化系数来表示，则可改写为

$$h_{vM} = \frac{P_M}{\gamma} - \frac{P_K}{\gamma} = H_s + \sigma H \tag{3-5}$$

K 点的压力可表示为

$$\frac{P_K}{\gamma} = \frac{P_M}{\gamma} - H_s - \sigma H$$

由式(3-1)不发生空蚀的条件可得到下式

$$\frac{P_M}{\gamma} - H_s - \sigma H \geqslant \frac{P_\upsilon}{\gamma} \text{或} \frac{P_M}{\gamma} - \frac{P_\upsilon}{\gamma} \geqslant H_s + \sigma H \tag{3-6}$$

2. 水轮机的吸出高度

1)吸出高度计算公式

对于已选好水轮机型号、空化系数已被确定的水轮机,为了保证不发生翼型空蚀,必须使 K 点的压力 P_K 大于等于水的汽化压力 P_υ,根据式(3-6),令 $\frac{P_M}{\gamma} = H_a$,$\frac{P_\upsilon}{\gamma} = H_\upsilon$,则

$$\sigma_p = \frac{H_a - H_s - H_\upsilon}{H} \geqslant \sigma \tag{3-7}$$

不等式左边的值与电站安装的具体条件有关,它是电站运行条件下的空化系数,σ_p 称为电站空化系数。如果电站空化系数大于水轮机的空化系数,即 $\sigma_p > \sigma$,水轮机就不会发生翼型空蚀;反之,水轮机转轮内将产生翼型空蚀。式(3-7)中 H_a、H_υ 一般变化不大,可近似为常数,而水轮机工作水头是已知值,因此要保证水轮机不产生空蚀,重要的问题是合理确定吸出高度 H_s 值。为此,我们根据不发生空蚀的条件,把式(3-7)改写成

$$H_s \leqslant H_a - H_\upsilon - \sigma H \tag{3-8}$$

若进行实际计算,应考虑到标准海平面的平均大气压力 $H_a = 101$ kPa,一般水的温度在 5 ~20 ℃时,水的空化压力 $H_\upsilon = 0.9 \sim 2.4$ kPa。当高度在 3 000 m 以内时,若电站所在地海拔为 E(m),则该处的大气压力降低 $E/900$(×9.8 kPa),由于 $H_a - H_\upsilon = 98$ kPa,则

$$H_s = 10 - \frac{E}{900} - \sigma H \tag{3-9}$$

由于模型与原型水轮机之间存在尺寸比例的影响及模型水轮机试验的误差,要对式(3-9)中的水轮机空化系数进行必要修正。常见的修正方法有修正值法和安全系数法两种。

为了保证不发生空蚀,在计算水轮机的吸出高度时需要留有一定的安全裕量,称为空化裕量。修正值法就是在综合特性曲线上查得空化系数后,再加上修正值 $\Delta\sigma$。如图 3-8 所示为修正值与设计水头的经验关系曲线。于是,式(3-9)可改为

$$H_s = 10 - \frac{E}{900} - (\sigma_M + \Delta\sigma)H \tag{3-10}$$

式中:E 为水电站装机处的海拔,m,常用水电站的最低尾水位;σ_M 为模型水轮机的空化系数;$\Delta\sigma$ 为与设计水头有关的空化系数修正值,根据设计水头查图 3-8。

安全系数法就是在综合特性曲线上查得空化系数后,乘上安全系数 K_σ。制造厂和水电设计院常用此法进行计算,即

$$H_s = 10 - \frac{E}{900} - K_\sigma \sigma_M H \tag{3-11}$$

式中:K_σ 为安全系数,对轴流式水轮机,$K_\sigma = 1.1 \sim 1.2$;对混流式水轮机,一般取 $K_\sigma =$

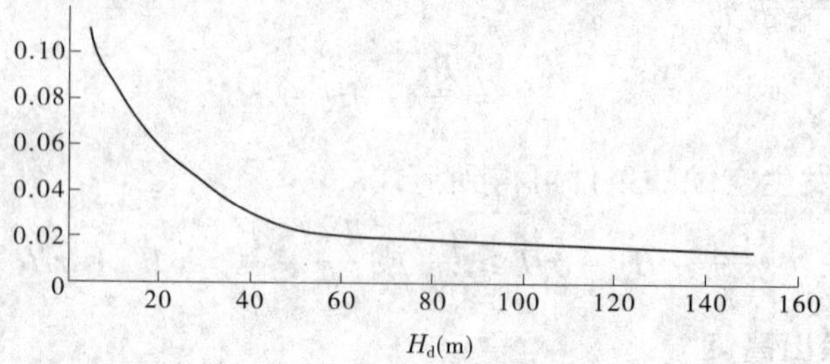

图 3-8　空化系数修正值与设计水头的经验关系曲线

1.1 ~ 1.5；若转轮采用不锈钢制造，则 K_σ = 1.1 ~ 1.2；若易空化部位采用抗空化措施，则 K_σ = 1.2 ~ 1.4；若采用碳钢，则 K_σ ≥ 1.4。

应当说明，上式中的 σ_M 值与水轮机工况有关，其代表值是设计工况的 σ_M 值。对水轮机工作水头 H，当确定吸出高度时，多采用额定水头 H_r，但最好用不同工作水头计算出不同吸出高度 H_s，并取其中最小值。这样可保证在各种工况下不发生空化，但会增加建设投资，故应通过经济比较来确定。在初步设计中，对轴流式水轮机用最小水头，对混流式水轮机应按最大水头及对应的 σ_M 来进行校核。

2）吸出高度计算点的规定

吸出高度是指在水轮机中所规定的空化基准面与尾水位的高差。在实际中，由上面得到的叶片不发生空蚀的合理的吸出高度 H_s 公式进行计算时，叶片上压力最低点 K 点位置是随水轮机工况而变动的，而且很难由计算确定。为计算方便，对不同形式、不同装置方式的水轮机，规定了不同的起算位置。具体规定如下：

立轴混流式水轮机，K 点位于底环平面上，H_s 为下游水面到底环平面的高度。

立轴轴流式水轮机，K 点位于转轮标称直径计算点高程上，H_s 为下游水面到转轮叶片旋转中心线的高度。

卧轴水轮机，K 点位于转轮叶片的最高点，H_s 为下游水面到转轮叶片最高点的高度。

如果上述 K 点的高程高于下游水面，称为正吸出高度，反之，K 点高程低于下游水面，称为负吸出高度。具体如图 3-9 所示。

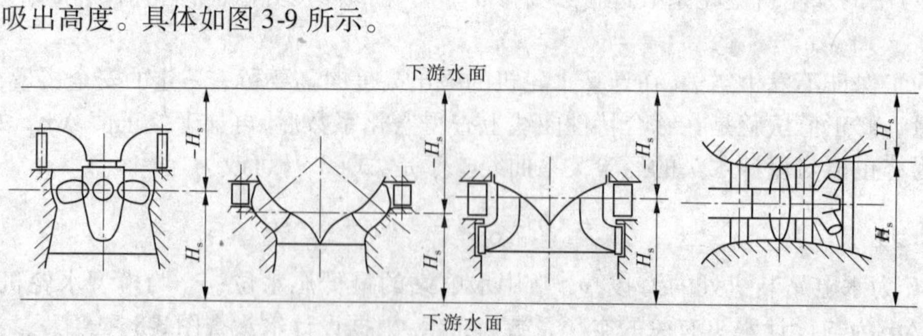

图 3-9　吸出高度计算点规定

3. 水轮机的安装高程

水轮机的安装高程是指水轮机按规定安装时作为基准的某一平面的高程。水轮机安装高程在水电站厂房布置设计中起控制性作用，它将直接影响水电站的开挖深度和厂房的其他高程。工程上为安装方便，对各类水轮机的安装高程采用统一规定的安装标记基准，通常用水轮机名义吸出高度 H'_s 来表示。

1）水轮机名义吸出高度 H'_s

立轴水轮机名义吸出高度 H'_s 是指下游水面到导水机构中心线之间的距离。

对混流式水轮机

$$H'_s = H_s - \frac{b_0}{2} \tag{3-12}$$

式中：b_0 为导叶高度。

对轴流式水轮机

$$H'_s = H_s - KD_1 \tag{3-13}$$

式中：D_1 为转轮直径；K 为轴流式水轮机流道尺寸系数，即转轮叶片中心线到导叶中心线之间的距离与转轮标称直径的比值，根据转轮代号查相关手册，若无资料，K 可取 0.41 进行计算。

卧轴水轮机名义吸出高度 H'_s 是指下游水面到水轮机主轴中心线的距离。

对卧轴混流式和贯流式水轮机

$$H'_s = H_s - \frac{D_1}{2} \tag{3-14}$$

2）水轮机安装高程 Z 的计算

对于立轴水轮机，Z 指导叶中心线高程；对卧轴水轮机，Z 指主轴中心线高程。它是根据下游尾水位高程和名义吸出高度相加而得的，即

$$Z = Z_w + H'_s \tag{3-15}$$

式中：Z_w 为水电站的下游尾水位，m。

水电站的下游尾水位是随水电站的流量变化而变化的，它与机组运行方式、水库综合利用方式等有关。在实际工程中，一般是根据水电站的最低尾水位（Z_{xw}）来计算的。在初步设计阶段，对中小型水电站，若装机 1～2 台，可按一台机组 50% 额定出力时相应的流量所对应的下游水位作为 Z_{xw}；若装机超过 3～4 台，可按一台机组满负荷时的流量所对应的下游尾水位作为 Z_{xw}。对于大中型水电站，下游尾水位需作方案比较和专题论证。

分析水流在转轮中的流动状态，是研究水轮机工作原理的基础工作。由于转轮本身的流道形状复杂，而且自身也在作旋转运动，水轮机中的水流，一方面随转轮旋转作圆周运动，另一方面又沿叶片之间所构成的流道作相对运动，这是一个十分复杂的三维空间运动。对于水轮机转轮中的水流分析，到目前为止很难用数学方法表示出水流的运动规律，一般采用引入假设，对水轮机中的水流运动做一些必要的简化，再进行分析研究。

3.2 水轮机修复的拓展知识

3.2.1 水轮机速度三角形

1. 水流在水轮机内的运动

（1）轴面。水轮机转轮是绕定轴旋转的，为了方便分析水流在转轮内的运动，常采用

圆柱坐标系，如图 3-10 所示，其中 z 轴和水轮机轴线一致，r 轴为与轴线垂直的径向方向，ϕ 为幅角，即被研究的质点所在的径向面位置与起始径向面所围的圆心角。轴面是指由 z 轴与 r 轴所构成的平面，即通过主轴轴线的径向面。可见，在转轮内有无数个轴面。其位置可由 ϕ 来表示。而在转轮内空间上的任一点可由 z、r 和 ϕ 来确定，工程上一般将转轮投影到轴面上，称为转轮轴面投影，如图 3-11 所示，它是由转轮叶片进、出口边线和上冠及下环边线组成的。

(2)流面。流面是指以轴面流线为母线，绕轴线旋转所形成的旋转面。混流式水轮机的流面呈喇叭形，如图 3-12 所示，这是由于水流在转轮内由径向改变为轴向所形成的。轴流式水轮机的流面则呈圆柱形，忽略径向速度时，水流在转轮内始终是轴向。

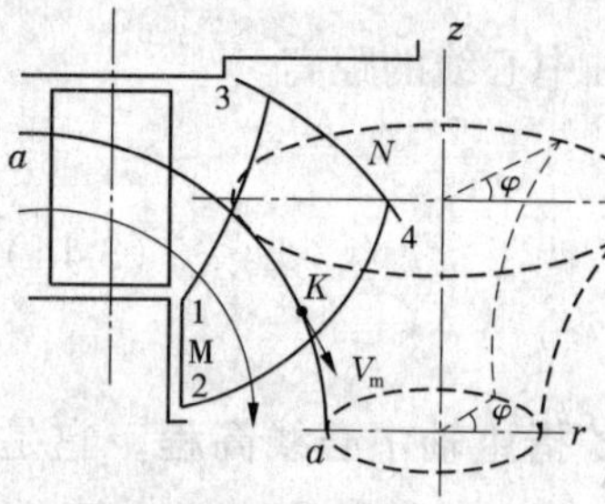

图 3-10 水轮机轴向平面图

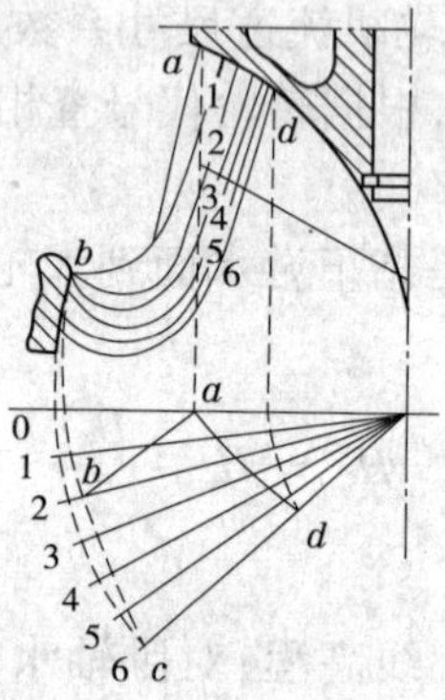

图 3-11 转轮轴面投影图

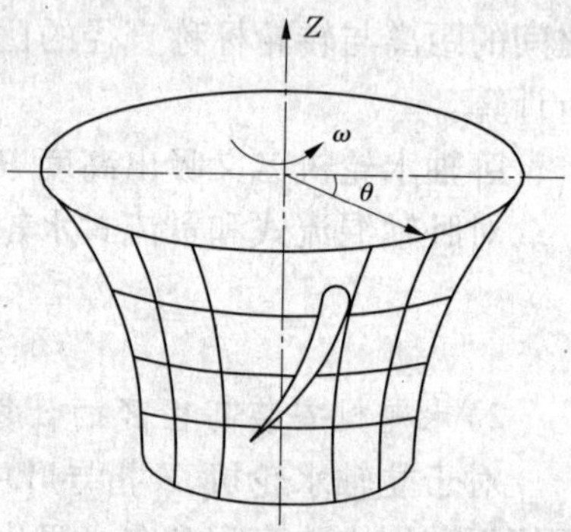

图 3-12 混流式水轮机的流面

因分析水流在转轮中的运动常在各流面上进行，为了研究方便，把流面展开。混流式水轮机的流面是喇叭形，可近似按圆锥面展开，如图 3-13 所示。轴流式水轮机的流面是圆柱形，就直接按圆柱面展开。叶片在圆锥展开面上的投影为翼型，中线称为叶片的骨线。骨线与圆周方向之间的夹角，在进口边称为叶片进口角，用 β_{e1} 表示；在出口边称为叶片出口角，用 β_{e2} 表示。

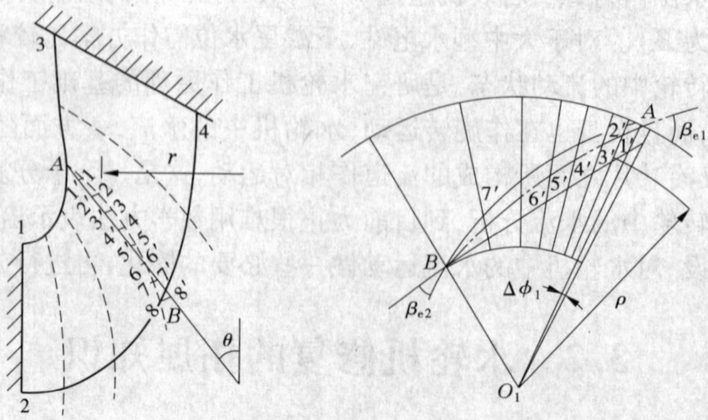

图 3-13 混流式水轮机流面圆锥展开投影

2. 转轮内的运动速度分析

水流质点在转轮内沿转轮叶片表面方向的运动称为相对运动，可用相对速度 W 表示。水流质点随着转轮一起旋转的运动，称为圆周运动或牵连运动，用圆周速度 U 表示。水流质点相对水轮机固定部件（对地球）的运动称为绝对运动，用绝对速度 V 表示。根据力学中速度合成与分解的原理，转轮中任一点水流的绝对速度都可以分解为沿转轮叶片流动的相对速度和随着转轮一起旋转的圆周速度，由这三个速度构成一个封闭式三角形称为水轮机的速度三角形。表达式为

$$\vec{V} = \vec{W} + \vec{U}$$

在水轮机流道内，各处的水流质点运动情况是不一样的，水轮机的进口和出口处的流速三角形对水轮机能量转换起着重要作用，这对研究水流在转轮中的运动有重要的意义。为区别速度三角形各元素之间的相互关系，我们规定：下标“0”表示水流尚未进入转轮进口边上的点；下标“1”表示转轮叶片进口边上的点；下标“2”表示转轮叶片出口边上的点；下标“3”表示水流在转轮叶片已出口边上的点。

水流速度三角形在转轮中的运动状态如图 3-14 所示。

水流速度三角形中各速度的空间关系如图 3-15 所示。将绝对速度分解为圆周和轴面的两个分速度，绝对速度在圆周切线方向的分量称为圆周分速度，用 V_u 表示；绝对速度在轴面内的分量称为轴面分速度，用 V_m 表示。绝对速度与圆周速度之间的夹角称为水流绝对速度方向角，用 α 表示；相对速度和圆周速度之间的夹角称为水流相对速度方向角，用 β 表示。

由图 3-15 知，坐标系中的圆周速度 U 与转轮的转速 n 有关，设对应圆周的直径为 D，则有

$$U = \frac{\pi D n}{60} \tag{3-16}$$

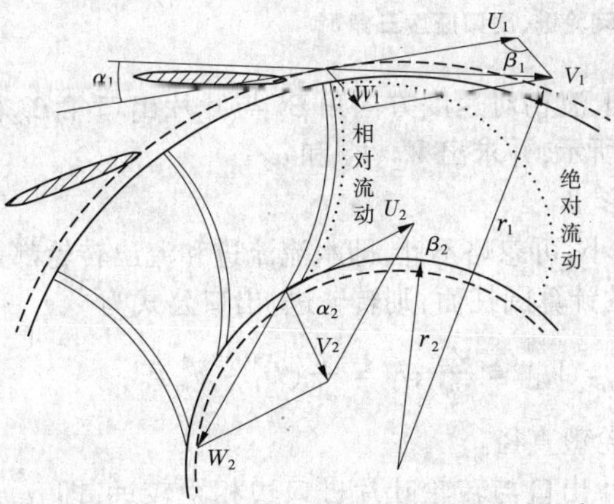

图 3-14　水流速度三角形在转轮中的运动状态

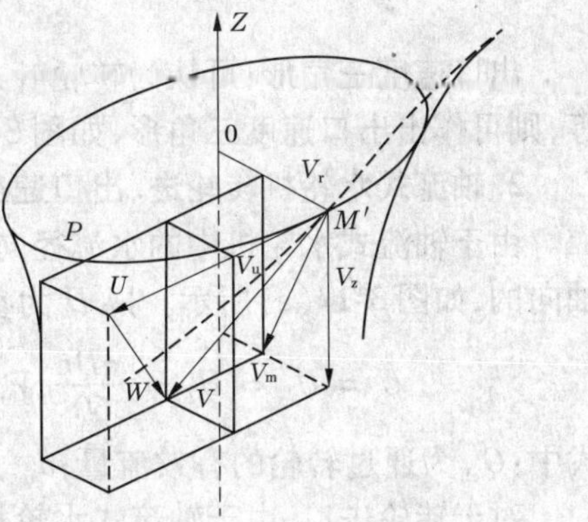

图 3-15　水流速度三角形中各速度的空间关系

绝对速度与两个分速度的关系为：$\vec{V} = \vec{V}_u + \vec{V}_m$，因为 $\vec{V}_u \perp \vec{V}_m$，则有

$$V = \sqrt{V_u^2 + V_m^2} \tag{3-17}$$

式中：$V_u = V\cos\alpha$，$V_m = V\sin\alpha$。

由于水轮机的轴面分速度 V_m 与进入转轮的流量 Q 有关，设过流面积为 F，则有

$$V_m = \frac{Q}{F}$$

3.2.2 转轮进、出口速度三角形

1. 混流式水轮机转轮进、出口速度三角形

对于流道中某一流线,转轮进、出口边的位置是确定的,根据已知的水轮机直径、转速、流量和导叶的相关参数等,就可以求出水轮机速度三角形中各速度值,并可以绘制出速度三角形。

(1)圆周速度 U。转轮进、出口圆周速度大小与转轮进、出口直径有关系,可由式(3-16)直接求出。

(2)轴面分速度 V_m。因为通过水轮机转轮的流量等于轴面流速和与其相垂直的过水断面面积之积,所以与 V_m 垂直的过水断面面积,可由式 $F = K_1\pi Db_0 = K\pi D^2$ 算得。K_1 为转轮进、出口叶片排挤系数,其值小于1。

(3)绝对速度 V。进口速度三角形:由于混流式水轮机的转轮进口边与导叶出水边距离较近,则转轮进口水流绝对速度方向角 α_1 可近似等于该工况下导叶出口角 α_0,即可由三角形关系,求出 V_1、W_1 和 β_1,如图3-16(a)所示。

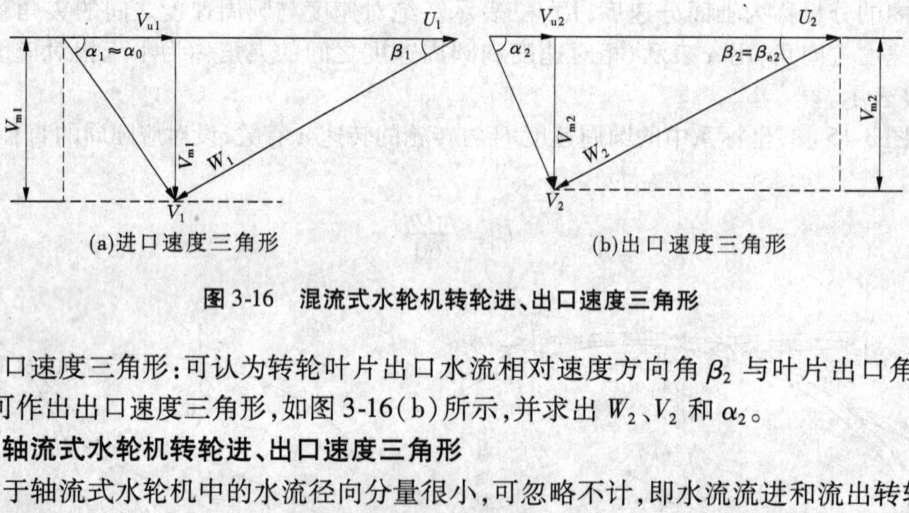

图3-16 混流式水轮机转轮进、出口速度三角形

出口速度三角形:可认为转轮叶片出口水流相对速度方向角 β_2 与叶片出口角 β_{e2} 相等,则可作出出口速度三角形,如图3-16(b)所示,并求出 W_2、V_2 和 α_2。

2. 轴流式水轮机转轮进、出口速度三角形

由于轴流式水轮机中的水流径向分量很小,可忽略不计,即水流流进和流出转轮都是轴向的,如图3-17(a)所示。以 D 为参考点的计算圆柱面,则转轮进、出口公式为

$$U = U_1 = U_2 = \frac{\pi Dn}{60};V_m = V_{m1} = V_{m2} = \frac{Q_{eff}}{F};F = \frac{\pi}{4}(D_1^2 - d_m^2)$$

式中:Q_{eff} 为通过转轮的有效流量;d_m 为转轮轮毂直径。

对于转轮进口,由于轴流式水轮机的导叶出口与转轮叶片进口边相距较远,即 $\alpha_1 \neq \alpha_0$,需由动量矩定理求出进口绝对速度的圆周分速度 V_{u1},即 $V_{u1} = \dfrac{Q_{eff}}{\pi Db_0}\cot\alpha_0$;对于转轮出口,可根据转轮运行工况和出口水流方向来确定 V_{u1}。这样可分别求出轴流式水轮机转轮进、出口速度三角形各参数值,如图3-17(b)所示。

3.2.3 水轮机的能量损失与效率

水流流经过流部件,水能不能全部地转化为机械能传给发电机。一是沿程产生摩擦

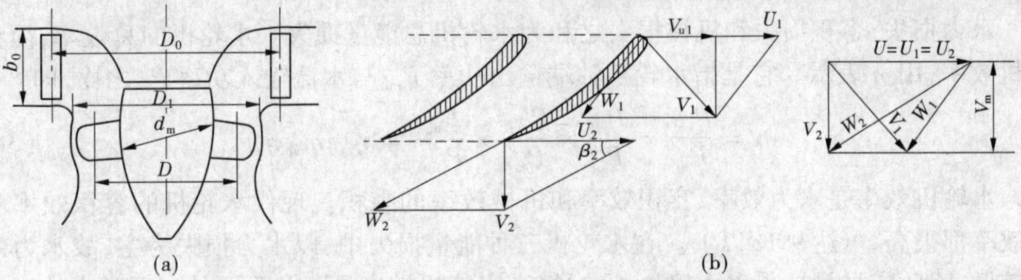

图 3-17　轴流式水轮机转轮进、出口速度三角形

损失，局部发生撞击和旋涡损失；二是少量的水流不做功由间隙漏走；三是必须克服轴承处的机械摩擦损失。因此，水轮机的能量损失可分为三种：水力损失、容积损失和机械损失。相应各类损失的效率为水力效率、容积效率和机械效率。

1. 水力损失和水力效率

水流克服水轮机过流部件的沿程水头损失和局部水头损失称为水力损失。过流部件包括水轮机的引水室、导水机构、转轮和尾水管。水力损失的大小与水流的速度有关，并与过流部件的表面粗糙度及运行工况有关。

水流的沿程损失和局部损失表现为水头损失 $\sum \Delta H$，水轮机工作水头 H 减去水头损失 $\sum \Delta H$ 称为有效水头，即 $H_n = H - \sum \Delta H$。水力效率是指该有效水头下的功率 P_{eff} 与水流输入功率 P_{in} 之比，用 η_{hyd} 表示，则有

$$\eta_{hyd} = \frac{P_{eff}}{P_{in}} = \frac{\gamma Q H_n}{\gamma Q H} = \frac{\gamma Q(H - \sum \Delta H)}{\gamma Q H} = 1 - \frac{\sum \Delta H}{H} \tag{3-18}$$

2. 容积损失和容积效率

水轮机的转动部件与固定部件之间存在一定的间隙，在水轮机有效水头的作用下，一部分水流会从间隙中漏掉，这部分能量损失称为容积损失。把进入转轮的流量 Q 减去容积损失 $\sum q$ 称为有效流量 Q_{eff}。容积效率是指该有效流量下的功率 P'_{eff} 与进入转轮前的有效功率 P_{eff} 之比，用 η_{cub} 表示，则有

$$\eta_{cub} = \frac{P'_{eff}}{P_{eff}} = \frac{\gamma Q_{eff} H_n}{\gamma Q H_n} = \frac{\gamma (Q - \sum q)(H - \sum \Delta H)}{\gamma Q(H - \sum \Delta H)} = 1 - \frac{\sum q}{Q} \tag{3-19}$$

3. 机械损失和机械效率

水轮机主轴与轴承及轴承密封之间存在摩擦损失，转轮表面与水流之间也存在摩擦损失，这部分损失表现为功率损失，我们把它称为机械损失，用 $\sum \Delta P$ 表示，对应的功率为水轮机轴端输出功率 P_{out}，即 $P_{out} = P'_{eff} - \sum \Delta P$。机械效率 η_{mec} 是水轮机轴端输出功率 P_{out} 与有效流量下的功率 P'_{eff} 之比，用 η_{mec} 表示，则有

$$\eta_{mec} = \frac{P_{out}}{P'_{eff}} = \frac{P'_{eff} - \sum \Delta P}{P'_{eff}} = 1 - \frac{\sum \Delta P}{P'_{eff}} \tag{3-20}$$

4. 水轮机总能量损失和总效率

水力损失、容积损失和机械损失之和为水轮机总能量损失。水轮机的总效率，简称水轮机效率，用 η 表示。它是指水轮机轴端输出功率 P_{out} 与水流输入功率 P_{in} 之比，即

$$\eta = \frac{P_{out}}{P_{in}} = \frac{P_{eff}}{P_{in}} \times \frac{P'_{eff}}{P_{eff}} \times \frac{P_{out}}{P'_{eff}} = \eta_{hyd}\eta_{cub}\eta_{mec} \tag{3-21}$$

水轮机效率是水力效率、容积效率和机械效率的乘积。现代水轮机的容积效率和机械效率都很高，可达 99% 以上。在水轮机三种能量损失中，以水力损失为主，故水力效率也较低，因此应尽量减小水力损失，这对提高水轮机效率是至关重要的。通常水轮机尺寸越大，效率也就越高。中小型水轮机最高效率为 80% ~90%，大型水轮机最高效率可达 90% ~95%。

3.2.4 水轮机的基本方程式

1. 水流作用在水轮机转轮上的力和力矩

水流在流经转轮叶片时，作用于转轮叶片，使水轮机获得旋转的机械能。要知道水轮机转轮中的水流的动能是如何转换成机械能的，首先要分析作用在转轮叶片上的力和力矩，从而推导出水轮机的基本方程式。相关理论分析方法有很多种，这里只介绍动量矩定理，即单位时间内水流质量对水轮机主轴的动量矩变化等于作用在该质量上全部外力对主轴的力矩的总和。如图 3-18 所示为水流通过转轮时动量矩的变化，为了研究方便，将绝对速度 V 分解为 V_u 和 V_m 两个分量，轴面分速度 V_m 方向通过转轮轴线，对主轴不起作用，而圆周分速度 V_u 方向垂直于径向，对主轴产生的动量矩为 mV_ur。设外力矩总和为 M_a，根据动量矩定理有：$\frac{d\sum(mV_ur)}{dt} = M_a$。

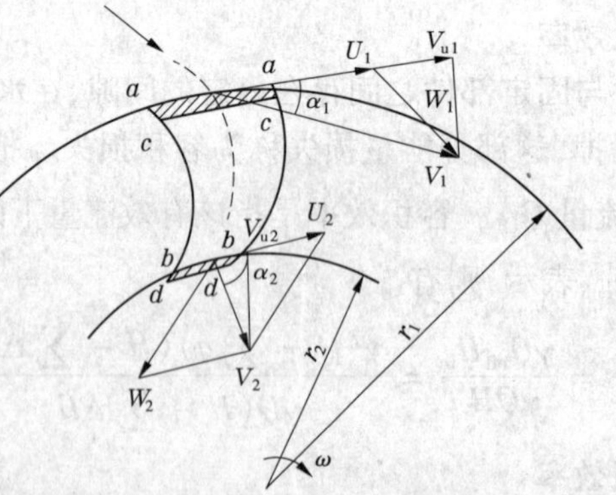

图 3-18　水流通过转轮时动量矩的变化

首先分析转轮流道 $aabb$ 内的水流对主轴的动量矩变化。设在 dt 时间内，转轮进口水流由 a—a 断面运动到 c—c 断面，转轮出口水流由 b—b 断面运动到 d—d 断面。即流道内水流由 a—a 和 b—b 断面运动到 c—c 和 d—d 断面，其动量矩的变化就等于 $aacc$ 和 $bbdd$ 部分水流的动量矩之差。由于水流是连续流动的，故这两部分的流量是相等的，质量也相等。因此，转轮进、出口动量矩的变化量等于 $bbdd$ 部分动量矩减去 $aacc$ 部分动量

矩,即

$$M_a = \frac{\mathrm{d}\sum(mV_u r)}{\mathrm{d}t} = \frac{\gamma Q}{g}(V_{u2}r_2 - V_{u1}r_1) = \frac{\gamma Q}{g}(V_2 r_2\cos\alpha_2 - V_1 r_1\cos\alpha_1) \tag{3-22}$$

其次分析转轮内可能作用在水流质点上的外力和形成的力矩。其所受的外力有重力,转轮上冠和下环内表面对水流的压力、转轮外的动水压力及转轮叶片对水流的作用力。其中,重力与轴线重合,而转轮上冠和下环为环形部件,水流呈轴对称而相互抵消,均不能对水流产生力矩。因此,水流所受的外力矩只有转轮叶片对水流的作用力。它迫使水流改变运动方向和速度大小。转轮叶片对水流的作用力产生的力矩 M_b 为

$$M_b = M_a = \frac{\gamma Q}{g}(V_2 r_2\cos\alpha_2 - V_1 r_1\cos\alpha_1) \tag{3-23}$$

叶片对水流有作用力矩 M_b,则水流对叶片有反作用力矩 M,它们大小相等方向相反,则有

$$M = -M_b = \frac{\gamma Q}{g}(V_1 r_1\cos\alpha_1 - V_2 r_2\cos\alpha_2) \tag{3-24}$$

或

$$M = \frac{\gamma Q}{g}(V_{u1}r_1 - V_{u2}r_2) \tag{3-25}$$

2. 水轮机基本方程式的形式

为了应用方便,常用功率形式来表示水轮机的基本方程式。水流传递给转轮的有效功率 P_{eff} 是水流对叶片的作用力矩 M 与转轮角速度 ω 的乘积,即

$$P_{eff} = M\omega = \frac{\gamma Q}{g}(V_{u1}r_1\omega - V_{u2}r_2\omega) \tag{3-26}$$

因为 $r_1\omega = U_1, r_2\omega = U_2$,上式可写为

$$P_{eff} = \frac{\gamma Q}{g}(U_1 V_{u1} - U_2 V_{u2}) \tag{3-27}$$

在水轮机中力矩常采用水轮机的基本参数来表示,水轮机的有效功率为

$$P_{eff} = \gamma Q H \eta_{hyd}$$

把上式代入式(3-27),整理后得

$$H\eta_{hyd} = \frac{1}{g}(U_1 V_{u1} - U_2 V_{u2}) \tag{3-28}$$

也可以写成

$$H\eta_{hyd} = \frac{1}{g}(U_1 V_1\cos\alpha_1 - U_2 V_2\cos\alpha_2) \tag{3-29}$$

或

$$H\eta_{hyd} = \frac{\omega}{g}(V_{u1}r_1 - V_{u2}r_2) \tag{3-30}$$

式(3-28)~式(3-30)均为水轮机基本方程式。水轮机基本方程式还可用环量的形式来表示。转轮的速度环量为 $\Gamma = 2\pi V_u r$,将式(3-30)右端分子和分母同时乘以 2π 得

$$H\eta_{hyd} = \frac{\omega}{2\pi g}(2\pi V_{u1}r_1 - 2\pi V_{u2}r_2) = \frac{\omega}{2\pi g}(\Gamma_1 - \Gamma_2) \tag{3-31}$$

此外,水轮机基本方程式还可以由 V、U 和 W 三者组成,由三角形的余弦定理可得:$V_1U_1\cos\alpha_1 = \frac{1}{2}(V_1^2+U_1^2-W_1^2)$,$V_2U_2\cos\alpha_2 = \frac{1}{2}(V_2^2+U_2^2-W_2^2)$。将此两式代入式(3-29)中,可得

$$H\eta_{\mathrm{hyd}} = \frac{V_1^2-V_2^2}{2g} + \frac{U_1^2-U_2^2}{2g} + \frac{W_2^2-W_1^2}{2g} \tag{3-32}$$

以上几种形式的水轮机基本方程式,表示了单位质量水流的能量与转轮进、出口水流各种运动参数间的相互关系,说明了水流对转轮做功的必要条件是要使水流通过转轮时叶片进、出口水流速度矩发生改变。为了能充分地进行能量转换,转轮进、出口速度圆周分量的大小是关键,它决定了叶片进、出口水流速度矩的大小。这也说明了转轮中能量的转换是水流和叶片相互作用的结果,一方面叶片流道迫使水流动量矩发生变化,另一方面水流又以一定的水压作用在叶片上,驱动转轮旋转做功,形成旋转力矩。

小　结

本项目以水轮机修复为主题,分为水轮机空蚀和磨损的部位寻查与修复及水轮机振动现象原因分析与处理两个典型任务。

水轮机空蚀和磨损的部位寻查与修复任务:首先以水轮机空蚀的部位寻查与修复为主线,介绍水轮机内的水流运动、水轮机的运行工况、水轮机的空化、水轮机的吸出高度和安装高程、水轮机空蚀的防护及修复等内容。然后以水轮机磨损的部位寻查与修复为主线,介绍水轮机磨损的概念、影响磨损破坏的因素、水轮机磨损的防护及修复措施等内容。

水轮机振动现象原因分析与处理任务:以水轮机振动现象原因分析与处理为学习情境,介绍水轮机振动的类型、振动的原因、消除振动的措施等内容。

复习思考题

3-1　什么是轴面?什么是流面?混流式水轮机与轴流式水轮机的流面形状有何不同?

3-2　什么是水轮机的速度三角形?

3-3　水轮机的能量损失及其效率有哪些?减小能量损失有哪些途径?

3-4　什么是水轮机的最优工况?其必要条件是什么?

3-5　什么是水轮机的空化?空化的破坏机制有哪三种?哪种是主要的?

3-6　水轮机空化破坏的主要危害是什么?

3-7　水轮机空蚀的类型有哪四类?它们常发生的部位和影响是什么?

3-8　水轮机的空化系数 σ 的定义和表达式是什么?空化系数 σ、工作水头 H 与空化性能之间有什么关系?

3-9　反击式水轮机不发生翼型空蚀的条件是什么?

3-10　什么是水轮机的吸出高度 H_s?各种形式水轮机的 H_s 起算位置如何规定?H_s

为正值或负值意味着什么？合理选择吸出高度 H_s 有何意义？

3-11　什么是安装高程？各种形式水轮机的安装高程以何处为标记基准？

3-12　水电站中，常用哪些措施来防止水轮机空蚀？

3-13　什么是水轮机磨损？它与水轮机空蚀特征有哪些区别？防止水轮机磨损应采用哪些措施？

3-14　引起水轮机振动的因素有哪些？消除振动有何方法？常采用哪些措施消除或减弱振动？

3-15　某电站装置 HL240—WJ—60 型水轮机，额定水头 $H_r = 32$ m，最低尾水位 278.5 m，$\sigma_M = 0.23$，试求水轮机最大允许吸出高度和安装高程。

项目4　水轮机总装

教学目标			
典型任务	能力目标	知识目标	素质目标
4.1　安装水轮机埋设部件	1.能正确使用框式水平仪测水平度； 2.能正确使用水准仪测高程； 3.能按安装工序正确安装埋设部件。	水轮机埋设部件的作用	1.培养责任感、敬业精神，以及吃苦耐劳、一丝不苟的工作作风； 2.培养安全操作的意识。
4.2　组装水轮机转轮	1.能正确使用安装工具和量具安装转轮； 2.能按安装工序正确组装转轮。	1.水轮机转轮结构原理； 2.水轮机安装工序； 3.其他水轮机转轮的结构原理及安装工序。	
4.3　安装导水机构与水导轴承及主轴密封	1.能正确安装导水机构； 2.能正确安装主轴、操作油管和受油器。	1.导水机构的结构原理及安装工序； 2.主轴、操作油管和受油器的结构原理及安装工序。	

【任务4.1】　安装水轮机埋设部件

以典型的轴流转桨式水轮机安装为例。

1.安装水轮机埋设部件教学情境的创建

水轮机埋设部件安装任务一般是新建机组才需要进行的，水轮机埋设部件的特点是固定不动且尺寸庞大。安装水轮机埋设部件教学情境的具体创建见表4-1。

2.水轮机埋设部件安装实操步骤及注意事项

1)安装尾水管里衬

(1)清扫尾水管里衬：为了保证里衬与混凝土结合严密，在里衬外表面用喷砂枪、钢丝刷等工具去污去锈后，涂一层薄薄的水泥浆。

(2)检查尾水管里衬的圆度：吊装里衬前，检查上、下管口的圆度，若不合格要用拉紧器和千斤顶等进行调整，然后加设支撑以防变形。

表 4-1　安装水轮机埋设部件教学情境的创建

项目	教学情境 4-1：安装水轮机埋设部件
学习形式	现场实际操作并用教学课件演示辅助
实施地点	多媒体教室和水电站主厂房安装车间
使用教具	水轮机、电脑、投影仪
作业形式	完成学习任务单
教学步骤	(1)教师引导学生学习水轮机埋设部件的组成、作用及安装工艺； (2)学生分组查阅相关图纸资料； (3)学生制定埋设部件安装的工序及选用相关的工具和量具； (4)各小组执行组装任务； (5)教师检查反馈学生任务完成情况； (6)学生汇报自评、教师评价。

(3)作好安装标记：为了在安装时便于确定尾水管里衬的中心和方位，在吊装前应按照设计图纸要求，在里衬的上管口标出 $+X$、$-X$、$+Y$、$-Y$ 的轴线位置。

(4)机坑清理检查：清理预留的机坑，去除木块、石头、砂等杂物，排除积水。用水准仪检查机坑底面高程是否符合设计要求。

(5)设置挂线架：为了便于调整里衬的中心高程，在机坑混凝土适当位置上，装置牢固的用角钢(或槽钢)焊成的标高中心架，如图 4-1 所示。在角钢上锯一缺口，缺口的位置应分别与 X、Y 轴线在同一垂直平面内，缺口的底部高程应比里衬上管口设计高程高出 500 ~ 800 mm。为了防止两方向的钢琴线在交点处重叠，X 方向与 Y 方向角钢的缺口高程应有 50 mm 左右的高差。标高中心架设置好后，应根据机组标高、中心基准进行复核，最后分别记下标高中心架 X、Y 轴线的高程。

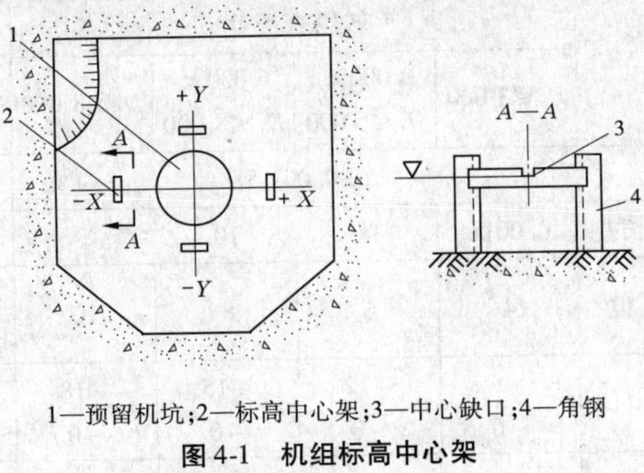

1—预留机坑；2—标高中心架；3—中心缺口；4—角钢

图 4-1　机组标高中心架

(6)吊入尾水管里衬：将尾水管里衬按 X、Y 标记吊入机坑，放在基础垫板上的楔子板上，然后在预先设置好的标高中心架上通过缺口挂出两根直径为 0.3 ~ 0.5 mm 的钢琴线，两端拴以 5 ~ 10 kg 的重锤，以保证钢琴线的平直。对准上管口从钢琴线上挂下 4 个线锤。

(7)尾水管里衬中心测量与调整：检查并沿钢琴线移动4个线锤，看尖端是否对准上管口 X、Y 轴线位置上的标记。如果没对准，可用千斤顶或拉紧器等调整工具进行里衬中心的调整，使4个线锤的尖端分别对准上管口的标记。此时表明里衬上管口的中心与机组的中心是一致的，如图4-2所示。

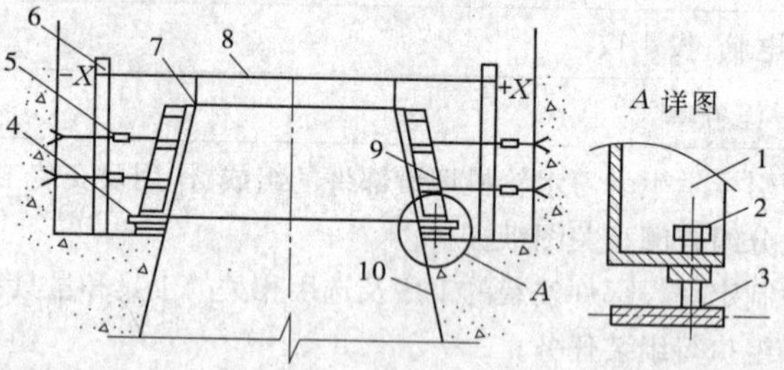

1—尾水管里衬；2—调整螺钉；3—基础垫板；4—楔子板；5—拉紧器；
6—标高中心架；7—线锤；8—钢琴线；9—锚栓；10—尾水管；

图4-2 尾水管里衬安装

(8)尾水管里衬高程测量与调整：根据钢琴线的高程(即标高中心架的高程)，用钢板尺测量上管口到钢琴线的距离，由钢琴线的高程减去该距离，即为上管口的实测高程。与设计高程相比，其差值即为里衬高程的调整值。调整时，用调整螺钉或楔子板进行。应注意里衬高程是以上管口最低点为准的。假如在安装中发现尾水管里衬出口与弯管的混凝土部分错位较大，应设法调整里衬位置，或者适当除去混凝土多余部分，以保证尾水管内壁的平滑，减少阻力，有利于改善水流特性。尾水管里衬就位调整后，其安装质量标准应符合表4-2的要求。

表4-2 尾水管里衬安装允许偏差

(单位：mm)

序号	项目	允许偏差				说明
		转轮直径 D_1				
		$D_1 \leqslant 3\,000$	$3\,000 < D_1 \leqslant 6\,000$	$6\,000 < D_1 \leqslant 8\,000$	$D_1 > 8\,000$	
1	管口直径	$\pm 0.001\,5D$				D—管口直径设计值
2	相邻管口内壁周长差	$0.001L$	10			L—管口周长
3	上管口中心及方位	4	6	8	10	测量管口上 X、Y 标记与机组 X、Y 基准线间的距离
4	上管口高程	$^{+8}_{-0}$	$^{+12}_{-0}$	$^{+15}_{-0}$	$^{+18}_{-0}$	
5	下管口偏心	10	15	20	25	吊线锤测量

(9)加固后浇注混凝土：尾水管里衬调整合格后，为了防止其变形，将调整工具点焊固定，并使用预埋锚栓拉筋等进一步焊接加固。管内适当加焊支撑，经复查合格后即可进行混凝土的浇注。

2）安装基础环、转轮室及支撑环、固定导叶、上环

（1）清扫、组合：先对转轮室、基础环、支撑环、固定导叶、上环的各加工面进行清扫，除去漆、锈、毛刺，修去高点；组合面要用汽油擦洗干净，涂上铅油。

（2）安装基础环、转轮室：对于轴流式水轮机，转轮室是整个机组的安装基准，如图 4-3 所示。转轮室与基础环安装之前应先将尾水管里衬吊入就位，待转轮室基础环安装调整合格后再与之相连接。安装时应根据水轮机叶片中心高程调整埋设部件的高程，一般测量转轮室上平面的安装高程和水平度，其中心和圆度则以转轮室内圆加工面为准。转轮室必须精心测量调整、牢牢固定，只有这样，才能保证整个机组的安装质量。

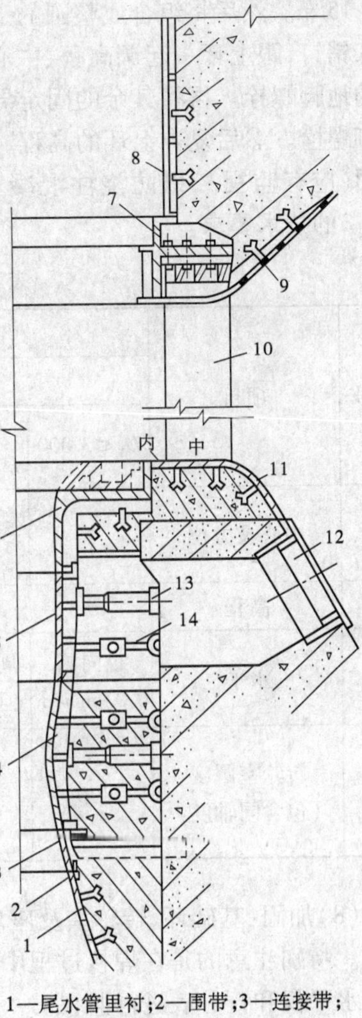

1—尾水管里衬；2—围带；3—连接带；4—基础环板；5—转轮室；6—支撑环；7—上环；8—机坑里衬；9—蜗壳上衬板；10—固定导叶；11—蜗壳下衬板；12—进人门；13—千斤顶；14—拉紧器

图 4-3　轴流式水轮机埋设部分

（3）座环组装：轴流转桨式水轮机整体座环的安装方法与混流式水轮机座环的安装一样，而分件到货的座环安装则较为复杂。为保证活动导叶的端面间隙，座环上环与支撑环之间的距离，即上环的标高一定要严格控制。上环与固定导叶的组装，有样板找正法和上环定位法，其中上环定位法找正较方便，安装精度较高，应用普遍。上环定位法即在制造厂内每只固定导叶在上环的安装位置均预先进行过组装并钻铰销钉孔定位，其分件座环到货后，按制造厂的标记和要求直接安装。如果制造厂未做过这项预装工作，则应在现场安装时将上环翻身组合成整体圆环，调好水平度，然后将固定导叶倒置于上环的安装位置上，按图纸上要求方位用经纬仪定位，钻铰销钉孔，并标定 $+X$、$-X$、$+Y$、$-Y$ 方向，最后再把固定导叶拆下来，以待正式安装。

（4）设置挂线架，挂出钢琴线：基础环、转轮室放稳后，可按尾水管里衬安装所用的方法设置挂线架，挂出机组的十字钢琴线。

（5）转轮室中心测量与调整：在已经拉好的钢琴线上，分别挂下 4 个线锤。检查并沿钢琴线移动 4 个线锤，看尖端是否对准转轮室内圆面 $+X$、$-X$、$+Y$、$-Y$ 轴线位置上的标记。如果没对准，可用起重设备（如吊机等）进行转轮室中心的调整，使 4 个线锤的尖端分别对准转轮室内圆面的标记。此时表明转轮室的中心与机组的中心是一致的。

（6）转轮室高程测量与调整：根据钢琴线的高程（即挂线架的高程），用钢板尺测量转轮室上平面到钢琴线的距离，由钢琴线的高程减去该距离，即为转轮室上平面的实测高

程。与设计高程相比，其差值即为座环上法兰面高程的调整值。

(7)吊入组装好的座环：在机坑安装座环时，先将 $+X$、$-X$、$+Y$、$-Y$ 方向的 4 个固定导叶吊入，并将其高程调至设计高程。再吊入其余固定导叶，其高程均低于设计高程 10 ~ 15 m。然后将组合成整圆的上环吊入，并与上述 X、Y 方向的 4 个固定导叶相连接，打入销钉，跟上环一起调高程、中心和水平度。合格之后，拧紧上述 X、Y 方向 4 个固定导叶的地脚螺栓。再将其余的固定导叶提上来，以销钉定位，用螺栓同上环连接，拧紧所有地脚螺栓。然后复查上环的高程、中心和水平度。合格后将所有连接件点焊固定，并进行加固（应有监视），以防浇注混凝土时发生变形或变位。转轮室安装质量标准应符合表 4-3的技术要求。

表 4-3　转轮室安装允许偏差

（单位：mm）

序号	项目	允许偏差				说明
		转轮直径 D_1				
		$D_1 \leqslant 3\,000$	$3\,000 <$ $D_1 \leqslant 6\,000$	$6\,000 <$ $D_1 \leqslant 8\,000$	$D_1 > 8\,000$	
1	中心及方位	2	3	4	5	转轮室上平面 X、Y 轴线与机组十字钢琴线间的距离
2	高程	±3				
3	水平	径向测 0.07 mm/m	周向 8 或 16 等分测 0.05 mm/m，但径向最大不得超过 0.60 mm/m			
4	转轮室圆度（包含同轴度）	1.0	1.5	2.0	2.5	测机组中心线至转轮室内圆加工面，至少测 8 个点

(8)加固：基础环、转轮室及座环位置调整合格后，可用电焊将基础螺栓、拉筋等点焊固定。特别注意的是在焊接过程中，为防止转轮室发生变形和位移，应对称施焊，且应用框形水平仪和百分表进行监视。

(9)最后复核：复查转轮室的高程、中心和水平度，并检查加固情况，符合要求后可浇注混凝土。在浇注时，要用水平梁配合框式水平仪监视水平度的变化情况。

3）安装蜗壳

由于运输条件的限制，钢板焊接蜗壳在制造厂试装后要分成若干单节运到工地。对于大型机组的蜗壳，有的节还分成若干瓦片，运到工地后先将瓦片拼成单节，然后在现场进行装配。

(1)单节拼装：每节分成瓦片运到工地的蜗壳，安装前，首先要把瓦片拼成一个一个的单节。拼装时，先用马蹄铁、压码、楔子板、法兰螺栓、拉紧器等调整对缝间隙及弧度。为防止纵缝焊接时引起弧度变化，每条纵缝的连接固定板可加三道。拼成单节的蜗壳应作各项测量和调整，使其符合表 4-4 的要求。如不符合要求，可用千斤顶、拉紧器等调整。

合格后应在环节内加焊支撑，如图 4-4 所示。

表 4-4　蜗壳拼装的允许偏差　　（单位：mm）

序号	项目	允许偏差	说明
1	G（单节蜗壳的上下开口）	+6 +2	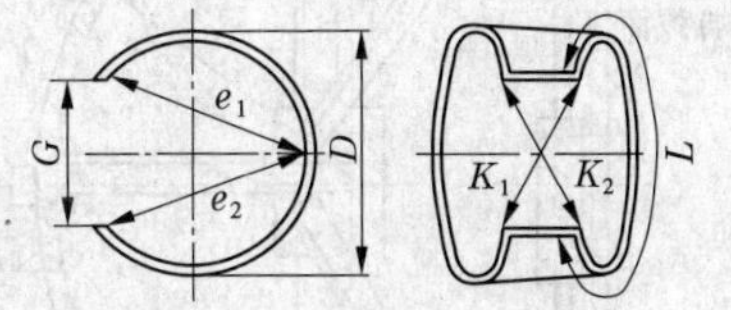
2	K_1、K_2（K_1、K_2 为蜗壳开口的两对角线长度）	±10	
3	e_1、e_2（e_1、e_2 为上下开口到蜗壳内侧水平中分线的弦长）	±0.002e	
4	L（蜗壳大小头的弧长）	±0.001L	
5	D（蜗壳直径）	±0.002D	

（2）大节拼装：为了加快蜗壳的挂装速度，在单节拼装完成后，立即施焊纵缝，然后将相邻的几个单节拼装成大节，一般以 2～3 节拼成一大节为宜。拼装时，两单节均以中分面为基准，调整焊缝的间隙和错牙，并用样板检查上下开口边的弧度，合格后，则可施焊拼装后的环缝。为了便于拼装时调整上下开口边，对离开口边 300～500 mm 长的环缝可先不施焊。如工期要求不紧，则宜采用单节蜗壳挂装的方案，因为单节挂装吊运和安装调整都比较方便。

（3）蜗壳挂装准备工作：清扫备节蜗壳，修整焊缝坡口；根据中心基准点挂出机组的十字钢琴线；在尾水管内搭设工作平台，并焊一角钢支架，在支架顶端焊一加工好的小铁板，其顶面高程应与座环的水平中分面一致，并在小铁板上根据由十字钢琴线交点悬下的线锤打出冲眼，作为蜗壳安装的中心基准点，如图 4-5 所示；准备好千斤顶、拉紧器、胶皮管水平器、线锤等。

（4）蜗壳定位节的挂装：蜗壳安装一般是先从与机组 $+X$ 轴线重合的项 1（定位节）开始，然后按Ⅱ方向顺序挂装到项 12，从尾部按顺序挂装到项 14，再向Ⅰ方向挂装水平段。为了加快挂装进度，可以再确定一个与 $+Y$ 轴线重合的项 22 作为定位节，这样可以开辟Ⅰ、Ⅱ、Ⅲ、Ⅳ等工作面同时进行蜗壳的挂装，如图 4-6 所示。为了补偿焊接变形以及在安装过程中可能产生的误差，设置了有一定余量的凑合节项 13，该节在蜗壳其他环节环缝全部焊完之后，根据空间实际尺寸下料配装。定位节安装应认真对待，因为它是蜗壳挂装的基准。项 1 用法兰螺栓挂在座环蝶形边上后底部用千斤顶支撑，然后进行以下三个项目的测量和调整：①从钢琴线上挂下两线锤，检查大管口与 X 轴线是否重合，同时检查大管口上下左右的倾斜值，应不大于 5 mm，如超差，应用起重设备和下部的千斤顶进行调整。②用胶皮管水平器检查蜗壳内表面上水平中分面的高程，与设计值的偏差应不超过 ±15 mm，如超差用下部的千斤顶进行调整。③用卷尺测量蜗壳外缘距离机组中心的半径，其误差应不超过 0.004R（R 为机组中心至蜗壳外缘的设计值），如不合格，则用拉紧器和千斤顶进行调整。上述三项调整合格后用电焊把拉紧器、千斤顶等点焊固定。如开辟 4 个工作面，定位节项 22 也用同样方法挂装。

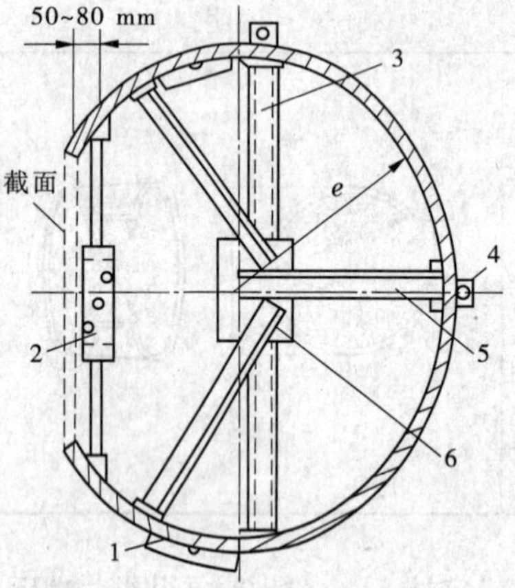

1—连接固定板；2—拉紧器；

3、5—角钢；4—吊环；6—定心板

图 4-4　蜗壳单节拼装加固图

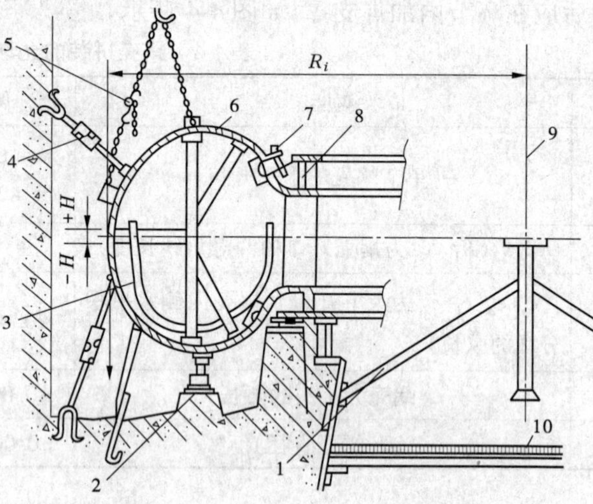

1—标定中心、高程的支架；2—千斤顶；3—胶皮管水平器；

4—拉紧器；5—导链；6—蜗壳；7—连接固定板；

8—座环；9—机组中心线；10—工作平台

图 4-5　蜗壳挂装示意图

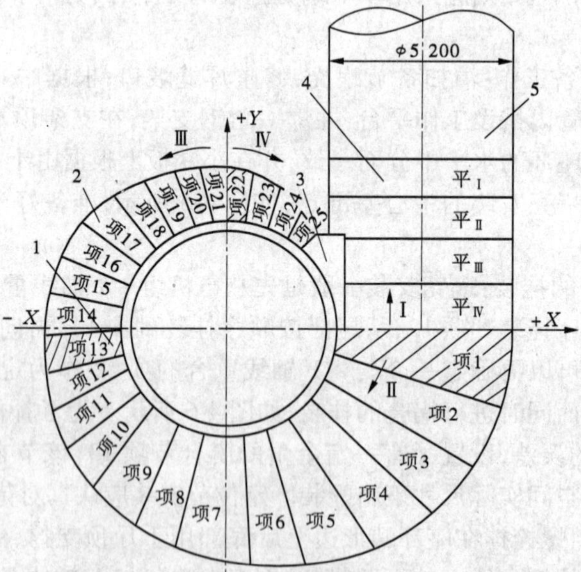

1—凑合节；2—各环节；3—尾部；4—水平端；5—水平管

图 4-6　蜗壳挂装方向平面图

(5)其他蜗壳节的挂装：定位节挂装固定后，可按上述几个工作面同时进行其他蜗壳节的挂装。挂装时，仅检查 H、R_i、焊缝间隙和错牙情况。各环节对接焊缝间隙要求不超过 2 ~ 4 mm，如各节与座环是搭接的，其搭接间隙应不大于 0.5 mm；过流面错牙应不大于板厚度的 10%，最大错牙应不大于 2 mm。蜗壳安装应符合表 4-5 的质量要求。蜗壳挂装时，应挂好一节立即加固支撑好一节，特别是蜗壳与座环蝶形边连接处更要加固好，以免后面挂装时影响已挂装好部分的安装质量而造成返工。待蜗壳全部(不含凑合节)挂装完毕,并复查挂装质量合格后,方可进行蜗壳环缝的焊接工作。

表 4-5 蜗壳安装的允许偏差 (单位:mm)

序号	项目		允许偏差	说明
1	直管段中心	与机组 Y 轴线距离	±0.003D	D—蜗壳进口直径。若钢管先安装好,则应平顺过渡
		高程	±5	
2	最远点高程		±15	
3	定位节管口倾斜值		5	
4	定位节管口与基准线		±5	
5	最远点半径		±0.004R	R—最远点半径设计值

(6)凑合节配装:凑合节是在蜗壳其他环节的纵缝、环缝全部焊接完之后根据实际空间尺寸制作的。凑合节的制作方法有三种:①量测法。在装凑合节的实际空间的两边管口上,以蜗壳的水平中分面为基准,沿环缝方向等分 32~96 份,并测量各对应点的空间尺寸,然后将该尺寸放样到已拼装好的凑合节上,画线切割。②样板法。在装凑合节的实际空间上,围上薄铁皮,在薄铁皮上画出空间尺寸,并标出蜗壳的水平中分面,然后按画线剪裁成形,再按此样板在凑合节上画线切割。③实拼法。将凑合节分块直接贴合在安装的实际空间上,以蜗壳的水平中分面为基准画线,切割时要考虑焊缝所需间隙。上述三种方法中,最常采用的是第二种方法,此方法制作起来比较准确且简单;第一种方法过于烦琐,一般不用;第三种方法,由于凑合节难以贴紧蜗壳表面,误差较大。

(7)蜗壳焊接:蜗壳的焊接顺序应该是先纵缝,后环缝,最后蝶形边。参加施焊的焊工,应经考试合格。为了防止蜗壳焊接造成大量返工现象,开焊时,每人先焊一条纵缝,焊完后立即检查,合格后方可继续施焊。焊条应采用厂家规定的焊条,按要求严格烘烤,用时放在保温焊条筒中随用随取。①纵缝焊接。环缝焊接前,必须进行纵缝的焊接。焊接应按"分段退步焊接法"进行,每段长度为 300~500 mm;在焊接过程中,要求焊一层清扫一层,每层的接头要错开;如发现有裂纹、气孔、夹渣、未焊透等缺陷,处理好后方可继续施焊;背缝的清扫应彻底,适当深一点、范围宽一点,以减少焊缝中出现气孔与夹渣的可能。②环缝焊接。蜗壳的环缝焊接,宜 2~4 名焊工同时施焊,采用"对称分段退步焊接法"进行,如图 4-7(a)所示,每段长度为 200~400 mm,其他要求与纵缝焊接时相同。凑合节的焊接是最后焊接,由于焊接应力不易排除,常产生焊接裂纹。因此,焊接时除焊工在思想上要高度重视和采用合理的焊接工艺外,每焊完一段或一层后,应用钝头的风铲或手锤对焊波进行敲击,以消除其内应力。焊接方法宜采用"对称分段退步跳焊法",如图 4-7(b)所示。③蝶形边焊接。蝶形边焊接是在所有纵、环缝全部焊完之后进行的。在堆焊时,背缝可贴钢衬板,焊完后铲除。对下蝶形边可先进行封底焊,然后从正面清根后一次焊完。对上蝶形边应先焊正面,背缝清根后再进行封底焊。施焊可由 4~8 名焊工对称进行,采用"分段退步焊接法",如图 4-7(c)所示。为防止蝶形边焊接时座环变形,可将水轮机顶盖吊入,临时安装在座环上,拧上一半或全部组合螺栓,并用 4 只百分表监视顶盖与座环的相对位移。

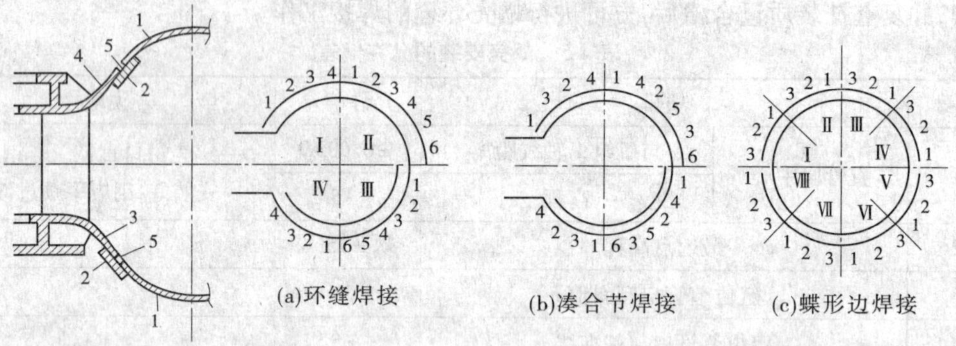

1—蜗壳钢板;2—衬板(厚5 mm);3—下蝶形边;4—上蝶形边;5—堆焊区

图4-7　蜗壳焊接顺序

(8)焊接质量检查:全部焊缝焊接完毕,要进行焊接质量检查。先进行焊缝外观检查,合格后,再进行焊缝无损探伤检查。无损探伤通常用超声波或射线透视焊缝。采用射线探伤时,检查长度:环缝为10%,纵缝和蝶形边为20%。焊缝质量按GB 3323—82《钢焊缝射线照相及底片等级分类法》规定的标准,环缝应达到Ⅲ级,纵缝和蝶形边应达到Ⅱ级的要求。采用超声波探伤时,检查长度:环缝、纵缝及蝶形边均为100%。对有怀疑的地方,应酌情用射线探伤复查。焊缝质量按JB 1152—81《钢制压力容器对接焊缝超声波探伤》规定的标准,环缝应达到Ⅱ级,纵缝和蝶形边应达到Ⅰ级的要求。当发现有不能允许的连续缺陷和蜗壳采用合金钢板等易裂钢材时,应酌情增加检查长度,检查不合格的地方,应用电弧气刨除掉重焊。

(9)蜗壳加固:蜗壳焊接工作全部完成并经检查焊缝质量合格后,将调整工具焊接固定,并适当地对蜗壳进一步加固,在蜗壳内、外装设必要的支撑,以防止浇注混凝土时蜗壳变位和变形。

上述工作全部结束后经检查无误,即可移交给土建单位浇注座环直至发电机层混凝土。

【任务4.2】　组装水轮机转轮

以典型的轴流转桨式水轮机转轮组装为例。

1.组装水轮机转轮教学情境的创建

当转轮各部件检修完毕,经检验合格后,可进行水轮机转轮组装,为机组回装作准备。水轮机转轮组装任务分两个教学情境进行,即组装并吊入水轮机转轮的教学情境和装配主轴、操作油管及受油器的教学情境。两个教学情境的具体创建见表4-6。

2.轴流转桨式水轮机组装实操步骤及注意事项(按电力技术标准DL/T 5037—1994编制)

1)准备工作

(1)在安装车间埋设组装与试验用钢平台,要求钢平台表面水平度≤0.10 mm/m。

表 4-6　组装水轮机转轮教学情境的创建

项目	教学情境 4-2： 组装并吊入水轮机转轮	教学情境 4-3： 装配主轴、操作油管及受油器
学习形式	现场实际操作并用教学课件演示辅助	现场实际操作并用教学课件演示辅助
实施地点	多媒体教室和水电站主厂房安装车间	多媒体教室和水电站主厂房安装车间
使用教具	轴流转桨式水轮机、电脑、投影仪	轴流转桨式水轮机、电脑、投影仪
作业形式	完成学习任务单	完成学习任务单
教学步骤	(1)教师引导学生学习轴流转桨式水轮机转轮的组成及各部件的作用； (2)学生分组查阅相关图纸资料； (3)学生制定转轮组装的工序及选用相关的工具和量具； (4)各小组执行组装任务； (5)教师检查反馈学生任务完成情况； (6)学生汇报自评、教师评价。	(1)教师引导学生学习轴流转桨式水轮机主轴、操作油管及受油器各个部件的作用； (2)学生分组查阅相关图纸资料； (3)学生制定主轴、操作油管组装的工序及选用相关的工器具； (4)各小组执行组装任务； (5)教师检查反馈学生任务完成情况； (6)学生汇报自评、教师评价。

(2)根据转轮体上法兰(无操作架的转轮，正装)或下法兰的外径(有操作架的转轮，倒装)，均布 4 ~6 个组装钢支墩，并固定在钢平台上。

(3)对设备进行全面清点、去锈、补漆、清扫；检查主要配合尺寸。

(4)对 M72 及以上细牙螺栓进行清扫、研磨、试配(见图 4-8)。

(5)按编号将连杆装配在转臂上。

(6)对重要的销钉、销孔进行测量检查。

(7)将接力器缸体倒置在 3 ~4 个钢支墩上，清扫、刷漆；将联轴螺栓插入螺孔就位，焊上挡块和堵板，对焊缝进行外观检查和煤油渗漏试验，或采用着色法探伤(见图 4-9)。

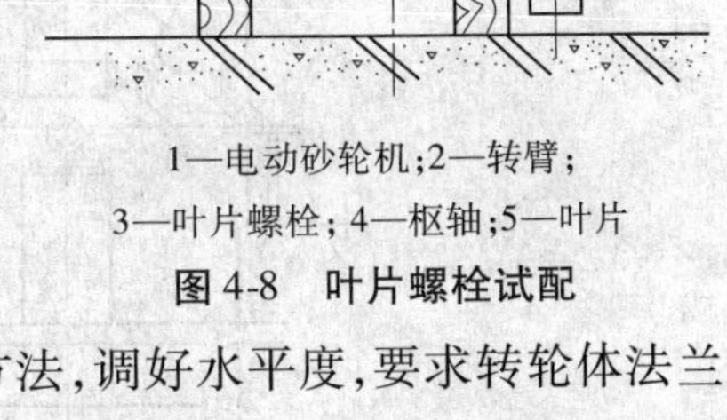

1—电动砂轮机；2—转臂；
3—叶片螺栓；4—枢轴；5—叶片

图 4-8　叶片螺栓试配

2)安装叶片传动机构(有操作架的转轮)

(1)将带杆的活塞倒放于钢平台的中心孔内，活塞杆键槽方位应与转轮体一致，下面用方木垫好(见图 4-10)。

(2)将专用吊具安装在转轮体上、下法兰上，用桥式起重机将转轮倒放在钢支墩上，用加紫铜片的方法，调好水平度，要求转轮体法兰表面水平度≤0. 05 mm/m(见图 4-10)。

(3)拆去转轮体下吊具 6(见图 4-10)。

(4)按编号将连杆转臂装配，逐个吊入转轮体内就位。用连杆固定工具 2、楔子板 8 和千斤顶 9 进行调整，使其与铜瓦同心，并固靠于铜瓦内端面(见图 4-11)。

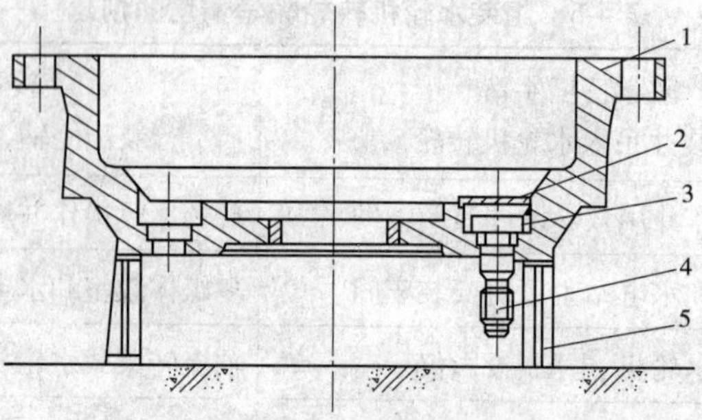

1—缸体;2—堵板;3—挡块;4—联轴螺栓;5—钢支墩

图 4-9　联轴螺栓与缸体装配

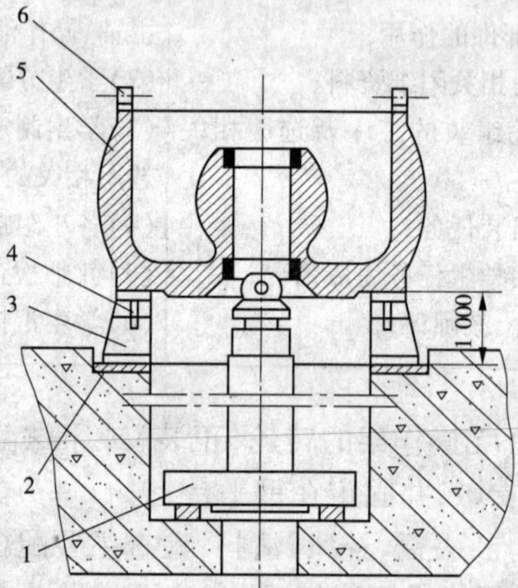

1—活塞;2—钢平台;3—钢支墩;4—上吊具(2 个);5—转轮体;6—下吊具(2 个)

图 4-10　转轮体就位

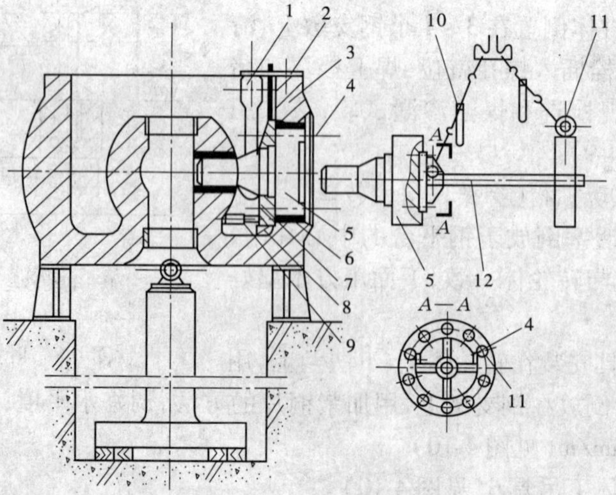

1—连杆;2—连杆固定工具;3—转轮体;4—工艺螺栓(3 个);5—枢轴;6—铜瓦;7—转臂;
8—楔子板;9—千斤顶;10—链式起重机(2 个);11—吊环(3 个);12—枢轴平衡吊具

图 4-11　转臂、连杆、枢轴的安装

(5)用枢轴平衡吊具12,按编号逐个起吊枢轴,装入销钉。用链式起重机调整枢轴方位和水平。对正转臂销孔,插入转轮体叶片轴孔内,拆除枢轴平衡吊具12,拧入工艺螺栓4,将枢轴与转臂连成一体,以防滑出(见图4-11)。

(6)将活塞杆O形密封圈置于铜瓦8内,用桥机提升活塞到安装位置,活塞下面垫上工字钢,将活塞保持在该位置上,撤去桥机(见图4-12)。

(7)将连杆销15插入操作架4销孔中一半,用绳捆牢,用桥机将操作架吊至转轮体上方,套入活塞杆,按编号依次调整连杆销孔,使之对正操作架销孔,打入连杆销15,放入平键16,安装卡环和锁定套环17(见图4-12)。

(8)安装连接体2及其法兰面O形密封圈。用0.05 mm塞尺检查法兰面间隙,应符合安装技术要求(见图4-12)。

(9)用桥机和千斤顶11,将操作架4升到最高位置,使活塞端面与转轮体接触,顶紧千斤顶11,以防翻身时活塞串动(见图4-12)。

(10)将转轮体内部清扫干净,经验收后,安装翻身盖4,其吊耳方向应与上吊具2一致(图4-13)。

(11)利用两个上吊具2和翻身盖4的两个吊耳,用桥机双钩将转轮在空中翻身(见图4-13)。

(12)转轮翻身正置后,拆除翻身盖1,取出千斤顶11(见图4-12),检查转轮体内部,应无杂物,吊到下盖上方,安装下盖及其法兰面O形密封圈。法兰面间隙应符合安装技术要求。

(13)将转轮正置于钢平台上。撤去桥机,拆除上吊具2(见图4-13)。

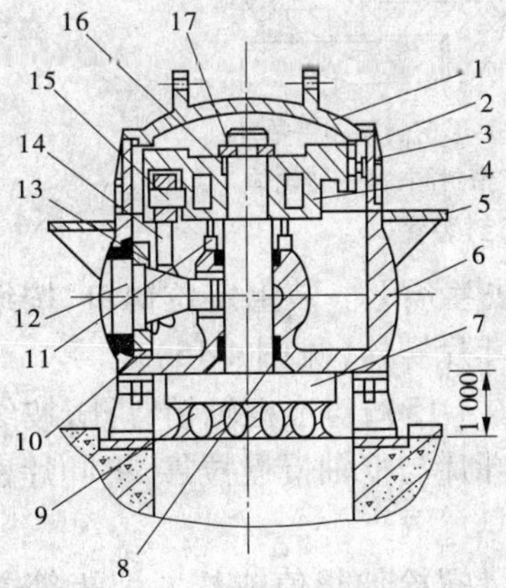

1—翻身盖;2—连接体;3—导向滑轮;4—操作架;
5—平台;6—转轮;7—活塞;8—铜瓦;9—工字钢;
10—楔子板;11—千斤顶;12—枢轴;13—转臂;14—连杆;
15—连杆销;16—平键;17—卡环和锁定套环

图4-12 叶片传动机构安装

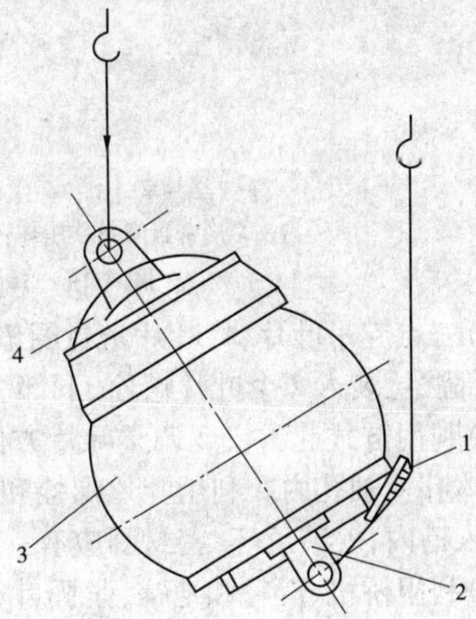

1—枕木;2—上吊具(2个);
3—转轮装配;4—翻身盖

图4-13 转轮装配翻身

3）叶片、叶片密封装置及转轮接力器安装（有操作架的转轮）

（1）用桥机和千斤顶将活塞提到叶片全开位置，并用千斤顶保持。

（2）清扫、检查叶片密封装置（弹簧预压式）各零件，外形应完好无损、无变形。

（3）参考图4-14，安装弹簧1，检查露出A面的高度h_1，应符合厂家技术要求。

（4）安装预紧环4和螺栓3，四周与转轮的间隙应不小于0.5 mm；转动螺栓3，预紧环应能跟随螺栓头部移动而与其紧密贴合（见图4-14）。

（5）调整预紧环顶面与转轮体B面间距h，按螺栓3数目分点调整，使$h = h_3 - (2 \sim 2.5)$ mm，其中$h_3 = H - h_1 - h_2$（见图4-14）。

（6）待叶片吊起后，将零件5、6、7套在叶片法兰上，随叶片一起安装就位（见图4-14）。

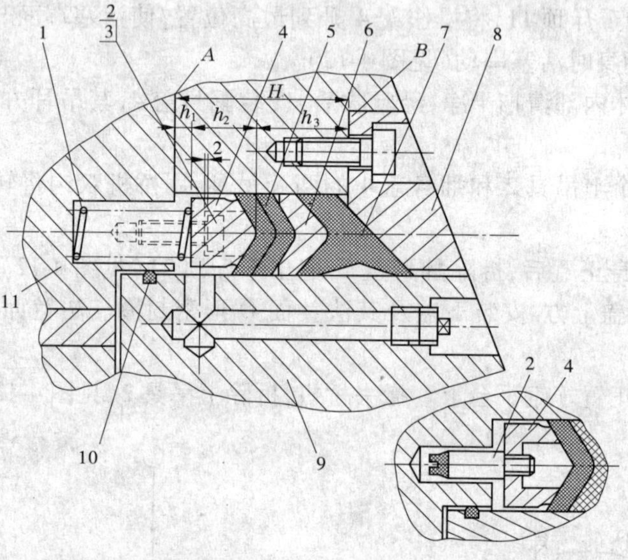

1—弹簧；2—导向销；3—螺栓；4—预紧环；5—V形密封圈；6—垫环；
7—λ形密封圈；8—压环；9—叶片；10—O形密封圈；11—转轮体

图4-14 弹簧预压式叶片密封装置

（7）三点起吊叶片，将叶片密封圈依次套入叶片法兰颈上。装上定位销钉，按编号在叶片上部法兰装入2个叶片螺栓，下部法兰装入1个叶片螺栓（见图4-15）。

（8）利用链式起重机2调整叶片方位与水平（见图4-15），对准枢轴销钉孔，按编号插入转轮体叶片轴孔内。利用叶片螺栓和桥机配合，将叶片与枢轴慢慢拉靠，将叶片密封装置推压入槽内，安装压环，密封圈应有一定的压缩量。

（9）利用桥机、滑轮和地锚，紧固叶片螺栓，用测量螺栓伸长值或拧紧力矩等方法控制预紧力（见图4-16）。

（10）安装导轴11及其密封（见图4-17）。

（11）安装环形平台6于转轮体上（见图4-17）。

（12）将接力器缸体翻身正置，安装起吊架12，在缸体下法兰上安装4个导向架5，起吊就位，穿入安装螺栓（见图4-17）。

（13）在转轮体上端外圆面焊2～4个吊环，挂好定滑轮，用桥机紧固缸体连接螺栓

（见图 4-17）。

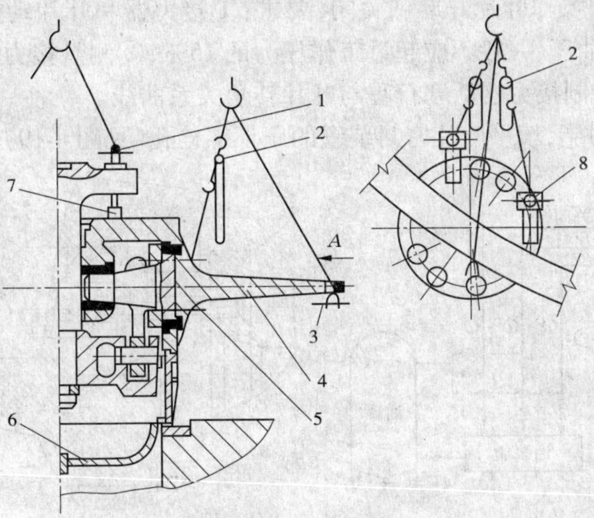

1—活塞吊环；2—链式起重机；3—起重卡扣；4—叶片；
5—叶片连接螺栓；6—下盖；7—千斤顶；8—叶片吊具

图 4-15　叶片安装

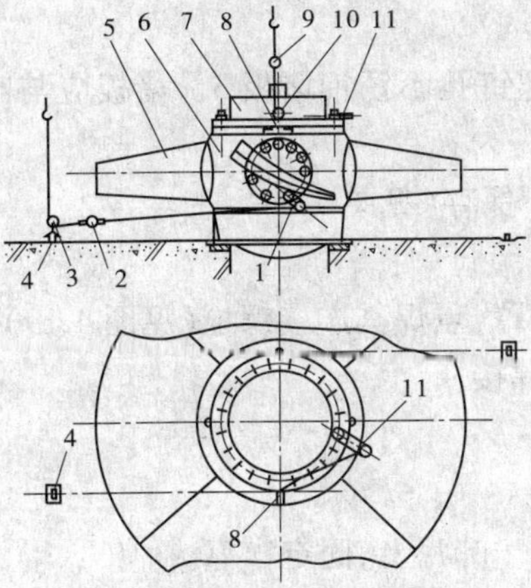

1、11—扳手；2、9—拉力计；3—定滑轮；4—地锚；
5—叶片；6—转轮体；7—缸体；8—吊环；10—定滑轮

图 4-16　叶片螺栓和缸体连接螺栓紧固

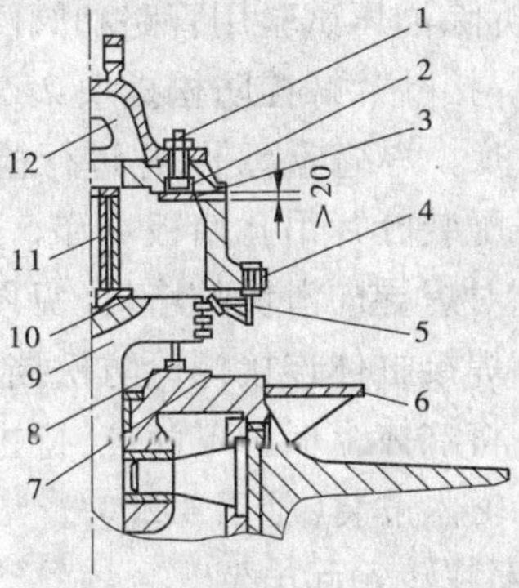

1—联轴螺栓；2—挡块；3—堵板；4—缸体；
5—导向架；6—平台；7、10—O 形密封圈；8—千斤顶；
9—活塞；11—导轴；12—起吊架

图 4-17　缸体安装

4）转轮油压试验

（1）按图 4-18 布置油泵组、油罐，接好管路和阀门。

（2）向油罐注油，油量为转轮接力器充油量的 1.5 ~ 2.0 倍。

（3）关闭油阀，打开排气阀 D，通过阀 C 向转轮腔内注油，直至阀 D 有少许油冒出，关闭阀 D，停止注油。

（4）利用油泵组操作叶片开启和关闭，将叶片密封装置的压环螺栓均匀拧紧。

（5）利用油泵组向转轮内腔打压，压力从 0 逐渐升至 0.5 MPa，并保持在（0.5 ± 0.05）MPa，历时 16 h；每小时操作叶片全行程开关 2 ~ 3 次。在整个保压过程中，要求渗漏量不超过厂家技术要求。

(6)利用油泵组操作叶片开启和关闭,要求:①接力器和叶片动作平稳;②记录叶片开启和关闭的最低油压,一般不应超过工作压力的15%;③测量接力器活塞的全行程,应符合图纸要求;④绘制接力器活塞行程与叶片转角关系曲线。

(7)配置环氧树脂,填平叶片密封装置的压环螺栓孔(见图4-19)。

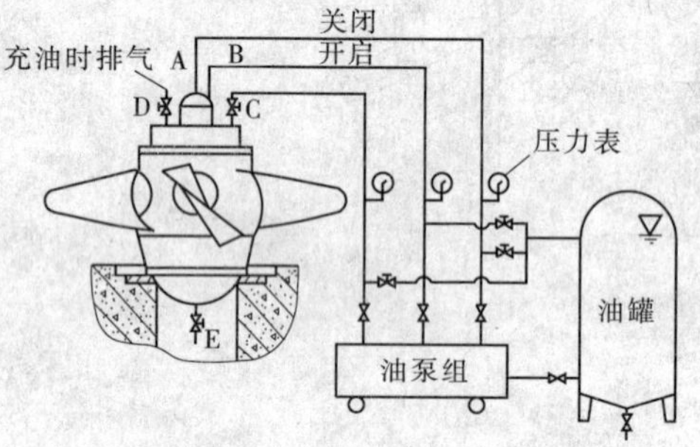

图4-18　油压试验系统图

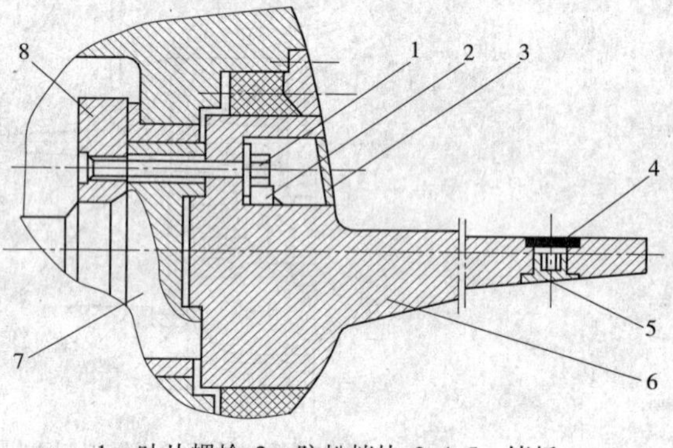

1—叶片螺栓;2—防松挡块;3、4、5—堵板;
6—叶片;7—枢轴;8—转臂

图4-19　叶片附件

(8)拆除油压试验用管路和阀门。

(9)焊接叶片螺栓防松挡块2,对焊叶片法兰螺钉孔不锈钢堵板3。堵板应与叶片表面平滑过渡。焊缝应磨平,并进行检查(见图4-19)。

(10)配装叶片吊孔堵板4和5,作好记号,取下保存(见图4-19)。

(11)对焊导向滑块的堵板(见图4-19)。

(12)焊接缸体连接螺栓防松挡块,安装下保护罩,点焊其连接螺栓(见图4-19)。

(13)将缸体上保护罩就位,待主轴连接后,再焊接。

5)转轮体吊装(见图4-20)

(1)安装转轮起吊架。

(2)将转轮悬挂工具支座1和悬挂螺栓2就位于叶片上,固定牢靠。

(3)在叶片下方,组焊简易角钢平台4,以方便拆除悬挂螺栓螺母。

(4)用桥机将转轮吊至泄水锥的上方,连接转轮与泄水锥。点焊安装螺栓,对焊泄水锥围板。

(5)吊装转轮,就位于机坑,利用挂在顶盖上的链式起重机11,将悬挂工具支座1安装于转轮室上环7上。

(6)调整转轮中心、高程和水平度。

(7)转轮调好后,应在叶片与转轮室间隙内对称打入楔子板,将转轮定位。

3. 主轴、操作油管及受油器装配实操步骤及注意事项

1)水轮机主轴与转轮体的装配(包括下操作油管装配)

(1)清理干净转轮接力器缸上表面即联轴法兰面和联轴螺钉,并在法兰面槽中放置配割黏合好的橡皮条,所有在工地黏合的橡皮条建议采用直切口形式;操作油管在工地装配的所有密封圈不得碰伤，密封槽尺寸应全部复测，法兰把合螺钉应采用机械防松形式。

(2)将清理干净的操作油管两根内管分别插入外管中，先将两根内管垫上放有密封圈的导向块把合在一起，再将两根外套管垫上放有密封圈的导向块把合在一起，并穿入主轴。

(3)安装操作油管固定工具和主轴翻身吊装工具，将主轴由水平位置竖起，调整主轴导轴承面的垂直度，其偏差不应大于 0.1 mm/m，按照正确中心、方位对正转轮的操作油管外管，并加入带密封圈的导向块把合在一起。

(4)将主轴慢慢下落，使操作油管外管按照正确中心、方位对正活塞导管，并加入带密封圈的导向块把合在一起；再将主轴慢慢下落，使主轴按照正确方位对正联轴螺钉及转轮接力器止口，将主轴慢慢落到转轮接力器上。

(5)在主轴下落过程中，应防止出现联轴螺钉卡阻现象，这样会使其下部封焊的堵板损伤而造成漏油；用专用工具预紧联轴螺钉，其伸长值应符合设计要求，偏差不应超过设计值的 ±10%，合格后装焊螺母防松挡块。

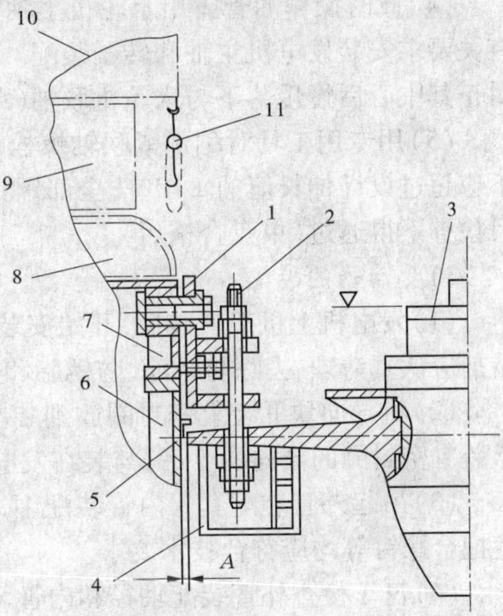

1—悬挂工具支座；2—悬挂螺栓；3—转轮；
4—简易角钢平台；5—楔子板；6—转轮室中环；
7—转轮室上环；8—底环；9—导水叶；
10—顶盖；11—链式起重机

图 4-20　转轮悬挂机坑

(6)组装主轴法兰靠背轮护盖后，将参加导水机构预装后的支持盖及上导流锥装配吊起，套过主轴放在转轮上，再将总体起吊支撑装置装在轴承支架上。

(7)将转轮装配、支持盖和下导流锥、主轴装配等整体吊起，拆除顶盖上的转轮挂装工具，将转轮慢慢吊入机坑，使支持盖按预装位置就位；将销钉装入并与顶盖把合，主轴与转轮的重量即落在总体起吊支撑装置上。

(8)调整转轮中心，使转轮与转轮室四周间隙均匀，其偏差一般不大于 0.5 mm，并测量转轮与转轮室总间隙；调整主轴垂直度，其偏差一般不大于 0.05 mm/m，可在总体起吊支撑装置上加垫来保证。

(9)在自由状态下，转轮叶片与转轮室间隙用铜制楔子板固定。此时主轴与转轮高程已由起吊支撑装置高度暂时确定，在工地应测量主轴上法兰的高程值是否满足发电机安装的需要。

2)中、上操作油管装配(包含在发电机轴与水轮机主轴联轴装配过程中)

(1)按照导水机构预装时位置将推力轴承支架下、上段吊入机坑，并将销钉打入，把合其与支持盖的把合螺钉。

(2)将放有密封圈的导向块Ⅲ放到水轮机轴内的外管Ⅲ的法兰上，内管Ⅱ在安装间竖起吊入机坑，垫上放有密封圈的导向块Ⅰ后与水轮机轴内的内管Ⅲ把合在一起。

(3)将外管Ⅱ在安装间竖起吊入机坑，套到机坑的内管Ⅱ上，垫上放有密封圈的导向块Ⅱ与外管Ⅲ把合在一起；用同样的方法将另一段内管Ⅱ、外管Ⅱ和相配的导向块装入机坑。

(4)此时操作油管露出水轮机主轴数米高,应注意高空作业人员和设备的安全;按照有关要求安装发电机主轴和转子装配。特别注意在将发电机主轴套到操作油管上时,应对正其中心后慢慢落下与水轮机联轴(单盘合格后)。

(5)用专用工具对称预紧联轴螺栓,并测量螺栓的伸长值,应符合设计要求,其偏差不应超过设计伸长值的 ±10%;全部螺钉预紧后检查联轴法兰面的间隙,用 0.03 mm 塞尺检查不得通过(单盘合格后)。

3)受油器的装配

(1)发电机上机架安装后,开始安装受油器操作油管。受油器和操作油管零部件安装前应认真清理,去除防锈漆、防锈脂和毛刺等。

(2)将导向块Ⅱ装上密封圈放到装在发电机顶轴内的外管Ⅰ法兰上;将内管装配垫上装有密封圈的导向块Ⅰ后,与装在发电机顶轴内的内管Ⅰ联结。

(3)吊起外管装配套入内管装配中,操作油管在工地装配的所有密封圈、密封槽、法兰把合螺钉等均应符合技术要求。

(4)盘车检查外管装配轴径和内管装配轴径的摆度值,不应大于 0.3 mm。

(5)装配受油器支架和内油箱,将上操作油管的挡油环装入,检查挡油圈和内油箱之间四周间隙均匀后,安装油箱;注意应在油箱和内油箱联结法兰面槽内放置橡皮条。

(6)在安装间预装下盖板、受油器体、浮动瓦和上盖板,测量浮动瓦间隙,应符合设计要求,并用手推动浮动瓦,应自由活动,不得发卡;浮动瓦也应与操作油管试套检查。

(7)受油器整体安装,应保证油槽内装配后干净、无杂物;上、下油箱所有密封面及所有螺纹应涂密封胶。

4. 水轮机转轮体安装实操步骤及注意事项

1)准备工作

(1)机坑清扫、准备:在转轮体吊入机坑之前,把妨碍转动部分吊入的预装件吊出,把座环、基础环、转轮室清理干净。吊入乌龟壳。转动部分吊放好之后,轴头法兰顶面的高程一般较设计高程略低,其主轴顶面与吊装后的发电机法兰止口底面,应有 2 ~ 6 mm 的间隙。

(2)起重工作准备:对桥机进行一次全面检查,通过吊具把转动部分挂在桥机主钩上,做 2 ~ 3 次升降试验,以检查桥机工作是否正常。同时调整主轴法兰平面的水平度,使偏差控制在 0.05 mm/m 以内,符合要求后即可进行吊装。

2)转轮体吊入安装

(1)转轮体吊入:用桥机将转轮体由装配场地吊至机坑,从上往下缓缓下落,大致找正中心,四周间隙均匀,拉紧乌龟壳、悬吊梁并挂在叶片吊点上绑牢固,固定转轮体。

(2)中心测量与调整:用塞尺测量叶片与转轮室间的间隙 δ 值,根据实测间隙,用乌龟壳调整水轮机转动部分的中心位置,要求误差不超过实际平均间隙的 ±20%。

(3)水平测量与调整:由于水轮机主轴的中心位置和垂直度都是发电机安装的中心和水平度的基准,因此除找正主轴的中心位置外,还需要调整好主轴的垂直度。用框式水平仪测定主轴的垂直度,这是目前常用的方法。可在主轴法兰顶面的 $+X$、$-X$、$+Y$、$-Y$ 四个位置放框式水平仪,测定法兰的水平度。根据测得的数值进行调整,使法兰面的水平偏差达到0.02 mm/m以内,这时主轴也达到垂直的要求。

最后复测一次中心、水平度、高程,合格后用白布或塑料布将叶片与转轮室的间隙盖好,以防脏物掉入。

【任务4.3】 安装导水机构与水导轴承及主轴密封

1. 安装导水机构与水导轴承及主轴密封教学情境的创建

安装导水机构与水导轴承及主轴密封的任务,分安装水轮机导水机构、安装水轮机水导轴承、安装水轮机主轴密封三个教学情境进行,教学情境的具体创建见表4-7。

表4-7 安装导水机构与水导轴承及主轴密封教学情境的创建

项目	教学情境4-4: 安装水轮机导水机构	
学习形式	现场实际操作并用教学课件演示辅助	
实施地点	多媒体教室和水电站主厂房安装车间	
使用教具	水轮机、电脑、投影仪	
作业形式	完成学习任务单	
教学步骤	(1)教师引导学生学习水轮机导水机构各个部件的作用及安装工艺; (2)学生分组查阅相关图纸资料; (3)学生制定导水机构安装的工序及选用相关的工器具; (4)各小组执行组装任务; (5)教师检查反馈学生任务完成情况; (6)学生汇报自评、教师评价。	
项目	教学情境4-5: 安装水轮机水导轴承	教学情境4-6: 安装水轮机主轴密封
学习形式	现场实际操作并用教学课件演示辅助	现场实际操作并用教学课件演示辅助
实施地点	多媒体教室和水电站主厂房安装车间	多媒体教室和水电站主厂房安装车间
使用教具	水轮机、电脑、投影仪	水轮机、电脑、投影仪
作业形式	完成学习任务单	完成学习任务单
教学步骤	(1)教师引导学生学习水轮机水导轴承的作用及安装工艺; (2)学生分组查阅相关图纸资料; (3)学生制定水导轴承安装的工序及选用相关的工具和量具; (4)各小组执行组装任务; (5)教师检查反馈学生任务完成情况; (6)学生汇报自评、教师评价。	(1)教师引导学生学习水轮机主轴密封的作用及安装工艺; (2)学生分组查阅相关图纸资料; (3)学生制定主轴密封安装的工序及选用相关的工器具; (4)各小组执行组装任务; (5)教师检查反馈学生任务完成情况; (6)学生汇报自评、教师评价。

2. 水轮机导水机构安装实操步骤及注意事项

水轮机导水机构的组成如图 4-21 所示，主要由活动导叶 13、开口转臂 4、连杆 8 和控制环 9 等元件组成。活动导叶通过套筒 1 及轴套支承于顶盖 12 和底环 14 上，并通过其轴的上段用分瓣键 6 与开口转臂 4 连接，开口转臂 4 用连杆 8 通过剪断销 7 和轴销 10 与控制环 9 铰接。受调速器控制的接力器与控制环 9 铰接以实现对导水机构的控制。每台水轮机有 1 个控制环，有多套活动导叶及其传动装置。当某一活动导叶由于被杂物卡死等原因不能动作时，将出现超载现象而使剪断销 7 折断，脱离控制环的控制。换言之，解除其对控制环动作的阻碍，使其余活动导叶仍然保持正常功能。

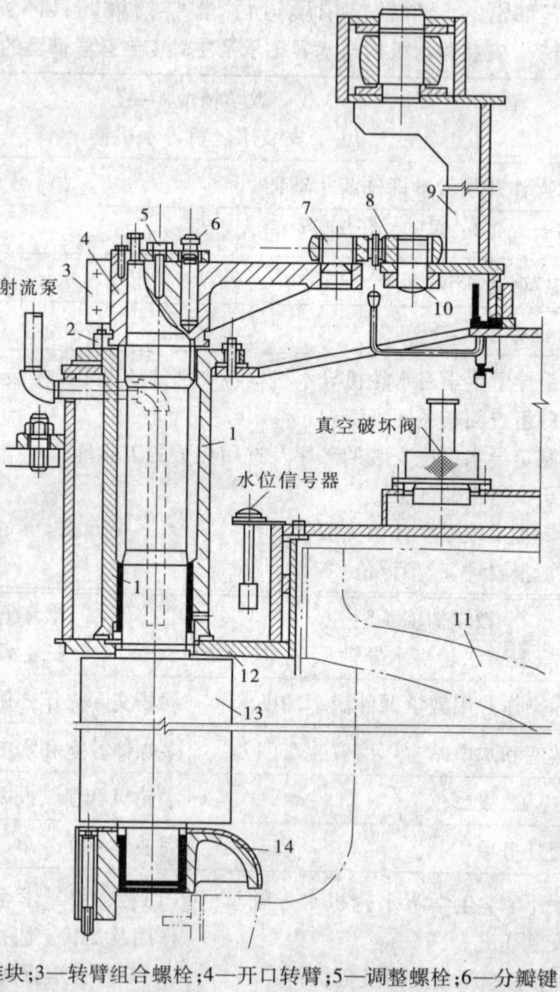

1—套筒；2—止推块；3—转臂组合螺栓；4—开口转臂；5—调整螺栓；6—分瓣键；7—剪断销；8—连杆；9—控制环；10—轴销；11—转轮；12—顶盖；13—活动导叶；14—底环

图 4-21 导水机构组成

1）底环、活动导叶、顶盖、套筒安装

将底环吊入安装位置，其组合面应清扫后涂以白铅油，对准销钉孔打入销钉，对称均匀地拧紧全部组合螺栓，并用塞尺检查其严密性，如图 4-21 所示。在底环的导叶下轴孔内，涂以少量黄油，将导叶按编号对称地吊入到底环上。在座环第二搪口的盘根槽内放好经预装检查合适的橡皮盘根。吊起顶盖，调好水平，在与座环的组合面上涂以白铅油后吊入安装位置，打上定位销钉，均匀对称地拧紧全部组合螺栓。套筒安装时，先将套筒的止水盘根放好，然后按编号吊入安装位置。在套筒与顶盖的结合面上，应垫上帆布或橡胶石棉板，均匀对称地拧紧组合螺栓。

2）导叶传动机构安装

（1）转臂安装：按编号将转臂吊装在相应的导叶轴颈上，检查分瓣键槽应无错牙。转臂有整体和开口两种结构。整体转臂安装时可用大锤打入或用专用工具压入；开口转臂是利用螺栓将转臂紧固于轴颈上的，此种结构在安装与检修时均较方便，但制造工艺复杂。转臂装好后将分瓣键放入，先不打紧，以便调整导叶端面间隙。

（2）导叶端面间隙调整：先把导叶轴颈上端的推力盖和推力螺钉装好，然后用松紧螺钉的方法调整导叶上下端面间隙。通常要求上端间隙为实测总间隙的60%～70%，而下端间隙为实测总间隙的30%～40%；工作水头在200 m及以上的机组，下端间隙为0.05 mm，其余间隙留在上端。导叶端面间隙调整合格后，将装入的分瓣键打紧，分瓣键的合缝应与转臂装配缝相垂直以固定转臂的位置。分瓣键打紧后，复查导叶上、下端面间隙，应符合要求。

（3）导叶立面间隙调整：为增加导叶关闭的严密性，减少漏水量，有的机组在导叶立面上设有橡皮止水盘根，如图4-22（a）所示。

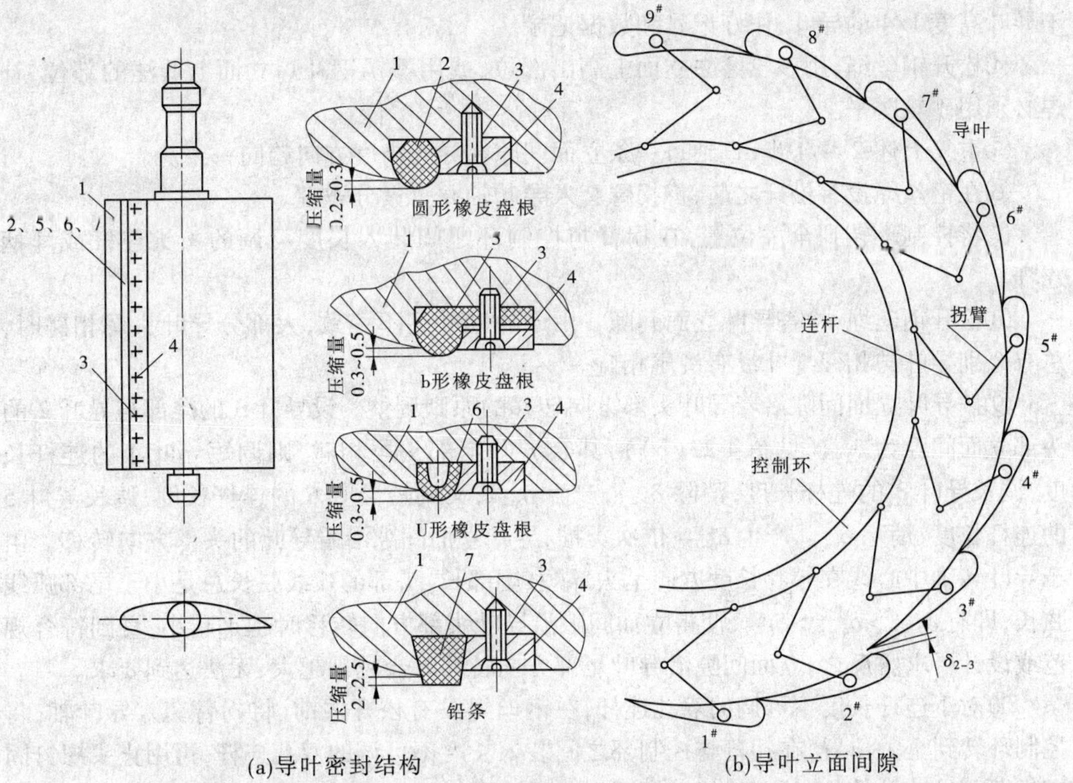

1—导叶；2—圆形橡皮盘根；3—埋头螺钉；4—压板；5—b形橡皮盘根；6—U形橡皮盘根；7—铅条

图4-22　导叶密封结构及其立面间隙

导叶立面间隙检查是在未装盘根的情况下进行的。导叶局部最大立面间隙允许值不得超过表4-8的规定。在导叶立面上，间隙的总长度不得超过导叶高度的25%，其间隙不宜连续。一般按如下步骤调整导叶立面间隙。

表4-8　导叶局部允许立面间隙　（单位：mm）

<table>
<tr><th rowspan="3">序号</th><th rowspan="3">项目</th><th colspan="4">允许局部立面间隙</th><th rowspan="3">说明</th></tr>
<tr><th colspan="4">导叶高度 h</th></tr>
<tr><th>h≤600</th><th>600＜
h≤1 200</th><th>1 200＜
h≤2 000</th><th>h＞2 000</th></tr>
<tr><td>1</td><td>不带密封条的导叶</td><td>0.05</td><td>0.10</td><td>0.13</td><td>0.15</td><td></td></tr>
<tr><td>2</td><td>带密封条的导叶</td><td colspan="2">0.15</td><td colspan="2">0.20</td><td>带密封条的导叶在密封条装入后，应无间隙</td></tr>
</table>

①使导叶处于关闭状态，将每一个导叶的分瓣键拔出，使拐臂脱离导叶。

②将钢丝绳的一端系在某一个固定导叶上，再将钢丝绳绕所有导叶的外部一圈，用手拉葫芦拉紧钢丝绳的另一端，将所有导叶捆绑紧。

③由于导叶变形或加工误差将使同一个导叶立面上的间隙不一样，按水轮发电机组安装技术规范GB/T 8564—2003或设计要求检查每一个导叶的立面间隙，对间隙长度大于导叶高度1/4的导叶，作好记号和数据记录。

④松开钢丝绳，用砂轮磨去立面上高出部位，或用不锈钢补焊立面上低洼的部位，补焊必须用砂轮磨平。

⑤重复上述②～④步，直到每一条立面间隙在导叶高度方向趋向一致。

⑥在钢丝绳没有松开之前，将拐臂套入导叶轴并打紧分瓣键。

⑦将控制环转到全关位置，在拐臂与控制环之间装入长度可调的叉头连杆或耳柄连杆。

⑧松开钢丝绳，检查导叶立面间隙。由于导叶叶型不一致，大部分导叶头尾相碰时，总有个别导叶与相邻导叶没有头尾相碰。

⑨按导叶立面间隙沿着导叶头部方向转移的原则调整。设导叶3的尾部与导叶2的头部立面间隙为δ_{2-3}（见图4-22(b)），其余导叶全部头尾相碰，则调短导叶4的连杆长度，调长导叶3的连杆长度，消除δ_{2-3}，产生δ_{4-5}；又调短导叶6的连杆长度，调长导叶5的连杆长度，消除δ_{4-5}，产生δ_{6-7}；依次类推，导叶立面间隙沿着导叶的头部方向转移。由于导叶转轴中心线在导叶长度方向呈头部短、尾部长，头部的弧线弦长总是小于尾部弧线弦长，即有$\delta_{2-3}>\delta_{4-5}>\delta_{6-7}$，使得立面间隙沿导叶头部方向转移时越来越小，直到符合规范或设计要求。反之，立面间隙沿导叶尾部方向转移时会越来越大，无法达到要求。

⑩对于连杆长度不可调的双孔连杆，在钢丝绳没有松开之前，将拐臂套入导叶轴，将控制环转到全关位置，在拐臂与控制环之间装入长度不可调的双孔连杆，再用止头螺钉固定拐臂与导叶轴的相对位置，然后松开钢丝绳。对立面间隙大于规范或设计值的导叶，按导叶立面间隙沿着导叶头部方向转移的原则调整。导叶调整时应松开该导叶的止头螺

钉，调整完毕应立即旋紧。所有导叶立面间隙调整完毕符合规范或设计要求后，对每一只导叶轴上的分瓣键孔用绞刀进行扩孔，单配分瓣键。

3）接力器与控制环安装

（1）接力器安装：目前用于大型水轮机上的接力器多为环形接力器和摇摆式接力器，这里只介绍摇摆式接力器的安装，如图 4-23 所示。接力器一般是在制造厂组装成整体后运至安装工地的。在安装之前需在工地分解的接力器，应进行解体、清洗、检查以及重新组装。接力器组装之后，通入高压油泵的油压，使接力器活塞动作，要求活塞动作平稳、灵活、无别劲，两个活塞实际行程的相互偏差不应大于 1 mm。如不合格，可用图 4-23 中的特殊螺钉 12 和限位螺钉 13 进行调整。以 1.25 倍的工作压力油做耐压试验，保持 30 min，然后降至工作油压保持 60 min，在整个试验过程中应无渗漏现象。合格后，即可进行安装。将接力器整体吊入，安装在水轮机室内侧事先埋设好的基础法兰上，用框式水平仪在推拉杆上测量水平度，其偏差不得超过 0.1 mm/m。如超过规定值，可在接力器固定支座与基础法兰间加垫处理，如图 4-24 所示。摇摆式接力器的活塞行程余量在导叶处于全开或全关位置时，任一单边行程余量不应小于 10 mm。摇摆式接力器的分油器，配管后不得有别劲现象。

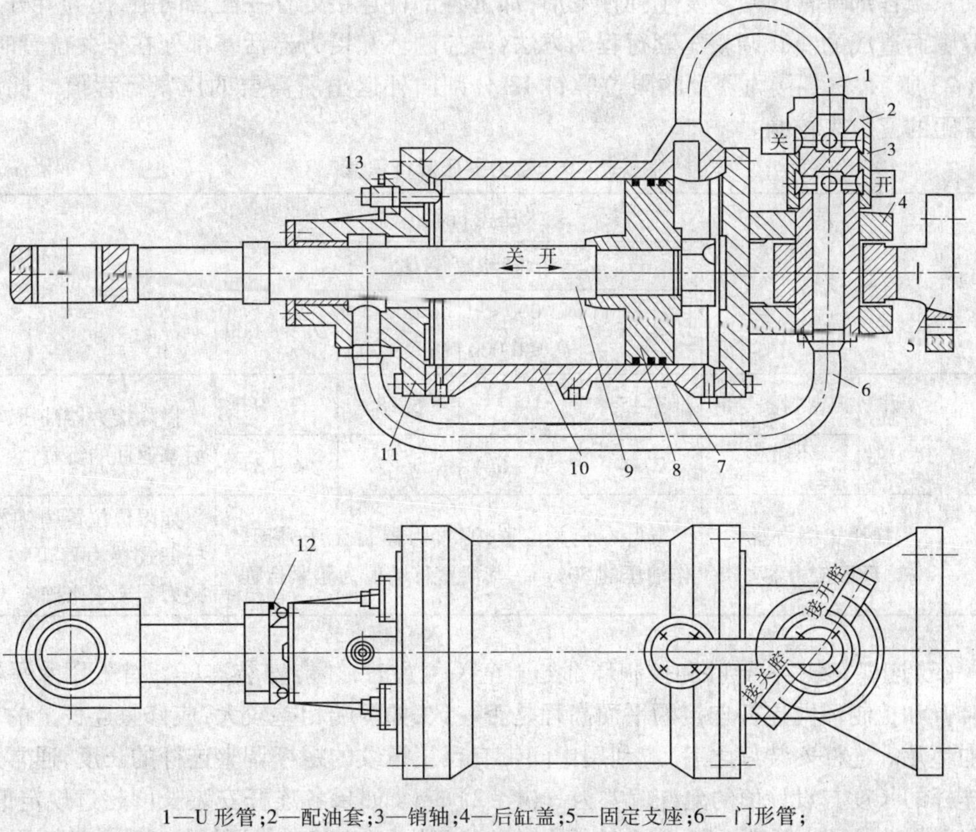

1—U 形管；2—配油套；3—销轴；4—后缸盖；5—固定支座；6— 门形管；
7—活塞环；8—活塞；9—推拉杆；10—缸体；11—前缸盖；12—特殊螺钉；13—限位螺钉

图 4-23　摇摆式接力器

(2)控制环安装:控制环应在接力器吊入安装后,再吊入机坑进行安装。先清扫顶盖上装控制环的安装面,当控制环位于安装面上之后,检查其间隙应符合图纸要求。

(3)接力器与控制环连接:在接力器与控制环均安装合格后,转动控制环和摆动接力器,使控制环上的耳环与接力器推拉杆的耳柄孔对准,穿上轴销即可。两者连好后,用千斤顶或导链转动控制环,使之处于导叶全关位置,投入锁锭,调整限位螺钉 13,使之与活塞 8 的端面接触;拔出锁锭,将控制环转至全开位置,调整特殊螺钉 12 与推拉杆 9 上的凸台后端面相接触,使接力器与控制环的位置相适应。

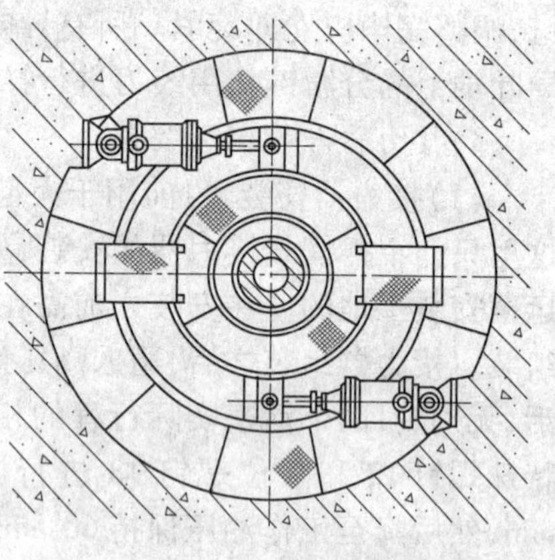

图 4-24　摇摆式接力器平面布置

(4)压紧行程的调整:调整接力器的行程使导叶在关紧后仍具有几毫米的行程余量(向关闭方向),此行程余量称为压紧行程。压紧行程值根据转轮直径的大小而定,如表 4-9所示。①调整压紧行程的目的:防止大量漏水。此漏水是在水力矩的作用下,导叶传动系统各部件常因受力发生弹性变形,加上各部件连接处存在配合间隙,使导叶开启一小缝隙而造成的。②调整压紧行程的方法:当控制环和接力器活塞都处在全关位置时,如图 4-23 所示,将各接力器上的限位螺钉 13 分别向外退出所需要的压紧行程值。此值可用螺距的留数来控制。

表 4-9　接力器压紧行程值　　(单位:mm)

<table>
<tr><th rowspan="3">序号</th><th rowspan="3" colspan="2">项目</th><th colspan="4">压紧行程值</th><th rowspan="3">说明</th></tr>
<tr><th colspan="4">转轮直径 D_1</th></tr>
<tr><th>$D_1 \leq 3\ 000$</th><th>$3\ 000 < D_1 \leq 6\ 000$</th><th>$6\ 000 < D_1 \leq 8\ 000$</th><th>$D_1 > 8\ 000$</th></tr>
<tr><td rowspan="2">1</td><td rowspan="2">直缸接力器</td><td>带密封条导叶</td><td>3 ~ 5</td><td>4 ~ 7</td><td>6 ~ 8</td><td>7 ~ 9</td><td rowspan="2">撤除接力器油压,测量活塞返回的行程值</td></tr>
<tr><td>不带密封条导叶</td><td>2 ~ 4</td><td>3 ~ 6</td><td>5 ~ 7</td><td>6 ~ 8</td></tr>
<tr><td>2</td><td colspan="2">摇摆式接力器
环形接力器</td><td colspan="4">导叶在全关位置,当接力器自无压升至工作油压的 50% 时,其活塞移动值为压紧行程</td><td>如限位位置调整方便,摇摆式接力器可按直缸接力器要求来确定</td></tr>
</table>

(5)连杆安装:在导叶和控制环都处于全关位置时,才能安装连杆。首先用水平尺检查转臂和控制环同连杆连接的平面高程是否一致,如两端相差较大,应修整连杆上的轴瓦或加垫片。连杆安装好之后,应利用中间带有反正螺纹的螺杆调整连杆的长度,通常规定各连杆的长度与设计值的允许偏差为 ±(1 ~ 2)mm。如果各连杆安装长度超过规定值,在运行中将造成导叶开度不等,进入转轮内的水流不均匀,直接增加了转轮的水力不平衡。

3. 水轮机水导轴承的安装实操步骤及注意事项

在机组盘车完毕后的总装阶段,开始水导轴承的正式安装。

1)水导轴承安装

图 4-25 为水导轴承系统结构。

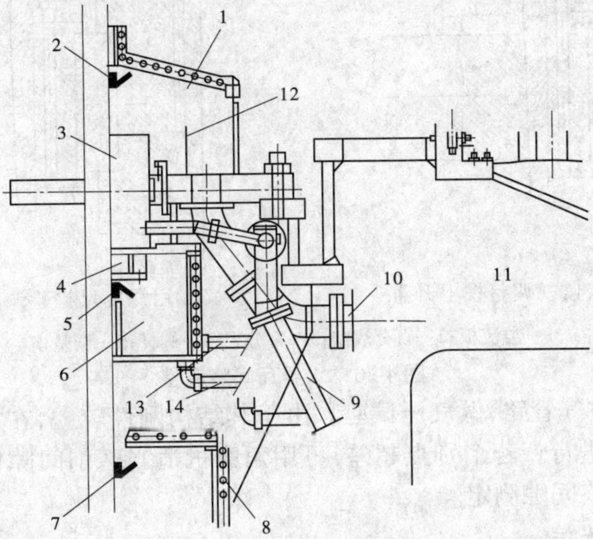

1—上油箱;2—上挡油环;3—水导瓦;4—油封;5—下挡油环;6—下油箱;7—挡水环;8—水箱;
9—供油管;10—回油管 1;11—顶盖;12—溢流板;13—回油管 2;14—回油管 3

图 4-25　水导轴承系统结构

(1)在安装间,进行水导轴承瓦架与顶盖预装,其同心度不大于 0.1 mm,钻铣销孔。

(2)在安装间,反转瓦架预装下油箱及底盖,与瓦架同心,钻铣销孔。

(3)各部件按顺序吊入机坑,瓦架安装固定在顶盖上,其他部件暂时放置在顶盖上。

(4)机组盘车时,用 4 块水导瓦,调整转动部分中心位置后松开。

(5)机组盘车后,安装下挡油环、油封,安装下油箱及下盖板,放入 12 块水导瓦,调整间隙为(0.30 ±0.05)mm,安装油箱上盖板与轴间隙。

(6)安装管路,注入合格油。

2)水导瓦间隙调整

将上油箱盖用导链提起,调整 12 块水导瓦与轴的间隙为(0.30 ±0.05)mm。遵循先轴线方向对称调,再依次对称调的原则,调整方法为:用扳手旋动调整楔的螺杆,带动调整楔上升,架百分表监视调整楔上升数值为 15 mm,如图 4-26(a)所示,同时用深度尺测量调整前后调整楔上端与水导轴承支撑的距离,来检验调整楔总上升值 D 的准确性,如图 4-26(b)所示。

4. 水轮机主轴密封的安装实操步骤及注意事项

水轮机主轴的密封装置包括检修密封和工作密封。

1)检修密封的安装

(1)在安装间,预装顶盖,同心度不大于 0.5 mm。

(2)装入空气围带,做气压试验。

(3)吊入检修密封至机坑内支撑面上,调整径向间隙达到 3.5 ~4 mm。

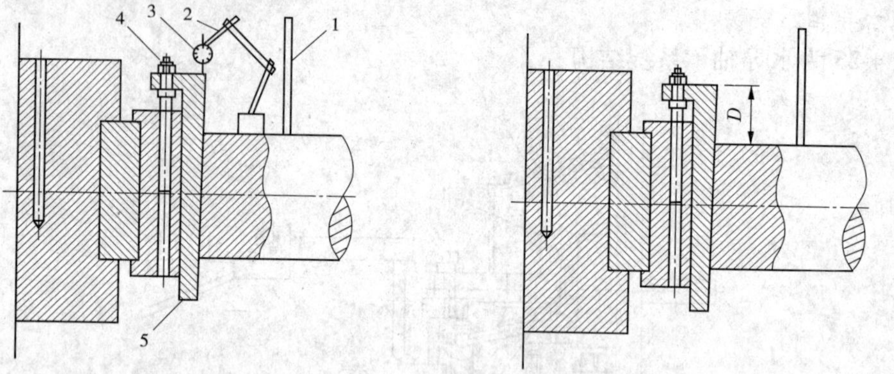

(a)架百分表监视调整楔上升量　　(b)用深度尺检验调整楔总上升值D

1—溢流板;2—百分表架;3—百分表;4—螺杆;5—调整楔

图 4-26　水导瓦间隙调整

(4)安装压力空气管路,做气压试验。由于其结构刚性较差,在测定间隙时,应在无外力制约的情况下进行。若个别点超差,可用角磨机适当磨削间隙偏小部位,初调合格后,紧固螺栓,做最终间隙测定。

2)工作密封的安装

图 4-27 所示为主轴密封系统结构。

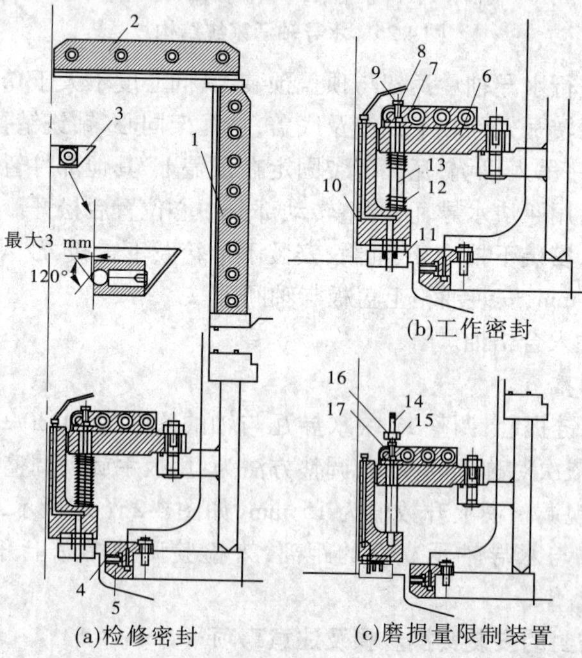

(a)检修密封　　(b)工作密封　　(c)磨损量限制装置

1—水箱;2—水箱盖;3—挡水环;4—空气围带;5—检修密封支撑;6—工作密封支撑;7—调整法兰;8—特殊螺栓;9、16—螺母;10—工作密封;11—转轮轴向抗磨环;12—弹簧;13—固定杆;14—磨损量限制;15—弹性销;17—轴承

图 4-27　主轴密封系统结构

(1)在安装间,进行工作密封支撑与顶盖预装,同心度不大于 0.5 mm,钻铣销孔。

(2)吊入机坑后,在机组盘车前,应将浮动环偏离抗磨环至少 40 mm。

(3)在机组盘车后,将浮动环落在抗磨环上,与大轴的间隙控制在最大 11.25 mm,最小 8.75 mm 之内。

(4)固定支撑环,调整浮动环弹簧紧度,预留最终伸长行程。

(5)安装管路及仪表,安装上盖板,调整与大轴间隙为 3.75 ~6.25 mm。

4.1 水轮机拆装的相关知识

4.1.1 固定过水部件及导水机构

1. 尾水管

反击式水轮机的泄水部件是尾水管。尾水管位于转轮后的出水管段,借以利用转轮出口水流的位能和部分动能,又称吸出管。

1)尾水管的作用

尾水管的作用是将水流平顺地引至下游并利用水轮机转轮高于下游水位的那一段位能和回收水轮机转轮出口水流的部分动能。尾水管是水轮机过流通道的一部分,是反击式水轮机的重要部件。尾水管的形状对不同比转速的水轮机的效率和运行稳定性有不同程度的影响,尤其是对高比转速水轮机影响更为明显。

2)尾水管的类型

反击式水轮机的尾水管类型基本上可以分为:锥形尾水管、弯管形尾水管和肘形尾水管。

(1)锥形尾水管。它是流道呈直锥形的尾水管,具有结构简单,水力损失小,制作方便的特点。但锥形尾水管不宜太长,否则会增加电站开挖量,增加投资。锥形尾水管主要应用于小型水轮机,如图 4-28(a)所示。

(2)弯管形尾水管。弯管形尾水管由弯管和直锥管两部分组成,因其水流方向发生急剧变化,故水力损失大,效率低。弯管形尾水管一般应用于中小型卧式水轮机,如图 4-28(b)所示。

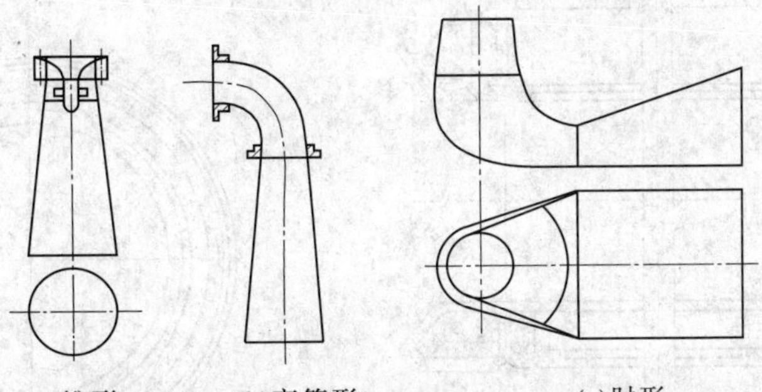

(a)锥形　(b)弯管形　(c)肘形

图 4-28　尾水管

(3)肘形尾水管。肘形尾水管是流道呈肘形,并由直锥段、弯肘段和扩散段组成的尾水管。直锥段是一段较短的直锥管，弯肘段为 90°弯肘管，断面由圆形逐渐过渡到矩形，扩散段是在水平方向顶板上仰的矩形管段。对于大中型立式反击式水轮机，如果采用锥形尾水管，因其所需管子长而使开挖量和投资大大增加，是很不经济的，所以广泛采用肘形尾水管，如图 4-28(c)所示。

2. 埋设部件

埋入混凝土中的部件是将来不可拆出的部件，称之为埋设部件。它包括尾水管里衬、座环、蜗壳、基础环、转轮室、水轮机室里衬及埋设管路等。

一般安装流程如下：先装尾水管里衬，浇注尾水管里衬周围以及座环、蜗壳支墩混凝土；装座环、基础环、转轮室及锥形管，浇注座环基础螺栓及底部混凝土；蜗壳安装焊接；水轮机室里衬及埋设管路安装；浇注发电机层以下混凝土。

1)尾水管里衬

尾水管里衬是水轮机最下部的部件，常用钢板卷焊成形。上面设有进人孔、蜗壳排水管及测压管路。尾水管里衬的主要作用是：防止水流的冲刷与水轮机气蚀对混凝土尾水管的损坏。大型机组的尾水管里衬，由于运输条件的限制，通常分节、块运至工地，在工地上对装焊接成形。

2)座环

座环位于导水机构外围、蜗壳内侧，是立轴水轮机的承重部件，它承受整个机组固定部分和转动部分的重量、水轮机的轴向水推力和蜗壳上部混凝土重量，并将它们全部传递到水电站厂房的基础上；同时它又是过流部件和水轮机安装的主要基准件。作为一个重要的水轮机部件，它必须符合强度、刚度、精度和水力等多方面要求，在设计、制造和安装中，应十分重视。

座环由上环、下环和固定导叶三部分组成。固定导叶是支承座环、传递轴向载荷的支柱，又是过流部件，要有良好的水力性能。其断面形状为翼型，符合水流进水方向。固定导叶的数量一般为活动导叶数量的一半，其中有几个固定导叶做成中空的，作为顶盖自流排水的通道。如图 4-29 所示为带蝶形边座环，蝶形边锥角一般取 55°，是常用的一种座环。中小型水轮机的座环多采用整体铸造或铸焊结构，大型水轮机的座环因受设备和运输条件的限制，可采用分瓣制造，在水电站工地组焊成整体。

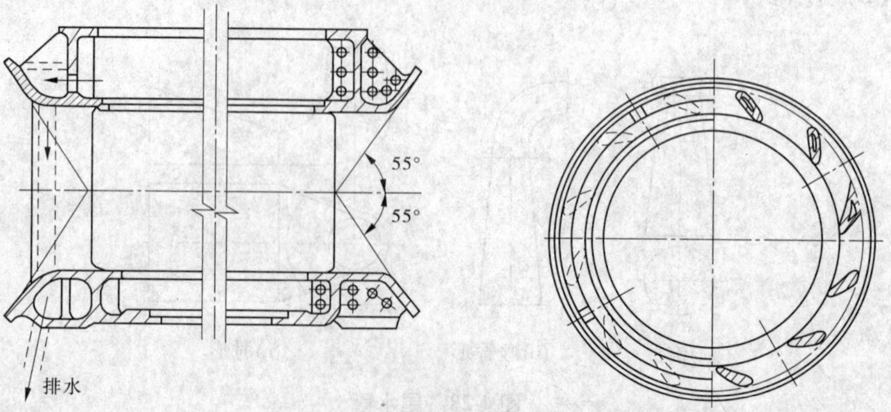

图 4-29　带蝶形边座环

3）基础环

基础环是连接底环和尾水管锥管，并在安装、大修中用于承放转轮的基础部件，也是安装时水轮机转动部分的承重件，埋设于混凝土中，转轮的下环在其内转动。大型机组的基础环用钢板焊接而成，上法兰与座环用螺钉固连，下法兰直接与尾水管进口锥管段的里衬焊接，如图 4-30（a）所示。在中小型水轮机中可将座环下部延伸一段来代替基础环，如图 4-30（b）所示。

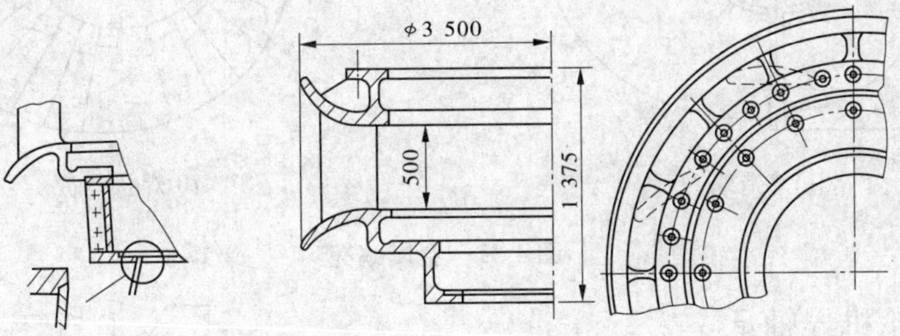

(a)　　(b)

图 4-30　基础环

4）转轮室

转轮室是环绕轴流式和斜流式转轮叶片外缘，并连接底环和尾水管的壳体。对于轴流式水轮机，它是整个机组安装的主要基准，安装时其中心、高程、水平须严格控制。

5）蜗壳

（1）金属蜗壳。

蜗壳是蜗状的有压引水室。混流式水轮机应用于中高水头电站（一般 $H>40$ m），其蜗壳多采用金属蜗壳，断面形状为由圆形过渡到椭圆形。蜗壳进口断面至蜗壳鼻端的蜗线部分所对应的中心角称为蜗壳包角。金属蜗壳的包角为 345°～360°，一般取 345°。其优点是结构简单紧凑，水力性能好，能保证应用于高水头的强度要求。金属蜗壳的结构形式有铸造蜗壳和焊接蜗壳两种。

①铸造蜗壳。即蜗壳与座环整体铸造，铸造蜗壳材料又可分为铸铁和铸钢。铸铁蜗壳一般用于水头小于 200 m 的小型水电站，铸钢蜗壳一般用于水头大于 200 m 的大中型水电站，材料一般用 ZG230—450 或 ZG270—500。对于大尺寸铸造蜗壳，由于受制造和运输能力限制，可以采用分瓣制造。铸造蜗壳如图 4-31（a）所示。

②焊接蜗壳。如图 4-31（b）所示，大中型水轮机为减轻水轮机重量，解决制造能力的不足等，通常把蜗壳与座环分开制造，然后运到水电站工地进行组焊。焊接蜗壳属于薄壁结构，刚性差，不能承受较大的外载荷。对于全部埋在混凝土中的蜗壳，通常是在蜗壳的上半部与混凝土之间垫以弹性层，弹性层用沥青、石棉、油毡等材料制成，厚度约为 50 mm。

（2）混凝土蜗壳。

轴流式水轮机的应用水头相对较低（一般 $H<40$ m），通常采用混凝土蜗壳，蜗壳包角为 135°～270°，一般取 180°。其断面形状为 T 形或 Γ 形，常见有对称式、下伸式、上伸式和平顶式四种断面形状，如图 4-32 所示。

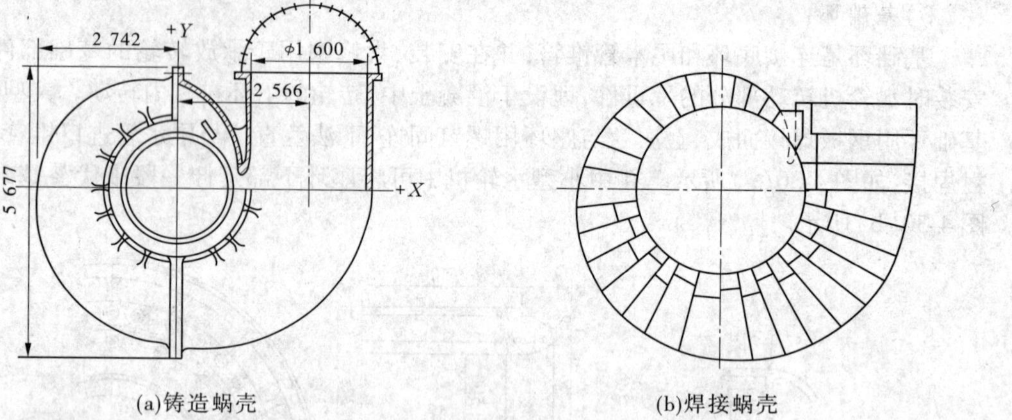

(a)铸造蜗壳　　　　　　　　　　　(b)焊接蜗壳

图 4-31　金属蜗壳

4.1.2　水轮机导轴承

导轴承是保持主轴中心位置,并承受径向力的轴承。水轮机导轴承的主要作用是承受机组运行中主轴传来的径向力和振摆力,约束主轴轴线位置。导轴承在结构布置上应尽量靠近转轮,以缩短转轮至轴承的距离,保证主轴和转轮运行的稳定性与可靠性。水轮机导轴承的形式很多,按润滑介质不同,分为水润滑导轴承和油润滑导轴承两种。

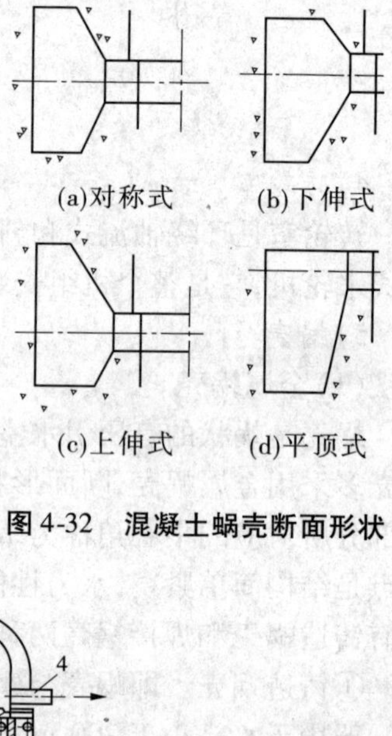

(a)对称式　(b)下伸式

(c)上伸式　(d)平顶式

图 4-32　混凝土蜗壳断面形状

1. 水润滑导轴承

如图 4-33 所示,水润滑导轴承主要由固定在顶盖上

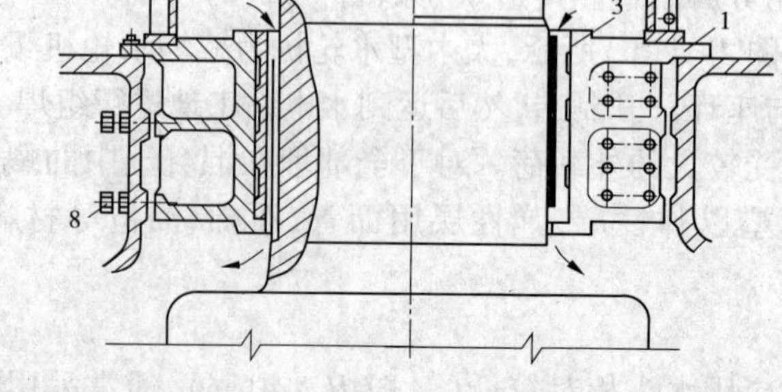

1—轴承体;2—水箱;3—橡胶轴瓦;4—排水管;5—压力表;6—密封;7—进水管;8—调整螺钉

图 4-33　水润滑导轴承

的轴承体1和固定在轴承体顶部的水箱2两大部件组成。轴承体内壁固定有橡胶轴瓦3,轴瓦与主轴形成的间隙可通过调整螺钉8调整,轴瓦面上有沟槽,沟槽方向与轴的转动方向相适应,清洁润滑水经沟槽带入瓦面,而形成润滑水膜,起到润滑和冷却轴瓦的作用。

水润滑导轴承的轴瓦材料均采用橡胶。它具有结构简单、制造安装方便、成本较低等优点。缺点是对水质要求高,泥沙含量过大时会加大轴瓦磨损,同时橡胶轴瓦导热性差,易引起温度过高,加快橡胶老化,缩短使用寿命等。

2. 油润滑导轴承

油润滑导轴承的结构形式有分块瓦式导轴承和圆筒瓦式导轴承两种。

(1)分块瓦式导轴承。如图4-34所示为分块瓦式导轴承的结构,主要由轴承体4、轴瓦2以及调整螺钉5组成,各部件均匀分布于主轴轴领1的周围。轴承体4安装在顶盖上,轴瓦2浸在油里。当水轮机运行时,轴承体内的油被主轴轴领带动而一起旋转,在离心力的作用下形成压差,冷油经轴领下部的径向孔进入轴瓦面,形成油膜,并向上、外侧流动,对轴瓦面进行润滑和冷却。这时的油温上升成热油,并从轴承体顶部溢出,再流经轴瓦与轴承体之间的通道回到轴领下部,形成自循环系统。在回流过程中油温会降低或在轴承体内设冷却器进行降温。为防止油温过高,装有温度信号器;为防止油和油雾外溢,在轴领上部开有斜向通气孔。这种结构的导轴承具有受力均匀,轴瓦有自调节能力,且安装、检修、间隙调整方便等优点。其缺点是调整螺钉与瓦背为点接触,在长期受交变径向力作用下易产生变形,而且平面尺寸大,制造成本高。

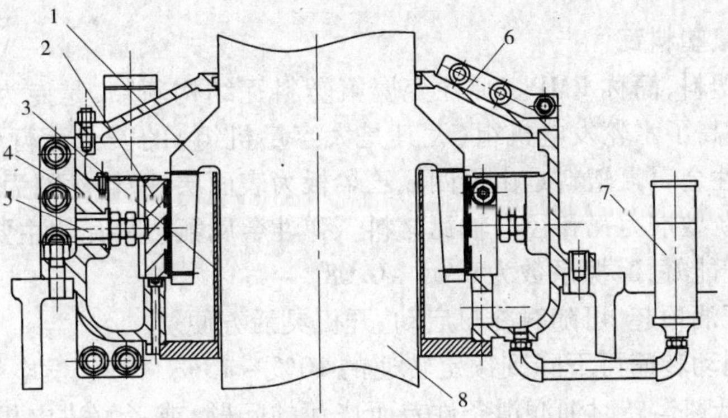

1—主轴轴领;2—轴瓦;3—挡油箱;4—轴承体;5—调整螺钉;6—轴承盖;7—油位计;8—主轴

图4-34　分块瓦式导轴承

(2)圆筒瓦式导轴承。圆筒瓦式导轴承的结构形式有多种,常见的有带转动油盆的圆筒瓦式导轴承、带毕托管的圆筒瓦式导轴承和带轴领的圆筒瓦式导轴承三种,其主要结构和工作原理基本相似。现以带转动油盆的圆筒瓦式导轴承为例来说明,其结构如图4-35所示,特点是有与主轴联结在一起的转动油盆7和带环状油沟、螺旋油沟的筒式轴瓦(环状油沟在轴瓦下端,瓦面有50°~60°螺旋斜油沟)。当主轴旋转时,转动油盆7中的油受旋转离心力的作用,从油嘴进入轴瓦下端的环状油沟,再沿轴瓦面螺旋斜油沟至整个瓦面,由于斜油沟起油泵作用,把热油经溢油环排进上油箱2。热油经过冷却器后从回油管又流回转动油盆,形成润滑自循环。这种结构的导轴承具有工作可靠、布置紧凑、使用寿命长、造价低等优点，目前已被广泛采用。但其有刮瓦和间隙调整困难、安装检修不方便等缺点。

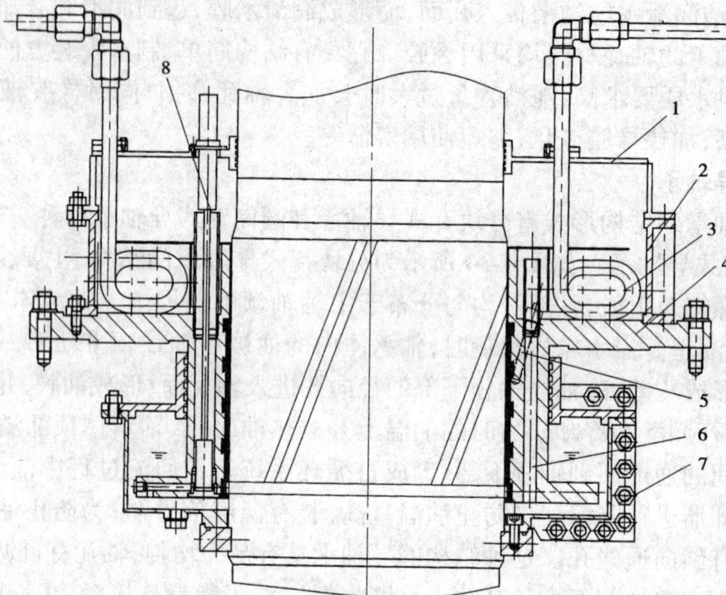

1—油箱盖;2—上油箱;3—冷却器;4—轴承体;5—温度信号器;6—回油管;7—转动油盆;8—浮子信号器

图 4-35　带转动油盆的圆筒瓦式导轴承

3. 弹性金属氟塑料瓦

弹性金属氟塑料，简称 EMP。弹性金属氟塑料瓦结构新颖，是专为水轮发电机组而设计研制的，它提高了水轮发电机组（尤其是大容量机组）的安全运行可靠性，提高了机组发电能力。弹性金属氟塑料是由聚四氟乙烯板为表面层、弹簧丝圈为中间层、钢制瓦块为底层所组成的新型推力瓦和径向轴瓦材料。弹性金属氟塑料瓦的主要技术特性有：

(1) 自润滑性能好，摩擦系数为 0.04 ~ 0.08。

(2) 不需高压油顶起，可随时冷热启动，开机灵活方便。

(3) 停机时制动转速可下降到额定转速的 10% ~ 15%。对于发电机组，可解决巴氏合金瓦推力轴承低速运转时油润滑条件差而烧瓦的问题，或者解决电机制动环磨损开裂和石棉粉污染活塞的问题。

(4) 承载能力强，瓦面平均工作比压为 6.5 ~ 7.0 MPa。瓦面平均比压是指总推力负荷平均分配在每一块推力轴瓦有效面积上的单位压力（压强），单位为 MPa。

(5) 综合性能优异，能应付各种特殊工况，如飞逸时、低速滑行时、甩各种负荷时、超额 115% 负荷运转时，以及短时间漏水或断水时，其瓦温仍正常，可靠性好。

(6) 检修无须刮瓦，安装调试方便，使用寿命长。

弹性金属氟塑料瓦可用于各种水轮发电机组的推力轴承，以及其他机械设备中的推力轴承，取代巴氏合金瓦推力轴承。

新型弹性金属氟塑料瓦径向滑动轴承主要用于卧式水轮发电机。它可以改善轴承滑动摩擦状态，减小摩擦损失，克服巴氏合金瓦推力轴承因润滑不良引起的烧瓦事故，提高机组运行可靠性,延长机器的使用寿命。

4.2 水轮机拆装的拓展知识

4.2.1 部件的组合装配

在安装工地上,水轮发电机组的组合装配主要是钳工修配和连接组合。

1. 钳工修配

钳工修配包括手工凿削、挫削、锯割、钻铰孔、攻套丝、刮削和研磨等。

1)手工凿削和挫削

手工凿削和挫削是为了使零部件表面间的接触良好或机件之间的相对位置正确,一般适用于精度要求较低的场合以及加工量较大的场合。如水轮机导水机构导叶的上、下端面和立面间隙的调整等。

2)钻铰销钉孔配制销钉

在水轮发电机组安装中,所有参加预装就位的机件,都需要钻铰销钉孔配制销钉,以固定已经调整好的机件的相对位置。如混流式水轮机组的下部固定止漏环、底环、顶盖、导轴承(指橡胶瓦轴承或筒式瓦轴承),发电机的下机架、定子、上机架等。

销钉除用来定位,以保证机件之间的相对位置正确外,当使用紧固连接螺栓只承受拉力时,则切向力由销钉承受,如发电机转子轮毂与轮臂组合缝间的垂直销钉就起这个作用,这样可以提高连接的可靠性。

3)配合表面的刮削和研磨

为了改善配合表面的接触情况,使配合表面接触均匀严密,提高零件表面光洁度、形状精度和配合精度,对一些配合件的表面,如轴瓦、镜板等都要进行刮削和研磨工作。刮削主要是手工操作,可达到相当高的精度和光洁度。但手工刮削劳动量很大,所以其加工量应尽量小,一般在 0.05 ~0.10 mm 范围内。

2. 连接组合

在水轮发电机组安装中,过盈配合连接与螺栓连接在零部件装配中经常遇到,现介绍如下。

1)过盈配合连接

实现过盈配合连接有两种方法:当零部件不很大时,将轴件在冷态下用千斤顶或油压机压入,也可用其他工具(如大锤等)敲打入轴孔中;当连接件的尺寸很大且需要很大的压力时,上述的连接方法就行不通了,在这种情况下则采用热套法。

热套法是将配合的轴孔加热,使孔径膨胀,然后将轴件装入,以待轴孔冷却后,在相连接的机件之间形成相当紧的连接。它和压入法相比具有以下优点:

(1)不需要施加压力就能套入。

(2)在装配中接触表面上的凸出点不被轴向摩擦所磨平,从而大大提高了连接强度。

热套法在水轮发电机组安装中主要用于分瓣转轮的轮箍、发电机转子主轴与轮毂的连接中。

2）螺栓连接

螺栓连接在水轮发电机组安装中应用很广泛。为了确保螺栓连接的可靠性，螺栓的紧力要符合要求。紧力过小不能保证连接的紧密和牢固；紧力过大又可能引起螺栓本身的塑性变形，在工作中使螺栓损坏。一般要求螺栓的紧力不能超过螺栓材料的弹性极限，并有一定的安全裕量。

在拧紧螺栓过程中要特别注意，同一接合面各螺栓的紧力必须一致，并要依次对称均匀拧紧，以免机件歪斜和螺栓承受紧力不均匀。

在水轮发电机组安装工作中，水轮机轴与转轮、发电机转子主轴与转子轮毂、水轮机主轴与发电机主轴等部件的连接，对螺栓紧力都有具体要求，所以在连接拧紧过程中都要进行螺栓伸长值的测定。

（1）螺栓伸长值计算：目前在多数情况下各螺栓伸长值均由制造厂给出。如制造厂没有给出，可根据虎克定律——应力和应变成正比的关系，计算螺栓伸长值，其公式如下

$$\Delta L = [\sigma]L/E$$

式中：ΔL 为计算的螺栓伸长值，mm；L 为螺栓的长度，mm，从螺母高度的一半算起；$[\sigma]$ 为螺栓许用拉应力，一般采用 $[\sigma] = 120 \sim 140$ MPa；E 为螺栓材料弹性系数，一般 $E = 2.1 \times 10^5$ MPa。

（2）螺栓伸长值测量：测量螺栓伸长值，通常用百分表和测伸长工具。一般主轴连接螺栓都是中空的，孔的两端带有一段螺纹。在拧紧螺母之前，应先在此孔中拧上测杆，用专用百分表架和百分表测量测杆上端头到螺栓端面以下的深度，如图 4-36 所示，按编号做好记录。在螺母逐步拧紧过程中，螺栓被拉伸，而测杆并没有伸长，应再次用百分表测量杆端深度。把两次测量的记录值相减即得螺栓伸长值。边拧紧，边测量，直至伸长值达到制造厂给定值或计算值时为止，则认为螺栓紧力合格。

在测量过程中，接触面要清洁，每次测量时百分表架的位置要一致，以免影响测量的准确性。测量螺栓伸长值时，也可以用深度千分尺来代替百分表。

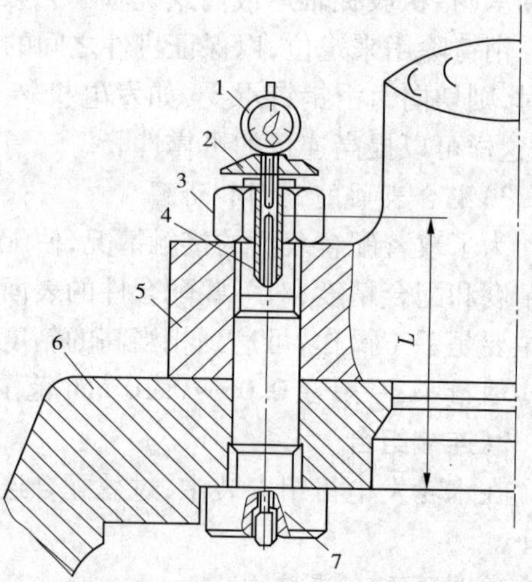

1—百分表；2—百分表架；3—螺母；4—测杆；
5—大轴法兰；6—转轮上冠法兰；7—联轴螺栓

图 4-36　螺栓伸长值的测定

采用转角的方法也可以计算螺栓的伸长值。由于螺母转 360°时，要升高或降低一个螺距 S(mm)，若使螺栓伸长 ΔL(mm)，则螺母转动的角度为 α，其关系式如下

$$\alpha = \Delta L \times 360°/S$$

用转角方法时要特别注意螺母起始位置，使所有螺栓在受力之后刚开始伸长，然后使各螺母按要求转相同的角度，达到紧力均匀一致的要求。

（3）螺栓的拧紧方法：通常用专用扳手及大锤或游锤锤击拧紧螺栓。

为了减轻劳动强度，提高生产率，在工程上对一般螺栓采用风动扳手和电动扳手来拧紧。对大型螺栓，则用桥机来拉紧，如图 4-37 所示；或用液压螺栓拉伸器拉伸螺栓，随后旋紧螺母，如图 4-38 所示，以达到紧固的目的。

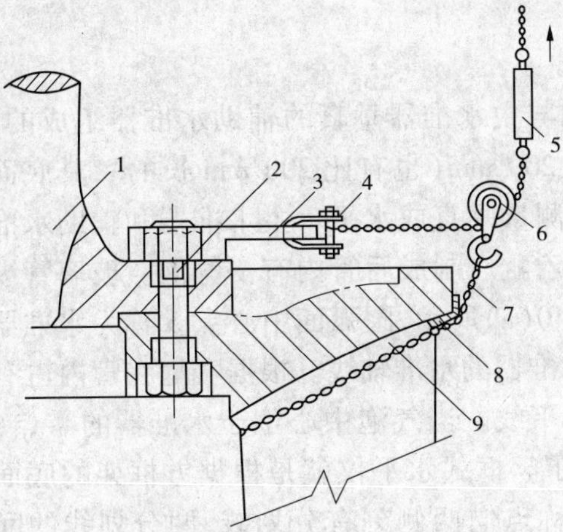

1—主轴；2—联轴螺栓；3—扳手；4—卡扣；5—测力计；
6—导向滑轮；7—钢丝绳；8—垫板；9—转轮

图 4-37　用桥机拉紧螺栓

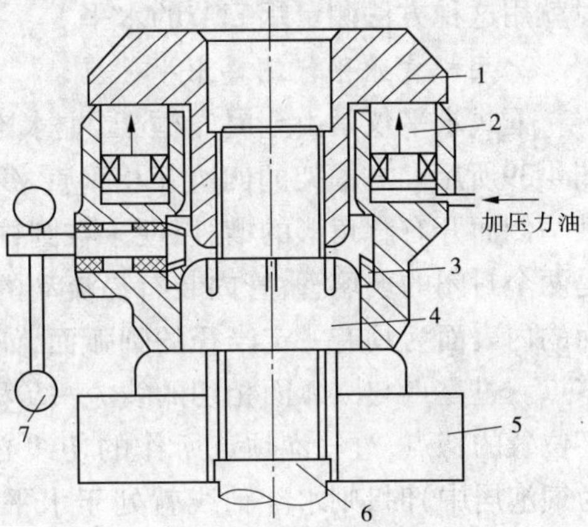

1—拉伸套；2—活塞；3—螺母驱动齿轮；
4—螺母；5—法兰；6—螺栓；7—把手

图 4-38　液压螺栓拉伸器

对于非销钉螺栓，可以把螺栓加热伸长，然后很快地把螺母拧到一定位置，当螺栓冷缩之后就产生了预紧力。

螺栓加热时，有中心孔的用专用的电阻加热器加热。加热前测量每个螺栓的长度。加热 15 min 后拧紧螺栓，待冷却后测量螺栓的伸长值，反复 2 ~ 3 次进行加热测量，直至伸长值达到要求为止。

对无中心孔的螺栓，可用电炉加热到所要求的温度，然后插入螺栓孔中进行连接。

对直径小于 50 mm 的螺栓，中心无通孔时可不进行伸长值的测量，用手锤轻轻敲击，听声音判断各螺栓的松紧或紧力的均匀程度。

4. 2. 2　基本测量

1. 平面的水平测量

对于机件的水平，一般可用胶皮管水平器、水平尺、框式水平仪和水准仪等进行测量。这里只介绍用胶皮管水平器和框式水平仪测量水平的方法。

1）用胶皮管水平器测量水平

胶皮管水平器是运用连通管两端水面为水平的原理做成的，由两根长度约 200 mm、直径 10 ~ 20 mm、上面刻有刻度的玻璃管与一根套在玻璃管外面的胶皮管组成。胶皮管的长度依两相应测点的距离而定，一般取长度等于两相应测点距离的 1. 5 倍。使用时，先在连通管内灌水，使水面升到两玻璃管的 1/2 处，然后分别上下移动玻璃管多次，以排除管内空气。

测量时，先使两端水面位于玻璃管中部，再把两玻璃管的相同刻度分别靠在要测平面的两个测点上。若管内水面的读数相等，则说明两被测点在同一水平面上；否则两玻璃管上的读数差，即为两被测点的高程差，也就是水平误差。此时，应上下调整被测部件，使之达到水平。

此种方法测量误差较大，在安装过程中只用于对水平要求不高的部件。如蜗壳安装时就用这种方法测量蜗壳节的水平。

2）用框式水平仪测量水平

框式水平仪是由金属方框架、主水准器和与主水准器垂直的辅助水准器组成的，如图4-39所示。方框架的四边互相垂直，每边长200 mm（也有比200 mm长的），其底面和某一侧面开有直角形的槽，以便于在圆柱面上测量垂直或水平。主水准器和辅助水准器是两个封闭的玻璃管，管内装有易流动的液体乙醚。制成后管内有一气泡。玻璃管纵剖面的内表面为具有一定半径的圆弧面，如图4-40（a）所示，圆弧面中心点 S 称为水准器的零点。过零点与圆弧面相切的线 H—H 称为水准器的水准轴线。根据气泡在管内占有最高位置的特点，过气泡顶点所作的切线必为水平线。当气泡中心位于水准器的零点（称为气泡居中）时，则水准轴线就处于水平位置了。框式水平仪就是根据方框架的底面与水准轴线相平行的原理制成的。以零点为对称点向两侧刻有分划线，两分划线的间距（即1格）为2 mm，如图4-40（b）所示。由于制造精度不同，框式水平仪又分为许多种规格，常用的框式水平仪精度为1格 = 0.02 ~ 0.05 mm/m。

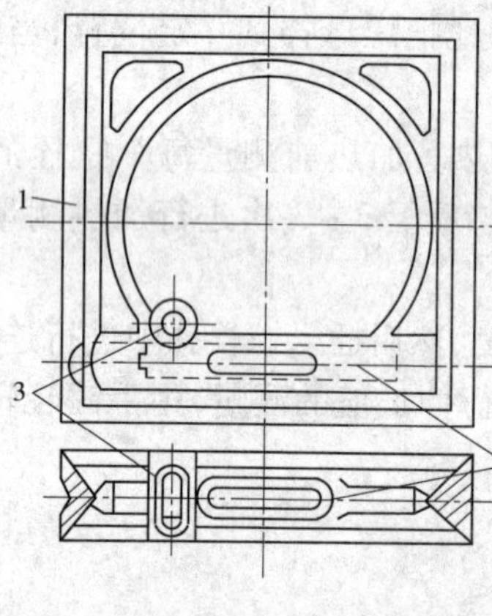

1—方框架；2—主水准器；3—辅助水准器

图4-39　框式水平仪

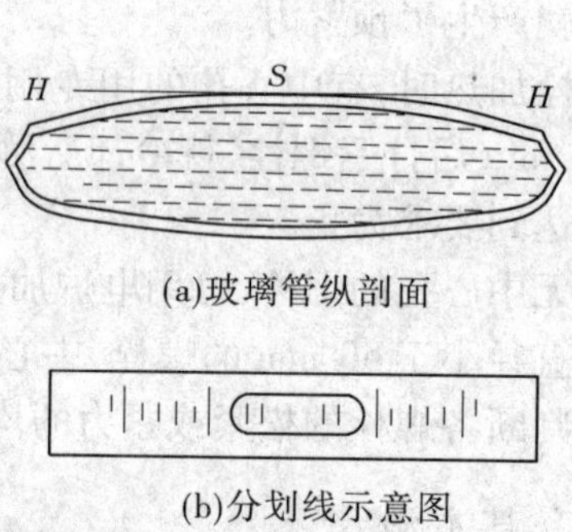

(a)玻璃管纵剖面

(b)分划线示意图

图4-40　用框式水平仪测量水平

当测量较大部件两相应点的水平时，由于框式水平仪的长度不能满足要求，通常用特制的水平梁与框式水平仪配合使用。水平梁一般用8 ~ 12 kg/m的钢轨或工字钢制成，如图4-41所示。水平梁要平直光滑，保证有足够的刚度，其长度应根据被测表面两相应点的距离来确定。

水平梁的一端有一个支点，另一端有两个支点，支点用螺母焊在水平梁下方，螺母内各旋上一个小螺栓，拧动螺栓可调整水平梁一端的高低。在水平梁的中部焊上一块长方形铁板，便于放置框式水平仪。

用框式水平仪进行水平测量时，为消除仪器本身的误差，在同一测量位置上要调头再测量一次。根据测得的数据，用下述公式即可求出部件的水平误差

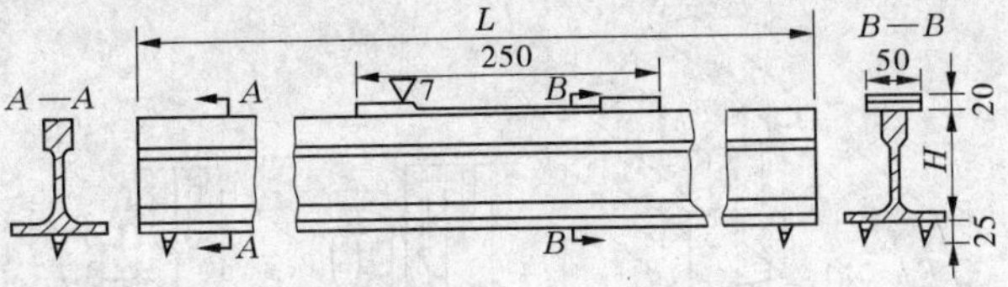

图 4-41　水平梁

$$\delta = (A_1 + A_2)CD/2$$

式中：δ 为水平误差，mm；A_1 为第一次测定时框式水平仪内气泡移动的格数；A_2 为第二次调头测定时框式水平仪内气泡移动的格数，与第一次移动方向相同取正值，相反取负值；C 为框式水平仪的精度（常用水平仪的精度，1 格 $=0.02 \sim 0.05$ mm/m）；D 为部件两测点的直径或长度，m。

根据 δ 值的大小来调整安装部件的水平。

为什么采用调头测量的方法，就能消除测量仪器本身的误差，请读者自行思考。

2. 部件高程的测量

为了确定部件的安装高程，总是先确定所求点与已知点（基准点）的高程差，而后推算出所求点（安装件上）的高程。这项工作可用水准仪和标尺来完成。

水准仪是一种能精确给出水平视线的仪器。水准仪的构造主要由望远镜、水准器和基座等部分组成。如图 4-42 所示为微倾式水准仪的外形。

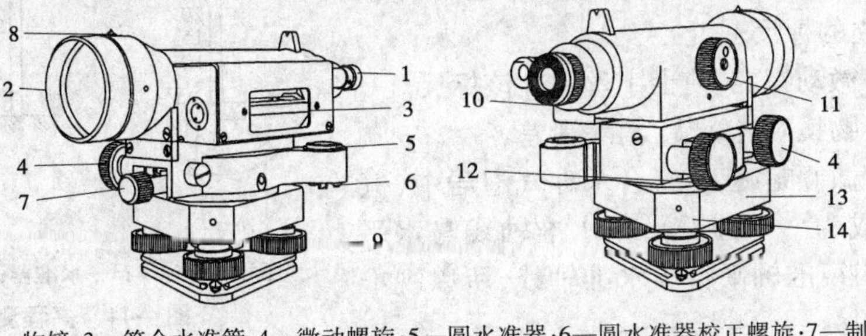

1—目镜；2—物镜；3—符合水准管；4—微动螺旋；5—圆水准器；6—圆水准器校正螺旋；7—制动螺旋；8—准星；9—脚螺旋；10—十字丝；11—物镜对光螺旋；12—微倾螺旋；13—轴座；14—连接板

图 4-42　微倾式水准仪的外形

望远镜由目镜、物镜、十字丝三个主要部分组成。它的主要作用是提供一条照准读数的视线和使人们能清晰地看清远处的目标。调节目镜对光螺旋可使我们看清十字丝，调节物镜对光螺旋，能使物像清晰地反映到十字丝的平面上。十字丝的中央交点和物镜光心的连线叫视准轴（也叫视线）。

水准器有两种，一种叫符合水准管，一种叫圆水准器。利用水准器可以把仪器上某些轴线安置到水平或铅垂位置。通过目镜旁的观察孔，能看到由符合棱镜组（见图 4-43(a)），把水准管（见图 4-43(b)）中的气泡折射而成两个半圆气泡的影像。调节微倾螺旋使两个半圆气泡符合，此时称为气泡居中（见图 4-43(c)），从而使视准轴水平。圆水准器的顶面内壁是一个球面，球面中心有一圆圈，圆圈的中点叫圆水准器的零点，通过零点的球面法线称为圆水准器的轴线。当气泡居中时，其轴线就处于铅垂位置。

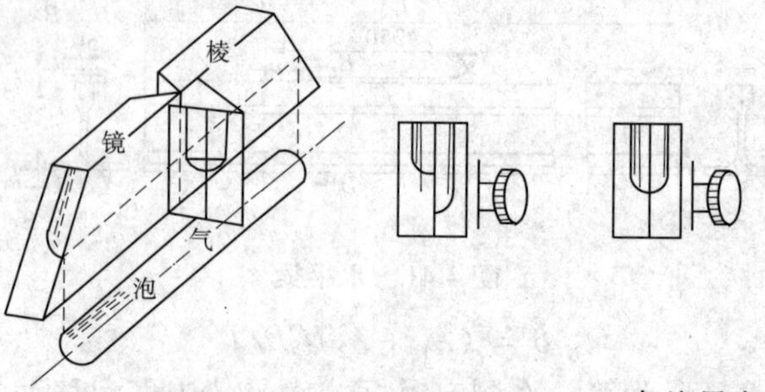

(a)棱镜组　(b)气泡不居中　(c)气泡居中

图 4-43　棱镜组与符合水准管

基座主要由轴座、脚螺旋、连接板组成。通过它可以把仪器和三脚架连接起来。调节脚螺旋能使圆水准器中的气泡居中。

因为水准仪是根据视准轴与水准轴线相互平行的原理制成的，所以在使用前，均应进行检验和校正。

用水准仪测量部件高程的方法是，把三脚架安置在已知点和所求点附近的适当位置上，如图 4-44 所示，然后将经过检验和校正好的水准仪固定在三脚架上。

测量的基本程序是：

(1)调节脚螺旋，使圆水准器中的气泡居中。

(2)松开制动螺旋，用望远镜照准已知高程基准点上所立的标尺。

(3)调节微动螺旋，使十字丝照准该标尺。

(4)调节物镜对光螺旋，消除视差。

(5)调节微倾螺旋，使符合水准气泡居中(气泡两端符合成为一个圆弧)，则水准轴线与水平线重合。又因视准轴平行于水准轴线，所以视准轴水平。

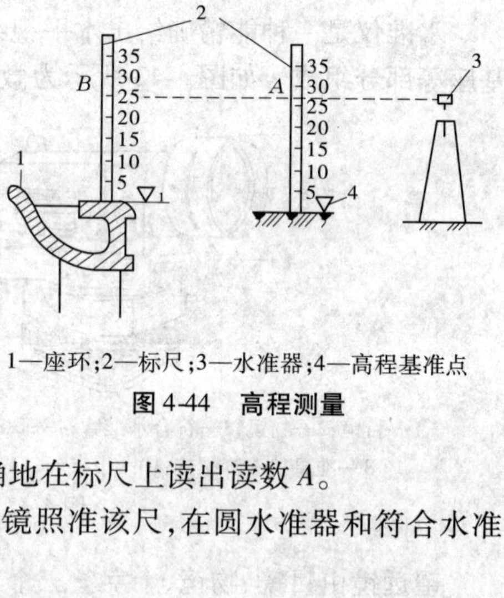

1—座环；2—标尺；3—水准器；4—高程基准点

图 4-44　高程测量

(6)气泡居中后，用十字丝内的中丝迅速而准确地在标尺上读出读数 A。

(7)在被测部件顶面立标尺，转动镜筒，使望远镜照准该尺，在圆水准器和符合水准管的气泡都居中时读出标尺上的读数 B。

根据下面公式，可求出部件顶部高程

$$\nabla_1 = \nabla + A - B$$

式中：∇_1 为被测部件的实际高程，m；∇ 为高程基准点的高程，m；A 为高程基准点上标尺读数，m；B 为被测部件上标尺读数，m。

若被测部件的设计高程为 ∇_2，则实际安装偏差为 $\pm \nabla' = \nabla_2 - \nabla_1$。

当安装偏差 ∇' 为正值时，说明部件安装低了；反之，说明部件安装高了。可根据安装偏差 ∇' 值来上下调整安装部件，使其符合设计高程。

3. 环形部件圆度和中心位置的测量

在水轮发电机组安装过程中，通常不进行大尺寸绝对值的精确测量。所以，对大尺寸环形部件圆度和中心位置的测量，是在环形部件内，沿着同一圆周取若干等分点（根据被测部件的尺寸决定，一般取 8 ~ 32 个等分点），以这些等分点为测点，测量各测点至基准中心线各半径之间的相对差值。

环形部件中心的测量，一般采用与机组垂直中心线重合的钢琴线作为基准，利用内径千分尺进行。为了悬挂和调整钢琴线与基准中心线相重合，常需中心架和求心器（见图 4-45）配合使用。

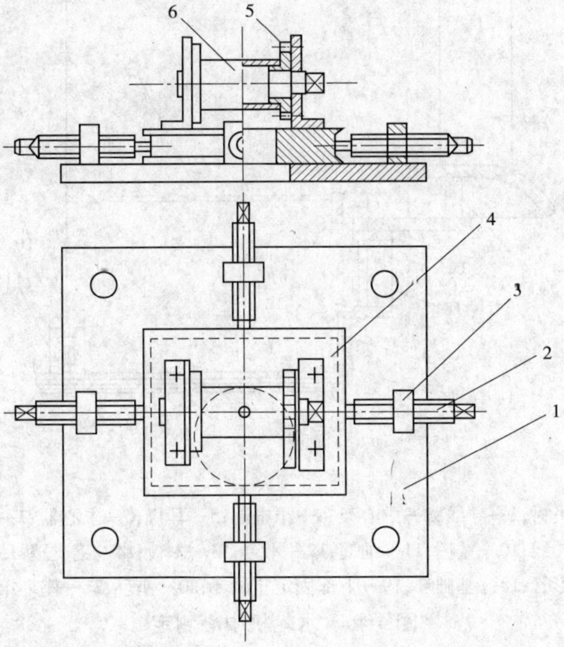

1—底板；2—中心调节螺杆；3—螺母；4—中心滑板；5—棘轮；6—钢琴线卷筒

图 4-45　求心器

中心架是用槽钢或角钢焊制的，其长度可根据支点的跨距确定。要保证整个中心架有足够的刚度。在中心架的中间设有螺栓孔，用以固定求心器。

确定中心用的钢琴线绕在求心器的卷筒上，钢琴线的一端挂在卷筒轮缘的小孔上，另一端通过求心器底板的圆孔垂下。在求心器对称方向上有四个中心调节螺杆，可用它调节卷筒的位置，使钢琴线与基准中心线一致。钢琴线垂下的一端挂有一个 8 ~ 16 kg 的重锤，用于拉直钢琴线。重锤置于一个盛有浓度较大的油的油桶中，且四周和下部与桶壁均留有适当的间隙，使重锤在桶中处于自由悬吊状态。油桶放在事先搭好的工作平台上。

用绝缘较好的软导线，上端接在求心器上，下端接在环形部件上，中间串联 6 ~ 12 V 的干电池和耳机。再用内径千分尺把环形部件和钢琴线之间接成电气回路，根据声音可判别内径千分尺是否与钢琴线接触。

混流式机组以座环第二搪口为基准找正钢琴线。这时需根据座环上 *X*、*Y* 轴线上的四个测点，用内径千分尺测量，通过求心器把垂直钢琴线调至座环第二搪口的几何中心上，以这根钢琴线为基准，进行座环圆度和其他环形部件如下部固定止漏环中心位置的测定。水轮机中心测定如图 4-46 所示。

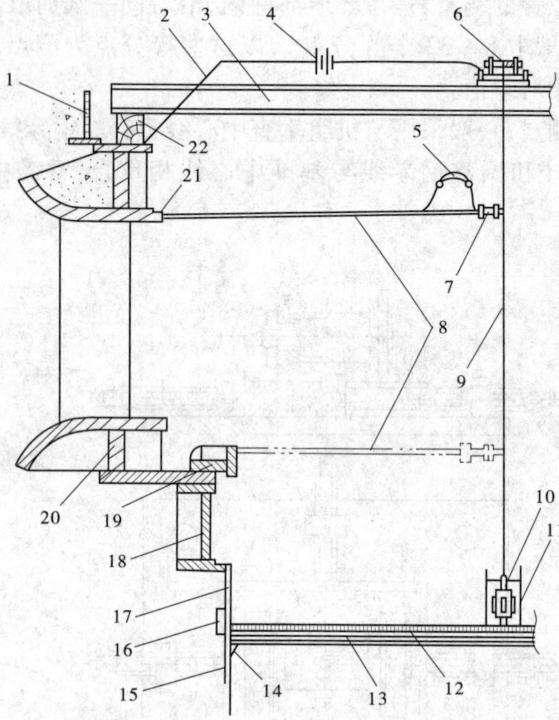

1—水轮机室里衬；2—导线；3—中心架；4—干电池；5—耳机；6—求心器；7—千分尺测头；
8—测杆；9—钢琴线；10—重锤；11—油筒；12—平台；13—木板；14—钢支腿；15—尾水管里衬；
16—围带；17—锥形管；18—基础环；19—下部固定止漏环；20—座环；21—座环第二搪口；22—方木

图4-46　水轮机中心测定

将垂直钢琴线调到中心位置后，以它为基准，一边调整内径千分尺的长度，一边沿着钢琴线上下左右画圆，根据声音调整内径千分尺的长短，直至所画圆圈逐渐缩小为一点，并且内径千分尺测头刚好和钢琴线接触，耳机里的声音十分微小，表明测杆与钢琴线是垂直的。千分尺上的读数即为测点距钢琴线的相对值。用同样的方法测量对称点，反复进行比较和调整，最后固定钢琴线的位置并以此调整其圆度。

4.2.3　水轮机的辅助装置

水轮机的辅助装置很多，主要有补气装置、紧急真空破坏阀、接力器、事故配压阀、排水阀和漏油箱等。本节只介绍补气装置和紧急真空破坏阀的结构形式。

1. 补气装置

当混流式水轮机偏离最优工况运行时，在尾水管内会不同程度地存在着压力脉动，导致机组剧烈振动、负荷摆动、效率降低等不良情况。可向尾水管适当补入空气，利用空气的吸振作用，降低涡带的强度，提高机组运行的稳定性。若按供气方式分，常见的补气方式有自然补气和强迫补气两种。当下游水位变化幅度不大，且水轮机吸出高度为正值时，采用自然补气；当下游水位变化幅度较大，且水轮机吸出高度小于 -5 m 时，采用自然补气有困难，则采用射流泵或压缩空气进行强迫补气。若按补气位置分，主要有轴心孔补气、尾水管补气两种。

(1)轴心孔补气。在空心主轴下端的轴心孔处装设补气阀,如图4-47所示。其工作原理是:当尾水管内产生真空,轴心孔内的大气压力加托架3的重量大于弹簧4的弹力时,托架和橡皮球(或橡胶平板)下移,大气由轴心孔向尾水管进行补气;反之,托架在弹簧的弹力作用下,使橡皮球(或橡胶平板)封闭轴心孔。图4-47(a)中因橡皮球长期泡在水中,易老化变形,以及经常动作而被压扁,使之封水不严,适用于小型水轮机;大中型水轮机多采用橡胶平板式真空吸力阀,如图4-47(b)所示。

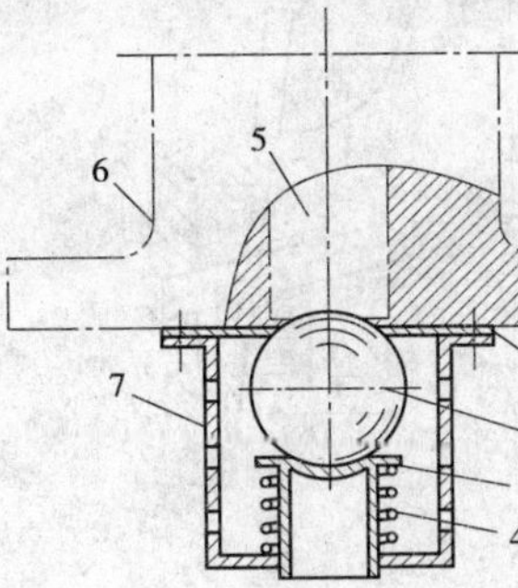

(a)球形真空吸力阀

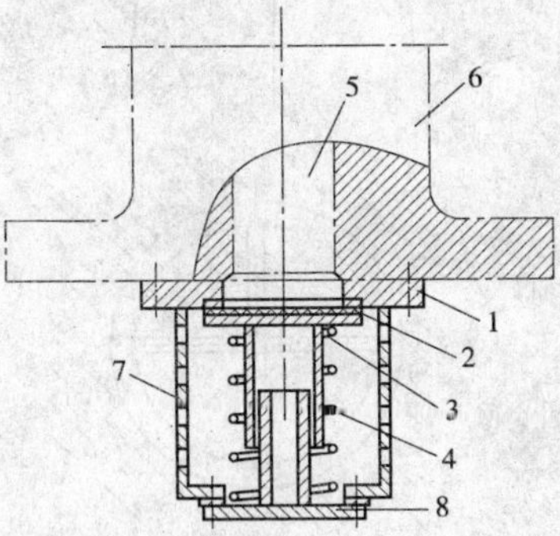

(b)平板式真空吸力阀

1—垫板;2—橡皮球、橡胶平板;3—托架;4—弹簧;5—主轴中心孔;6—主轴;7—外罩;8—底座

图4-47　轴心孔补气阀

(2)尾水管补气。常见的有十字架(或三角架)补气和短管补气两种形式。如图4-48(a)所示为十字架补气,它由横管和中心体等组成,十字横管一端与中心体相连,另一端焊在尾水管里衬上,以防止空化和振动造成十字脱落。十字横管和中心体开有若干小孔,横管的小孔开在(1/4 ~ 1/8)D之间的背水侧。尾水管里衬外壁装环形均气槽,使补入空气均匀通入横管。然后用管道连接至水轮机层或厂房外,在管道末端连接吸力真空阀。当转轮出口真空度达到一定数值时,真空阀打开,补入空气至尾水管。对于尺寸较大的水轮机,如果采用十字架补气,则因横管较长,受力情况差,易被水流冲掉,此时可采用如图4-48(b)所示的短管补气方式,将三(或四)根出气孔开在下方的短管均匀布置在尾水管进口附近的里衬上,实现尾水管补气。

2. 紧急真空破坏阀

当机组甩负荷或事故紧急关闭导水机构时,由于水流的惯性作用,在转轮室内可能突然产生很大的真空。由于真空的存在,下游水位以一定速度返回真空区,产生很大的冲击力,以致把转轮和发电机转子顶起,形成抬机现象,甚至有可能使顶盖破坏。真空破坏阀就是在紧急关闭导叶时,自动补入空气,破坏转轮室真空,减少上述有害的冲击力或抬机现象,起到一定的保护作用。大中型水轮机中,紧急真空破坏阀一般装在顶盖或支持盖内。为使补气均匀,常沿圆周均布2 ~ 4个阀。装置位置应尽可能靠近机组中心,以提高空气补入速度。对于中小型机组,有时因顶盖内位置狭窄,布置不方便,也可以将阀布置在机坑内并用管路引至转轮室。图4-49为自吸式紧急真空破坏阀,当转轮室产生真空时,阀盘1在大气压力的作用下压缩弹簧5,自动向转轮室内补入空气;当真空降低到一定数值后，阀盘 1 在弹簧 5 作用下关闭。弹簧的预紧力可通过调整螺母 6 来调整。目前采用的真空破坏阀中，弹簧的预紧力应考虑真空值在 0.005 ~ 0.01 MPa 时即能打开，当顶盖下面的真空值超过 0.025 ~ 0.03 MPa 时阀门全开。

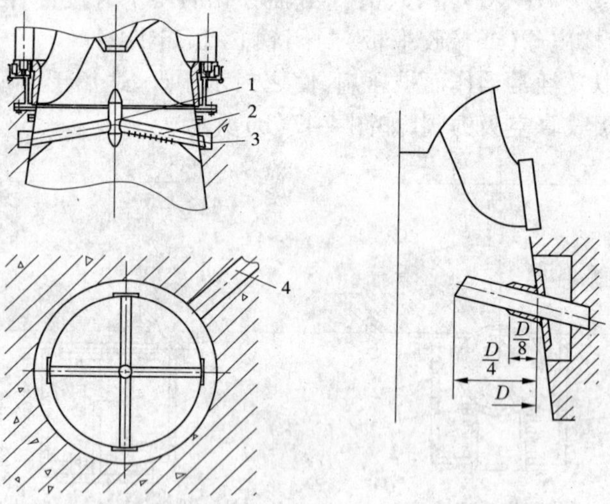

(a)十字架补气　　(b)短管补气

1—中心体；2—横管；3—均气槽；4—进气管

图 4-48　尾水管补气

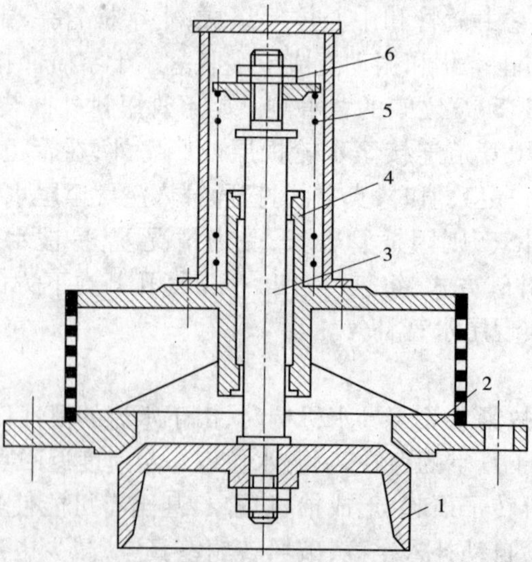

1—阀盘；2—阀座；3—阀杆；4—轴承；5—弹簧；6—调整螺母

图 4-49　自吸式紧急真空破坏阀

小　结

本项目以总装水轮机为主题，分为安装水轮机埋设部件、组装水轮机转轮、安装导水机构与水导轴承及主轴密封三个典型任务。

安装水轮机埋设部件任务：以安装水轮机埋设部件为主线，介绍水轮机埋设部件安装实操步骤，包括安装尾水管里衬，安装基础环、转轮室及支撑环、固定导叶、上环和安装蜗壳。

组装水轮机转轮任务：首先以轴流转桨式水轮机组装为主线，介绍叶片传动机构、转轮油压试验、转轮体吊装等的实操步骤及注意事项，然后介绍主轴、操作油管及受油器装配的实操步骤及注意事项以及水轮机转轮体安装实操步骤及注意事项。

安装导水机构与水导轴承及主轴密封任务：首先以安装水轮机导水机构为主线，介绍底环、活动导叶、顶盖、套筒、导叶传动机构、接力器与控制环等的安装实操步骤及注意事项，然后介绍水轮机水导轴承和主轴密封的安装实操步骤及注意事项。

最后，介绍水轮机的固定过水部件及导水机构、水导轴承补气装置和紧急真空破坏阀的结构与形式，介绍用胶皮管水平器和框式水平仪测量水平的方法，部件组合装配常用的过盈配合与螺栓连接方法，以及手工凿削、挫削、锯割、钻铰孔、攻套丝、刮削和研磨等钳工修配方法。

复习思考题

4-1　简述轴流转桨式水轮机埋设部件的安装顺序。

4-2　简述轴流转桨式水轮机转轮体的组装顺序。

4-3　分析轴流转桨式水轮机转轮组装完毕进行油压试验的目的，简述油压试验的步骤。

4-4　简述轴流转桨式水轮机导叶立面及端面间隙调整的方法和步骤。

4-5　简述水轮机水导轴承的安装步骤。

4-6　分析尾水管回收能量原理及各种类型尾水管的应用范围。

4-7　简述水轮机导轴承的作用及各种润滑方式的特点。

4-8　分析比较水轮机轴心孔补气与尾水管补气两种装置的特点。

4-9　简述紧急真空破坏阀的作用及工作原理。

4-10　使用框式水平仪测量平面的水平时，往往要求在同一测量位置将框式水平仪调头再测量一次，其目的和原理是什么？

4-11　在轴流转桨式水轮机安装过程中，安装高程的基准点是什么？安装过程如何确保安装高程满足要求？

项目5　水轮机功率调节

教学目标			
典型任务	能力目标	知识目标	素质目标
5.1　机组开机操作	1. 能根据运行规程编写开机操作票； 2. 能按操作票正确操作机组开机和并网； 3. 能按调节要求调节机组所带负荷。	1. 水电站机组开机操作规程和操作注意事项； 2. 机组开机的步骤和操作方法； 3. 微机调速器的组成和基本结构； 4. 微机调速器机械液压系统的工作原理。	1. 培养责任感、敬业精神，以及吃苦耐劳、一丝不苟的工作作风； 2. 养成安全操作的意识。
5.2　水轮机调速器参数整定	1. 能根据水电站条件初定调速器的调节参数； 2. 能根据调速器操作手册整定调速器的参数； 3. 能正确使用工具和量具进行微机调速器的调整和试验； 4. 能通过试验分析和判断调速器参数的合理性。	1. 水轮机调节系统的特性； 2. 微机调速器的控制规律及各环节的作用； 3. 水轮机调节参数对系统的影响； 4. 水轮机调速器参数的意义和初步整定方法； 5. 微机调速器安装和调整方法； 6. 整机静态和动态特性试验的方法和步骤。	1. 学会自主学习和获取信息的方法与途径； 2. 培养思考、创新和再学习的能力。

【任务5.1】　机组开机操作

电力系统中的发电量取决于用电量，为保持电力系统的稳定，要求系统的发电量随用电量的变化自动调节。水轮机是水电站能量转换的首要部件，因此要求水轮机能根据系统用电量的变化不断调节进入水轮机的水能。机组开机是水轮机开始进行能量转换的第一步，因此本任务以水电站机组开机操作来说明水轮机进行功率调节的基本操作，并介绍水轮机调节的相关内容。

1. 机组开机操作教学情境的创建

本任务分机组开机操作票编写和机组开机操作两个教学情境进行，两个教学情境的具体创建见表5-1。

表5-1　机组开机操作教学情境的创建

项目	教学情境5-1： 机组开机操作票编写	教学情境5-2： 机组开机操作
学习形式	现场了解操作设备并用教学课件演示辅助	现场操作或在实训室模拟操作并用教学课件演示辅助
实施地点	多媒体教室或水电站培训教室、会议室	水电站厂房和水轮机调节实训室
使用教具	电脑、投影仪、水电站运行规程挂单	水轮机调速器及微机控制柜、电脑、投影仪
作业形式	完成学习任务单	完成学习任务单
教学步骤	(1)教师(或水电站技术骨干)引导学生学习水电站值班人员的职责和要求、机组开机方式和操作程序以及操作票填写要求与执行流程； (2)学生分组查阅相关图纸资料； (3)学生制作机组开机流程图，经教师或电厂运行值班负责人审查通过后进入下一步； (4)各小组填写机组启动与并列操作票； (5)教师检查反馈学生任务完成情况； (6)学生汇报自评、教师评价。	(1)教师(或水电站技术骨干)引导学生学习水轮机调节的作用和原理、水轮机调速器的结构和工作原理； (2)学生分组查阅相关图纸资料； (3)学生编制对应的机组启动和并列操作票，经教师或电厂运行值班负责人审查通过后进入下一步； (4)各小组执行机组开机操作任务； (5)教师检查反馈学生任务完成情况； (6)学生汇报自评、教师评价。

2. 机组开机实操步骤及注意事项

1)机组开机实操步骤

(1)接受操作命令，明确操作任务。

(2)填写操作票并确认发令人，确定操作人、监护人和值班负责人。

(3)由值班负责人签发操作票。

(4)操作票模拟操作。

(5)机组启动与并列操作。

(6)按调度要求带上相应的有功功率和无功功率。

(7)操作结束，汇报操作完成。

2)注意事项

(1)水电站运行操作的首要任务是确保安全。在运行操作过程中必须贯彻“安全第一、预防为主”的电业生产方针，严格执行水电站各项规章制度，严格执行电业安全工作规程。

(2)实操人员必须经过培训和考核合格并取得相应操作证后方可操作，学生未取得操作证前，实操任务可在水电站现场由电站值班人员代为操作，并由水电站值班人员保证操作的安全性和正确性。

(3)严格执行工作票制度,工作许可制度,工作监护制度,工作间断、转移和终结制度;严格执行保证安全的技术措施。

(4)正确填写工作票并经模拟操作检验正确。

5.1 机组开机操作的相关知识

5.1.1 水轮机调节方式

水力发电的生产过程如图5-1所示,其过程是由水轮机将水能转换为旋转的机械能,再由发电机将旋转的机械能转换为电能,最后输送到电力系统供用户生产和生活使用。

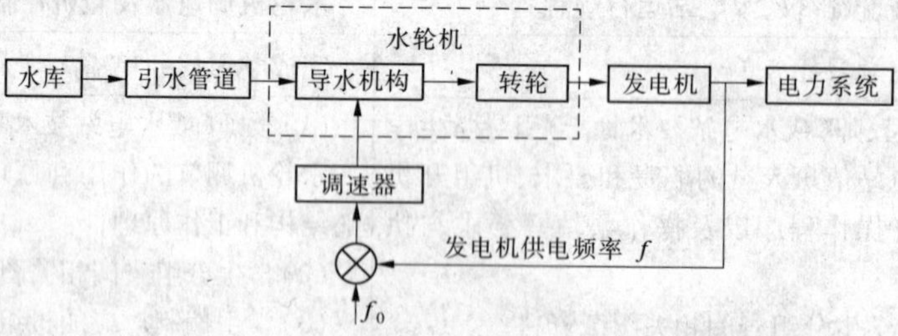

图5-1 水力发电的生产过程

在电力系统中,发电、供电和用电是同时完成的,发电量的多少取决于用电量的多少。用电量又取决于用电负荷的大小,不同的经济发展阶段、不同的季节、不同的时段,用户对电力有不同的需求,故用电负荷的大小是随着时间不断变化的。为满足系统用电的需求及变化,水轮机必须能进行适当的调节,以改变其输出功率。

1.水轮机调节概述

1)用户对电能质量指标的要求

在电力系统中,用户除要求供电安全、可靠和经济外,还对供电的频率和电压等指标有着严格的要求。频率和电压波动过大,会影响用户的产品质量和设备的正常工作。

我国电力系统规定:电力系统的频率应保持50 Hz,其允许偏差对电力网容量在3 000 MW及以上者为±0.2 Hz,对容量在3 000 MW以下的地方电力网为±0.5 Hz。用户端电压变动幅值的允许范围是:35 kV及以上的用户为额定电压的±5%,10 kV及以下的用户为额定电压的±7%,低压照明用户为额定电压的-10%~+5%。一些工业发达国家,对频率和电压的稳定要求更加严格。

2)水轮机调节的任务

发电机的频率与转速和磁极对数有以下关系

$$f = \frac{pn}{60} \tag{5-1}$$

式中:f为发电机输出的交流电压频率,Hz;p为发电机的磁极对数;n为发电机的转速,r/min。

发电机的磁极对数取决于发电机的结构，对已制造好的发电机，p 是一个常数。由式(5-1)可知发电机输出的频率与转速成正比，即水轮发电机组的频率随其转速的增减而增减。要保证频率在允许的范围内，就要保证机组转速在规定的范围内。

电力系统频率的稳定主要取决于有功功率的平衡，即系统内的有功功率与有功负荷的平衡，而电力系统的有功负荷是不断变化的，因此水轮机调节的基本任务就是：根据电力系统负荷的变化不断地调节水轮发电机组的有功功率输出，使系统内的有功功率与有功负荷相平衡，并维持机组转速(频率)在规定的范围内。

2. 水轮机调节的方法

1)机组运动方程式

图5-2为水轮发电机组示意图。水轮发电机组的转动部分是一个围绕固定轴线作旋转运动的刚体。它的运动规律可由机组运动方程式描述

$$J\frac{d\omega}{dt} = M_t - M_g \tag{5-2}$$

式中：J 为机组转动部分的转动惯量；ω 为机组旋转角速度，$\omega = \pi n/30$；$d\omega/dt$ 为机组旋转角加速度；M_t 为水轮机动力矩；M_g 为发电机阻力矩。

水轮机动力矩主要由水轮机工作水头和流量决定；发电机阻力矩包括负荷阻力矩和由轴承摩擦、空气阻力等引起的损耗阻力矩，主要是负荷阻力矩。当动力矩和阻力矩失去平衡时，机组转速就会随之而变化。根据式(5-2)，转速的变化有三种情况：

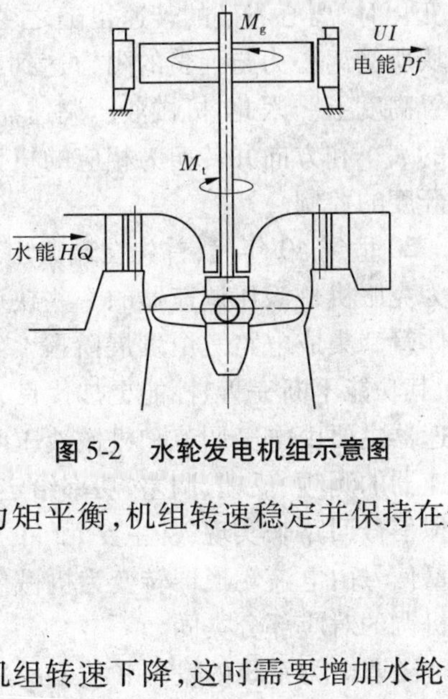

图5-2 水轮发电机组示意图

(1)当 $M_t > M_g$ 时，$\frac{d\omega}{dt} > 0$，说明机组负荷减少，机组转速上升，这时需要减小水轮机的动力矩，以使力矩平衡，机组转速稳定并保持在规定的允许值范围内。

(2)当 $M_t = M_g$ 时，机组力矩平衡，转速稳定。

(3)当 $M_t < M_g$ 时，$\frac{d\omega}{dt} < 0$，说明机组负荷增加，机组转速下降，这时需要增加水轮机的动力矩，以使力矩平衡，机组转速稳定并保持在规定的允许值范围内。

2)水轮机调节的方法

调整水轮机的动力矩，实际上就是调整水轮机的出力。水轮机动力矩与水轮机工作水头、水轮机流量(或者说导叶开度)和角速度等有关，根据水轮机出力公式 $P = 9.81QH\eta$ 和 $P = M_t\omega$，可得

$$M_t = \frac{9.81QH\eta}{\omega} \tag{5-3}$$

由式(5-3)可知，从理论上讲，改变水轮机流量 Q、工作水头 H 和效率 η，均可以改变水轮机的动力矩，但在实际工程中通过改变工作水头和效率来改变水轮机动力矩是十分困难的。因此，调整水轮机动力矩最直接、最合理的方法就是改变进入水轮机的流量。对

于不同形式的水轮机，流量调节方式及流量调节机构各不相同。

(1)混流式、定桨式水轮机流量调节方式为单调节，其流量调节机构是导叶。

(2)转桨式水轮机流量调节方式为双调节，其流量调节机构是导叶、桨叶。

(3)冲击式水轮机流量调节方式为双调节，其流量调节机构是针阀(由喷针、喷嘴等组成)、折向器(或称偏流板、截流板)。

3. 调速器的分类及型号

1)水轮机调速器的发展

水轮机调速器作为水电站重要的机组控制设备，伴随着水电事业的发展经历了机械液压型—电气液压型—高油压微机型调速器的发展过程。19 世纪末出现了用液压放大元件作为功率放大的液压型调速器，20 世纪 30 年代出现了较为完善的机械液压调速器(简称机调)，并在我国早期建设的水电站中广泛应用，至今还有一部分水电站仍在使用。

机械液压调速器利用离心飞摆作为测速元件。离心飞摆由交流电动机带动旋转，交流电动机的电源来自与发电机同轴的永磁发电机，其频率反映了机组的转速。当机组转速变化时，离心飞摆的转速也随之变化，离心飞摆的重块所受离心力也跟着发生改变，当重块所受离心力与弹簧的阻力达到新的平衡时，离心飞摆的下支持块即稳定在一个新的位置高度上。因此，机械液压调速器的离心飞摆是通过机械部件转动的方式，检测转速偏差的大小和方向并转换为相应的机械位移量，经两级液压放大，最后通过接力器实现对导叶开度的控制。

20 世纪 40 年代，首先在瑞典出现了电气液压调速器(简称电液调速器，也称电调)，是为克服机械液压调速器的一些缺点和不足并在其基础上发展起来的，共经历了电子管、晶体管和集成电路三个发展阶段。我国于 20 世纪 70 年代开始生产和应用集成电路电调，其功能不断完善、性能更加优良，曾经在我国各地的大中型水电站中广泛采用。电液调速器主要由电气调节和机械液压两大部分组成，并用电液转换器将这两部分联系起来。调速器的测频、反馈、调差、功率给定等控制部分，以及信号的综合和放大部分均采用电气模拟信号回路来实现，各主要元件的基本特性仍与机调保持一致。综合放大后的电气模拟量信号由电液转换器转变为机械位移信号，送往机械液压部分。电调的机械液压部分与机调的对应部分类同。

随着电力系统的发展和技术的进步，停留在经典控制理论上的机调或是电调，都难以满足现代电力系统电能质量及水电站综合自动化对其控制速度和精度、稳定性和可靠性、远程监控及自动化的要求。20 世纪 80 年代，国内外调速器专家及时将微机控制技术引入水轮机调节领域，纷纷开始研制微机调速器。我国于 1984 年 11 月研制成功国内第一台微机调速器并在湖南欧阳海电站投入运行。到了 20 世纪 90 年代，随着一些新型计算机装置和电液随动系统及标准化液压元件在调速器中的应用，新型调速器出现了高油压、液压元件集成，应用现代控制理论，采用新型计算机控制装置等特点，并广泛应用于现代水电站的水轮机调节控制中。与机调、电调相比，新型微机调速器有以下优点：

(1)便于采用先进的调节控制技术，从而保证水轮机调速系统具有优良的静、动态特性。不仅可实现 PID 调节规律，还可以实现前馈控制、预测控制、模糊控制和自适应控制等复杂规律，从而可得到更好的动态调节品质。

(2)硬件高度集成，液压元件标准化，可靠性和稳定性较高；同时直接数字控制使结构和操作回路更加简单，杆件死行程小，定位精度高，响应速度快。

(3)参数设定、修改方便，状态查询灵活、直观。

(4)提高性能和增加功能可通过修改软件实现。如机组的开停机规律、导叶分段关闭规律、开机时频率自动跟踪和相位检测等，并具备自诊断功能、容错控制功能等。

(5)可利用通信功能直接与厂级或系统级上位机连接，实现全厂的综合控制，提高自动化水平。

(6)微机调速器在速动性、精确性和可靠性方面具有优越性。

2)调速器的分类

调速器的分类方法较多，可按以下方式进行分类：

(1)按照元件结构分类，可分为机械液压调速器和电气液压调速器，前者由机械元件和液压元件构成，后者由电气元件和液压元件构成。微机调速器从元件结构上来说，仍属于电气液压调速器。

(2)按照调速器容量的大小分类，可分为特小型、小型、中型、大型调速器。特小型、小型和中型调速器容量是指接力器的工作容量，单位为 Nm。所谓工作容量，是指设计油压与活塞有效面积、接力器全行程的乘积。当接力器工作容量大于 30 000 Nm 时，属于大型调速器，其容量用主配压阀直径的大小表示，单位为 mm。

(3)按照调速器执行机构的数量分类，可分为单调节调速器、双调节调速器。

(4)按照调速器调节规律分类，可分为 PI 型(比例－积分规律)调速器、PID 型(比例－积分－微分规律)调速器。

(5)按照调速器所用油压装置和接力器是否单独设置分类，可分为整体式和分离式。整体式一般用于中小型调速器，它将机械液压柜、油压装置、接力器做成一个整体；分离式用于大型调速器，其机械液压柜、油压装置、接力器均单独设置。

3)调速器的型号编制说明

我国机械行业标准 JB/T 2832—2004《水轮机调速器及油压装置型号编制方法》规定，调速器产品型号由基本代号、规格代号、额定油压代号、制造厂及产品特征代号四部分组成，如图 5-3(a)所示。

其中基本代号又由动力特征等五个部分组成，如图 5-3(b)所示。具体为：①动力特征：Y 为带接力器及压力罐的调速器；T 为通流式调速器；D 为电动式调速器。对不带有接力器和压力罐的调速器，此项省略。②调节器特征：W 为微机电液调速器。对机械调速器，此项省略。③对象类别：C 为冲击式水轮机调速器；Z 为转桨式水轮机调速器。对于单调节水轮机调速器，此项省略。④产品类型：T 为调速器；C 为操作器；F 为负荷调节器。⑤产品属性：D 为电气液压调速器的电气柜；J 为电气液压调速器的机械柜。对电气柜与机械柜为合体结构的电气液压调速器，此项省略。

规格代号为表示产品主要技术参数的数字。对带接力器和压力罐的调速器，表示接力器容量(Nm)；对不带接力器和压力罐的调速器，表示导叶主配压阀直径(mm)；对冲击式水轮机调速器，表示喷针配压阀直径(mm)×喷针配压阀数量/折向器配压阀直径(mm)×折向器配压阀数量，如数量为 1 则省略。

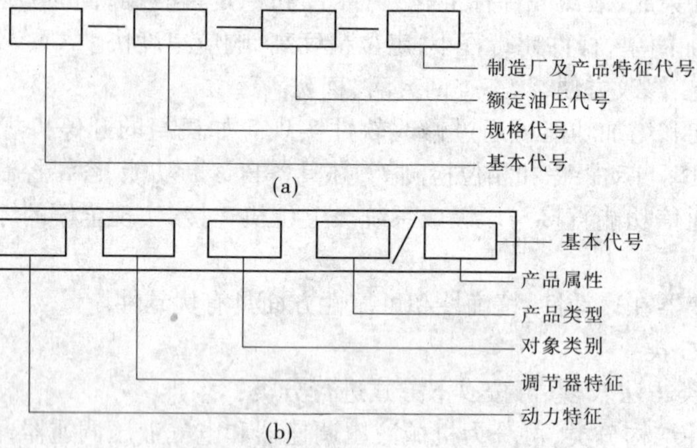

图 5-3　调速器型号编制说明

额定油压代号以额定油压(MPa)值表示。

制造厂及产品特征代号依次表示制造厂代号和产品特征代号,产品特征代号可采用字母或数字,制造厂代号和产品特征代号之间须留一空格。

4)型号示例

(1)YDT—18000—4.0—SK 05A:表示带接力器及压力罐的模拟式电气液压调速器,接力器容量为 18 000 Nm,额定油压为 4.0 MPa,为天津水电控制设备厂 05 系列第一次改型产品。

(2)YT—6000—2.5:表示带接力器及压力罐的机械液压调速器,接力器容量为 6 000 Nm,额定油压为 2.5 MPa,为统一设计产品。

(3)TDBWST—100—4.0:表示不带接力器及压力罐的步进电机微机双调节调速器,天津电气传动设计研究所产品,其主配压阀直径为 100 mm,额定油压为 4.0 MPa,为统一设计产品。

5)调速器的系列型谱

根据我国机械行业标准 JB/T 7072—2004《水轮机调速器及油压装置系列型谱》的规定,调速器型谱按容量可分为大型、中型、小型和特小型四个基本系列,具体见表 5-2。

5.1.2　典型微机调速器

虽然微机调速器所采用的元件与电调相比有了很大的变化,但是其本质上仍然是采用了电子调节器 + 电液随动系统的结构,只是用计算机装置代替了模拟元件组成的电子调节器,电液随动系统也采用了不同的液压元件而已。目前,水电站已应用的微机调速器主要有以下类型:

(1)按照调节器所采用的微机分类,有工业控制计算机(工控机)、单片机、可编程控制器(PLC)、可编程计算机控制器(PCC)调节器等;按所采用微机的数量不同,分为单微机调速器、双微机调速器等。

表 5-2　调速器容量划分系列

类别	不带压力罐及接力器的调速器[a]	带压力罐及接力器的调速器	通流式调速器	液压操作器	电动式操作器	电子负荷调节器
系列	接力器容量范围(Nm)					配套机组功率(kW)
大型	>50 000					
中型	10 000 ~ 50 000[b]	10 000 ~ 50 000		10 000 ~ 50 000	10 000 ~ 50 000	
小型	3 000 ~ 10 000[b]	1 500 ~ 10 000		3 000 ~ 10 000	3 000 ~ 10 000	40,75,100
特小型	170 ~ 3 000[b]	170 ~ 1 500	170 ~ 3 000	170 ~ 3 000	350 ~ 3 000	3,8,18

注: a 是指调速器能配置的接力器容量;b 是指单喷嘴冲击式水轮机调速器。

(2)按照电液随动系统或伺服系统所采用的电液转换元件分类,有电液比例阀 + 液压放大机构、伺服电机 + 液压放大机构、步进电机 + 液压放大机构、数字阀液压伺服系统等。

1. 微机调速器的组成与系统结构

1)微机调速器的组成

微机调速器的原理框图如图 5-4 所示。微机调速器由两部分组成,即微机调节器和机械液压系统。水轮发电机组是被控对象,被控参数为频率 f 或转速 n。

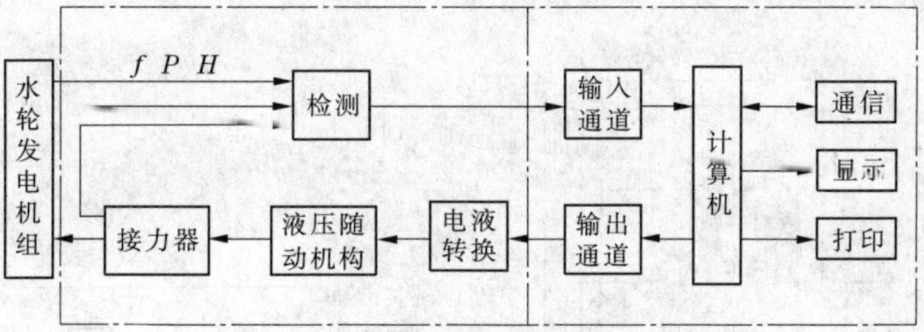

图 5-4　微机调速器的原理框图

2)微机调节器的基本结构

(1)单微机调节器:单微机、单总线、单输入/输出通道。一些采用可编程控制器(PLC)作调节器的微机调速器就属于这种类型。由于可编程控制器具有很高的可靠性和较低的成本,因而在一些水电站,特别是中小型水电站中得到广泛应用。

(2)双微机调节器:双微机、单总线、单输入/输出通道。

(3)双微机系统调节器:双微机、双总线、双输入/输出通道。如图 5-5 所示,这种结构实际上是两套单微机调节器,其微机部分采用单板机和 STD 总线工控机等。两套单微机调节器的内容完全相同,结构完全独立,运行时在管理部件的调度下,一套系统处于正常运行状态,另一套系统为备用状态。当运行系统出现故障时,通过切换控制器可无扰动地切换到备用系统,即所谓互为备用的冗余系统。这种结构形式在我国许多电站得到了应用。

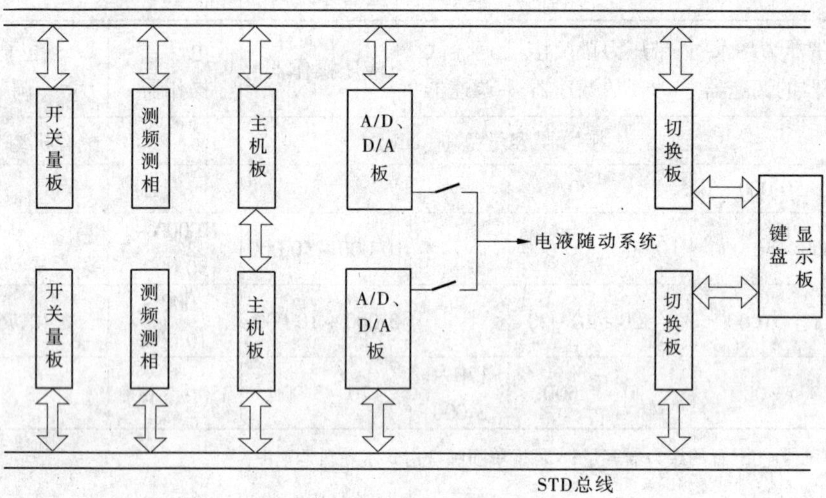

图 5-5　双微机系统调节器结构框图

3)机械液压系统的结构

按照电液转换元件的不同,机械液压系统可以分为如下两种形式。

(1)采用伺服比例阀+液压放大装置的结构。如图 5-6 所示,在这种结构中,用伺服比例阀取代了传统的电液转换器,由于伺服比例阀具有较强的防卡能力、抗油污能力和电磁操作力大等特点,其动、静态特性不低于电液转换器。运行情况表明,采用伺服比例阀的调速器机械液压柜,自投入运行以来具有较好的稳定性和可靠性。

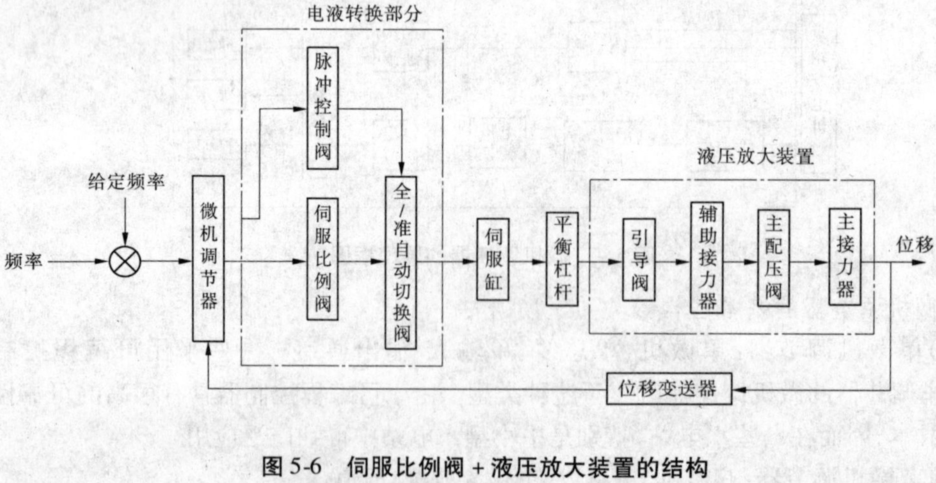

图 5-6　伺服比例阀+液压放大装置的结构

(2)采用步进电机或伺服电机+液压放大装置的结构。如图 5-7 所示,这种结构的调速器用步进电机或伺服电机取代了电液转换器。由于步进电机与计算机接口简单,不再需要数/模转换器,微机调节器的输出信号直接经放大电路驱动步进电机,再由步进电机带动引导阀针塞去控制液压放大装置,因此这种调速器也有较强的抗油污能力。

除上述结构外,还有采用电子调节器+电液比例阀+插装阀的结构,这种结构取消了

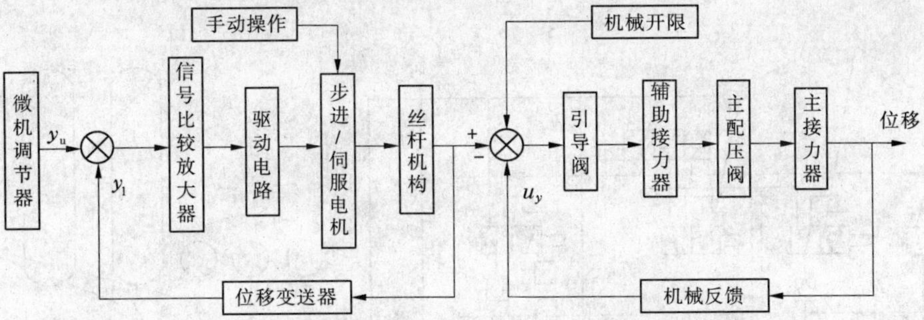

图 5-7　步进电机或伺服电机 + 液压放大装置的结构

传统的引导阀、辅助接力器、主配压阀等元件，用集成插装阀组实现接力器的操作控制。它具有调节精度高、抗油污能力强、液压元件标准化程度高等优点，是对调速器液压系统的一次重大改革。

2. GLYWT 型高油压全数字式微机调速器

1）GLYWT 型调速器简介

GLYWT—PLC 系列全数字式微机调速器，是以 PLC 作为微机调节器，以并列数字电磁阀为电液转换主要部件的微机调速器，主要适用于中小型水轮发电机组的调节与控制。在总体结构上，电气部分与液压系统和油压装置组合为一体，该系列调速器的额定油压为 16.0 MPa，操作功可为 6 000 ~ 75 000 Nm。

型号 GLYWT—PLC 中各字母含义如下：G 为高油压；L 为逻辑阀（数字阀）；Y 为液压；W 为微机；T 为调速器；PLC 为可编程控制器。GLYWT—PLC 表示调速器为可编程高油压数字阀微机调速器。由于电液转换环节采用标准的液压元件——数字阀进行电液转换，因而简化了结构，提高了互换性，维修方便。此外，数字阀抗油污能力强，耐压高，无渗漏，动作可靠，无须零点调整。

2）机械液压系统的组成

GLYWT 型高油压全数字式微机调速器机械液压系统的结构如图 5-8 所示。

（1）电磁阀的结构和工作原理。电磁阀也称为电磁换向阀，是利用电磁铁吸力控制阀芯换位的换向阀。电磁换向阀包括换向滑阀和电磁铁两大部分。按阀芯位置不同可分为二位、三位、多位换向阀；按阀体上主油路进、出口数目不同，又可分为二通、三通、四通、五通等。二位三通电磁换向阀如图 5-9 所示，三位四通电磁换向阀如图 5-10 所示。

在图 5-9（a）中，阀的左边为交流电磁铁，右边为滑阀，当电磁铁不通电时（图示位置），阀芯 4 在左端位置，油口 P 与 A 连通；当电磁铁通电时，通过衔铁 1 和推杆 2 推动阀芯 4 移至右端位置，油口 P 与 B 连通，而与 A 断开。在图形符号中，箭头表示两油口连通，不表示流向，“⊥”表示油口不通流，箭头或“⊥”与方格的交点数为油口的通路数。

在图 5-10（a）中，阀的两端各有一个电磁铁和一个对中弹簧。阀芯在常态时处于中位。当两边电磁铁都不通电时，阀芯在两边的对中弹簧作用下处于中位；当右端电磁铁通电吸合时，衔铁通过推杆将阀芯推向左端，换向阀就在右位工作，反之，当左端电磁铁通电吸合时，换向阀就在左位工作。

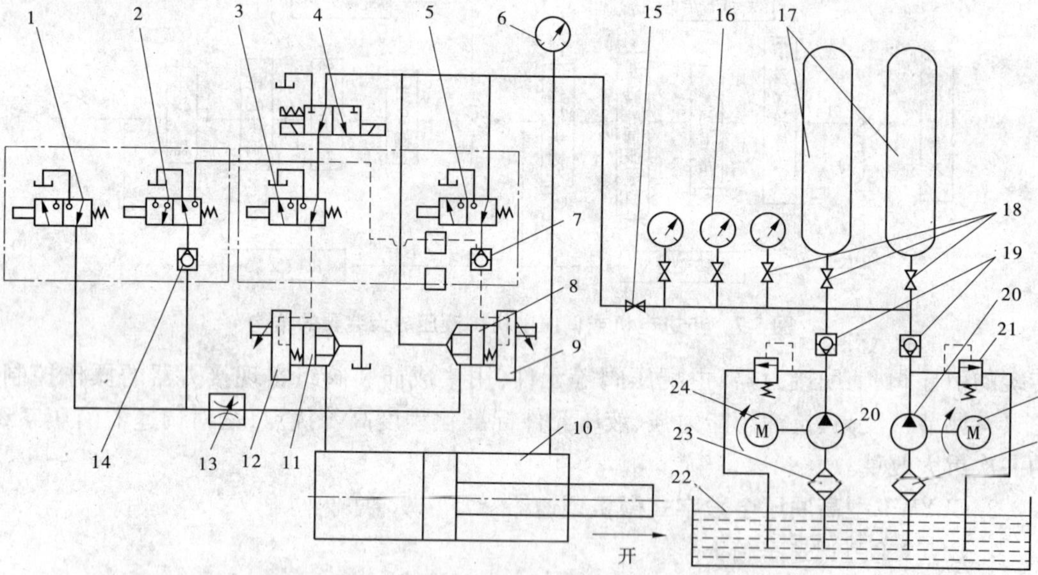

1—小波动关机电磁球阀；2—小波动开机电磁球阀；3—大波动关机电磁球阀；4—紧急停机电磁阀；
5—大波动开机电磁球阀；6—压力表；7—液控单向阀；8—开机插装阀；9—行程调节盖板（调节开机时间）；
10—液压缸（接力器）；11—关机插装阀；12—行程调节盖板（调节关机时间）；13—节流阀（调节小波动开关时间）；
14、19—单向阀；15、18—截止阀（主油阀）；16—电接点压力表；17—蓄能器；20—油泵；
21—安全溢流阀；22—回油箱；23—滤油器；24—电动机

图 5-8　GLYWT 型高油压全数字式微机调速器机械液压系统

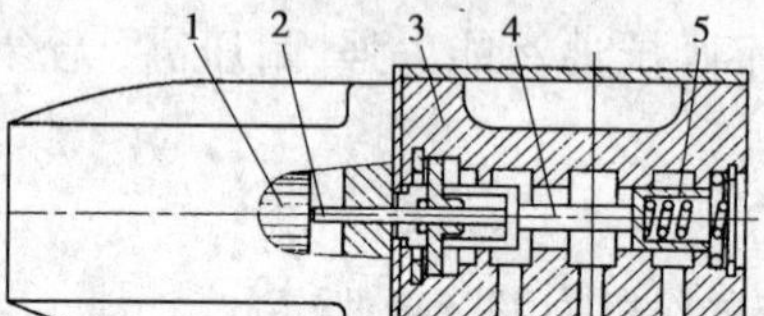

(a) 结构原理图

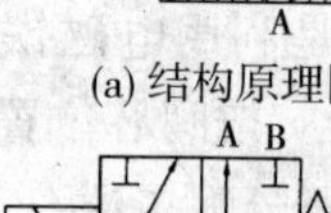

(b) 图形符号

1—衔铁；2—推杆；3—阀体；
4—阀芯；5—弹簧

图 5-9　二位三通电磁换向阀

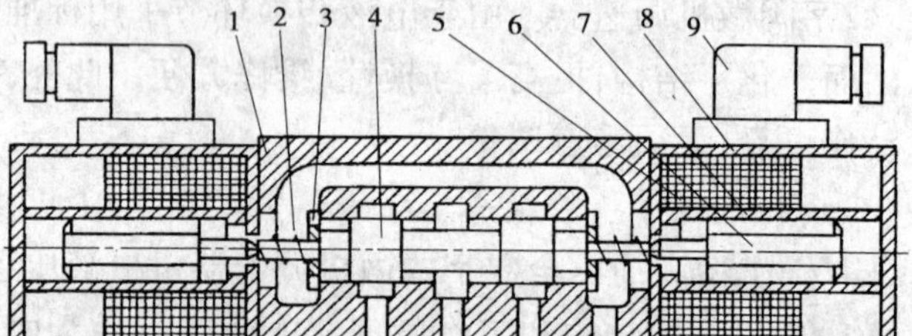

(a) 结构原理图

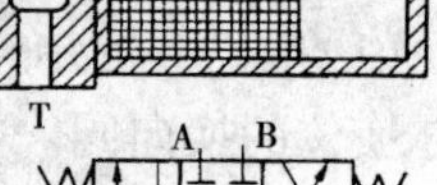

(b) 图形符号

1—阀体；2—弹簧；3—弹簧座；4—阀芯；5—线圈；
6—衔铁；7—隔套；8—壳体；9—插头组件

图 5-10　三位四通电磁换向阀

电磁铁按电源的不同，分交流和直流两种基本类型。交流电磁铁使用方便，启动力大，但换向时间短（0.03～0.05 s）、冲击大、频率低、噪声大，而且当阀芯被卡住时会使电磁线圈烧坏，工作可靠性差。常用交流电磁铁的电压一般为交流 220 V。直流电磁阀需要直流电源或整流装置，换向时间长、冲击小、频率较高，不会因铁芯卡住而烧坏线圈，工作可靠性高。常用直流电磁铁一般使用24 V直流电源。还有一种内部带整流装置的交流电磁铁,兼有交流电磁铁和直流电磁铁的优点。

电磁球阀也称为电磁球阀式换向阀,通过变换钢球在阀体内的相对位置来使阀体各油口连通或断开。图5-11为常开型二位三通电磁球阀式换向阀结构。它主要由左、右阀座4和6、球阀5、弹簧7、推杆2和杠杆3等部分组成。图示为电磁铁断电状态,P口的压力油一方面作用在球阀的右侧,另一方面经过通道b进入推杆的空腔作用在球阀的左侧,以保证球阀两侧承受的液压力平衡。球阀在弹簧的作用下压在左阀座上,P口与A口连通,A口与T口切断。当电磁铁通电时,衔铁推动杠杆,通过支点1克服弹簧力推动推杆,使球阀压在右阀座上,实现换向,P口与A口切断,A口与T口连通。

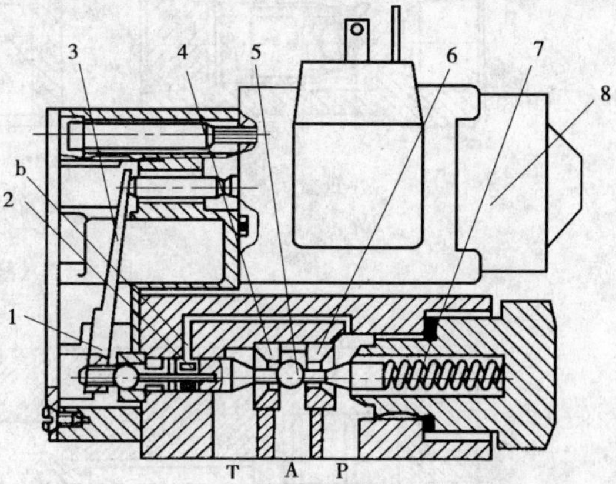

(a) 结构原理图

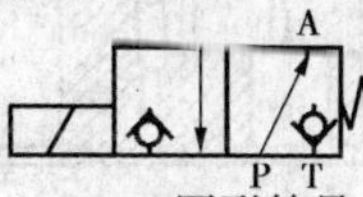

(b) 图形符号

1—支点;2—推杆;3—杠杆;4—左阀座;
5—球阀;6—右阀座;7—弹簧;8—电磁铁

图5-11 常开型二位三通电磁球阀式换向阀结构

球阀式换向阀采用球体作为阀芯,具有以下优点:阀芯不易卡死,换向和复位力小,可使用高油压(可达到63 MPa),动作可靠性高,密封性能好,反应速度快,对油液污染不敏感,换向时间短,使用介质黏度范围大,主要应用于密封性要求较高的场合。球阀式换向阀的主要缺点是不能像前述电磁换向阀那样具有多种位通组合形式和多种中位机能。

(2)单向阀的结构和工作原理。单向阀控制油液只能向一个方向流动,反向截止或有控制地反向流动。常见的单向阀有普通单向阀或液控单向阀两种。

普通单向阀简称单向阀,其作用是使油液只能沿一个方向流动,不允许反向倒流,因此又称逆止阀或止回阀。它主要由阀体1、阀芯2和弹簧3等零件组成。图5-12(a)为管式单向阀,图5-12(b)为板式单向阀,图5-12(c)为单向阀的图形符号。压力油从进油口P_1流入时,克服弹簧力推动阀芯2,经过环形阀口和径向孔从出油口P_2流出。当压力油反向进入油口P_2时,油压力和弹簧力将阀芯压紧在阀座上,油液不能通过。为保证单向阀工作灵敏可靠,单向阀中的弹簧刚度一般选得较小,单向阀的开启压力一般为0.03～0.05 MPa。

液控单向阀由单向阀和液控装置两部分组成,如图5-13所示。当控制口K处不通入压力油时,其作用和普通单向阀相同,正向流通,反向截止。当控制口K处有压力油通入时,活塞1右侧的a腔通泄油口,活塞右移,推杆2顶开阀芯3离开阀座,使通口P_1和通口P_2接通,油液正反向均可流动。

(3)节流阀的结构和工作原理。节流阀是液压系统中常用的调速元件,主要由节流口与用来调节节流口开口大小的调节元件,即阀体、带轴向三角槽的阀芯1、推杆2、手轮

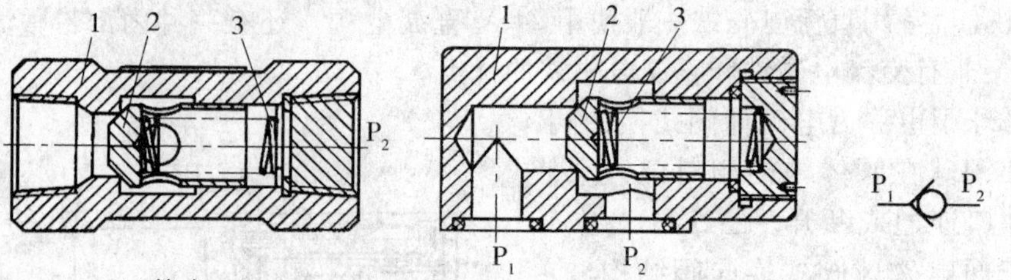

(a) 管式　　(b) 板式　　(c) 图形符号

1—阀体；2—阀芯；3—弹簧

图 5-12　普通单向阀

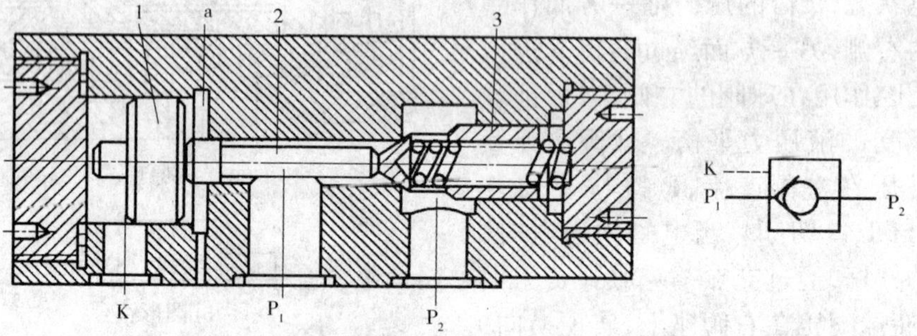

(a) 结构原理图　　(b) 图形符号

1—活塞；2—推杆；3—阀芯

图 5-13　液控单向阀

3 和弹簧 4 等组成。图 5-14 所示为普通节流阀的典型结构和图形符号。压力油从进油口 P_1 流入孔道 a，经阀芯 1 左端的三角槽进入孔道 b，再从出油口 P_2 流出。调节手轮 3，可通过推杆 2 使阀芯作轴向移动，以改变节流口的通流截面面积来调节流量。阀芯在弹簧的作用下始终贴紧在推杆上，这种节流阀的进出油口可互换。阀芯上的小孔用来沟通阀芯两端，使其两端液压力平衡，并使阀芯顶杆端不致形成封闭油腔，从而使阀芯能轻便移动。

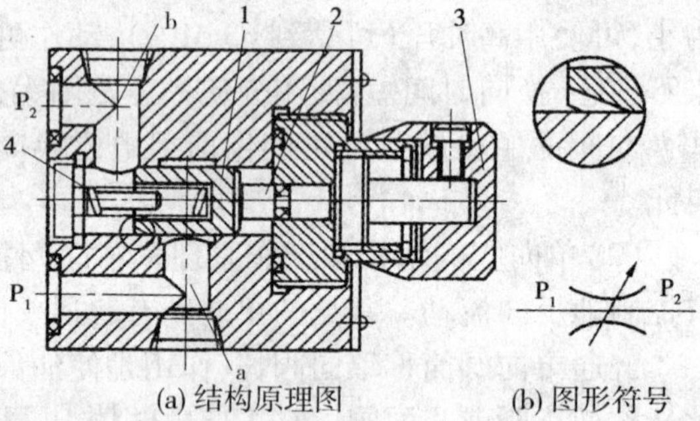

(a) 结构原理图　　(b) 图形符号

1—阀芯；2—推杆；3—手轮；4—弹簧

图 5-14　普通节流阀

(4) 插装阀的结构和工作原理。插装阀是一种不包括单独阀体，直接将阀芯装入一个共同阀体内的特殊二位二通阀。其阀芯基本结构通常是一个锥阀，可以实现基本的逻辑功能，也称为插装式锥阀或插装式逻辑阀，通常应用在高油压大流量的液压系统中，作为功率放大部件。

插装阀主要由阀芯 4、阀套 2 和弹簧 3 等元件组成，如图 5-15(a) 所示。当控制油口 K 排油，插装阀 A 口的压力油所形成的推力大于弹簧 3 的反作用力时，将推动阀芯 4 上移，主油路 A 口与 B 口连通，压力油自 A 口流至 B 口。当控制油口 K 接通压力油源时，压力油经 K 口进入阀芯 4 的上端，形成的压力将阀芯 4 紧压在阀套 2 上，切断了主油路 A

口与 B 口的连接。因此，通过控制 K 口的卸压或加压，控制主阀阀芯的动作，可以实现对主油路通断的控制。节流针 6 主要用于控制油源的流速，实现对插装阀启闭速度的控制。使用不同的先导阀控制 K 口可构成压力控制、方向控制或流量控制，也可组成复合控制。

由插装阀组成的单向阀如图 5-15(c)所示。设 A、B 油口的压力分别为 p_A 和 p_B，当控制油口 K 与油口 A 相通时，若 $p_A > p_B$，锥阀关闭，A、B 油口不通；若 $p_A < p_B$，且 $p_B - p_A$ 达到锥阀开启压力，锥阀开启，油液从 B 油口流向 A 油口，从而构成油流从 B 流向 A 的单向阀。当控制油口 K 与油口 B 相通时，则油口 A、B 通断情况与上述相反。

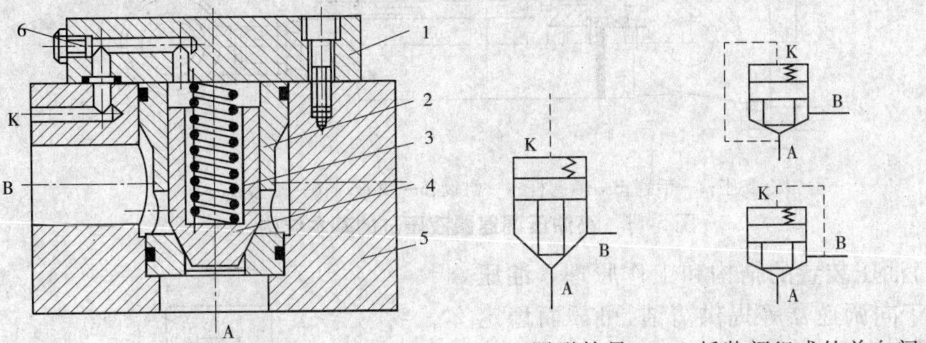

(a)结构原理图　(b)图形符号　(c)插装阀组成的单向阀

1—阀盖；2—阀套；3—弹簧；4—阀芯；5—阀座；6—节流针

图 5-15　插装阀

(5)溢流阀的结构和工作原理。溢流阀的主要作用是对液压系统定压或进行安全保护，也称安全阀，它主要依靠系统中的压力油直接作用在阀芯上与弹簧力相平衡，以控制阀芯的启闭动作。按结构形式和基本动作方式可分为直动式和先导式两种。图 5-16 为直动式溢流阀，P 是进油口，T 是回油口，进口压力油直接作用在阀芯 3 的底部端面上。当油压力较小时，阀芯 3 在弹簧 2 的作用下处于右端位置，将 P 和 T 两油口隔开。当油压力升高，在阀芯 3 右端产生的作用力超过弹簧 2 的压紧力时，阀芯 3 左移，阀口被打开，将多余的油液排回油箱。调整手轮 1 可以改变弹簧 2 的压紧力，也就调整了溢流阀进口处的油压力。

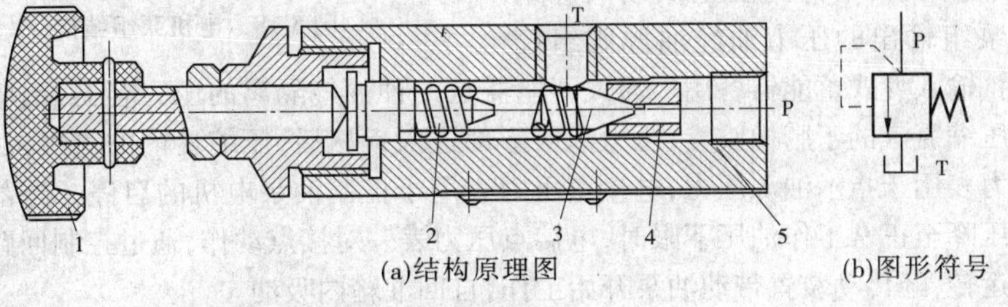

(a)结构原理图　(b)图形符号

1—手轮；2—弹簧；3—阀芯；4—阀座；5—阀体

图 5-16　直动式溢流阀

(6)液压缸(接力器)的结构和工作原理。液压缸是液压行业对执行元件定义的名称，调速器通常将执行元件称为接力器，其作用就是将液压能转换为机械能，推动水轮机的导水机构、桨叶、喷针及折向器等负载。高油压调速器液压缸的基本结构通常如图 5-17 所示。液压缸由活塞、活塞杆、缸筒、支承环、端盖、支座、耳环等组成，其中支座用于液压缸的安装固定，耳环用于与控制环的连接。此外，为了在液压缸上安装电气反馈装置、主令开关或两段关闭装置等，还应根据需要在液压缸上设置必要的安装支架。

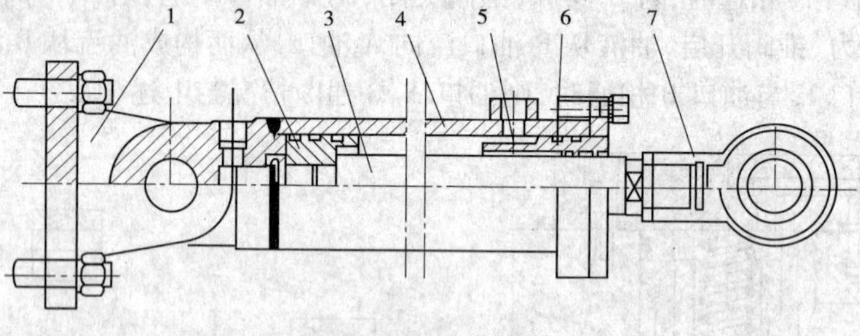

1—支座；2—活塞；3—活塞杆；4—缸筒；5—支承环；6—端盖；7—耳环

图 5-17　高油压调速器液压缸的基本结构

(7)油压装置的结构和工作原理。油压装置用于向调速器等提供清洁、可靠而稳定的压力油源。对于高油压调速器，一般采用带有足够容量的蓄能器的高油压装置，不仅可满足瞬间大流量的要求，还可减小油泵和电机的容量。下面以图 5-8 所示的调速器高油压装置简要说明其结构和工作原理。

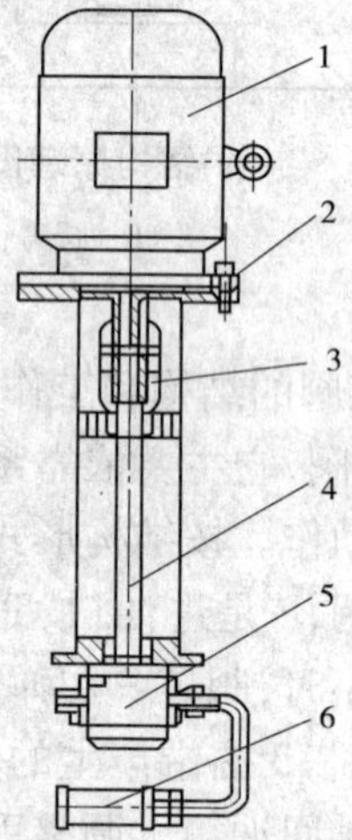

1—电机；2—电机支座；3—联轴器；4—传动轴；
5—高压齿轮泵；6—吸油滤油器

图 5-18　电机泵组结构

油压装置由回油箱、电机泵组、油源阀组、囊式蓄能器和压力表计等部分组成。回油箱用于储存液压油，并作为电机泵组、油源阀组、压力表计、控制阀组等的安装机体。电机泵组由电机、高压齿轮泵、吸油滤油器等组成(见图 5-18)，用于产生压力油。油源阀组由安全阀、滤油器、单向阀及主供油阀等组成。电机泵组输出的压力油经油源阀组控制、过滤后，输入囊式蓄能器备用。囊式蓄能器是一种油气隔离的压力容器，钢瓶上部有一只充有压缩氮气的丁腈橡胶囊，压力油从下部进入钢瓶后，压缩囊内的氮气，从而储存能量。压力表用于指示油源压力，电接点压力表用于控制油泵电机的启停。当蓄能器和系统的油压降至正常工作油压下限时，电接点压力表一对接点动作，通过控制回路使油泵电机启动运转，经传动装置带动油泵开始工作，自回油箱内吸油。

液压油经吸油滤油器滤去较大颗粒的机械杂质，经油泵获得能量成为压力油，再经滤油器精滤成为清洁的压力油。压力油经单向阀和高压管路向蓄能器中充油，压缩气囊而储能、升压。当蓄能器和系统的油压升至正常工作油压上限时，电接点压力表另一对接点动作，通过控制回路使电机泵组停止工作。调速器油压装置设有两套电机泵组，一般情况下一套为工作泵组,另一套为备用泵组,可互相切换。当工作泵组故障或系统用油量大增导致系统油压降至低于正常工作油压下限一定值时,由电接点压力表另一对接点控制备用泵组启动,以尽快恢复系统压力或增大系统供油量。备用泵组的停泵压力与工作泵组一致。

溢流阀的整定压力稍高于正常工作油压上限,如果电接点压力表或控制电路出现故障,造成油压升至正常工作压力上限后电机泵组仍不能停止工作,溢流阀即开启排油,确保系统压力不会过度升高而导致事故发生。

GLYWT 型调速器的电机泵组结构如图 5-18 所示,由电机、电机支座、联轴器、传动轴、高压齿轮泵及吸油滤油器组成。电机选用转速较低的 4 极 Y 系列异步电动机;油泵选用高压齿轮泵,其额定油压应不低于 20 MPa。高压齿轮泵具有抗油污能力强、体积小、质量轻、价格低、结构简单、维修方便和吸油性能好等优点,十分适合在高油压装置中应用。在中低油压调速器中,多用螺杆式油泵,其结构如图 5-19 所示。它由泵壳 1、衬套 2、主动螺杆 3 和从动螺杆 4 等组成。其中核心部件是主动螺杆(1 根)和从动螺杆(2 根)。主动螺杆的一端往上伸出与电动机轴连接,两根从动螺杆具有与主动螺杆螺距一样但方向相反的螺纹。3 根螺杆互相啮合,并与衬套配合,均匀地保持着微小的间隙,以保证油泵工作时压力腔与吸入腔完全分开。螺杆油泵效率高、噪声低、运转平稳、寿命长,是各种中低油压装置广泛采用的泵型。

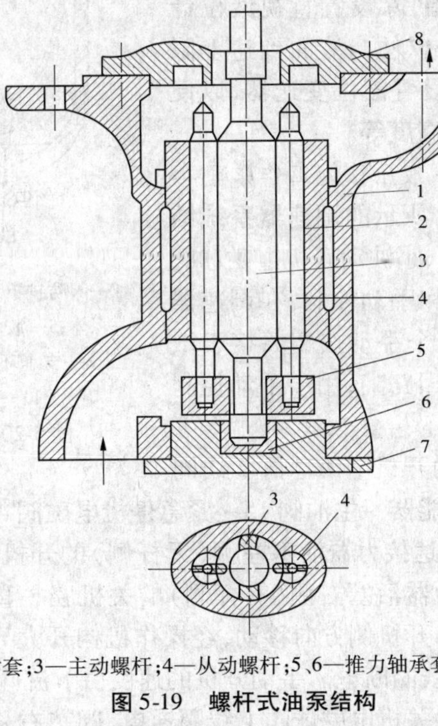

1—泵壳;2—衬套;3—主动螺杆;4—从动螺杆;5、6—推力轴承套;7—下盖;8—上盖

图 5-19　螺杆式油泵结构

囊式蓄能器是高油压装置的重要组成部分,它具有储存能量、稳定压力、吸收冲击和消除振动等作用,同时由于气腔与油腔之间被胶囊隔离,具有密封可靠、无漏气、反应灵敏、维护简单等优点。囊式蓄能器是利用气体(氮气)的可压缩性来储存能量的,在使用

前，首先经顶部的充气阀向蓄能器中的气囊充以预定压力的氮气，然后用液压泵经底部的油口向蓄能器充油。在压力油的作用下，顶开菌形阀，油进入容器内，压缩气囊，当气腔和液腔的压力相等时，气囊处于平衡状态。当系统需要用油时，在气体压力作用下，气囊膨胀，输出压力油。囊式蓄能器结构如图 5-20 所示，它由上部的充气阀、壳体、胶囊和下部的菌形阀总成等组成。壳体为均质无缝的钢制压力容器，其上端有一个容纳充气阀的开口。由合成橡胶制成的完全封闭的梨形气囊模压在气门嘴上，形成一个封闭的空间。气囊经壳体下端开口置入后，借助于止动螺母固定在壳体的上部。菌形阀总成由阀体座、菌形阀及下面的弹簧组成，其作用是防止油液全部排出时，气囊膨胀出壳体之外。该阀用一对半圆支承环卡住阀体座的台肩，装在壳体的下部。橡胶托环和密封环构成阀体座与壳体的密封，用壳体外面的螺母经压环拧紧固定。囊式蓄能器的胶囊寿命取决于其工作时收缩、膨胀的频次，在水电站中，一般可在使用一到两个大修期后进行胶囊的更换。

回油箱的主要作用是储存系统工作所需的液压油，散发工作过程中产生的部分热量，促进液压油中的空气分离及消除泡沫并作为相关部件的安装机体。回油箱是无压油箱，一般在箱盖上通过空气滤清器与大气直接相通。对于中小型油箱，一般只设置并安装有一个刻有液面线的直视液位计；对于大型油箱及某些重要油箱，除设置直视液位计外，还要求设置液位信号器，以便当液面到达上限或下限时发出报警信号，或设置液位变送器，以便上位机或远方监视油箱液面高度等。

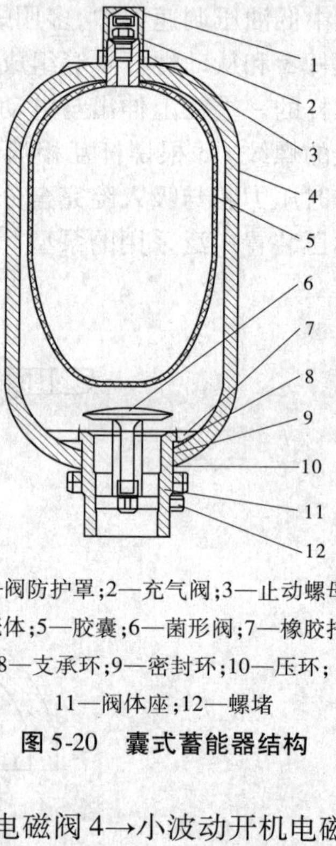

1—阀防护罩；2—充气阀；3—止动螺母；
4—壳体；5—胶囊；6—菌形阀；7—橡胶托环；
8—支承环；9—密封环；10—压环；
11—阀体座；12—螺堵

图 5-20 囊式蓄能器结构

3）GLYWT 型调速器机械液压系统工作原理

（1）手动控制。在图 5-8 所示的调速器系统结构中，小波动关机电磁球阀 1、小波动开机电磁球阀 2 主要用于小波动自动调节和手动控制，在调速器柜面板上安装有一红一绿两个手动按钮并接于微机调节器的电磁球阀 1、2 的回路上，用于手动控制电磁球阀动作。

手动控制开机时，小波动开机电磁球阀 2 线圈通电，阀芯右移，压力油自蓄能器→主油阀 15→紧急停机电磁阀 4→小波动开机电磁球阀 2→单向阀 14→节流阀 13 到达接力器活塞左侧（无杆侧）的开机腔。接力器活塞是一个速度比为 2 的差动活塞，接力器活塞右侧（有杆侧）的关机腔一直接至压力油源，在差动力的作用下，接力器活塞会向开机侧方向移动，经操作机构开大导叶的开度，直到导叶全开或小波动开机电磁球阀 2 线圈断电。手动开机的速度由节流阀 13 进行调节。

手动控制关机时，小波动关机电磁球阀 1 线圈通电，阀芯右移，接力器活塞左侧开机腔经节流阀 13 和小波动关机电磁球阀 1 接通排油，在接力器活塞右侧关机腔压力油的作用下，接力器活塞向左侧移动，关小导叶的开度，直到导叶全关或小波动关机电磁球阀 1 线圈断电。

为保证在非调节控制情况下，接力器活塞左侧开机腔的压力油不经小波动开机电磁球阀2排油，在小波动开机电磁球阀2的出口处安装了单向阀14。为调节手动开关机的速度或小波动调节速度，在小波动调节电磁球阀与接力器活塞左侧开机腔之间串接了节流阀13，各水电站可根据不同情况进行调节速度的调整。

（2）大波动调节。机组所带负荷突变需要快速调节导叶开度，主要由大波动电磁球阀为先导的插装阀来实现。如图5-8所示，当需要快速关小导叶开度时，大波动关机电磁球阀3线圈通电，阀芯右移，关机插装阀11的控制油口经大波动关机电磁球阀3接通排油，关机插装阀11的阀芯在接力器活塞左腔的压力油作用下推向左侧，接力器活塞左腔的压力油经关机插装阀11主油口接通排油，接力器活塞在差动力作用下向左侧移动，关小导叶开度。由于插装阀的流量大于小波动关机电磁球阀并经节流阀的流量，因此大波动调节的速度较快。

当大波动关机电磁球阀3线圈断电时，压力油自蓄能器→主油阀15→紧急停机电磁阀4→大波动关机电磁球阀3→关机插装阀11控制油口→关机插装阀11主油路关闭，大波动关机调节结束。

大波动开机调节的原理与关机调节相似，但在大波动开机调节回路中增加了一个液控单向阀7，其作用是在压力油源消失或压力过低的情况下，防止大波动开机电磁球阀5误动作造成误开机事故；或在紧急停机情况下，锁住大波动开机回路，防止大波动开机电磁球阀5误动作造成压力油经开机插装阀8和关机插装阀11而使蓄能器泄压。

（3）紧急停机。当机组出现过速、电气事故、轴承温度过高、油压事故降低或调节器故障等事故，需要以最快的速度关闭导叶开度时，由机组LCU（现场控制单元，中小型机组一般由PLC实现逻辑控制）或紧急停机按钮给紧急停机电磁阀4线圈通电，紧急停机电磁阀4阀芯左移，关机插装阀11控制油口经大波动关机电磁球阀3和紧急停机电磁阀4接通排油，关机插装阀11主油路接通，接力器活塞左侧开机腔接通排油，接力器活塞在差动力作用下迅速向关机方向移动，实现快速关机操作直至导叶全关。

（4）自动调节。在自动调节运行工况下，由调节器根据机组频率及机组给定值自动控制大、小波动开关机电磁球阀来实现相应的调节控制。当需要快速、大波动调节时，大、小波动开关机电磁球阀同时动作实现快速调节；当大波动调节接近尾声或需要小波动调节时，调节器仅控制小波动电磁球阀动作来实现微调；当需要调整大波动调节速度时，调节器通过快速给大波动电磁球阀通断电的方式来实现调节。

（5）油泵控制。调速器设有两台螺杆式油泵，一台工作，另一台备用，可互相切换。两台油泵通过电接点压力表的压力信号接点进行自动控制，当油压下降到正常工作油压下限时，电接点压力表内一对电接点接通，工作油泵启动，将回油槽内的油经滤油器后打至蓄能器内，蓄能器内压力开始上升。当压力上升至正常工作油压上限时，电接点压力表内另一对电接点接通，工作油泵停止。当调速器用油较多或漏油造成压力下降过快或工作油泵故障无法打油，压力降至低于正常工作油压下限一定值时，电接点控制备用油泵启动打油，当油压恢复至正常工作油压上限时停泵。

4）微机调节器的组成与工作原理

GLYWT型调速器电气系统原理框图如图5-21所示，调速器端子接线如图5-22所示。

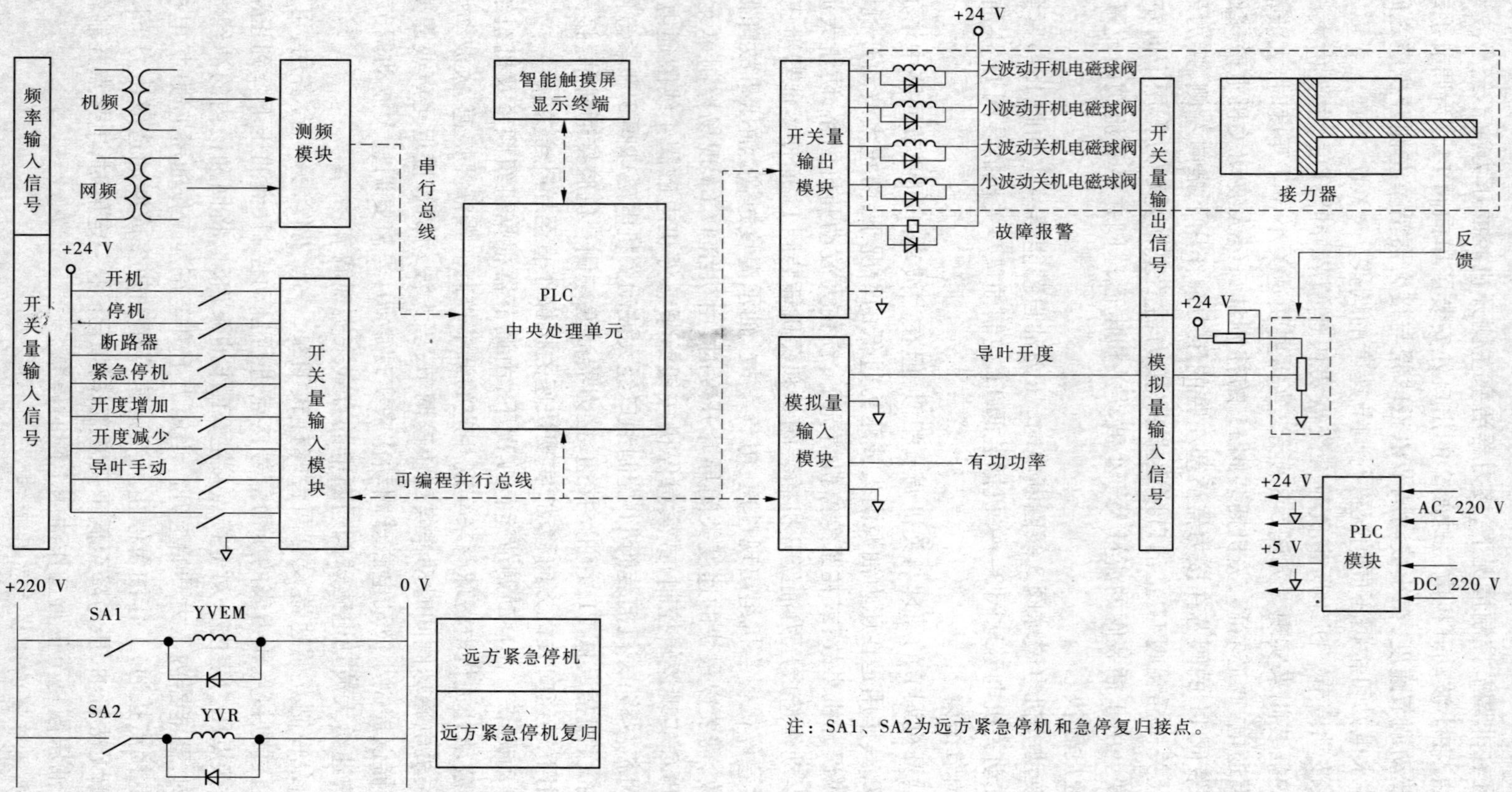

注：SA1、SA2为远方紧急停机和急停复归接点。

图 5-21　GLYWT 型调速器电气系统原理框图

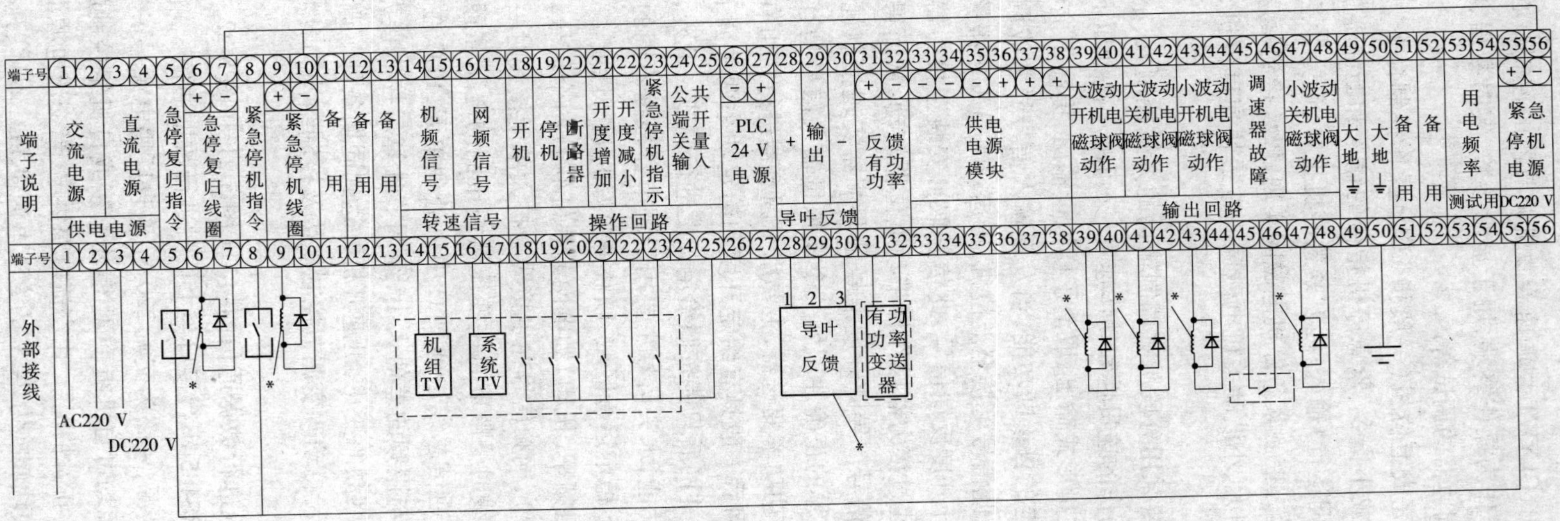

注：1.图中虚线框内的相关接点及变送器信号来自机组其他盘柜和设备，其中报警是输出至机组的上位机。

2.标有*号的元件来自调速器机柜内。

3.有功功率变送器不属于调速器供货范围，在机组综合自动化系统配置中考虑。

图 5-22　GLYWT 型调速器端子接线

从图 5-21 和图 5-22 可看出，GLYWT 型调速器微机调节器的控制核心是可编程控制器（PLC），同时采用液晶触摸屏作为操作终端，用于显示参数、实时数据、状态和曲线，并可进行参数的输入、修改以及调速器的调试等。

PLC 利用开关量输入模块完成上位机（一般指 LCU）操作控制命令，包括开机指令、停机指令、开度增加指令、开度减小指令、紧急停机指令的输入和断路器位置信号（主要用于调节器判断机组是否已并网运行）输入；远方紧急停机指令、远方紧急停机复归指令不经过 PLC，直接由上位机的远方控制紧急停机电磁阀实现，PLC 接到紧急停机指令时并不控制紧急停机电磁阀，仅控制大、小波动关机电磁球阀按最快速度停机，这样可避免调节器故障时无法实现紧急停机。

PLC 的开关量输出模块主要采用分段脉宽调制输出的方式控制大、小波动开关机电磁球阀，既可有效控制接力器动作的连贯性和动作速度，又可减小高油压下液压系统的压力脉动，同时控制信号采用开关量形式输出，取消了模拟量输出，提高了抗干扰能力，简化了结构。PLC 控制程序具备一定的自诊断功能，当发现输入信号异常或调节器本身故障时会自动发出调节器故障信号，此信号可接至上位机，给运行人员发出报警信号。

PLC 的模拟量输入包括导叶开度反馈信号，此信号取自安装于接力器上的电位器中间抽头，在接力器活塞移动时，通过接力器操作杆带动电位器转动，从而得出反映接力器活塞位移（对应于导叶开度）的信号。导叶开度信号是调节器实现控制规律必需的反馈信号，运行过程中必须保证此信号的正确性。另一个模拟量输入信号是有功功率的反馈信号，一般取自发电机出口的有功功率变送器，主要用于调节器进行机组有功功率闭环调节。由于微机调速器在机组并网后一般具有给定开度和给定功率两种调节功能，当没有有功功率反馈信号时，则机组在并网后只能按照给定开度进行调节。此外，部分微机调速器还具有水头模拟量信号输入功能，水头信号主要用于调节器根据不同的水头适当改变调节器的结构参数或避开某些不稳定运行区域，以获得更好的调节性能。

PLC 频率信号必须采集机组频率（机频）和电网频率（网频）两个信号，机频信号一般取自发电机出口电压互感器（TV），网频信号在主接线为扩大单元接线时一般取自发电机出口母线电压互感器，在单元接线时一般取自主变压器高压侧的电压互感器。频率信号由测频模块实现检测，并经串行通信总线送到 PLC 中央处理单元，PLC 在开机过程中同时检测机频和网频，并根据机频与网频的差值大小，经调节计算后控制接力器，改变导叶开度，最终实现让机频自动跟踪网频的变化，迅速开机并达到同期条件。调节器根据断路器的位置信号判断机组已并网后，自动改变调节控制规律及控制结构和参数，使机组始终能工作在最佳状态。

微机调节器还具有与上位机进行数据通信的接口（图 5-21 和图 5-22 中未画出），中小型机组微机调节器一般采用 RS485 串行接口与上位机进行数据通信。

微机调速器需要配备两路电源，一路为交流 220 V，取自厂用电源；另一路为直流 220 V，取自厂用直流电源。两路电源均可自机组 LCU 柜处引接或自机组控制配电箱处引接到调速器柜内的开关电源模块。正常情况下，由交流电源供电，当交流电源消失时，自动由直流电源供电，电源经开关电源模块转换为 24 V 的直流电源供 PLC 本体、开关量输入和输出、导叶开度电位器以及触摸屏等使用，220 V 直流电源供紧急停机电磁阀控制回路使用。

3. TDBYWT 型电机控制式微机调速器

1）TDBYWT 型调速器主要组成

TDBYWT 型微机调速器属于步进电机 PLC 式微机调速器，它由微机调节器和电液随动装置两部分组成，并采用增量型 PID 调节规律。

（1）微机调节器部分。TDBYWT—18000 型微机调速器电气系统如图 5-23 所示，由一台日本三菱 FX2 系列 PLC 加上相应的信号处理和控制模块组成。其中 U1 为基本单元，包括 CPU、存储器和 I/O 接口部分，主要完成开关量的输入输出、机频、网频及步进电机转角的测量。U2 为模数转换模块，主要是将接力器位移、开限给定、机组有功功率和运行水头等模拟信号转换成相应的数字信号，以便 PLC 进行运算和处理。U3 为定位控制模块，主要是将 PLC 根据运算结果决定的输出信号转换成步进电机的转向信号和转角脉冲信号。U4 为步进电机驱动模块，主要是将定位控制模块送来的转向信号和转角脉冲信号，经过放大后，驱动步进电机带动凸轮按给定的方向和转角转动，从而实现电气—位移转换。U5 为驱动电源模块，其主要是为步进电机驱动模块提供工作电源。U6 为信号处理模块，主要完成机频、网频、开度及开限等信号的处理，使其符合上述模块和基本单元的要求，同时将部分信号经转换后驱动相应的仪表进行运行参数的显示。U7 为通信模块，主要是为了与触摸屏（GOT）进行数据通信，从而可在触摸屏上实现参数的整定和修改、操作命令输入、信息报警、运行状态图文显示等。U8 为远程通信模块，主要用于处理和实现与上位机的通信，实现机组的自动发电控制（AGC）。

（2）电液随动装置部分。TDBYWT—18000 型微机调速器的电液随动装置采用步进电机装置作为电气—位移转换部件，取代了电调常用的电液转换器，解决了影响机组安全和可靠运行的电液转换器油污发卡等问题。图 5-24 为 TDBYWT—18000 型微机调速器机械液压系统，步进电机装置由步进电机、编码器、凸轮和传动轴等组成。当步进电机收到脉冲信号后，带动凸轮转动，通过凸轮将步进电机的角位移转换成引导阀针塞的直线位移，再经引导阀、辅助接力器和主配压阀实现对主接力器的控制。

由图 5-24 可见，其机械液压系统的组成包括主接力器、主配压阀、辅助接力器、引导阀、步进电机装置、反馈回复机构、开度限制机构、事故停机电磁阀、油压装置等。

2）主要参数

（1）接力器容量 18 000 Nm。

（2）工作油压 2.5 MPa（或 4 MPa）。

（3）接力器行程 210 mm，接力器容积 11.3 L。

（4）油泵两台，电机功率 7.5 kW，输油量 1.4 L/s。

（5）转速死区 $i_x \leqslant 0.08\%$。

（6）接力器不动时间 $T_q \leqslant 0.2$ s。

（7）接力器开关机时间 >2.5 s。

3）主要调整参数

（1）比例增益 $K_P = 0.5 \sim 20$，分辨率为 0.1；

（2）积分增益 $K_I = 0.05 \sim 10\ s^{-1}$，分辨率为 $0.1\ s^{-1}$；

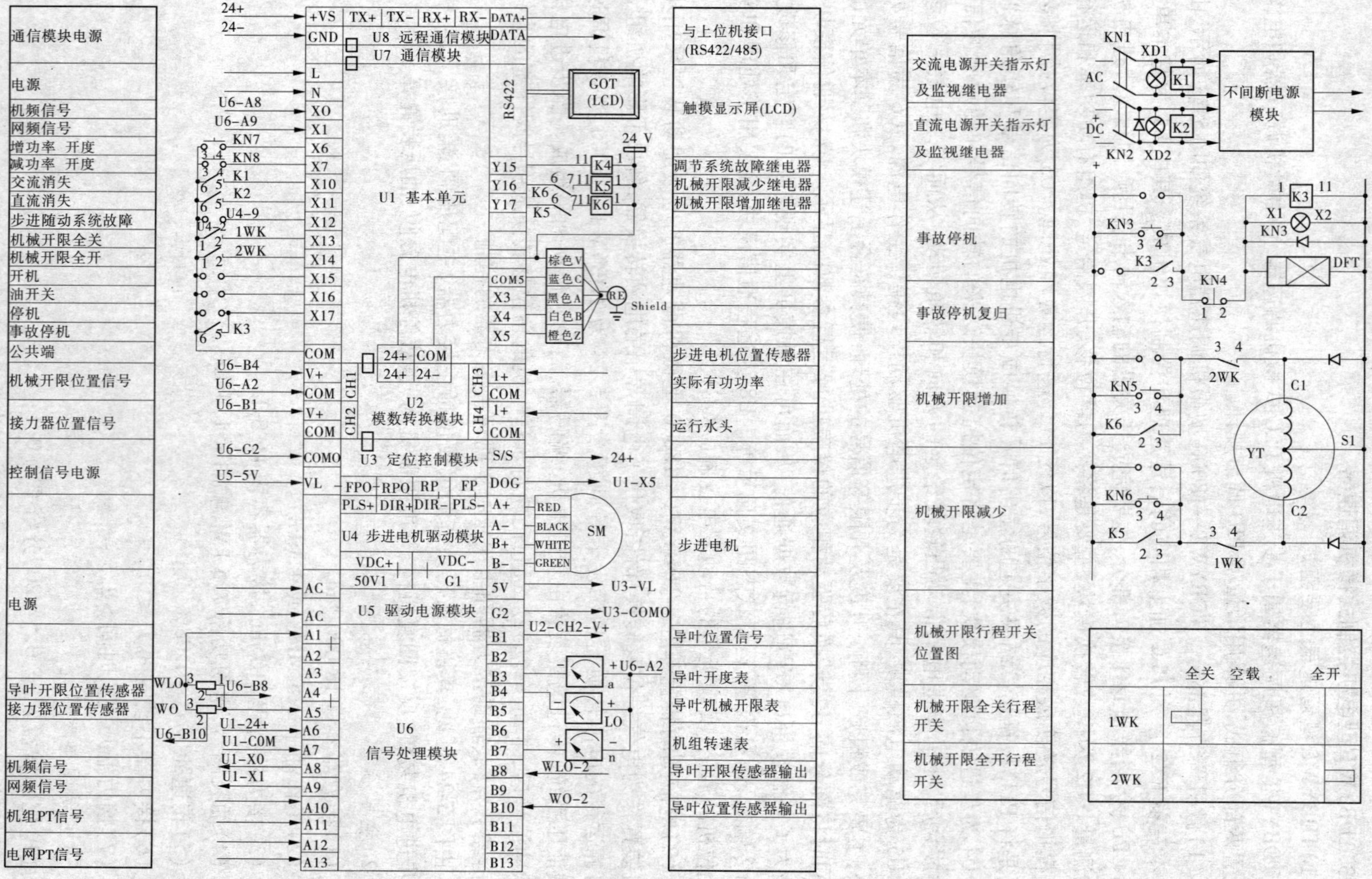

图 5-23 TDBYWT—18000 型微机调速器电气系统

(3)微分增益 $K_D = 0 \sim 5$ s,分辨率为0.1 s;

(4)人工频率死区 $F_a = 0 \sim \pm 0.5$ Hz,分辨率为0.01 Hz;

(5)频率给定 $F_s = 45 \sim 55$ Hz,分辨率为0.01 Hz;

(6)开度给定 $G_s = 0 \sim 100\%$,分辨率为0.1%;

(7)永态转差系数 $b_p = 0 \sim 10\%$,分辨率为0.1%;

(8)电气限制开度 $L_e = 0 \sim 100\%$,分辨率为0.1%;

(9)启动开度整定范围0~60%;

(10)功率给定快速增减时间2~50 s。

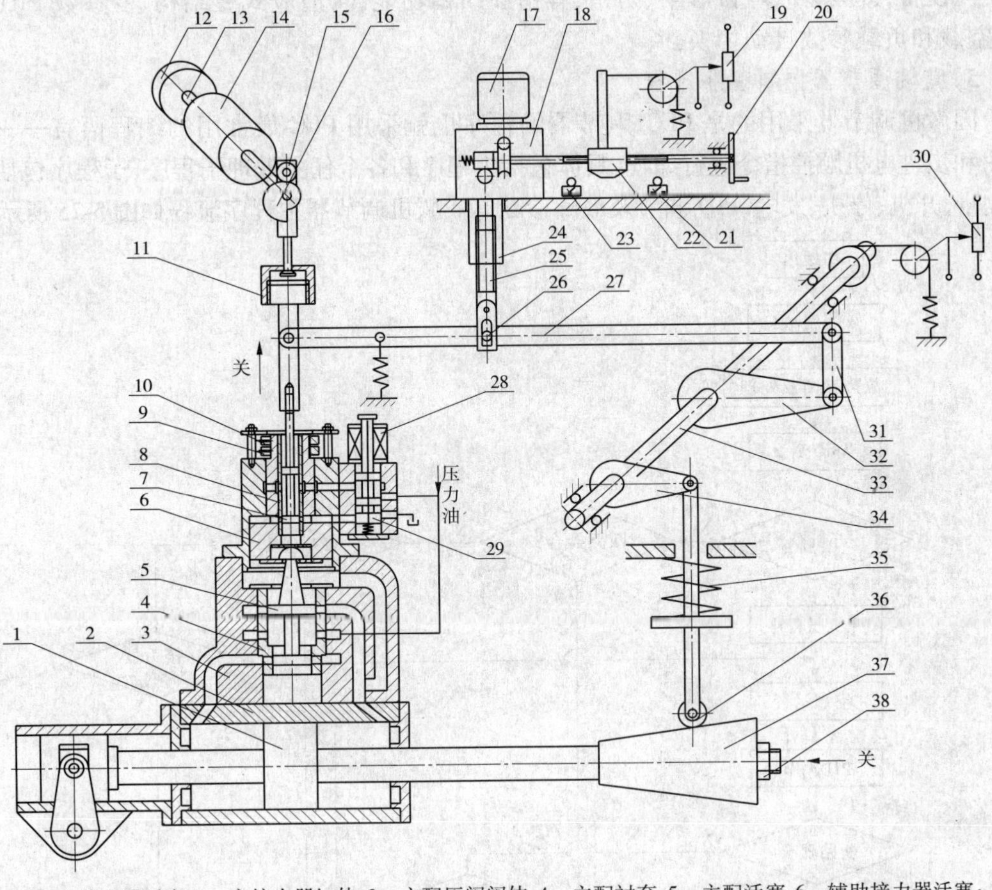

1—主接力器活塞;2—主接力器缸体;3—主配压阀阀体;4—主配衬套;5—主配活塞;6—辅助接力器活塞;7—引导阀针塞;8—引导阀衬套;9—开机时间调整螺母;10—关机时间调整螺母;11、22、24—螺套;12—编码器;13—传动轴;14—步进电机;15—轴承;16—凸轮;17—开限电机;18—减速装置;19—开限电位器;20—开限手轮;21—开限全关位置;23—开限启动开度位置;25—螺杆;26—销;27—杠杆;28—电磁铁;29—事故阀活塞;30—开度电位器;31—连杆;32、34—拐臂;33—反馈轴;35—弹簧;36—滚轮;37—反馈锥体;38—锁紧螺母

图5-24 TDBYWT—18000型微机调速器机械液压系统

4)主要功能

(1)自动控制功能。①开机、停机、增减负荷、紧急停机;②可据需要实现调相功能、

水位调节功能和功率调节功能;③各工况间可自动切换;④空载时自动跟踪电网频率,电网 TV(电压互感器)故障时,自动切换至跟踪频率;机组频率信号消失时,能使机组保持在原工况运行;⑤机械液压手动运行时,电气调节器输出自动跟踪接力器开度,无须调整,可随时无扰动地切换至自动运行。

(2)手动控制功能。①开机、停机、增减负荷、紧急停机;②在微机调节器故障情况下,可通过机械开度限制机构实现开停机和负荷调整。

(3)通信及其他功能。①设有 RS485 通信接口,可实现与厂站级计算机通信,完成机组或电站的计算机监控;②设有 RS422 通信接口,可实现与触摸屏的连接,并将其作为人机交互设备;③具备故障自诊断、防错、容错和纠错功能;④适应式变结构、变参数 PID 调节,空载和负载参数自动切换。

5)微机调节器控制程序流程

因微机调节器采用的是 PLC,调节器的程序也就采用 PLC 最常用的编程语言——梯形图和步进电机顺控指令进行编程,具体包括主程序和各个任务处理子程序,子程序包括频率测量、开机、停机、发电、PID 调节及故障诊断等。微机调节器主程序流程如图 5-25 所示。

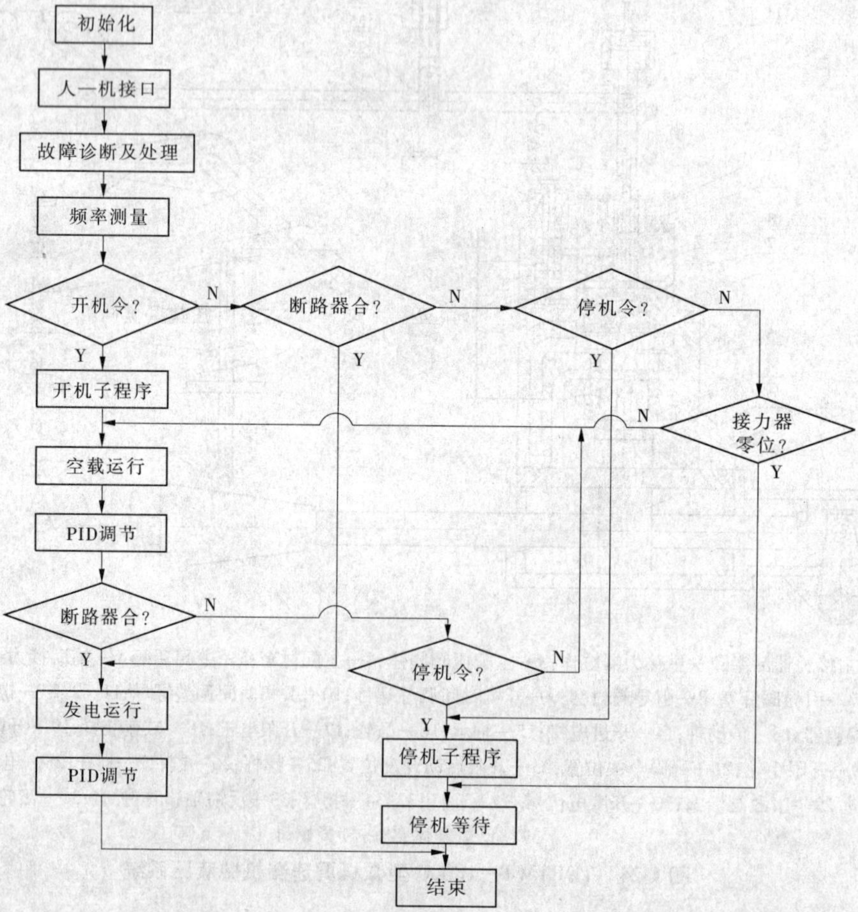

图 5-25 微机调节器主程序流程

调节器在通电运行初始，先执行初始化，对有关寄存器内容进行赋初值和刷新。接着进行人一机接口检测，并对调节器进行故障诊断。当诊断发现存在故障时，转入相应的故障处理程序并发出相应的故障信息，供运行及操作人员参考。故障诊断通过后，直接接收上位机送来的控制命令或数据，并在机组开机条件具备后开始检测机组的频率。当接到机组开机令时，直接执行开机程序，打开机械开限机构至启动开度，输出控制脉冲使步进电机往开机方向转动，导叶打开，机组开始转动。此时调节器同时测量机组频率和电网频率，并以此频差信号作为控制信号，进行 PID 调节运算。最后将运算结果输出控制步进电机的转角和转向。此过程称为开机过程中自动跟踪网频，机组迅速开启并很快与电网同步。

机组同期并列后（断路器合上），转入发电运行状态，此时调节器根据用户的设定，自动将 PID 参数改为发电运行状态下的参数值，实现变结构、变参数并联 PID 调节。由于机组并列后，机频与网频一致，此时调节器根据机组频率值、频率给定值、功率给定值进行调节控制。

运行过程中收到停机指令时，立即转入相应的停机子程序，自动减负荷至零，当解列后（断路器跳开）自动将接力器关至全关位，开限机构也关至零位。

6）主要机构工作原理

液压放大机构由引导阀、辅助接力器和主配压阀组成。引导阀置于辅助接力器活塞中，在弹簧力的作用下，引导阀针塞 7 带动轴承 15 始终压在凸轮 16 上，使凸轮的转角运动变成引导阀针塞的上下位移，控制辅助接力器跟着上下移动。

7）运行调节原理

（1）自动工况下的空载运行。从机端 TV 和电网 TV 引入的机组频率信号和电网频率信号分别经隔离变压器整形、滤波后，将频率的正弦波信号处理成方波信号，送入 PLC 的输入端 X_0 和 X_1，利用 PLC 内部的高速计数器，对此方波进行计数，计算出机组频率和电网频率值，并将它们相减即可得出机组频率与电网频率的差值 Δf。当 Δf 值小于人工频率死区时，不进行调频控制；当 Δf 值大于人工频率死区时，送入 PID 运算模块，其中频差 Δf 与 b_p 反馈值综合后送入积分环节。Δf 值经 PID 运算后，得出一个接力器开度的计算值，此值不能大于接力器的电气开限，如大于电气开限则按电气开限值计。接力器开度的输出值与经 A/D 转换后的接力器开度反馈值相比，两者的差值通过数字放大后，得出控制步进电机的转向和转角信号，并经步进电机装置和液压放大装置实现对接力器的控制。

主配压阀为差压结构，在压力油的作用下，差动活塞始终有一个向上的作用力。辅助接力器活塞的上腔为控制腔，该腔活塞的受力面积约为主配压阀活塞受力面积的两倍，因而使主配压阀活塞上部的半球体紧压在辅助接力器活塞上。辅助接力器内装有引导阀衬套 8，当引导阀针塞上移时，辅助接力器活塞上腔排油，辅助接力器活塞在主配压阀活塞压力作用下一起上移，压力油经主配压阀进入主接力器关闭腔，同时开启腔接通排油。当引导阀针塞下移时，辅助接力器活塞上腔接通压力油，由于辅助接力器活塞的受力面积约是主配压阀活塞的两倍，在压力的作用下辅助接力器活塞向下移动，压力油经主配压阀进入主接力器的开启腔，同时关闭腔接通排油。辅助接力器活塞上设有开、关机时间调整螺母，上面的螺母 10 用于调整关机时间，下面的螺母 9 用于调整开机时间，开、关机时间调整后，用螺母上的紧定螺钉将其锁紧。在压力油进入引导阀的油路上安装了一个事故停机电磁阀，正常情况下，它不影响调节器控制任务的实现，当机组事故时，事故电磁阀工作，直接将辅助接力器的上腔接通排油，在主配压阀活塞压力的作用下，辅助接力器活塞和主配压阀活塞一起迅速上移，实现紧急停机。

开度限制机构：开度限制机构可在自动运行状态下限制机组的开度，在液压手动运行状态下，可用于机组的开机、停机和增减负荷等操作。如图5-24所示，当机组处于自动运行状态、限制开度大于实际开度时，装在杠杆27上的销26并不受开度限制机构的限制。由于在自动调节的稳定状态下，杠杆27的左端一直处在固定位置，随着机组实际开度的增加，经反馈机构的作用，销26会下移。当实际开度等于限制开度时，销26刚好移到开限机构连杆槽的下端。此时即使调节器继续输出开机信号，步进电机带动凸轮16逆时针转动，但由于引导阀针塞已因杠杆27的左端受开限机构限制而无法下移，从而限制了导叶开度，安装凸轮的叉头也因此与螺套11不再紧贴。

(2)自动工况下的负载运行。负载运行时，由于机组已并入电网，机组频率与电网频率相同，此时的频率差值Δf是机组频率与给定频率之间的差值，其调节原理与自动工况下的空载运行时的调节原理是相同的。机组并网后可利用频率给定或功率给定来增减机组的负荷。

4. 新型电液随动系统

随着现代液压技术不断引入，新型调速器的电液随动系统更多地采用了标准化、系列化的液压控制元件。调速器内的杠杆机构和油路系统进一步简化，步进电机、伺服电机等电气—位移转换装置，伺服比例阀、电液数字阀等电气—液压转换装置在新型调速器中的应用，基本克服了传统电液转换元件因卡阻而产生的调速器故障，提高了调速器的性能，改善了调节的品质。下面主要介绍部分新型电液随动系统装置。

1)步进电动机及步进液压缸

(1)步进电动机。步进电动机式的微机调速器近年来在中小型水力发电机组中广泛应用。步进电动机是一种把脉冲信号变换成相应的角位移或直线位移的机—电执行元件。每施加一个电脉冲，电机轴便会转过一个固定角度，称为一步，这个固定角称为步距角。当供给连续电脉冲时就能一步一步地连续转动，故称为步进电动机，简称步进电机。步进电机轴的角位移与输入到电机的脉冲数严格成正比，其转速与输入脉冲的频率有关，控制输入脉冲的个数和频率，就可控制电机的转角和转速。

步进电机按结构可分为反应式和混合式，按相数可分为二相、三相和多相。步进电机的驱动控制方式有单电源供电、高低压供电和恒流斩波等。因恒流斩波控制方式的性能较好，所以一般微机调速器的步进电机驱动器都采用恒流斩波的方式。图5-26为三相反应式步进电机工作原理。其定子上有6个磁极，每个磁极上装有1个控制绕组，相对的两极组成一相并在绕组通电时极性相反。转子上有4个均匀分布的齿，其上没有绕组。当A相绕组通电时，转子齿在磁场力作用下与定子极对齐，即转子齿1、3和定子A、A'极对齐，如图5-26(a)所示。接着A相绕组断电，B相绕组通电，则在磁场力作用下转子转过一个步距角30°，转子齿2、4与定子B、B'极对齐，如图5-26(b)所示。接着B相绕组断电，C相绕组通电，同上原理，转子又在磁场力作用下转过一个步距角，如图5-26(c)所示。如此往复循环，并按$A \to B \to C \to A$的顺序通电，步进电机便按一定方向不断转动。若改变通电顺序,即 $A \to C \to B \to A$,则电机转动相反。上述通电方式称为三相三拍方式,如改为 $A \to AB \to B \to BC \to C \to CA \to A$ 的顺序通电,则为三相六拍方式,其步距角也为三相三拍的一半。

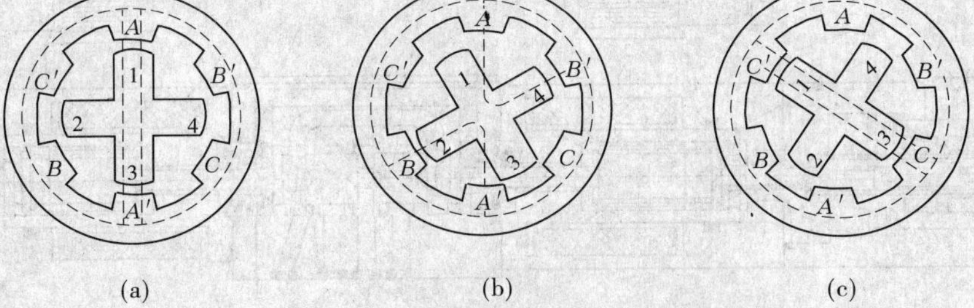

图 5-26　三相反应式步进电机工作原理

(2)步进液压缸。步进液压缸由步进电机、滚珠丝杆螺母副和液压缸组成。步进电机将控制脉冲信号转换为电机轴的角位移;电机轴带动滚珠丝杆螺母副的丝杆转动时,螺母将直线移动;螺母再带动液压缸活塞移动,从而最终实现电—液的转换。

2)比例阀和伺服比例阀

(1)比例阀。早期的比例阀在 20 世纪 60 年代后期出现,仅将比例电磁铁用于控制阀,控制阀的原理不变,性能较差,频响在 1 ~ 5 Hz,适用于开环控制。到了 20 世纪 80 年代,控制阀的设计原理进一步完善,比例电磁铁也采用了多种反馈和校正技术,操控性能大为提高,稳态特性接近伺服阀,频响在 5 ~ 30 Hz,可用于开环或闭环控制。典型直控式比例阀结构如图 5-27 所示,由两个比例电磁铁(湿式,最大电流 2. 5 A 或 2. 7 A)、两个对中弹簧、一个滑阀、一个位移反馈装置等组成(有的无反馈装置,只能用于开环控制)。阀芯上开有 V 形或半圆形节流槽,使阀的流量特性呈抛物线形。阀的开口和方向与输入控制电流的大小和方向成比例。电流为正时,一个比例电磁铁工作;电流为负时,另一个比例电磁铁工作;当无控制信号输入时,阀芯在弹簧作用下处于中间位置,比例阀没有控制油流输出。当左端比例电磁铁内有控制信号输入时,阀芯向右移动,压缩右侧弹簧,直到电磁力与弹簧力相平衡为止。阀芯的位移量与输入比例电磁铁的电信号成比例,从而改变输出流量的大小,同时左端的位移反馈装置把阀芯的位移量反馈至控制装置,从而实现闭环控制。当右端比例电磁铁工作时,工作原理与上述情况相同,从而改变油流方向。

(2)伺服比例阀。伺服比例阀是 20 世纪 90 年代中期出现的一种电液比例阀。与一般的比例阀一样,它也是由大电流的比例电磁铁实现电气—位移转换,并经首级伺服阀阀芯实现位移—液压转换,再经主阀进行液压放大。但与一般的比例阀相比,伺服比例阀的频响可达 30 ~ 100 Hz,并能实现无零位死区的控制要求。同时,由于伺服比例阀采用了大电流的比例电磁铁,其操作力远大于采用力矩马达的伺服阀。伺服比例阀的具体结构有三种:直动式、先导式和插装式。直动式伺服比例阀结构如图 5-28 所示,左端是一个阀体,中间是一个比例电磁铁,右端是一个位移反馈装置。当电磁铁线圈中通有不同方向和大小的电流时,在左端弹簧的作用下,衔铁会向着相应的方向移动不同的距离,并利用右端的位移反馈装置将衔铁的位移量反馈回控制装置,从而可实现对衔铁位置的闭环控制。

当电磁铁线圈断电时，在弹簧力的作用下，阀芯会自动停在中间位置，从而断开所有油路。同时阀体配置了钢质阀套，可以确保耐磨和实现精确的零遮盖。

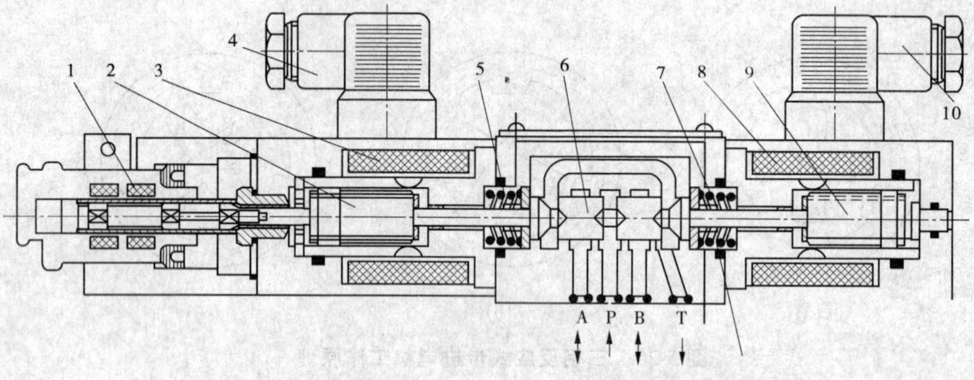

1—位移反馈装置；2、9—衔铁；3、8—线圈；4、10—接线盒；5、7—弹簧；6—滑阀

图 5-27　直控式比例阀结构

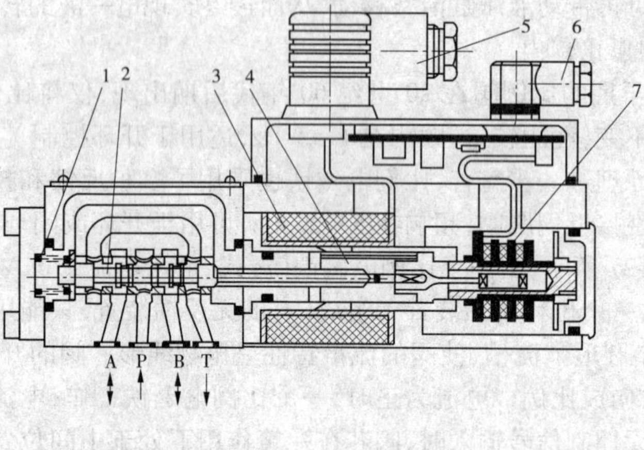

1—弹簧；2—阀芯；3—线圈；4—衔铁；5、6—接线盒；7—反馈装置

图 5-28　直动式伺服比例阀结构

3）电液数字阀

电液数字阀也称开关阀，利用高速开关电磁铁来控制阀芯位置的变化，去改变阀体上各油路的通与断，从而改变各管路中油流的方向和大小。电液数字阀的切换时间一般要求在 10 ms 以下。

高速电磁换向阀是一种典型的电液数字阀，按照阀芯位置不同可分为二位、三位和多位换向阀；按阀体上主油路进、出口数目不同，又分为二通、三通、四通和五通等。

电液数字阀由于直接控制油路的通与断，容易在操作油管中形成压力脉动，对液压系统及机组的稳定都有较大的影响，因此主要应用于一些中小型调速器中。为减小压力脉动对液压系统及机组稳定的影响，往往采用大、小波动电液数字阀并联构成的自动调节阀组进行调节控制，只要能保证接力器的相对速度在 0.04 ~ 0.08 s^{-1}，就可得到比较满意的随动系统精度和调节品质。

5.1.3 机组的开机操作

发电机启动前可能处于检修、冷备用、热备用三种状态。检修状态指发电机处于检修过程中，有关电源（如发电机出线、励磁系统、互感器）及所有操作电源均已断开，并布置了与检修有关的其他安全措施；冷备用状态指检修工作已全部完毕，有关检修的临时安全措施已全部拆除，恢复固定遮栏及常设警告牌，发电机具备开机条件；热备用状态指发电机除出口断路器未合闸外，其余设备（如隔离开关、互感器一次侧和二次侧、励磁系统）均已处于运行状态，出口断路器一经合闸即可向外送电。

对于正常停机后的开机，开机前的检查和开机步骤不像机组试运行那么复杂，仅需按正常检查项目检查后即可开机。

(1)接到开机命令后，进行开机前的检查和准备。开机条件如下：①导叶处于全关状态；②制动闸落下；③断路器在断开位置；④灭磁开关未合（采用全控桥逆变灭磁方式正常停机时不跳灭磁开关，此项取消）；⑤机组无事故。

(2)当满足开机条件时，开辅机步骤为：①退出调速器锁锭，打开调速器总供油阀；②开启发电机通风机，打开冷却水，若出现冷却水中断信号，经过延时，投入备用冷却水，若仍无冷却水信号，发出冷却水中断信号；③开启主轴密封水，若延时后无密封水信号，发出主轴密封水故障信号。

(3)启动调速器，打开导叶至“空载”开度，转速升至额定值。

(4)投励磁装置。若选用准同期方式，当转速升至80%额定转速时，合上发电机灭磁开关，起励，逐步升压至发电机额定电压。

(5)投准同期装置。当发电机端电压为90%额定电压时，投入准同期装置。

(6)合发电机出口断路器。机组并列条件满足后，准同期装置发出合闸命令，合上发电机出口断路器。

(7)将开度限制打至全开。

(8)进行导叶开度和转速调整，将机组带上所需负荷。

(9)检查机组各部分的运行情况，作好记录并向值长汇报。

对于采用微机监控的水电站，上述开机程序可由运行人员在上位机或者现地控制单元（机组 LCU）上以一个开机命令完成，即“一键开机”。

注意：不同水电站的机组开机操作步骤大致相同，但不同的控制方式、机组形式等因素导致机组开机过程有些不相同，应具体参照水电站运行规程执行。

1. 机组的开机流程实例

灯泡贯流式机组是近年来大力发展的低水头高效率轴流式水力发电机组，机组多为转桨式结构，由于在灯泡体内设置机组相关设备，其结构特点、辅机设备要比一般的水力机组复杂，因此机组的开机流程以灯泡贯流式机组为实例。

桂平航运枢纽水电站位于广西桂平市城郊黔江、郁江两江汇合口郁江上游 4 km 处，为低水头河床径流式水电站，采用 3 台单机容量 15.5 MW 灯泡贯流式水轮发电机组，总装机容量 46.5 MW，1992 年底 3 台机组全部投产。水电站 2003 年采用中国水利水电科学研究院自动化研究所的 H9000 计算机监控系统和北京四方公司的继电保护装置对原有的常规控制设备进行了计算机监控与保护的技术改造。

H9000 系统采用分层分布开放式结构,从系统结构和功能上可以分为两层:厂站控制层(上位机)和现地控制层(下位机)。厂站控制层及现地控制层之间采用 100 MB 网络交换机和多模光纤快速交换式以太网总线网络连接。

厂站控制层设备主要包括操作员工作站 2 台(A、B 站),工程师工作站、通信工作站及电话语音报警工作站各 1 台,打印机 2 台,GPS 同步时钟 1 套以及 UPS 电源等。上位机各工作站通过双绞线连接至交换机。

现地控制层包括 5 套现地控制单元(LCU)(包括 3 套机组、1 套开关站、1 套公用设备),另外还有 2 套辅机控制系统(空气压缩机和渗漏排水泵自动控制单元)与公用设备 LCU 相连接。现地控制单元对于厂站控制层有相对的独立性,能脱离厂站控制层完成其监控任务。各个 LCU 通过光纤接入网络交换机柜,在柜内经过光电转换后接入交换机。

机组现地控制单元由 Quantum PLC、工控机、温度巡检仪、单对象同期装置等组成。PLC 采集机组顺序控制流程中使用的是开入、开出量以及中断量和模拟量,并通过以太网模块的光纤接口(MT - RJ)单独接入光纤以太网。工控机负责与励磁系统、调速器系统、微机保护装置、电度表、温度巡检仪通信,不涉及控制流程的信号采集。

机组 LCU 还配置了必要的控制操作把手、按钮、指示灯等常规的人机操作界面,运行人员也可以在 LCU 上进行相应的机组控制操作。

桂平电厂的机组控制流程主要由机组 LCU 中的 PLC 通过控制程序完成,具体操作命令可在上位机下达并通过网络送至机组 LCU 中的 PLC,也可在机组 LCU 柜上直接下达命令给 PLC。机组的控制流程分为开机流程、停机流程和事故停机流程三大模块,其中机组的开机流程又分为机组开机准备流程、机组停机至空转流程、机组空转至空载流程、机组空载至发电流程四个部分;机组的停机流程又分为机组发电至空载流程、机组发电(空载)至停机流程两个部分;机组的事故停机流程又分为机组机械事故停机流程、机组电气事故停机流程和机组机械过速停机流程三个部分。下面介绍机组的开机流程。

1)机组开机准备流程

机组开机准备流程主要是判断机组是否正常,是否处在正常停机后的状态,是否具备自动开机的条件,并以开机准备灯亮为指示。桂平电厂机组开机准备流程如图 5-29 所示。机组在开机准备灯亮的前提下方可开机。因此,在机组开机准备流程中 PLC 首先判断机组是否存在机械或电气方面的事故,接着判断发电机出口断路器是否在分闸位,制动闸是否按正常停机状态处于投入位置。若紧急停机电磁阀没有动作,重锤电磁阀也没有动作(这两个阀动作说明机组原来发生过事故,事故未处理完成,这两个电磁阀没有复归),正常停机完成,两段关闭电磁阀已复归,调速器已处于自动位置,具备了自动开机的条件,开机准备指示灯亮。

2)机组停机至空转流程

机组停机至空转流程,主要完成机组由静止状态转动起来并达到 95% n_e 状态。桂平电厂机组停机至空转流程如图 5-30 所示。PLC 在收到开机指令后,启动开机时间继电器开始计时,以判断能否在正常时间内完成开机且升速至 95% n_e。正常开机时先打开润滑油,接着打开调速器压力油电动阀。如果调速器压力油正常,则空气围带排气,供主轴密

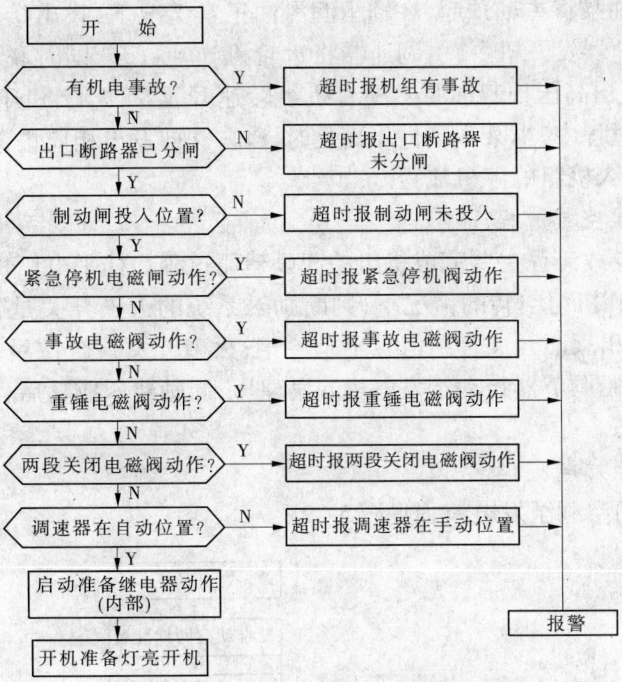

图 5-29　桂平电厂机组开机准备流程

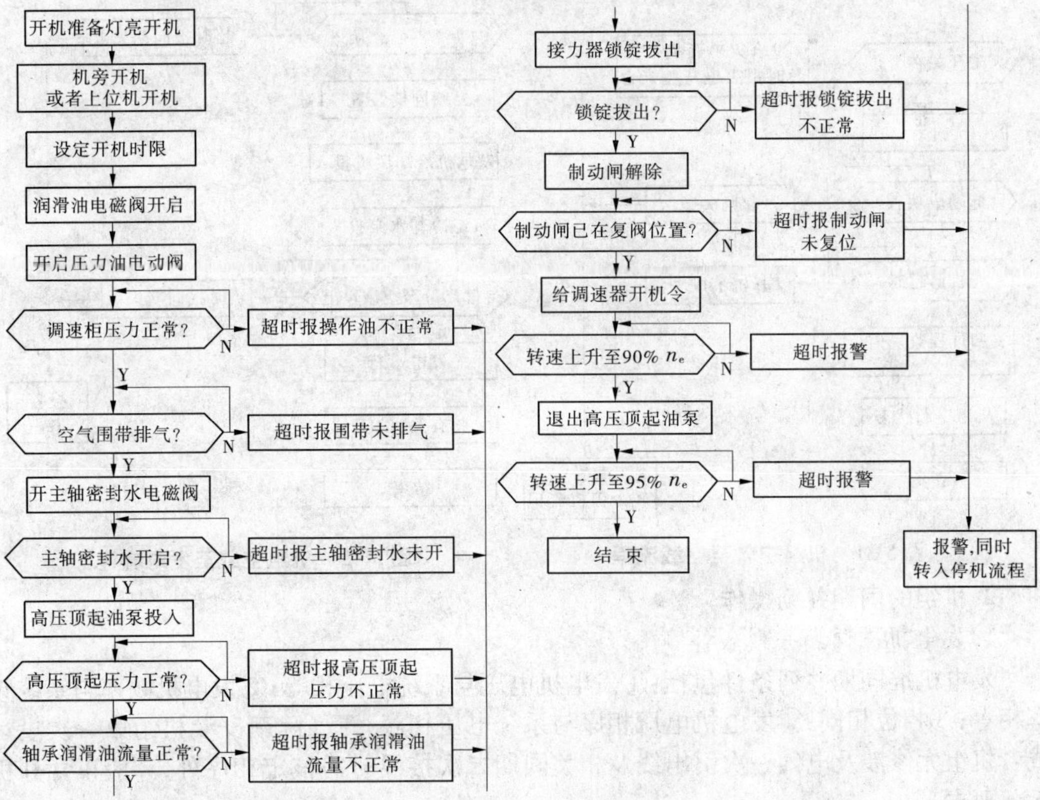

图 5-30　桂平电厂机组停机至空转流程

封水。利用高压油泵将主轴顶起,在轴承润滑油正常情况下,拔出接力器锁锭,解除机组制动。PLC 给调速器发开机令,由调速器将水轮机导叶打开,同时联动桨叶,待机组转速上升至 90% n_e,退出高压顶起油泵。随着机组转速升至 95% n_e,机组停机至空转流程结束。在流程执行过程中,当某一条件不满足时,PLC 立即发出相应报警信号至上位机提醒运行人员,同时转入机组的停机流程。

3)机组空转至空载流程

机组空转到空载流程主要完成机组的起励建压过程。桂平电厂机组空转至空载流程如图 5-31 所示。在机组空转的情况下,判断励磁系统的灭磁开关是否在合位,如不在合位,PLC 会自动发出灭磁开关合闸信号至励磁柜;灭磁开关在合位后,PLC 向励磁调节器发出起励信号,励磁调节器自动给发电机起励建压;起励建压成功后,复归过程监视信号,机组进入空载状态。

4)机组空载至发电流程

桂平电厂机组空载至发电流程见图 5-32。

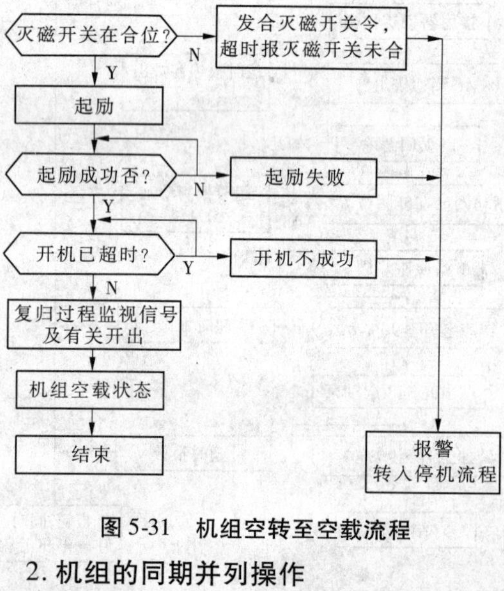

图 5-31 机组空转至空载流程

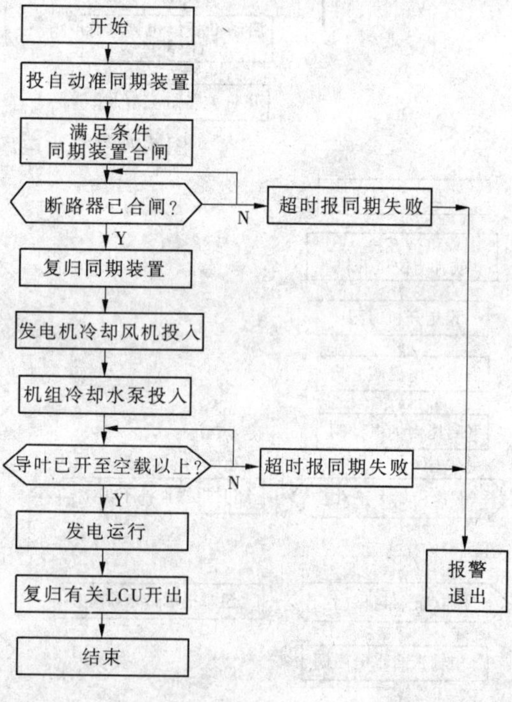

图 5-32 机组空载至发电流程

2. 机组的同期并列操作

1)发电机准同期并列条件

发电机准同期并列条件包括:①发电机电压与系统电压相等;②发电机频率与系统频率相等;③相位相同;④发电机电压相序与系统电压相序一致(除新安装机组第一次投运或者机组大修涉及电气一次引出线及相关同期二次接线时需核定相序外,一般正常开机无此要求)。

上述条件①~③同时满足即为发电机准同期并列的理想条件,达到理想条件时冲击电流为零。运行人员在并列时要通过同期装置及仪表检测和操控，力求达到冲击电流为零的目标。

在实际操作过程中不可能绝对满足上述①～③理想条件，故规定了发电机准同期并列操作的实际条件为：

(1)发电机电压与系统电压差 ΔU 不超过5%～10%。

(2)发电机频率与系统频率差 Δf 不超过±(0.2%～0.5%)。

(3)发电机电势与系统电势相位差 $\Delta\Psi \leqslant 10°$。

任何情况下，不满足准同期并列操作的实际条件均不允许并列。

存在电压差时并列将产生无功性质的冲击电流，存在相位差时并列会引起有功性质的冲击电流；存在频率差时并列会引起脉动性质的冲击电流，严重时可能失去同步。

2)发电机并列方法

发电机并列方法包括准同期和自同期两种，在水电站中主要采用准同期方式。准同期又分为手动、自动两种方式。

水电站中开机并网采用自动准同期为基本并列方式，只有当自动准同期装置故障或检修时，方可用手动准同期并列方式。

发电机手动并列时注意事项如下：①无论采用何种方式，都不允许解除同期闭锁；②同步表指针应按顺时针方向缓慢旋转；③手动并列时应提前一定时间或一个角度发出合闸命令；④同期表指针转动太快、跳动或停在中间位置不动时，均不允许并列；⑤握住断路器合闸操作把手时，严禁调整电压、频率，如需调整，应将把手松开。

3.发电机的功率调整

发电机与系统并列后，即进入功率调整状态，运行人员可根据调度的要求，在上位机操作实现增减机组所带的负荷。发电机的功率调整包括有功功率的调整和无功功率的调整，具体又包含单机运行时的功率调整以及与无穷大电网并列时的功率调整。

无穷大电网是指容量极大，其频率和电压都不受负载变化或其他各种扰动影响，而总是保持为常数的电网。

1)同步发电机与无穷大电网并联时有功功率调整

有功功率调整过程：增加或减小导叶开度，即增加或减小水轮机的输入功率，发电机输出有功功率就得到调整，可通过调节调速器转速调整机构来实现。可在中控室上位机点击“增功”或“减功”实施，还可在机旁调速器上“现地”操作实施。

2)同步发电机与无穷大电网并联时无功功率调整

同步发电机与无穷大电网并联时改变励磁电流大小即可改变发电机无功功率输出大小，可通过调节励磁装置上励磁调整装置来实现。仍可在中控室上位机点击“增磁”或者“减磁”实施，还可在机旁励磁装置上“现地”操作实施。

3)同步发电机单机运行时的调整

同步发电机单机运行时，当有功负荷一定时，调节调速器转速调整机构改变进水量大小则改变机组频率；当无功负荷一定时，调节励磁电流大小则改变机组电压高低。

关于同步发电机并网运行时有功功率调整、无功功率调整，以及单机运行时频率调整、电压调整的理论分析，可参见电机学的有关叙述。

5.1.4 机组的停机操作

1. 机组的正常停机操作

发电机组的正常停机操作步骤如下：

(1)接到停机命令后，进行卸负荷，即关小导叶开度至“空载”位置(减有功负荷至零)，减小励磁电流(减无功负荷至零)。

(2)当有功、无功负荷卸完后，跳开发电机出口断路器。

(3)降低发电机电压至零，跳开灭磁开关。

(4)关调速器开度限制至零，关闭导叶至“全关”位置。

(5)待转速降至额定转速的35%时，投入机组机械制动(刹车)。

(6)停辅机。即关闭冷却水，关闭主轴密封水，给主轴空气围带供气，投接力器锁锭，关闭发电机通风机。

(7)向值长汇报停机完成。

对于采用微机监控的水电站，上述停机操作可由运行人员在上位机或者机组现地控制单元(LCU)上以一个停机命令完成，即“一键停机”。

注意：不同水电站的机组停机操作步骤大致相同，但不同的控制方式、机组形式等因素导致机组停机过程有些不相同，应具体参照水电站运行规程而定。下面仍以桂平电厂为例说明机组的停机控制流程。

1)机组发电至空载流程

机组发电至空载流程主要是完成机组卸负荷以及与系统解列任务。桂平电厂机组发电至空载流程如图5-33所示。在接到机组发电至空载指令后，PLC给励磁装置发出减无功至零信号；给调速器发出减有功至零信号，当导叶关至空载开度(33%开度)以下或机组有功功率在0.5 MW以下时，PLC发出断路器分闸控制信号；当发电机出口断路器分闸后，PLC发出停机组轴流风机、停机组冷却水泵信号，机组进入空载状态。在跳发电机出口断路器前有两个判断条件，一是导叶关至空载开度(33%开度)以下，二是发电机有功功率在0.5 MW以下。两个条件均是为保证机组退出发电状态，在关导叶过程中，不会导致因水能过小，使机组进入逆功率状态之后才跳开发电机出口断路器。不同的电站，不同的机组，流程中的导叶开度和有功功率判断值会不一样，具体应视水电站实际情况而定。

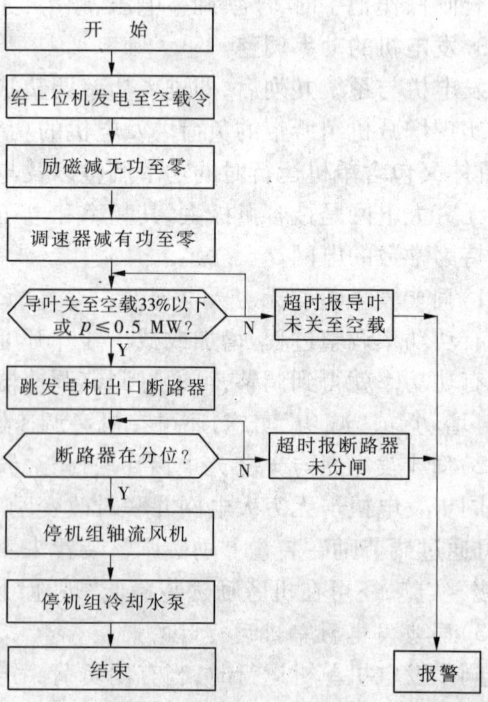

图5-33　桂平电厂机组发电至空载流程

2)机组发电(空载)至停机流程

机组发电(空载)至停机流程主要是完成将机组停止下来的任务。桂平电厂机组发电(空载)至停机流程如图5-34所示。在接到机组停机指令后,PLC首先启动停机时间继电器,以判断机组能否在正常的时间内完成机组的停机过程;PLC给调速器发停机指令,调速器关小导叶开关,当导叶关至33%开度时,投入高压顶起油泵,减有功、无功至零,跳开发电机出口断路器;给励磁装置发灭磁指令,当发电机电压降至10%额定电压以下时,给调速器下关开限指令;当导叶全关,机组转速降到35% n_e 时,投入机组制动装置开始制动;在规定时间内完成机组制动,机组转速下降为零,延时2 min,退出高压顶起油泵,投入接力器锁锭,关闭润滑油电磁阀,停机组轴流风机,停机组冷却水泵,关主轴密封水电磁阀,给主轴密封围带充气,将桨叶开至启动开度,关闭调速器压力油电动阀,完成停机过程。

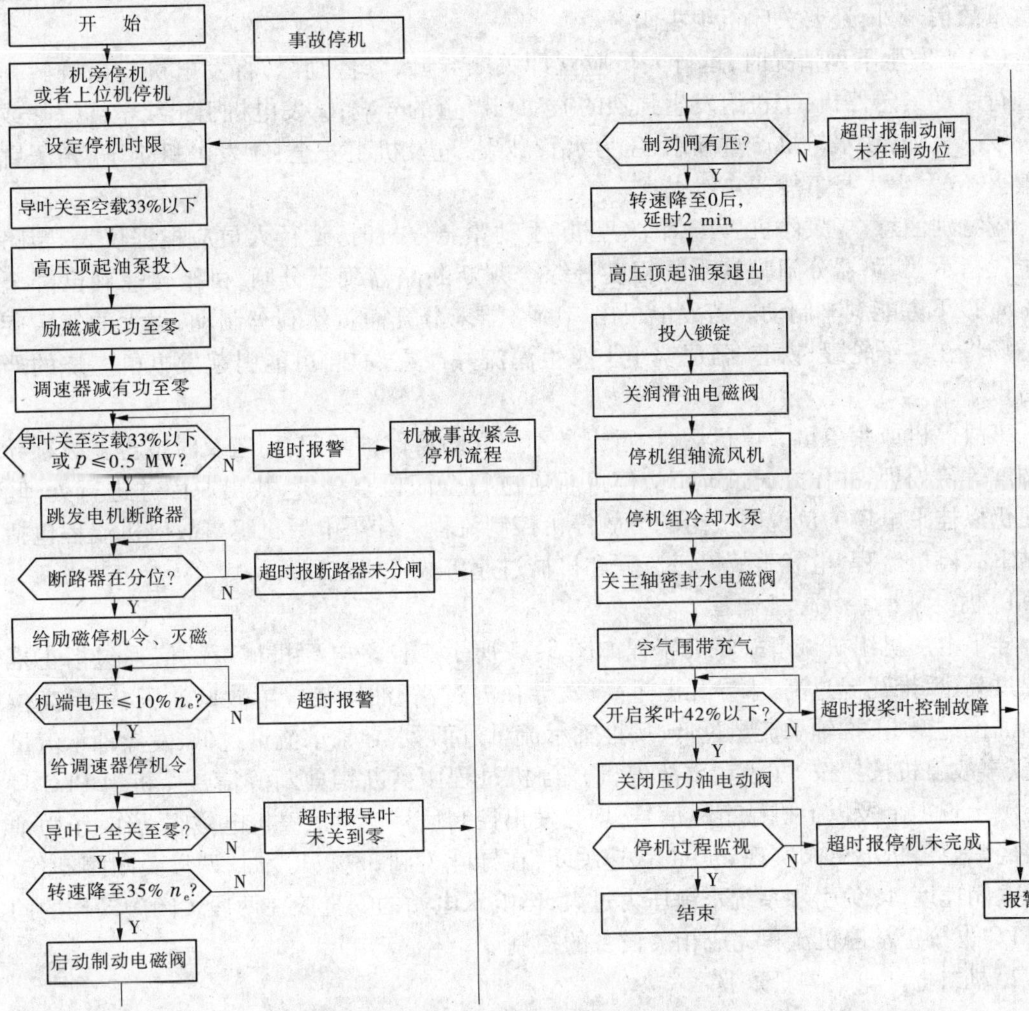

图5-34　桂平电厂机组发电(空载)至停机流程

2. **机组的事故停机操作**

机组的事故停机是机组在运行过程中出现了危及机组安全的不正常现象时，必须尽快将机组与系统解列并停下来的一种操作。其主要包括事故停机、紧急事故停机和手动紧急停机三种。

(1)发电机在运行中发生下列故障时，机组应能够自动进行事故停机：①发电机电气事故，发电机保护动作；②机组事故(如轴承温度过高，达到 75 ℃；调速器油压事故性降低等)。

机组发生上述故障时，相应的保护动作，自动跳开发电机出口断路器、励磁系统灭磁开关，机组做事故停机，并发出事故信号。

(2)当发电机在运行中发生下列故障时，机组应能够自动进行紧急事故停机：①机组过速达到140%额定转速；②在事故停机过程中剪断销剪断。

紧急事故停机除自动跳开发电机出口断路器、励磁系统，机组做事故停机，同时发出紧急事故信号外，还要关闭机组主阀。

(3)当发生下列情况时，运行人员应立即关闭导叶，降低励磁，将发电机与系统解列并进行手动紧急停机：①机组发生强烈的振动和严重的异响；②发电机引出线电缆爆炸或接头发热冒烟；③水轮机严重漏水，压力水管破裂，危及机组安全；④发电机定子、转子冒烟着火；⑤发生人身事故或自然火灾。

应特别注意，事故停机、紧急事故停机、手动紧急停机时，运行人员应根据仪表、断路器位置指示、断路器分闸弹簧张紧程度等综合判断断路器确已分闸，机组转速确已降至35% n_e 以下方能刹车制动。若发电机出口断路器未分开而贸然刹车制动，强大的气隙旋转磁场将在转子轮毂、铁芯、阻尼绕组上感生涡流并严重发热，可能引起发电机燃烧的严重后果。

事故停机或紧急事故停机后，运行人员不应立即将保护复归，而应及时报告上级领导或调度等待处理，并作好记录。事故停机后应进行全面检查分析，找出原因并进行处理。下面仍以桂平电厂为例说明机组的事故停机控制流程。桂平电厂机组事故停机流程包括机械事故停机流程、电气事故停机流程和机械过速事故停机流程。

1)机组机械事故停机流程

桂平电厂机组机械事故停机流程如图 5-35 所示。桂平电厂机械事故信号包括正推瓦温过高、反推瓦温过高、水导瓦温过高、发导瓦温过高、油压装置事故低油压、轴承高位油箱油位过低、正推轴承流量过低、反推轴承流量过低、水导轴承流量过低、发导轴承流量过低、事故停机按钮按下(手动事故停机)、停机过程中剪断销剪断等信号。机组 PLC 只要检测出现 1 个及以上机械事故信号，均会发出控制信号使紧急停机电磁阀动作，压力油直接经紧急停机电磁阀实现导叶的快速关闭，在导叶关到 33% 开度时，两段关闭阀动作，降低关闭速度，以免引水系统水锤压力过大，影响水电站的安全。在两段关闭阀动作的同时，PLC 也按正常停机流程完成相关设备的控制。

2)机组电气事故停机流程

桂平电厂机组电气事故停机流程如图 5-36 所示。当机组发生如发电机差动保护动作等电气事故时，启动与机械事故停机一样的停机流程。

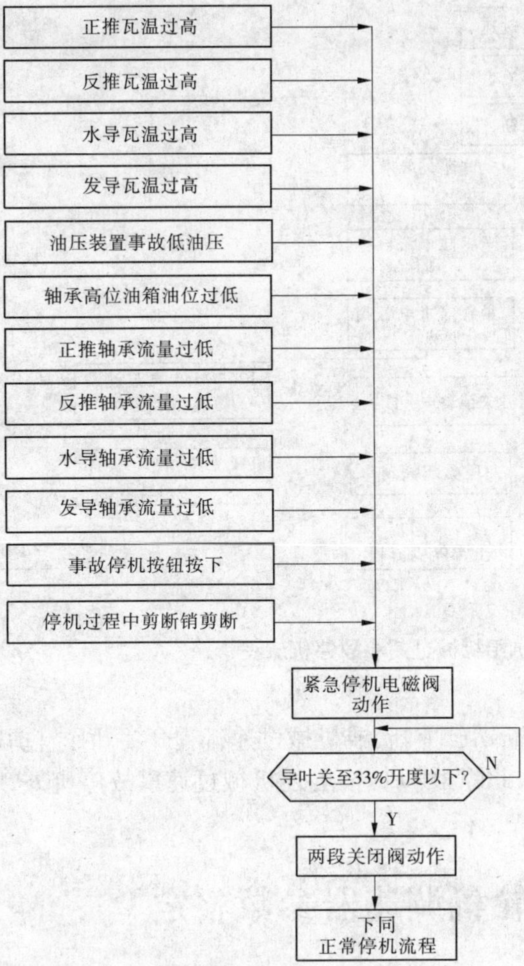

图 5-35　桂平电厂机组机械事故停机流程

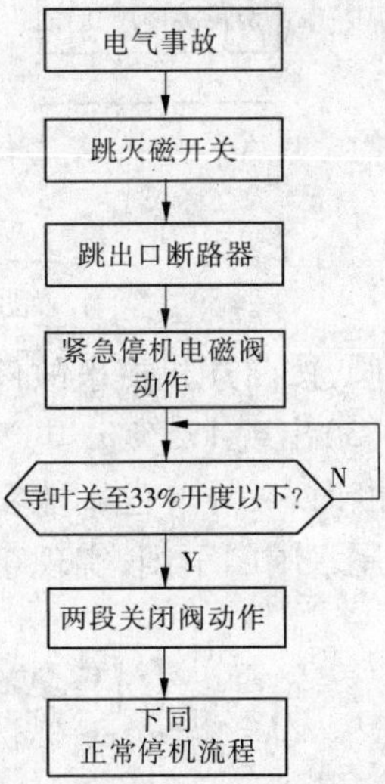

图 5-36　桂平电厂机组电气事故停机流程

3)机组机械过速事故停机流程

桂平电厂机组机械过速事故停机流程如图 5-37 所示。桂平电厂的机组转速信号由机组转速信号器进行检测,其转速接点信号输出至 PLC 的 SOE 端子,属于电气转速信号;另一个信号由固定在机组受油器后端的行程开关发送到 PLC 的 SOE 端子,当机组转速达到某一定值时,装在主轴上的机械离心块撞到行程开关而触发信号。转速信号器的电气转速信号有两路,一路是发电机出口电压互感器的电信号,另一路是机组主轴上的齿盘测速信号。正常情况下,转速信号器取电压互感器的电信号来检测机组转速,当电压互感器的电信号消失或机组转速很低时,转速信号器则取齿盘测速信号来检测机组转速。

机组机械过速事故停机分三种情况:

(1)出现 170% n_e 电气过速信号或主配拒动时,PLC 直接控制事故电磁阀动作实现快速关机,同时启动调速器的紧急停机电磁阀,按前述机械事故停机流程停机。

(2)出现 175% n_e 电气过速信号,或机械过速行程开关动作,或手动按下重锤停机按钮时,导水机构的重锤迅速落下并带动导叶关闭。与此同时,启动事故电磁阀、紧急停机

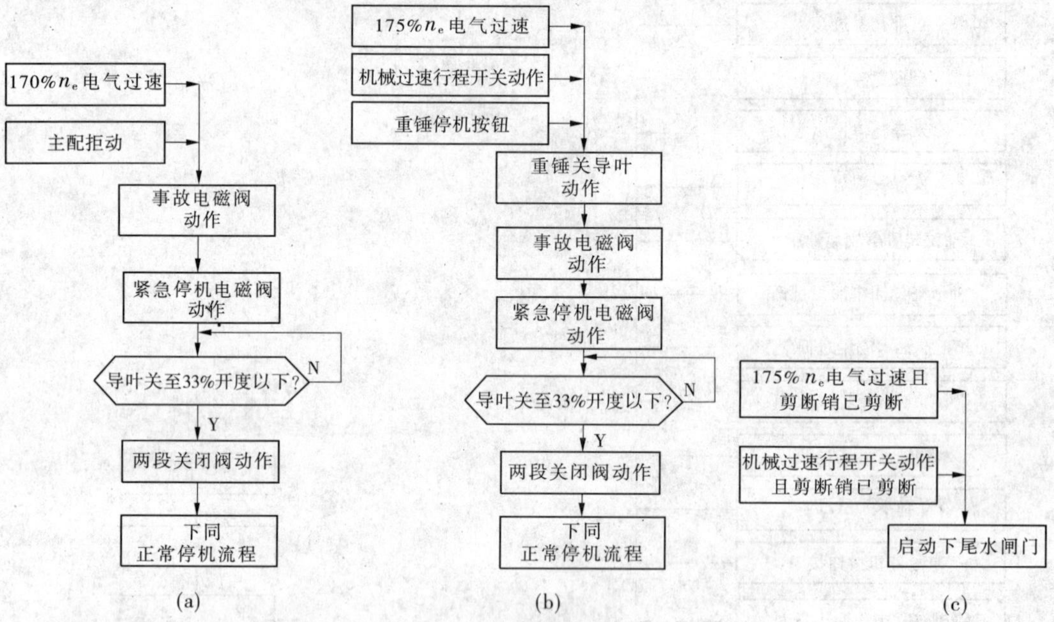

图 5-37　桂平电厂机组机械过速事故停机流程

电磁阀,按前述机械事故停机流程停机。

(3)出现 175% n_e 电气过速信号且剪断销已剪断,或机械过速行程开关动作且剪断销已剪断时,关导叶已不能实现完全停机,因此除由 PLC 按上述机械过速事故停机外,同时控制尾水闸门下闸,实现事故停机。

【任务 5.2】　水轮机调速器参数整定

水轮机调速器参数直接关系到机组运行的稳定性和调节的性能品质,甚至直接影响到机组乃至水电站的安全,因此水轮机调速器参数整定及通过试验分析和调整参数是水电站机电技术人员的一项重要工作。本任务要求通过了解水轮机调节系统各参数的意义与作用,掌握水轮机调速器的调节控制规律及各参数的整定方法,并通过水轮机调速器的调整试验,完成某水电站微机调速器参数的整定。

1. 水轮机调速器参数整定教学情境的创建

水轮机调速器参数整定分水轮机调速器参数的初定和水轮机调速器的调整试验两个教学情境进行,两个教学情境的具体创建见表 5-3。

2. 水轮机调速器参数整定和试验步骤及注意事项

1)调速器参数整定和试验步骤

(1)水轮机调速器初步选型。

(2)确定调速器结构形式。

(3)初步确定调速器的比例、积分、微分增益和永态转差系数。

(4)微机调速器机械和电气部分调整。

(5)通过整机静态特性试验检验调速器转速死区和非线性度。

表 5-3　水轮机调速器参数整定教学情境的创建

项目	教学情境 5-3： 水轮机调速器参数的初定	教学情境 5-4： 水轮机调速器的调整试验
学习形式	现场了解微机调速器并用教学课件演示辅助	在水电站实际操作或在实训室操作，用课件演示辅助
实施地点	水轮机调节实训室或水电站培训教室	水轮机调节实训室和水电站厂房
使用教具	电脑、投影仪、微机调速器	水轮机微机调速器及控制柜、电脑、投影仪
作业形式	完成学习任务单	完成学习任务单
教学步骤	(1)教师(或水电站技术骨干)引导学生学习水轮机调节的相关内容，水轮机微机调速器的组成及工作原理，调速器控制规律及有关参数； (2)学生分组查阅相关图纸资料； (3)学生编制调速器参数计算和分析的步骤，经教师审查通过后进入下一步； (4)各小组初步确定水轮机调速器的参数； (5)教师检查反馈学生任务完成情况； (6)学生汇报自评、教师评价。	(1)教师(或水电站技术骨干)引导学生学习水轮机调速器的调整和试验方法，调速器参数的校验； (2)学生分组查阅相关资料； (3)学生编制微机调速器调整和试验的项目、方法和使用的工具和量具，经教师审查通过后进入下一步； (4)各小组执行调速器的调整试验； (5)教师检查反馈学生任务完成情况； (6)学生汇报自评、教师评价。

(6)通过整机动态特性试验检验调速器在空载或甩负荷等工况下的稳定性，特别是在甩负荷工况下的动态特性是否符合国标 GB/T 9652.1—2007 要求。

(7)反复调整调速器参数直至满足要求。

2)注意事项

(1)整机的静态特性和动态特性试验一般在水电站机组新投运、机组大修完毕试运行时配合进行，也可在水轮机调节实训室内进行，但调速器缺乏真正负载。

(2)进行调速器调整试验前必须准备好相关的记录仪器和设备，试验过程中记录调节响应过程，以供试验分析使用。

5.2　水轮机调速器参数整定的相关知识

5.2.1　水轮机调节系统特性

1.水轮机调节系统静态特性(静特性)

1)水轮机调节系统的静特性

水轮机调节系统的静特性也称为机组的静特性，是指机组处于稳定状态下，机组转速 n 与机组功率 P 之间的关系曲线。与调速器静特性一样，调节系统静特性也分为无差静特性和有差静特性。

图 5-38 为机组静特性曲线。由图 5-38(a)可见,无差静特性曲线为一条水平线,机组功率在零至额定值之间变化,机组转速不变。这在单机带负荷运行时,对保证供电质量很有利,但无差静特性是硬反馈机构不起作用时形成的,仅有软反馈的作用,调节系统稳定性难以保证。因此,对单机运行的机组可采用无差静特性,但对并列运行的机组,无差静特性无法实现机组间负荷的自动分配,故一般不采用此调节特性。

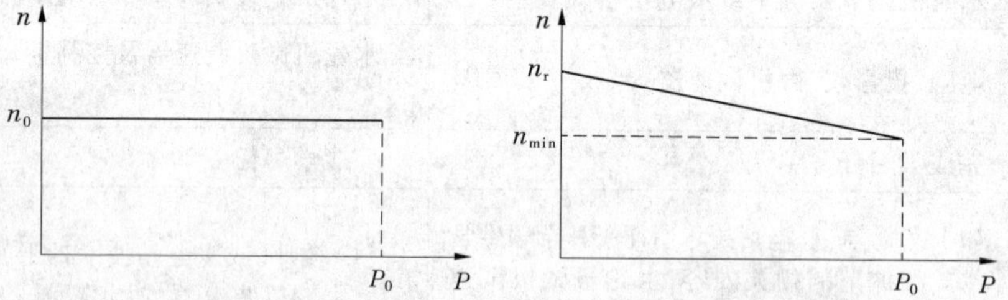

(a)无差静特性曲线　　(b)有差静特性曲线

图 5-38　机组静特性曲线

有差静特性曲线为一条斜线,当机组功率在零至额定值之间变化时,机组的转速会随着机组功率的增加线性减小,如图 5-38(b)所示。对于并列运行的机组,由于机组的额定容量、运行工况、在系统中的地位各不相同,当系统负荷发生变化时,必须合理地自动分配变动的负荷,以保证系统的稳定,在这种情况下,可采用有差静特性。由图 5-38(b)可见,不同容量的机组,其额定功率不同,在相同的转速下所对应的机组输出功率不同。当系统处于稳定状态下突增负荷时,系统的频率会下降,并网机组转速跟着下降,不同机组的调节系统根据转速的变化增加机组导叶开度,机组输出功率增加。当系统重新达到平衡状态时,并网机组均稳定在一个新的转速上,但不同机组在频率下降时所增加的输出功率是不同的,所增加的输出功率与机组的额定功率有关。由于新的转速与调节作用前的转速存在一个偏差,所以称为有差调节。

2)水轮机调节系统的静特性参数

(1)永态转差系数 b_p,是调速器的静特性参数,定义为调速器静特性曲线上某一规定运行点斜率的负数

$$b_p = -\frac{dx}{dy}$$

式中:x 为机组转速变化值;y 为调速器接力器行程变化值。

(2)调差率 e_p,是调节系统的静特性参数,定义为水轮机调节系统静特性曲线上某一规定运行点斜率的负数

$$e_p = -\frac{dx}{d(P/P_r)}$$

式中:x 为机组转速变化值;P/P_r 为机组功率相对值。

调差率 e_p 与永态转差系数 b_p 相互关联但并不等同,其相互关系为 $e_p = (1 - y_0) b_p$,其中 y_0 为水轮机的空载开度。

2. 水轮机调节系统动态特性(动特性)

1)水轮机调节系统的动特性

水轮机调节系统的动特性,是指水轮机调节过程中各工作参数,如机组转速、流量、功率等随时间的变化规律。动特性是稳定状态之间过渡过程的规律,受各方面的影响,可能出现多种多样的情况,但归纳起来,一般分为下列四类:

(1)周期性扩散的振荡过程。负荷变化造成转速变化,但转速的变化呈周期性上升、下降,而且波动幅度逐次加大。

(2)周期性等幅的振荡过程。机组转速一旦变化就呈周期性波动,但振幅不变。

(3)周期性衰减的波动过程。负荷变化后机组转速发生周期性波动,但幅度逐次减小,最后重新稳定下来。

(4)非周期衰减过程。机组转速不发生来回波动,在负荷变化后转速相应变化,但在一定时间内平稳地过渡到新的稳定状态。

由于前两类不可能重新稳定,是不允许发生的。非周期衰减过程最平稳,但很难实现。周期性衰减的波动过程能在一段时间后达到新的稳定状态,调节过程中机组转速有波动但幅度不大,而且不断减小,是绝大多数机组实际发生的情况。

2)水轮机调节系统动特性品质指标

判断水轮机调节系统过渡过程品质优劣的指标有:

(1)调节时间 T_p,是指在阶跃作用下调节系统从开始调节到被调节参数达到新的稳态值所经历的时间,如图 5-39 所示。从控制要求上看,调节时间 T_p 越小越好。

(2)最大转速偏差 Δn_{max},是指过渡过程转速第一波峰值与稳态转速值 $n(\infty)$ 之差。

(3)超调量 δ,是指最大转速偏差与稳态转速值之比,即 $\delta=\dfrac{\Delta n_{max}}{n(\infty)}$。

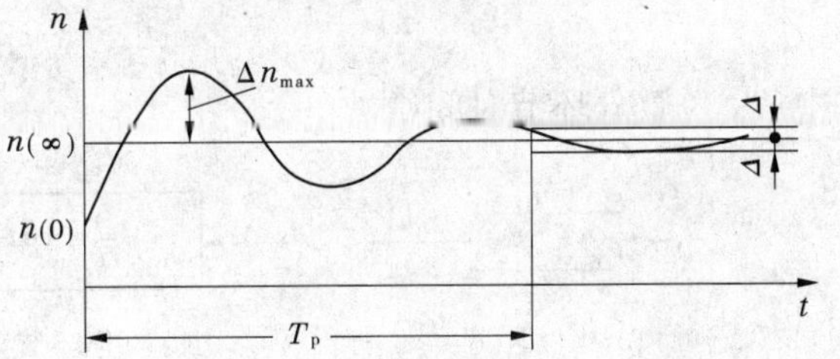

图 5-39 过渡过程品质指标

国家标准 GB/T 9652.1—2007 中关于动特性的有关规定如下:①机组在空载工况下的稳定性。调速器应保证机组在各种工况和运行方式下稳定运行。在空载工况自动运行时,机组转速摆动相对值 Δ,对大型电调不超过 ±0.15%,对大型机调、中小型调速器不超过 ±0.25%,对特小型调速器不超过 ±0.30%。②机组甩 100% 额定负荷后,在转速变化过程中,超过额定转速 3% 以上的波峰不得超过 2 次。③机组甩 100% 额定负荷后,从接力器第一次向开启方向移动起,到机组转速摆动值不超过 ±0.5% 为止,所经历的时间应不大于 40 s。④转速或指令信号按规定形式变化,接力器不动时间:对电调不大于 0.2 s,对机调不大于 0.3 s。

5.2.2 微机调速器控制规律及算法

水轮机调速系统是一个比较复杂的自动控制系统。作为一个稳定的控制系统,系统的输出与输入之间必须具有测量、放大、执行和反馈等环节。微机调速器包括微机调节器和机械液压系统两大部分,其中微机调节器是调速器的控制核心,机械液压系统是将调节器输出的电信号转换为机械液压信号,经放大后驱动相应机构来改变进入水轮机的水能。微机调节器不仅要完成转速信号、导叶开度反馈信号、桨叶开度反馈信号、功率反馈信号、水头信号等输入信号的检测任务,同时要根据检测的结果及运行给定值、当前运行工况进行复杂的数学运算,最后的运算结果再经电液转换形成相应的液压系统控制信号,实现相应的控制。微机调节器的数学运算是建立在经典控制理论基础之上的,包括最基本的比例(P)、积分(I)、微分(D)运算。

1. 控制典型环节

1)比例环节

输出量 y 与输入量 x 成比例的环节,见图 5-40(a),称为比例环节。比例环节具有放大作用,故又称为放大环节。其运算方程为

$$y = K_p x \tag{5-4}$$

式中:K_p 为放大系数。

2)积分环节

输出量 y 与输入量 x 对时间的积分成比例的环节,见图 5-40(b),称为积分环节,其运算方程为

$$y = \frac{1}{T}\int x \mathrm{d}t \tag{5-5}$$

式中:T 为积分时间常数。

3)微分环节

输出量 y 与输入量 x 对时间的导数成比例的环节,见图 5-40(c),称为微分环节,其运算方程为

$$y = T_n \frac{\mathrm{d}x}{\mathrm{d}t} \tag{5-6}$$

式中:T_n 为微分环节时间常数。

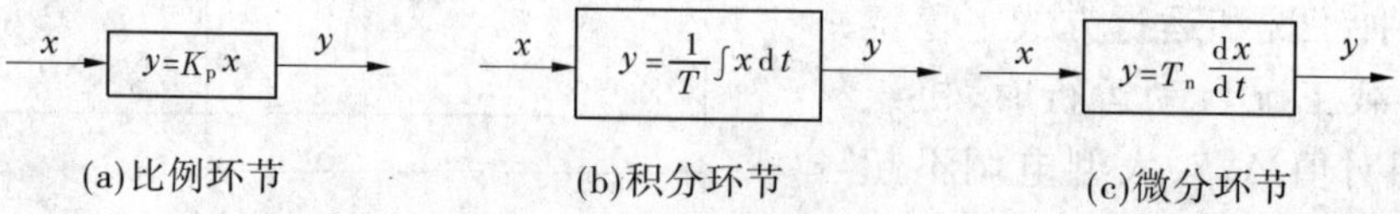

图 5-40 控制典型环节

2. 微机调速器的 PID 控制算法

微机调速器主要以 PID 调节规律作为基本的控制算法,并且是利用软件的方式来实现的。计算机要进行运算,必须先建立相应的数学模型——数学方程式。机组频率和功率的变化都是连续的过程,但计算机只能处理离散的数学模型,无法进行连续 PID 的运算,因此在确定连续 PID 调节规律的数学模型后,还须将其转换为便于计算机运算的离散化 PID 的算法模型(差分方程),才能由相应的软件完成模型的计算。

数字式微机调速器最基本的离散控制算法有三种,一种为位置型 PID 控制算法,另一种为增量型 PID 控制算法,还有一种为仿增量型控制算法。

因为微分环节只能维持一个采样周期，作用时间很短，而后面的电液随动系统又存在较大的惯性，微分环节的作用不能充分发挥。因此，在实际应用中，常采用实际微分环节的 PID 调节器。实际微分通道的输入和输出关系如下

$$T_d \frac{dy}{dx} + y = K_d T_d \frac{dx}{dt} \tag{5-7}$$

式中：T_d 为实际微分环节时间常数；K_d 为实际微分环节传递系数。

1）位置型数字 PID 微机调速器

位置型数字 PID 微机调速器的控制算法如下

$$y(t) = K_P e(t) + K_I \int_0^t e(t)\,dt + K_D \frac{de(t)}{dt} \tag{5-8}$$

式中：K_P、K_I、K_D 为比例、积分和微分增益；$e(t)$ 为 PID 调节器的输入偏差，指输入量与反馈量之差；$y(t)$ 为 PID 的输出。

将式(5-8)进行离散化后得 PID 数字表达式

$$Y_{PID}(n) = K_P e(n) + K_I T \sum_{j=0}^{n} e(j) + \frac{K_D}{T}[e(n) - e(n-1)] \tag{5-9}$$

式中：$e(n)$、$e(n-1)$ 为第 n 次与第 $n-1$ 次采样周期的输入偏差；$Y_{PID}(n)$ 为第 n 次采样周期 PID 调节器的输出量；T 为采样周期。

式(5-9)的比例作用可由比例增益 K_P 与偏差 $e(n)$ 的乘积运算得到。积分作用表示从运算开始到现在的面积，因此它可以用偏差 $e(n)$ 和采样周期 T 相乘，计算出每一次采样的面积，然后将它们相加得到总面积，如图 5-41 所示。微分作用可以表示为输入信号的斜率，所以可先求出当前采样周期的偏差 $e(n)$ 与前一次采样周期的偏差 $e(n-1)$ 的差值，然后用采样周期 T 去除，即可得到斜率值，如图 5-42 所示。

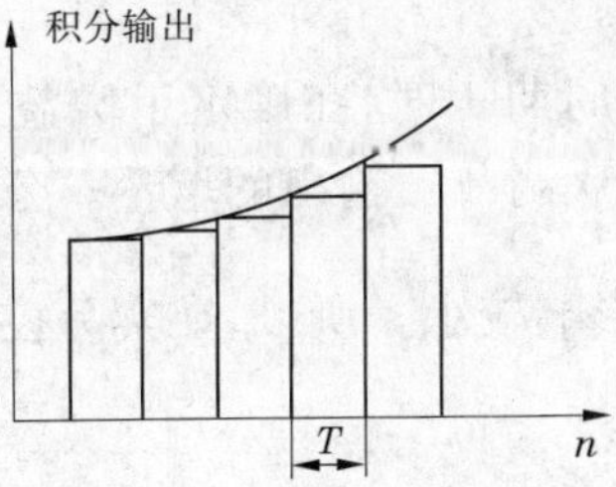

图 5-41　积分运算原理

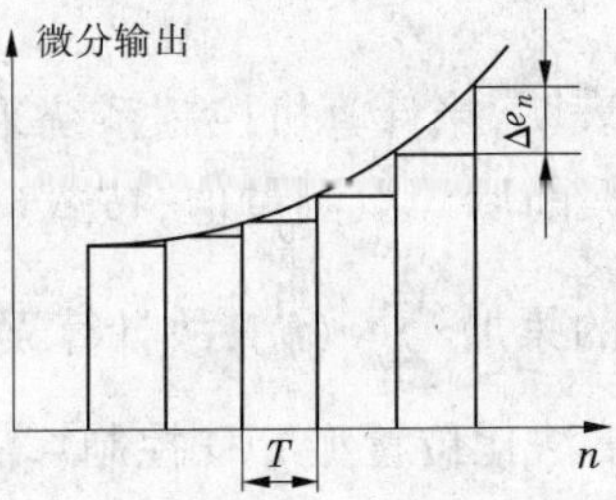

图 5-42　微分运算原理

由式(5-9)运算所得的输出量 $Y_{PID}(n)$ 表示第 n 周期执行机构所应达到的位置，故式(5-9)称为位置型 PID 控制算法。由于存在 $\sum_{j=0}^{n} e(j)$ 项，容易造成较大的累积误差。另外，当计算机电源消失时，会引起系统误动作，因此这种系统必须考虑电源保护措施。

位置型数字 PID 微机调速器控制系统原理框图如图 5-43 所示，其机组和电网频率测量一般采用单片机系统或专用计数模块，按照测量周期时间的方法实现，并用软件程序获得机组或电网频率的数字量，或者采用 PLC 的高速计数器直接获得被测频率的数字量。机组给定频率以数字量形式存储于微机，可通过键盘进行修改。PID 控制算法由软件程

序实现，其运算结果 $Y_{PID}(n)$ 为对应导叶开度 Y 的数字量。$Y_{PID}(n)$ 经 D/A 转换变换为模拟电压后，送到电液随动系统进行综合放大，使导叶接力器开到相应的开度 Y。其中调差反馈信号，一种取自位置型 PID 运算结果，与功率给定信号相减，再经永态转差系数 b_p 衰减后与频差信号综合；另一种取自机组输出功率，经功率变送器后再经 A/D 转换为数字量，如图 5-43 所示。

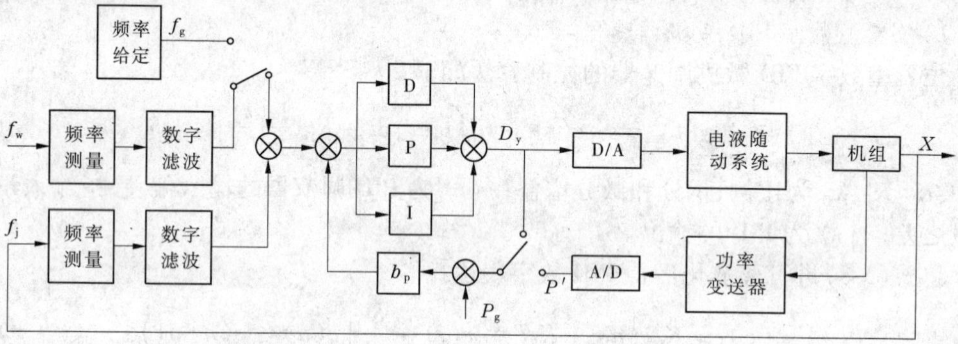

图 5-43　位置型数字 PID 微机调速器控制系统原理框图

2）增量型数字 PID 微机调速器

由于位置型 PID 控制算法存在的问题，人们提出了增量型 PID 控制算法。所谓增量型 PID 控制算法，就是根据位置型 PID 控制算法求得的第 n 周期的输出值 $Y_{PID}(n)$ 与前一周期的输出量 $Y_{PID}(n-1)$ 之差，可用下式来表示

$$\begin{aligned}\Delta Y_{PID}(n) &= Y_{PID}(n) - Y_{PID}(n-1) \\ &= K_P[e(n) - e(n-1)] + K_I e(n) + K_D[e(n) - 2e(n-1) + e(n-2)]\end{aligned} \tag{5-10}$$

上式表明，当计算机控制系统采用稳定的采样周期 T 时，在确定了增益系数 K_P、K_I、K_D 后，根据前后 3 次测量值，按式（5-10）计算出 PID 调节器输出的增量。公式中不含过去偏差值的累加 $\sum_{j=0}^{n} e(j)$，故计算误差对控制量的影响较小。所以，在实际控制中增量型 PID 控制算法比位置型 PID 控制算法应用得更为广泛。

增量型数字 PID 微机调速器控制系统原理框图如图 5-44 所示。其伺服系统本身具有寄存作用。步进电机按增量工作，当电源消失时，伺服系统仍然保持原来的位置，即接力器开度不会发生改变。

3）仿增量型数字 PID 微机调速器

仿增量型数字 PID 微机调速器控制系统原理框图如图 5-45 所示。它与位置型数字 PID 微机调速器的区别在于用数液伺服系统取代了电液随动系统，而数液伺服系统是根据位置型 PID 第 n 次采样周期的输出 $Y_{PID}(n)$ 与第 n 次采样周期测得的导叶接力器反馈 $Y'(n)$ 之差（即增量）来工作的。由于采样周期 T 通常较小，而且远小于数液伺服系统的时间常数，因此在第 n 次采样周期测得的导叶接力器反馈 $Y'(n)$ 可能还是 PID 的上次输出 $Y_{PID}(n-1)$，甚至更前一次的输出 $Y_{PID}(n-2)$。由于采样周期很短，前后两次接力器相

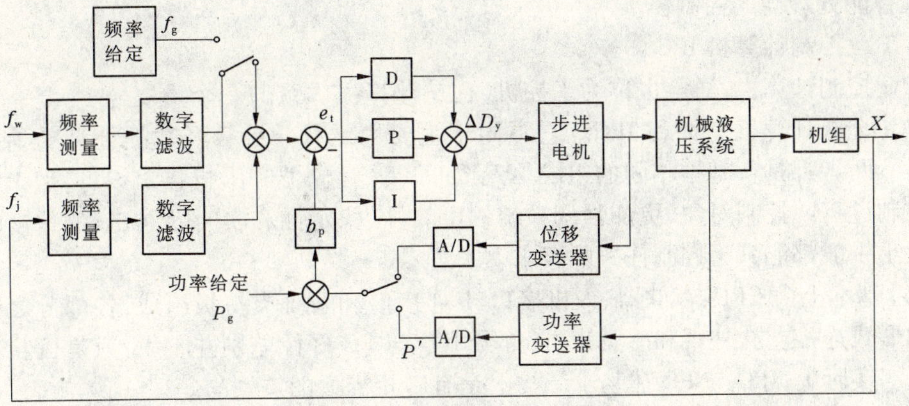

图 5-44　增量型数字 PID 微机调速器控制系统原理框图

对值变化量很小，当略去伺服系统误差时，导叶接力器反馈 $Y'(n)$ 与 PID 输出 $Y_{PID}(n-1)$ 值近似相等，所以第 n 次采样周期所算出的 $\Delta Y_{PID}(n)$ 与增量型 PID 控制算法的 $\Delta Y_{PID}(n)$ 在量值上是近似相等的，即

$$\begin{aligned}\Delta Y_{PID}(n) &= Y_{PID}(n) - Y'(n) \approx Y_{PID}(n) - Y_{PID}(n-1)\\ &= K_P[e(n) - e(n-1)] + K_I e(n) + K_D[e(n) - 2e(n-1) + e(n-2)]\end{aligned} \tag{5-11}$$

因此，式(5-11)算法称为仿增量型。而微机算得的增量 $\Delta Y_{PID}(n)$ 经 D/A 转换后输入数液伺服系统，当调节系统趋于平衡时，则增量 $\Delta Y_{PID}(n)$ 也趋于零。

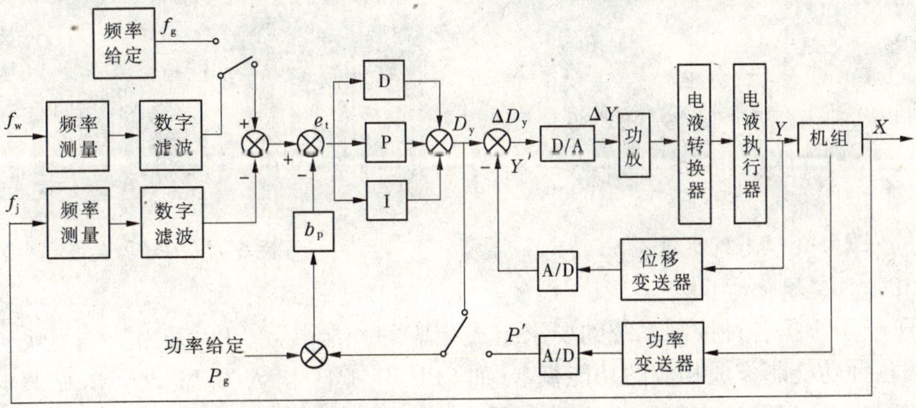

图 5-45　仿增量型数字 PID 微机调速器控制系统原理框图

5.2.3　微机调节器常用微型计算机

微机调节器是微机调速器的控制核心，其主要组成是微型计算机加上相应的过程输入和输出模块、信号处理模块、位置或运动控制模块、功率放大模块等。随着计算机技术的不断发展，水轮机调速器的微机调节器经历了单片机、单板机到工业控制计算机、可编程控制器和可编程计算机控制器等阶段，其 CPU 也从 Z80、Intel 8031 等 8 位机发展到了 16 位或 32 位的 CPU，如 Intel 8086 和 Motorala 6300、Motorala 6800 等，同时也出现了多

CPU 及智能处理器的控制器。

1. **工业控制计算机 IPC**

工业控制计算机,通常也称为工控机,它是计算机体系的一个重要分支,是一种工业级的 PC(个人计算机),简称 IPC。它不同于主要用做科学计算及数据处理的信息处理机。虽然两者都具备基本相同的组成单元,如 CPU、存储器和人机接口设备,但 IPC 直接面向控制过程或控制对象,更加强调系统的可靠性、稳定性和实时性,CPU 的速度和存储器的大小一般都能满足控制任务的要求。

IPC 基本上由 CPU、存储器、人机接口、I/O 接口和系统支持板组成,各部分之间通过总线的形式连接。从外观和感觉来看,部分 IPC 与 PC 好像差别并不大,只是机箱显得沉重一些。实际上,IPC 与 PC 在基本结构上是有着相当大的差别的。

1)IPC 的总线及底板结构

IPC 一般采用的是面向工业控制的总线,并采用底板结构,各元件及结构都考虑要有极高的电磁兼容性、抗干扰能力和共模抑制能力。IPC 采用总线及底板结构的方式,根据控制需要选择各种功能模板并安装在底板上。底板上的元件并不多,只具备一些数据传送必需的器件,具体功能由各模板实现。底板的作用仅仅是将各模板插座的数据线、地址线、控制线以及电源和地线一一对应地连接起来。系统电源经电缆连到底板的电源插座,再经底板的电源总线连到各功能模板。底板可以根据不同需要采用不同的总线标准和不同的插座槽数。图 5-46 为 IPC 的机箱,图 5-47 为 IPC 的底板。

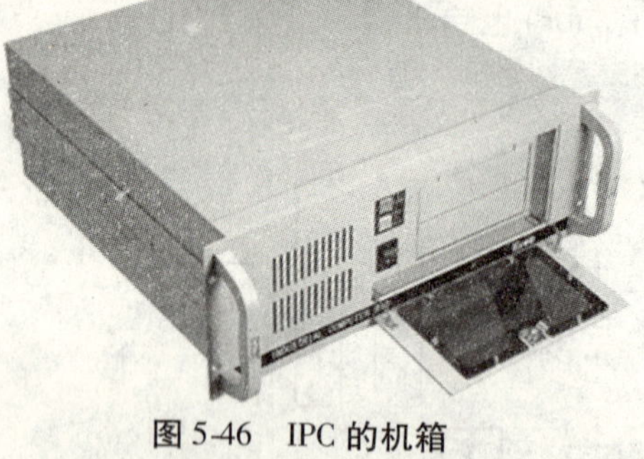

图 5-46　IPC 的机箱

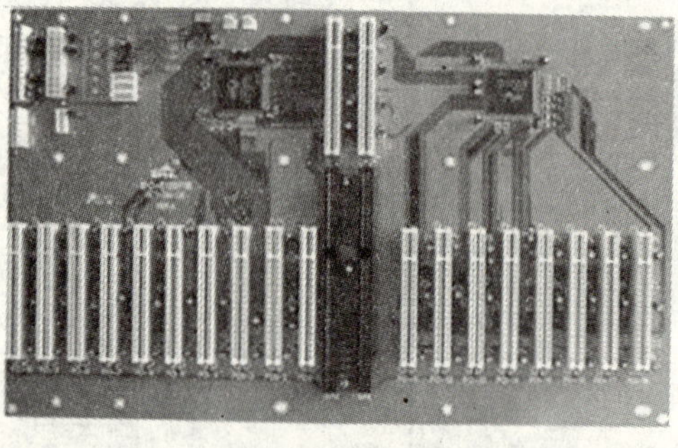

图 5-47　IPC 的底板

2)IPC 的模块化结构

为了便于根据各种控制系统的要求组成相应的控制装置,IPC 采用的是模块化的结构,根据各种功能制作成相应的功能板卡,如 CPU 卡、I/O 卡、A/D 和 D/A 卡、信号调理卡等。CPU 卡上一般配备有相应的 CPU 插座、内存插座、显卡接口、磁盘接口、键盘和鼠标接口,部分 CPU 卡还支持电子盘等。I/O 卡上一般有信号预处理和隔离器件、电源转换器件、输出继电器等。A/D 和 D/A 卡上一般有 A/D 和 D/A 转换器、运算放大器、多路转换器、采样保持器、隔离器件等。图 5-48 为 IPC 的 CPU 卡,图 5-49 为 IPC 的数据采集卡。

3)IPC 的多种实时控制功能及相应的装置

(1)监控定时器。为了保证控制系统的可靠性,提高系统的抗干扰能力,IPC 一般都具有监控定时器,俗称"看门狗"。其主要作用是:当系统因干扰或瞬时故障等出现异常时,如"飞程序"或程序进入死循环,监控定时器可以使系统自动恢复运行,从而提高系统

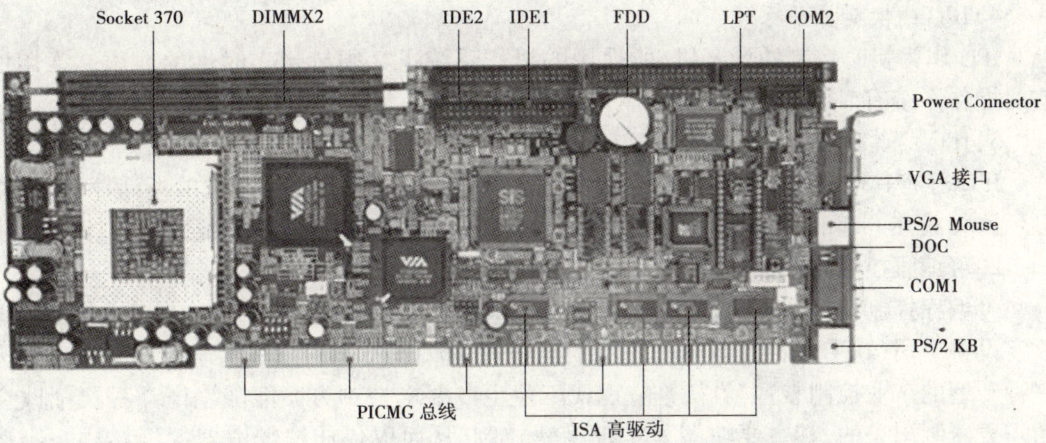

图 5-48　IPC 的 CPU 卡

可靠性，同时它也是检测系统故障的手段之一。

(2)电源掉电检测和保护功能。为防止控制过程中电源消失引起控制过程数据及现场信息的丢失，IPC 一般设有电源掉电检测和保护功能。当 IPC 在工业现场运行过程中出现电源掉电故障时，它能在掉电瞬间及时发现并保护当时的重要数据和计算机各寄存器的状态，一旦上电，IPC 能从断点处继续运行，从而起到保护现场的作用。

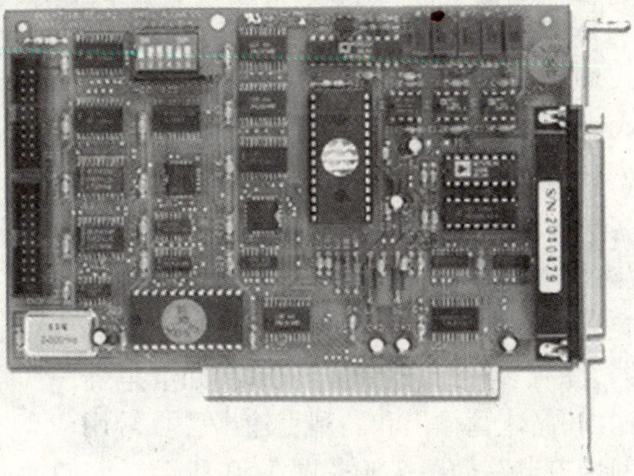

图 5-49　IPC 的数据采集卡

(3)监控定时和掉电检测功能均要有能保存重要数据的后备存储体。为了保证可靠、安全，IPC 中的这个存储体不应与工作存储器共用一个存储体，而应采用另一个后备存储体。后备存储体通常容量不大，它能在系统掉电后保证所存数据不丢失，故通常采用 NOVRAM、EEPROM 或采用后备电池的 SRAM。为了保护数据不丢失，系统的存储器工作期间，后备存储体应处于上锁状态。

(4)实时日历时钟或外部同步时钟接口。为满足实时控制的需要，IPC 一般均有相应的实时日历时钟或外部同步时钟接口。在实际工业过程控制系统中往往要有事件驱动和时间驱动的能力。一种情况是在某时刻预置某些控制功能，届时 IPC 应自动执行；另一种情况是 IPC 应能自动记录某个动作是在何时发生的。凡此种种，都必须配备实时时钟，且能在系统掉电后仍然不停顿地正常工作。常用的实时日历时钟芯片有 DS1216、DS1287 等。此外，在一些大中型控制系统中，为保证控制系统中所有计算机的控制时钟和事件记录能按统一标准的时间来进行，往往采用 GPS 对时装置给每一台计算机提供统一的同步时钟信号。

4)IPC 的实时操作系统

IPC 作为实时控制的计算机,所采用的操作系统也必须满足实时性的要求。常用的实时操作系统有 VRTX、Tornado/VxWorks 等。

5)IPC 的其他形式

IPC 还有其他形式,有将所有元件都集成在一块电路板上的嵌入式单板计算机,有将显示器集成在一起的嵌入式一体化工作站,还有曾用得较多的 STD 总线工控机等。

2. 可编程控制器 PLC

可编程控制器(Programmable Logic Controller,简称 PLC)最早出现于 1969 年,由美国数字设备公司(DEC)研制,并成功应用于美国通用汽车公司的汽车生产线上。PLC 作为一种新型的工业控制装置,最初是应现代工业生产要求控制方案能随生产品种灵活改变的需要研制出来的,其主要功能是实现逻辑控制,从而取代传统继电器的硬接线控制逻辑,克服传统继电器触点控制故障率高、系统维护量大、容易出现触点竞争和时序失配等问题。

随着微电子技术和计算机技术的迅猛发展,目前 PLC 的功能日益增强,不仅能进行一般的逻辑控制,还具备了数据运算、传送和处理的功能,可以进行模拟量控制、位置控制和实现远程通信。PLC 已成为现代工业控制的主要设备之一。

输入输出接口电路是 PLC 与外围设备之间信息传递的通道。为保证 PLC 可靠工作,PLC 在接口电路上采取了不少措施,包括在输入输出回路中采用光电耦合器,并有多种形式的输出方式,如继电器输出、晶体管输出和晶闸管输出等。常用的接口电路如图 5-50 ~ 图 5-52 所示。

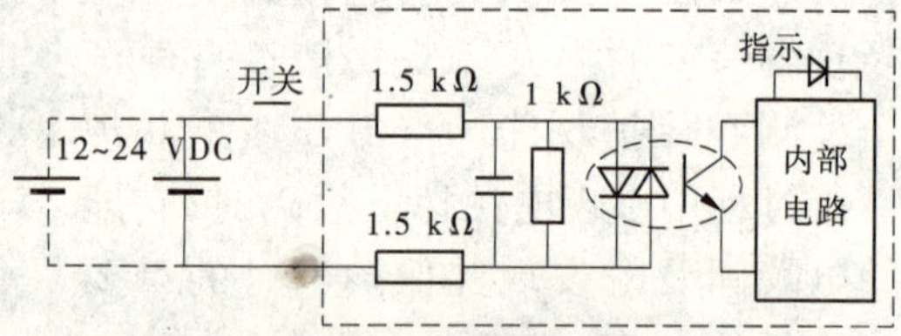

图 5-50 直流开关量输入接口示意图

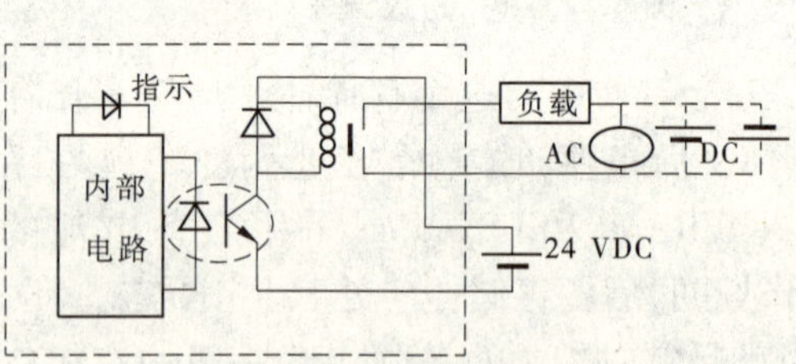

图 5-51 继电器开关量输出接口示意图

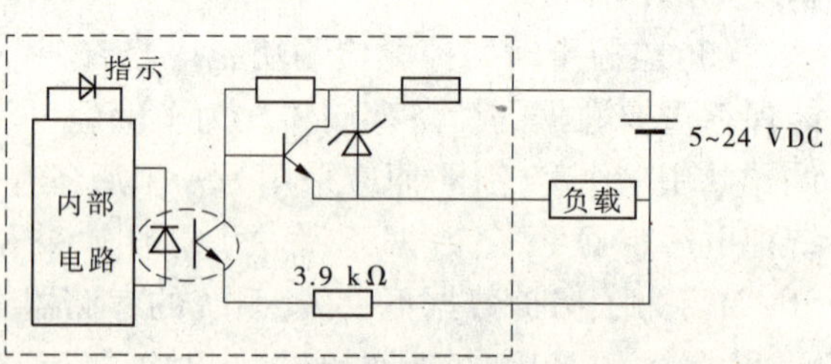

图 5-52 PNP 晶体管开关量输出接口示意图

根据 PLC 的结构不同,PLC 可分为整体式和机架模块式两种。整体式 PLC 是将 CPU、电源、输入输出部件等全集中配置在一起,结构紧凑,体积小,价格低,同时还可以扩展一定数量的功能模块,如 A/D 模块、D/A 模块、I/O 模块和运动控制模块等。机架模块式 PLC 是将各模块分开,单独设置,如 CPU 及存储器模块、电源模块、通信模块、输入模块、输出模块等,具体应用时根据系统需要,选择合适的模块并分别插入机架底板插座上,其配置灵活、方便,便于扩展,一般应用于大中型场合。

一般选择整体式 PLC,再配以相应的测频模块、A/D 模块、D/A 模块或定位控制模块等,即组成了微机调节器的控制器。图 5-53 为采用西门子 S7—200PLC 的微机调节器框图,利用 PLC 内部高速计数器实现对机频和网频的测量,利用 EM235 A/D 模块实现对接力器位移、机组功率和电站水头等模拟量的测量,调节器输出的步进电机转动方向信号、转动脉冲信号经步进电机驱动模块驱动步进电机实现电气—位移的转换,再经液压放大实现对接力器的控制。

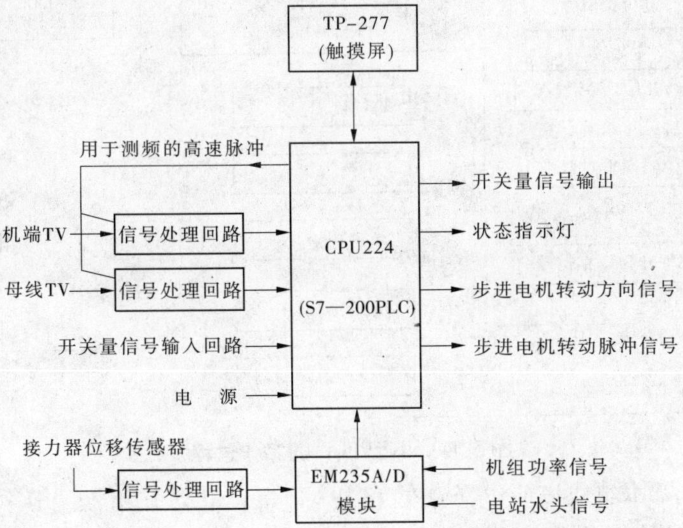

图 5-53 采用西门子 S7—200PLC 的微机调节器框图

3. 可编程计算机控制器 PCC

可编程计算机控制器(Programmable Computer Controller,简称 PCC)是 PLC 的升级产品,其基本组成和工作原理与 PLC 相同,但 PCC 具有许多一般 PLC 所不具有的特点。首先,目前 PLC 均是采用单任务操作系统,而 PCC 已经采用了多任务操作系统,这是 PCC 与 PLC 的一大区别;其次,传统 PLC 的编程语言以使用梯形图和类似于指令表的语言为主,很少支持高级语言编程,更少有自己的高级语言,而 PCC 不但支持梯形图、C 语言等各种高、低级编程语言,而且具有专门为工业控制开发的高级语言,它比通用的高级语言如 C 语言更适合工业控制的特点,更易于编程;最后,传统的 PLC 只支持一个主 CPU,然后带多个处理器进行工作,而 PCC 可以支持多个主 CPU 同时工作,而且具有智能处理器,如专门的时间处理单元(Time Processor Unit,简称 TPU)。从上述可以看出,PCC 不是简单对 PLC 的更新换代,它在很多方面突破了传统做法,在可编程控制器中引入新的控制思想和编程思想,更易于实现越来越复杂的控制要求。

与 PLC 一样,PCC 仍采用循环扫描的工作方式,但扫描顺序可以是固定的,也可以是可变的。一般小型 PCC 采用固定的扫描顺序,大中型 PCC 则采用可变的扫描顺序。这是因为大中型 PCC 处理的 I/O 点数多,其中有些点可能不必要每次都扫描,一次扫描时对某一些 I/O 点进行扫描,下次扫描时又对另一些 I/O 点进行扫描,即分时分批地进行顺序扫描。这样做可以缩短扫描周期,提高实时控制中的扫描速度。小型 PCC 的工作过程如图 5-54 所示。

在水轮机调速器中,使用小型 PCC 就可满足要求,如 B&R PCC。B&R PCC 采用的是

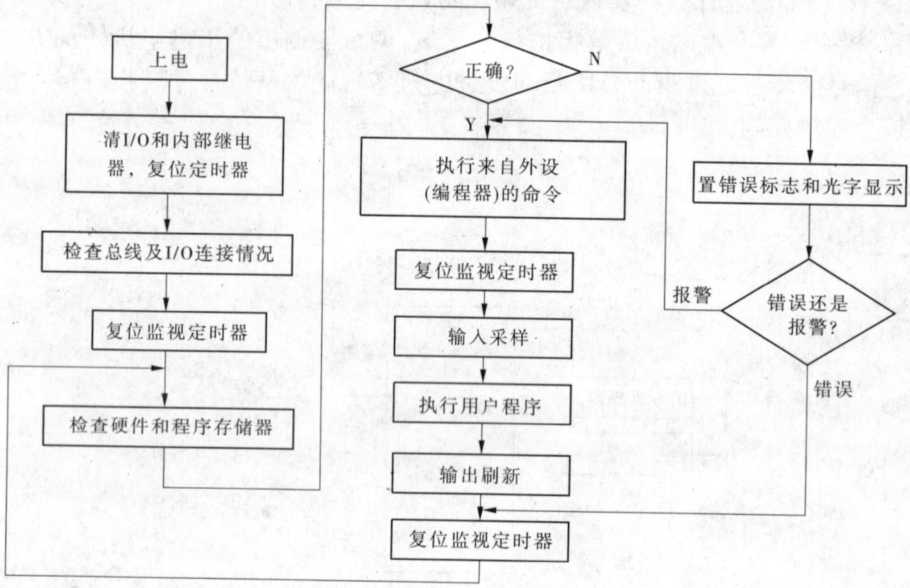

图 5-54 小型 PCC 的工作过程

模块式的结构，其基本组成模块包括 CPU 模块（包含存储器）、电源模块、通信模块、数字量输入模块、数字量输出模块、模拟量输入模块、模拟量输出模块、运动控制模块等，具体可根据系统的功能需要进行组配。

B&R PCC 与 PLC 一样都支持广泛应用的梯形图编程语言，但 B&R PCC 同时支持一些高级编程语言，更易于 PID 控制规律及一些高级控制策略的实现，这些高级编程语言包括 C 语言、B&R 高级语言 AB 等。C 语言是一种通用的编程语言，编程简单、方便，而且容易实现功能复杂的工业计算。但是它对于 PCC 来说，却并未发挥 PCC 的最大效能，有些功能需要用户自己编程来实现，这对于熟悉 C 语言的程序员来说可能很容易，但对于一般的工程人员就比较麻烦。B&R 高级语言 AB 是基于 Windows 的一种高级语言，它能够充分利用 PCC 的特点，是一种编程灵活、功能丰富的自动化编程语言，在 Windows 操作系统下，能够轻松完成各种复杂的工业控制和监视。

此外，B&R PCC 采用的是多任务分时操作系统，可以将整个操作界面分成数个分别具有不同优先权的任务等级。其中优先权高的任务等级有着较短的循环扫描周期，而且每个任务等级可包括多个具体任务，在这些任务中可再细分其优先权的高低。在这种操作系统的管理下，优先权高的任务等级总是先被执行，剩余的时间里可执行优先权较低的任务等级。一个多任务分时操作系统可以将比较重要的任务等级定义得高一些，而对一些较一般的任务可以将其任务等级定义得低一些。这样整个控制系统便得到了优化，具有较好的实时性。

5.2.4 微机调节器输入输出过程通道

微机调节器作为一个数字控制系统，根据系统的给定值与系统的实测值比较所得到的偏差及有关设备的状态作为输入信号，并按预先确定的数学模型进行运算和决策，最后输出相应的控制信号。系统的输入和输出信号有模拟量,也有开关量,这些信号都是通过相应的输入输出通道与微机调节器进行连接的。

1. 微机调节器的模拟量和开关量

水轮机调速器作为机组的主要设备之一,主要作用是监测、控制机组的转速和输出有功功率,因此频率和功率就是调速器要控制的主要参数。同时,水力发电的生产过程由许多自动化设备共同完成,机组的自动化也有着严谨的过程,因此作为机组自动化主要设备的水轮机调速器除要监测频率(包括机频和网频)和功率外,还要与其他自动装置进行信号的交换。这些信号包括:①水头 H 的测量信号;②反映导叶开度的主接力器或中间接力器位移信号;③双调中反映轮叶转角的轮叶接力器位移信号;④上位机的开停机信号;⑤机组并网信号;⑥运行及操作方式的切换信号;⑦微机同期装置的调节信号等。上述信号中既有随时间连续变化的模拟量信号,也有反映设备状态及控制方向的开关量信号,但因计算机只能接收、处理和输出数字信号,所以上述信号必须经过相应的转换和隔离才能被计算机接收并处理,计算机的输出信号也必须经过相应的转换和处理才能被执行器接收,从而实现相应的控制。

2. 模拟量输入通道

在微机调节器中,要监测的量有功率、水头和开度等一些随时间连续变化的量,这些量由相应的传感器或变送器转换为标准的模拟电压或电流信号,且这些信号在输入计算机前还必须做好相应的处理和转换。模拟量输入通道的基本组成如图 5-55 所示。

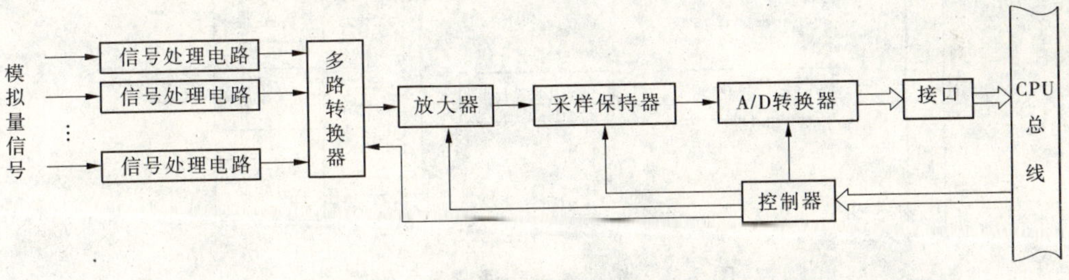

图 5-55　模拟量输入通道的基本组成

信号处理电路的作用包括滤波和信号调理。其中滤波有硬件滤波和软件滤波两种方式,通过滤波将输入模拟信号中混杂的干扰信号滤掉或将其衰减。信号调理主要是统一电平信号,将输入的各种模拟信号进行放大、衰减和转换,从而将各模拟输入信号变为统一的电平信号,便于后续电路的处理。

多路转换器的作用是通过分时切换要测量的输入信号,从而使系统可以使用一套放大器和 A/D 转换器,即可实现对多路信号的处理和转换,降低成本。多路转换器一般为集成电子开关。

放大器的作用有二:一是减少输入信号的负载,以减少通道对信号检测及处理电路的影响;二是对信号进行放大并具备一定负载能力,以便与 A/D 转换器工作范围相符。

采样保持器的作用是在某一时刻采集一个正在变化的模拟量信号,并在采集结束时保持采样值,以便在 A/D 转换过程中输入信号不发生变化,以免影响转换的结果。

A/D 转换器是模拟量转换为数字量的关键部件,根据转换结果输出方式的不同,可分为并行 A/D 转换器和串行 A/D 转换器两种；根据转换器的工作原理不同，又可分为逐次逼近式 A/D 转换器和双积分式 A/D 转换器等。

3. 模拟量输出通道

模拟量输出通道的作用是把计算机输出的数字信号转换成外部过程控制设备或装置所能接收的模拟信号。由于计算机是分时工作的，所以模拟量输出通道输出的模拟信号在时间和幅值上并不是连续的模拟量信号；同时，D/A 转换器位数不同，模拟量的输出分辨率也不同。

根据所使用的输出保持器不同，模拟量输出通道可以分为数字量保持和模拟量保持两种形式。模拟量保持形式可以多个通道共用一个 D/A 转换器，这种形式的优点是只使用一个 D/A 转换器，但为保持输出电压不至于下降太多，需要不断地进行输出刷新，而且由于通道数较多，总的转换速度较低，可靠性较差。数字量保持形式的缺点是每一通道需要一个 D/A 转换器，但其转换速度高、工作可靠，随着大规模集成电路技术的发展，这种形式的模拟量输出通道正得到越来越广泛的应用。

数字量保持形式的模拟量输出通道由接口电路、输出控制器、D/A 转换器等组成，如图 5-56 所示。计算机输出的数字量信号经接口电路送到输出控制器，在输出控制器的控制下，按照一定的地址将数字量送至相应的 D/A 转换器并将数字量锁存下来，经 D/A 转换后将模拟量直接输出。

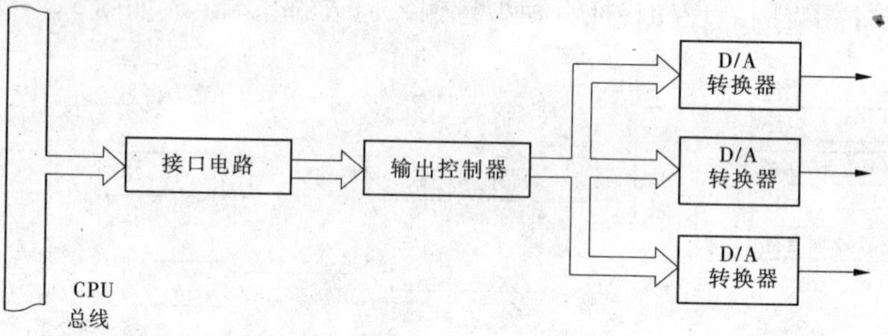

图 5-56 模拟量输出通道基本组成

4. 开关量输入、输出通道

开关信号一般指只有两种状态的信号，如开关的通和断、阀门的开和关等。微机调节器中的开关量输入信号有并网信号、开停机信号、功率增减信号、电源消失故障信号、开限全开或全关信号等，开关量输出信号有开限增减信号、事故操作及复归信号等。

开关量输入通道的作用就是把相应的开关量输入信号转换为计算机能够接收和处理的数字信号，并采取一定的隔离措施，以提高抗干扰能力。开关量输入通道通常由信号处理回路、输入寄存器、控制回路等组成。信号处理回路的作用是将生产过程的开关量信号转换成计算机所要求的电平信号，并对信号采取隔离措施和防抖动措施。常见的信号处理回路有光电耦合器式和继电器耦合式等。输入寄存器主要用于数据的记录和暂存，可在适当的时候由 CPU 去读取或采集。控制回路的作用是接收计算机发出的控制指令，产生相应的控制信号，从而按照程序的要求完成开关量的输入工作。

开关量输出通道的作用是把计算机输出的二进制开关量转换成能对生产过程进行控

制的开关量信号，并经隔离后输出到相应的控制设备，完成相应的控制任务。开关量输出通道一般由接口电路、控制回路、输出锁存器和隔离驱动电路组成。

图 5-57 是固态继电器式隔离驱动电路原理。固态继电器 SSR 是一个四端元件，其有两个输入端、两个输出端。当将一定的控制信号加到其输入端上，就可以控制输出端的“接通”和“断开”。光电耦合器的作用是输入与输出量间的隔离和控制信号的传递。触发电路的功能是在光电耦合器的控制下产生合乎要求的触发信号，以驱动开关电路控制被控对象。开关电路实际就是一个双向可控晶闸管，在触发信号的作用下可控制交流电路的通和断。过零控制电路用于保证触发电路只有在交流电压过零时，才触发开关电路实现通、断，以免产生高次谐波和尖峰干扰。吸收电路用于防止从电源传来的浪涌电压损坏开关电路或造成误动作。

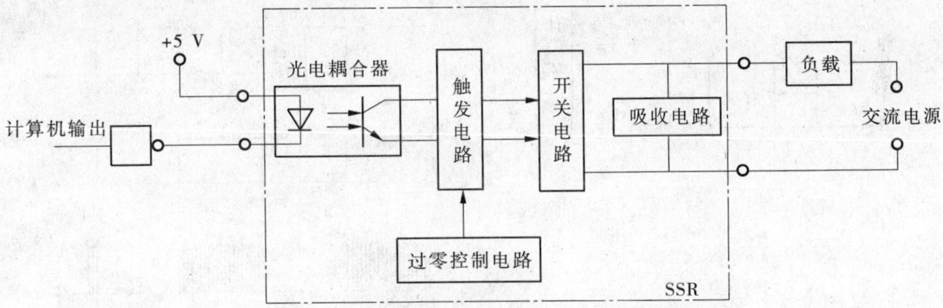

图 5-57　固态继电器式隔离驱动电路原理

5.2.5　微机调节器的频率测量

微机调节器要测量的频率信号有两个，即机组频率和电网频率，两者的工作原理一致。测量电网频率的目的是当机组在开机及空载情况时，调速器能够自动根据机组频率与电网频率的差值对机组进行控制，让机组的频率尽快地与电网达到同步，这一过程也称为自动跟踪电网频率（部分调速器还测量相位差并实现相位的自动跟踪）。机组并网以后，机组频率与电网频率一致，此时只监测机组频率，并根据机组频率与给定值的差值及功率给定值决定导叶的开与关。由于机组频率和电网频率的测量原理一致，下面主要介绍机组频率的测量方式。机组的频率信号一般取自发电机出口端的电压互感器，这是一个电气型的信号；大中型机组还有一路利用电涡流传感器及装在发电机轴上的齿盘通过电磁原理取得的机组频率信号，这是一个机械型的信号。当测频信号取自发电机出口端电压互感器时称为残压测频，当测频信号取自发电机轴上齿盘时称为齿盘测频。在残压测频和齿盘测频都正常并同时使用的情况下，机频 <20 Hz 时，采用齿盘测频，机频 ≥ 20 Hz 时，采用残压测频。具体的测频方式有两种：一是采用单片机和相应的硬件构成相对独立的测频装置；二是采用可编程控制器作为调节器，同时利用其高速计数器进行测频。

1. 周期法测频原理

水轮发电机组的额定频率为 50 Hz，属于低频信号，一般采用测量周期的方法进行，即根据被测机组的频率 f 和周期 T 的关系：$f=\frac{1}{T}$，只要测出周期 T 就可以换算出频率 f。周期法测频原理如图 5-58（a）所示，残压测频或齿盘测频信号经过限幅、滤波、整形、分频等，与另一路高频时钟信号相与，然后将相与后的信号输入高速计数器进行计数。

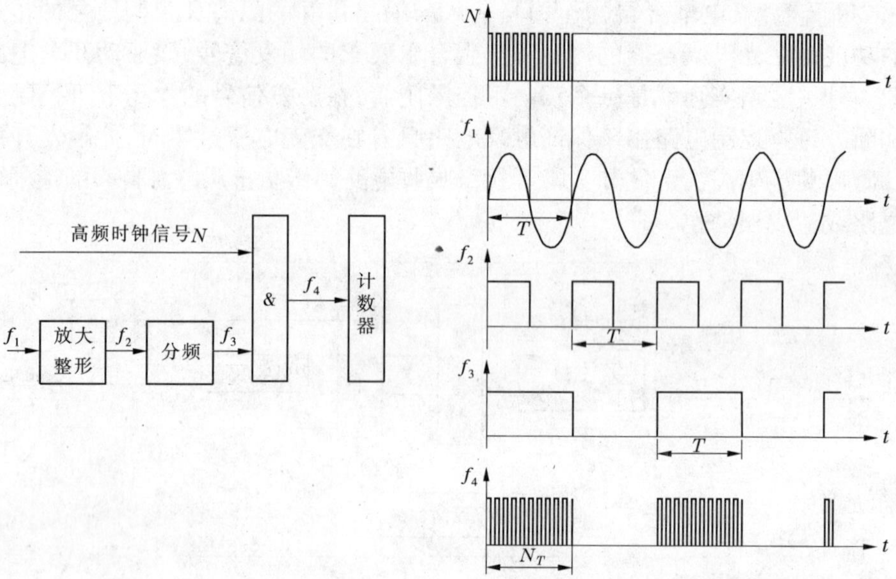

(a)原理框图　　(b)波形图

图 5-58　周期法测频原理图

图 5-58（b）是放大整形、分频、与门等电路输出信号的波形图。图中 f_1 是机组频率的正弦波信号，经过放大整形后得到方波信号 f_2，再经分频电路进行二次分频后得到方波信号 f_3，f_3 信号的正半周期为高电平 1，负半周期为低电平 0，正负半周期时间相等。f_3 方波信号为高电平 1 的正半周期时间正好是被测信号 f_1 的周期 T。N 为高频时钟信号，它可提供一个 600 kHz 的振荡信号。N 和 f_3 信号经与门电路得到图 5-58（b）所示的脉冲信号串 f_4。如果能对一个周期 T 内的半波脉冲串进行计数，就可计算出周期 T。因此，将 f_4 脉冲信号送入高速计数器端口进行计数，记其值为 N_T，则 N_T 在数值上正比于被测信号的周期 T，即

$$N_T = \frac{T}{\frac{1}{N}} = T \times N \tag{5-12}$$

为使计算机处理数据方便，确保计算精度，按照下式计算得到高速计数器内的测频计算值 F，即

$$F = \frac{C}{N_T} \tag{5-13}$$

式中：C 为常数。

例如，在被测频率为 50 Hz 时，$T=0.02$ s，$N=600$ kHz，由式(5-12)得 $N_T=12\ 000$；若取常数 $C=6\times10^8$，则由式(5-13)求得高速计数器中的频率计算值为 $F=50\ 000$；同理，若

被测频率为 48 Hz,求得 $N_T=12\ 500$,$F=48\ 000$。由此可看出,1 Hz 对应的频率计算值为 1 000,因此测频分辨率为 1/1 000 Hz。

2. **单片机测频原理**

单片机属于微型计算机,它将计算机的所有部分,包括接口部分全部都集成在一块芯片上,片内不仅含有 CPU、ROM、RAM,而且含有并行 I/O、串行 I/O、定时/计数器、中断控制、系统时钟及系统总线等。用得较多的单片机为 ATMEL 公司生产的 AT89 系列单片机,如 AT89C52 单片机。由于其高度集成,功耗低、功能强、可靠性高,所以在部分微机调速器中就直接使用单片机来完成测频任务,并把测频的结果通过 D/A 转换或直接经计算机数据总线送至微机调节器。单片机测频原理如图 5-59 所示。

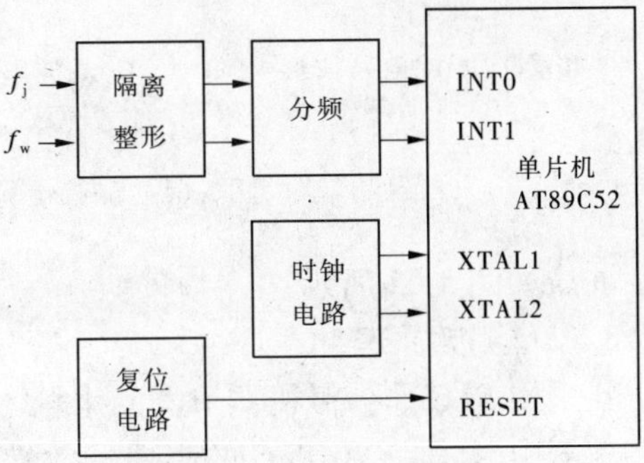

图 5-59　单片机测频原理

机组频率信号无论是取自发电机出口端电压互感器还是通过发电机轴上齿盘感应取得,其信号都属于连续变化的模拟信号(齿盘测速信号频率较高,但仍属于模拟信号),此信号必须经过隔离整形电路处理后才能进入单片机进行测量。测频信号处理回路如图 5-60 所示。

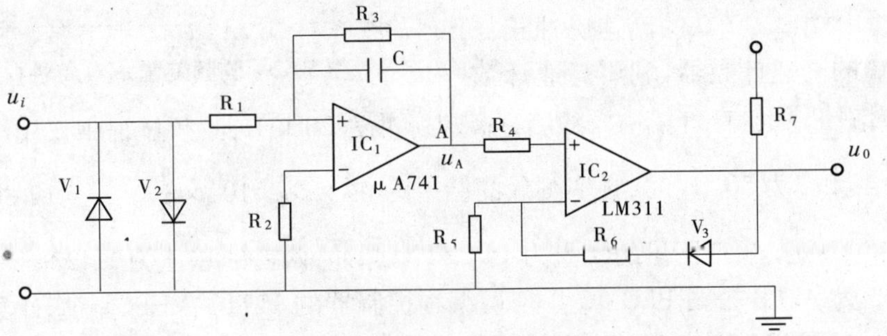

图 5-60　测频信号处理回路

其中 u_i 为反映机组频率有效值的 0.5 V 正弦电压信号,V_1 和 V_2 组成的双向限幅电路将 u_i 变换成峰值为 0.6 V 的限幅电压,并经由运算放大器 μA741 和 R_1、R_2、R_3、C 组成的滤波放大电路处理后,输出 6 V 左右的限幅电压 u_A,u_A 再经由运算放大器 LM311 和电阻 $R_4\sim R_7$、V_3 组成的比较电路,最后得到一个与被测信号频率相同的方波信号 u_0。测频信号处理电路各点电压波形如图 5-61 所示。

得到上述方波信号后,再经二分频送到外部中断源输入接口,利用二分频后的上升沿触发启动单片机内部的计数器,利用二分频后的下降沿结束计数,所得计数结果即为一周期时间内对单片机内部标准脉冲源发出的脉冲个数,经过计算可得出相应的机组转速值。该转速值可由单片机与微机调节器的数据总线进行直接传送,也可由 D/A 转换器将其转换为一定频率范围内电压与频率成正比的双极性模拟量,再经微机调节器的模拟量输入通道进入微机调节器,从而完成频率测量任务。采用 D/A 输出的单片机测频装置 $u\sim f$

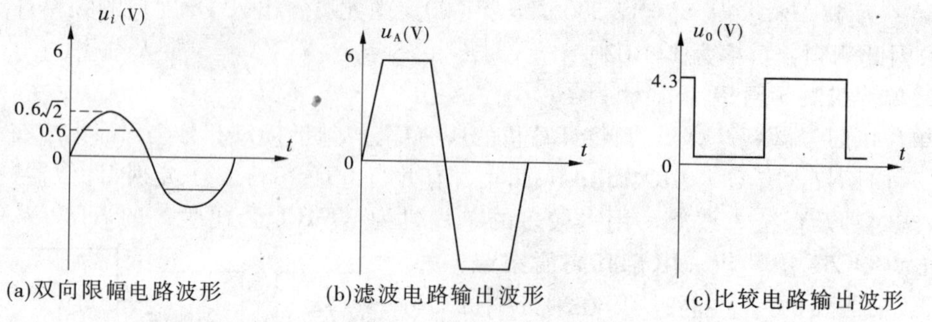

图 5-61　测频信号处理电路各点电压波形

特性曲线如图 5-62 所示。

3. PLC **测频原理**

在采用 PLC 作为微机调节器的水轮机调速器中，往往采用 PLC 的高速计数模块或 PLC 内部的高速计数器来实现测频。在采用 S7 – 200 系列 PLC 的微机调节器中，首先将待测的频率信号进行放大整形，再经 64 分频后分成两路，一路与 PLC 高速脉冲输出端口 Q0.0 的高速脉冲相与后送入 PLC 的高速计数器，利用高速计数器实现频率测量。由于 PLC 输入的测频高速脉冲为 20 kHz，测频过程中仅用了半个周期信号，因此当频率为 50 Hz 时，频率测量的结果为 $64\times20\times10^3\times\frac{1}{2}\times\frac{1}{50}=12\ 800$ 个脉冲，当频率为 45 Hz 时，频率测量的结果为 14 222 个脉冲，两者的差值为 1 422。

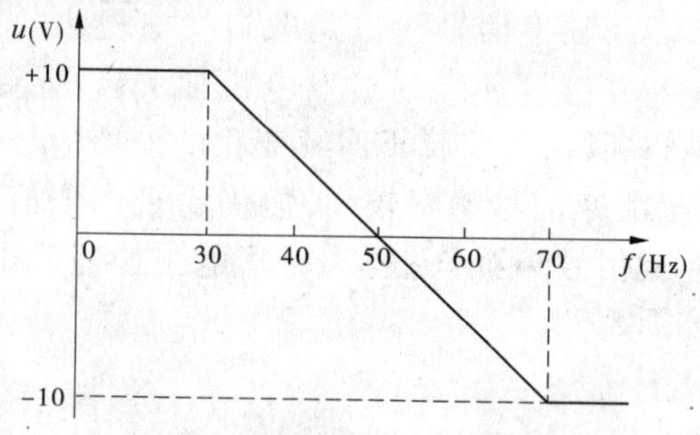

图 5-62　测频装置 $u\sim f$ 特性曲线

图 5-63 为 A – B 公司 PLC – 5 系列可编程控制器的 1771 – VHSC 高速计数模块测频原理。1771 – VHSC 高速计数模块测频原理还是采用周期法，被测机组频率信号和电网频率信号分别经过放大整形和二分频后，送入通道 GATE0、GATE1，在模块内部 GATE0、GATE1 与标准的 4 MHz 信号相与后进行计数。如机组频率为 50 Hz，可测得一个周期内的脉冲个数为 80 000，其测量精度是很高的，完全可满足调速器对测频精度的要求。

5.2.6　水轮机调节参数对系统的影响

1. 水轮机调节参数对系统特性的影响

1）调节对象特性参数对调节过程的影响

（1）水流惯性时间常数 T_w。T_w 是使调节过程动态品质恶化的主要因素，它随着压力管道长度和水头的增加而增大。T_w 的增大会使调节系统接近稳定的边界，调节过程中转速的偏差会加大，波动次数会增多，调节时间会加长，甚至会超出稳定区域而无法使调节系统稳定下来。因此，当 T_w 增大时，应加大调速器的反馈参数。

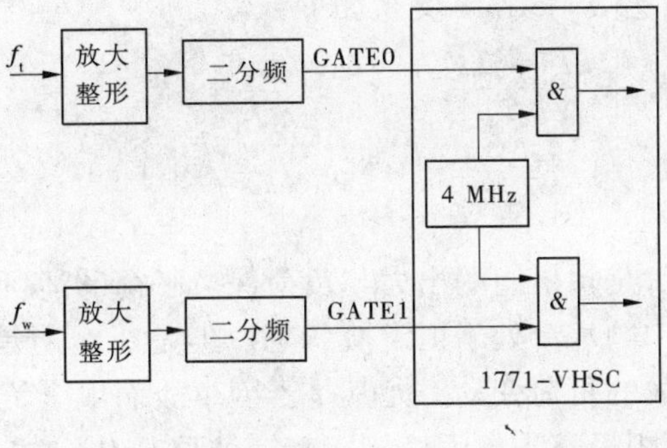

图 5-63　1771 – VHSC 高速计数模块测频原理

(2)机组惯性时间常数 T_a。T_a 反映机组惯性的大小,机组惯性加大,有利于调节系统的稳定和延缓机组转速的变化,但 T_a 过大也会导致系统调节时间增加,调节过程加长。总之,T_a 增大对改善动态品质是有显著好处的。

(3)机组自调节系数 e_n。e_n 是表示机组受到外界扰动后反抗转速变化的自平衡能力,e_n 越大,越有助于稳定和改善动态调节品质。因此,机组在大电网中并列运行时,由于负载的自动调节作用和惯性作用,T_a 和 e_n 均将增大,其调节品质必然优于单机运行时的工况。

上述三项调节参数,对调节系统而言,一般是不能改变的,只能反映调节对象动态特性的优劣,以作为选择调速器参数的依据。

2)调速器参数对调节过程的影响

(1)暂态转差系数 b_t。b_t 的大小反映了软反馈的强弱。b_t 增加,表示软反馈作用加强,可使得调节过程转速偏差和振荡次数减少,有利于改善动态品质。但 b_t 值过大,将使调节过程速动性变差,导叶动作速度减慢,调节时间加长,转速偏差反而加大。因而,对于不同调节对象都有其最佳的 b_t 值。一般情况下,T_w 较大时应增加 b_t 值以减小水击作用,T_a 较小时应增加 b_t 值以减小转速变化。

(2)缓冲时间常数 T_d。T_d 的大小反映了软反馈的快慢。T_d 值增大,软反馈衰减变慢,调节速度放慢,有利于减少调节过程的振荡次数和超调量,提高调节过程的稳定性。但 T_d 值过大,会使调节时间加长,调节速动性变差。因而,对于不同调节对象亦有其最佳的 T_d 值。

(3)加速度时间常数 T_n。T_n 的大小反映了 PID 调节器中微分环节作用的强弱。T_n 值增大,微分作用增强,在系统输入发生变化时调节信号输出增大,系统的速动性提高。但 T_n 值过大,容易在系统输入发生变化时形成较大的冲击输出,引起系统稳定性降低。一般情况下,T_n 的取值要结合水流惯性时间常数 T_w 来确定,T_w 越大,则 T_n 取值也越大。

(4)永态转差系数 b_p。永态转差系数 b_p 的大小反映了硬反馈的强弱,其最主要的作用是实现有差调节,在并列机组间进行变动负荷的自动分配。加大 b_p 值可增加调节的稳定性,但由于 b_p 值的可调范围有限,故其对调节系统的稳定性和动态品质影响不大。

对于微机调速器,也常有采用比例增益 K_P、积分增益 K_I 和微分增益 K_D 作为调速器

整定参数的，它们与 b_t、T_d 和 T_n 的换算关系如下

$$K_P = \frac{T_d + T_n}{b_t T_d}, \quad K_I = \frac{1}{b_t T_d}, \quad K_D = \frac{T_n}{b_t}$$

2. 改善调节保证参数

1）调节保证计算简介

机组运行的稳定工况，是指机组的出力与负荷保持平衡的运行状态，这时机组的转速恒定不变，而且压力水管中的水流处于恒定流状态。但是机组所承担的负荷是不断变化的，而且机组常会碰到较大的负荷变动。尤其是当因事故而甩全负荷时，会出现水轮机动力矩与发电机的负荷阻力矩极不平衡而使机组转速急剧变化，这时调速器迅速调节进入水轮机的流量以使机组出力与变化后的负荷重新保持平衡，机组进入一个新的稳定工况。在上述调节过程中，机组转速与压力水管中的水压力都将发生急剧的变化，甚至可能产生危及机组、水电站压力引水系统及电网安全的严重事故。如较大的水击压强变化使压力管道爆裂或压扁以及水轮机遭到破坏；过高的转速变化使机组强烈振动并损害机组的强度和寿命，甚至造成机组飞逸事故等。

在水电站压力引水系统和水轮发电机组特性确定时，对水击压强变化和转速上升大小起控制作用的是导叶调节时间和调节规律。因此，在水电站设计时要计算调节过程中的最大水击压强变化值和最大转速上升值，并据此选择合理的导叶调节时间和调节规律，使水击压强变化和转速上升都在允许范围内，这在工程上称为调节保证计算，简称调保计算。

调节保证计算的任务是：根据水电站压力引水系统和水轮发电机组特性，选择合理的导叶调节时间和调节规律，进行最大水击压强变化值和最大转速上升值计算，使水击压强变化和转速上升都在允许范围内。

2）改善调节保证参数的具体措施

压力管道较长的高、中水头水电站，当水流惯性时间常数较大（T_w 超过 2 ~ 3.5 s）时，调保计算的结果很难同时满足压力上升率和转速上升率的要求。为了保证机组安全运行，应当采取一些技术措施来降低水击压力或限制转速上升。压力管道的长度受地形和水电站总体布置的限制，一般较难缩短；加大管径可以降低水击压力，但会增加投资。通常采取的技术措施如下。

改变导叶关闭规律。调节元件的运动规律，对水击压力和转速变化起着决定性的影响。图 5-64（a）是在相同时间内给出的 3 种导叶关闭规律，图 5-64（b）是对应 3 种关闭规律的水击压力变化曲线。从图中可以看出，关闭规律 Ⅰ 的关闭速度均匀，其水击压力有一稳定值；关闭规律 Ⅱ 的关闭速度先快后慢，因此水击压力先升后降，有一极限值；关闭规律 Ⅲ 的关闭速度先慢后快，因此水击压力先小后大，此种情况相当于缩短了关闭时间，所以这种规律对水击压力变化最不利。因此，确定合理的导叶关闭规律对降低水击压力和限制转速上升有着重要的意义。

比较规律 Ⅰ、Ⅱ 可知，规律 Ⅱ 有利于在开始阶段迅速减小水轮机动力矩，使最大转速上升值减小。综上可知，导叶关闭以采用先快后慢的关闭规律为佳，此种关闭规律可以有效地降低水击压力和转速上升值。目前，常采用导叶的两段关闭规律，即在调速器中采取

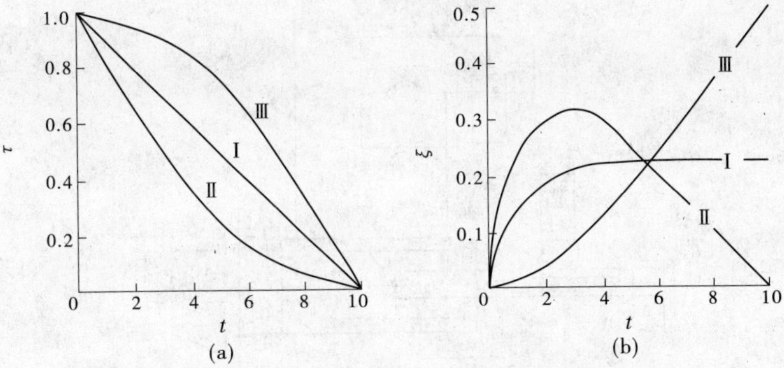

图 5-64　导叶关闭规律对水击压力上升的影响

一定的措施，使接力器关闭速度先快后慢。图 5-65 所示为某水电站采用两段关闭规律时甩负荷示波图。由图可知，在甩负荷开始阶段，导叶关闭速度快，因此有利于降低转速上升值，当压力上升到规定数值时，导叶关闭速度减缓，使随后发生的压力上升不会比折点处的压力上升高，所以甩负荷过程中最大压力上升值发生在折点处。因此，只要适当选择折点 A 的位置和第一、二段的关闭速度，就可以达到降低水击压力和限制转速上升的目的。

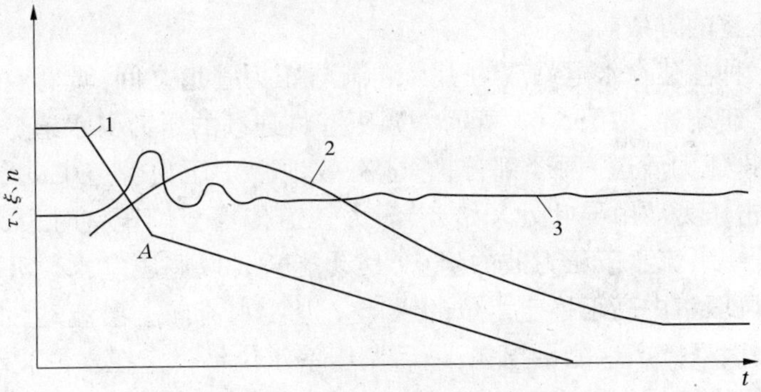

曲线 1：导叶开度 τ 的变化规律，即 $\tau \sim t$ 曲线；

曲线 2：压力管水击压力 ξ 的变化规律，即 $\xi \sim t$ 曲线；

曲线 3：水轮机转速 n 的变化规律，即 $n \sim t$ 曲线；

图 5-65　某水电站采用两段关闭规律时甩负荷示波图

图 5-66 所示为某系列高油压调速器两段关闭装置工作原理。在图 5-66 中，分段关闭装置由单向节流阀 2、可调撞块 3 和二位二通行程阀 4 等组成。行程阀是利用行程挡块压下顶杆或滚轮使阀芯移动来控制油路通、断的换向阀。当液压缸向开机侧运动时，单向节流阀 2 无节流作用，无论可调撞块 3 及行程阀 4 处于何种状态，基本上不影响液压缸的开启速度；当发出停机令后，液压缸活塞向关闭方向移动，当可调撞块 3 尚未撞上行程阀 4 使其改变机能时，液压缸回油腔的油经行程阀 4 快速流到回油箱，导叶快速关闭，此为第一段关闭速度；当可调撞块 3 撞上行程阀 4 时，行程阀关闭，这时油流被迫经单向节流阀 2 流入回油箱，油流速度减小，使液压缸活塞速度减小，导叶关闭速度变慢，此为第二段慢关速度，从而形成导叶关闭速度先快后慢的两段关闭规律。

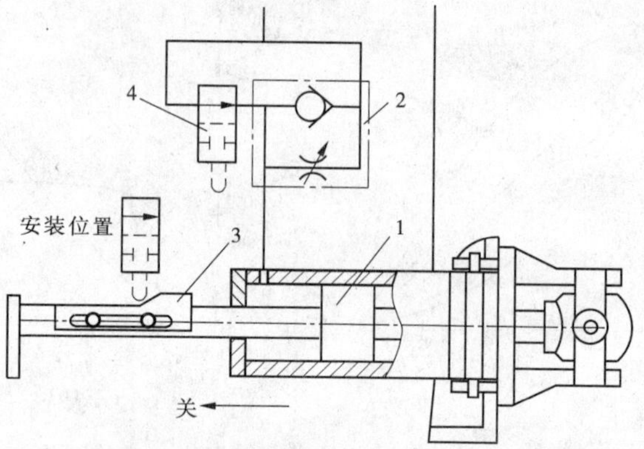

1—接力器;2—单向节流阀;3—可调撞块;4—行程阀

图 5-66　某系列高油压调速器两段关闭装置工作原理

3)设置调压室

从调节特性对调节过程的影响可知,要减小水击压力升高值,可采用缩短管道长度或增大管径的方法来减小 T_w 值。但是管道长度取决于地形地质条件,而增大管径会造成投资的增加,因此采用缩短管道长度或增大管径的方法来减小 T_w 值并不是可取的方法。一般采用设置调压室的方法。

调压室是一种修建在水电站压力引水隧洞与压力管道之间,具有自由水面和一定容积的调节性水工建筑物,如图 5-67 所示。调压室将连续的压力引水道分成上游引水道和下游引水管道(即压力管道)两个部分,它能有效地减小压力管道中的水击压力上升值。当甩负荷时,水击压力波由导叶处开始,沿压力管道传播至调压室时,水击波被调压室反射。而引水隧洞中水流由于压力波的阻止,其动能暂时以调压室水位升高形成的位能储存起来。随后,调压室中高于稳定水位的水体又迫使水流向上游流动,水位形成波动,由于水流在流动中因摩擦产生能量损失,最后调压室水位将稳定在水位波动发生前的水位。在上述过程中,压力管道中的水击压力升高由两部分决定,即压力管道内水流惯性引起的调压室水位升高和引水隧洞中水流惯性引起的调压室水位升高。而当调压室断面越大时,后者影响越小。所以,要减小压力管道内的水击压力上升值,调压室的位置要尽量靠近厂房。

当水电站增加负荷时,水轮机引用水量加大,如果 T_w 较大而未设调压室,水流可能会出现断流,设置调压室则可暂时补充不足水量以保证水流的连续性。此时,调压室中的水位将有所降低,则压力管道内由于增负荷引起的压力降低也会减小,这对保证管道结构的安全和调节系统的稳定性都会带来好处。

调压室建造投资大、工期长,在实际工程中是否采用调压室,应根据水电站在电网中的作用、机组运行条件、水电站枢纽布置以及地形、地质条件等进行综合技术经济比较后确定。在初步分析时,是否设置调压室可用整个引水管道中的水流惯性时间常数 T_w 值进行判断。对于孤立系统或水电站容量占电力系统总容量50%以上者,允许 $T_w = 2.5 \sim 3.0$ s;水电站容量占电力系统总容量20%以下者,允许 $T_w = 5.0 \sim 6.0$ s;当 T_w 超过上述范围时应考虑设置调压室。

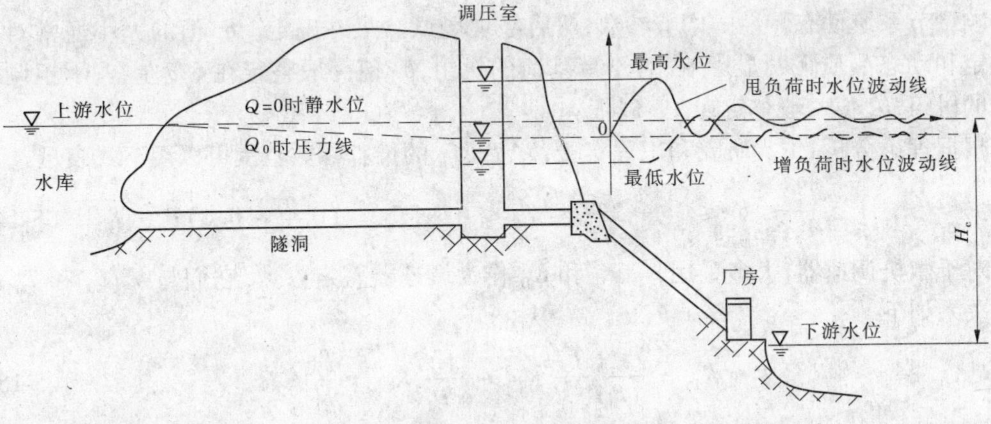

图 5-67　调压室布置及其内部水位波动

4）增大机组转动惯量 GD^2

增大机组的转动惯量，有利于稳定机组的转速，特别是在甩负荷工况下，可有效降低机组转速的上升率。机组转动惯量 GD^2 一般以发电机转动部分为主，而水轮机转轮相对直径较小、质量较轻，通常其 GD^2 只占机组总 GD^2 值的10%左右。一般情况下，大中型反击式水轮机组按照常规设计的 GD^2 已基本能满足调节保证计算的要求；如不能满足要求，应与发电机制造部门协商解决。小型机组，特别是转速较高的小型机组，由于其本身的 GD^2 较小，常用加装飞轮的方法来增加机组的转动惯量。此外，加大 GD^2 意味着加大机组惯性时间常数，这会对调节系统稳定性带来有利影响。

5.2.7　水轮机调速器参数的整定

水轮机调速器参数包括主要性能指标参数和主要调整参数两大类，主要性能指标参数是说明调速器主要性能的参数，如调速器转速死区、接力器不动时间以及工作油压、接力器容量或主配压阀直径、接力器行程等，是不可调的。调速器主要调整参数是调速器根据水电站实际情况进行整定的参数。

1. 微机调速器主要调整参数

微机调速器主要调整参数有两大类，一类是传统的调速器调整参数，包括暂态转差系数 b_t、缓冲时间常数 T_d、加速度时间常数 T_n；另一类是目前微机调速器普遍采用的调整参数，包括比例增益 K_P、积分增益 K_I、微分增益 K_D。此外，在微机调速器上往往还有永态转差系数 b_p、人工频率死区、频率给定值、开度或功率给定值、电气开限值、启动开度整定值、功率给定快速增减时间等参数。

2. 微机调速器主要调整参数的整定

在微机调速器中，要整定的最主要参数是比例增益 K_P、积分增益 K_I、微分增益 K_D 和永态转差系数 b_p，这些参数的大小对水轮机调节系统的稳定性和调节品质有明显的影响，必须慎重整定。其他参数均容易理解并可在实际运行中找到合适的整定值或根据实际运行需要调整其整定值，如开度或功率给定值的调整。

调速器参数选择方法为：根据调节对象的特点，利用最优调节的推荐公式初步确定上述影响调节系统动态特性的调节参数，然后经现场试验最终确定。b_p 值的大小通常对系统稳定和动态品质无明显影响，对于带基荷的机组，b_p 值一般整定在6%左右；承担调频任务的机组，b_p 值一般整定在3%以下。

根据理论分析、仿真研究和工程实践，b_t、T_d、T_n 的推荐参数范围可以用下式表示

$$1.5\frac{T_w}{T_a} \leqslant b_t \leqslant 3\frac{T_w}{T_a}, 3T_w \leqslant T_d \leqslant 6T_w, T_n = (0.4 \sim 0.6)T_w \tag{5-14}$$

对于微机调速器，大多采用 K_P、K_I 和 K_D 作为调速器整定参数，它们与 b_t、T_d 和 T_n 的换算关系如下

$$K_P = \frac{T_d + T_n}{b_t T_d}, K_I = \frac{1}{b_t T_d}, K_D = \frac{T_n}{b_t} \tag{5-15}$$

调速器以 b_t、T_d、T_n 形式给出调节参数使用时间较长，与调速器物理概念联系紧密，但是，即使微机调速器以 b_t、T_d、T_n 形式给出参数，在计算机内仍需计算出 K_P、K_I、K_D 再进行使用。

考虑到式(5-14)和式(5-15)，微机调速器 K_P、K_I、K_D 初始参数范围见下式

$$\left.\begin{aligned} 0.33\frac{T_a}{T_w} \leqslant K_P \leqslant 0.67\frac{T_a}{T_w} \\ 0.167\frac{K_P}{T_w} \leqslant K_I \leqslant 0.33\frac{K_P}{T_w} \\ 0.4T_wK_P \leqslant K_D \leqslant 0.6T_wK_P \end{aligned}\right\} \tag{5-16}$$

微机调速器调节参数均有一定的整定范围，其中 $K_P = 0.5 \sim 20$，$K_I = 0.05 \sim 10\ s^{-1}$，$K_D = 0 \sim 5$ s。具体整定时，可根据式(5-16)先确定 K_P，然后确定 K_I 和 K_D。对于混流式机组，应取较大的 K_P、K_I、K_D 值；对于轴流式和贯流式机组，则应取较小的 K_P、K_I、K_D 值。在调速器的调整试验过程中，根据试验结果再进行相应的调整，以获得最合理的一组调节参数。

为保证并网机组负荷调节的速动性，并网运行时的 b_t、T_d 值通常要比空载运行或单机带负载时小得多。但经验表明，为保证负荷调节的稳定性，b_t 值一般不宜调整为零，应根据机组和电网的具体情况，通过分析和试验确定。

需要指出的是，一般电液调节装置的空载调节参数与负载调节参数是通过发电机出口断路器的辅助接点切换的，然而这种切换方式不能判断发电机出口断路器闭合后机组是并网运行还是单机带负荷运行。如果在单机带负荷运行时仍采用并网运行工况下的调节参数，则势必影响调节系统的稳定性，因此对于那些可能单机带负荷运行的上网机组，应采取必要的技术措施。在未采取技术措施之前，可先按单机带负荷运行的要求整定调节参数，以确保机组从电网解列后运行的稳定性。

5.2.8 微机调速器机械部分的调整

1. 组装检查

微机调速器现场装配或大修时，应进行以下检查：

(1)对调速器机械液压系统相关零部件进行清洗。具体方法是:用压缩空气对液压集成块、主配压阀阀盖、内部管道零部件进行吹扫,并用煤油反复清洗,将杂质清除干净,再用汽油清洗。清洗过程中不得碰伤阀盘的棱角,不得随意修磨。

(2)检查所有零部件装配是否符合设计图纸的技术要求。具体内容是:检查主配压阀的上、下高压耐油石棉橡胶垫等是否装正,要用锥销或定位螺钉准确定位,检查各处O形密封垫是否漏装或损伤。

(3)检查主配压阀等部件的灵活性。具体方法是:将主配压阀、引导阀活塞旋转任意角度,应均能在各自阀套内靠自重缓慢自行下滑,如发现不灵活,应检查杂质是否清除干净。

(4)检查电液转换器或电机伺服系统的灵活性。应确保电液转换器或电机伺服系统在工作行程范围内,无受力不均匀、卡阻现象,同时调整好中间平衡位置。

(5)在调速器额定工作油压下,所有密封表面不允许漏油或渗油。

2. 零位的调整

对有引导阀的伺服系统,将开机调整螺栓先调至主配压阀最大行程位置,再开启油压装置的总供油阀,使调速器各液压部件充油,然后调整引导阀中间位置,以使接力器能在任何位置稳住为准(可操作手动控制手轮,使接力器开或关)。一般接力器在5 min内的漂移小于1 mm即可,因为在开环情况下,不能做到完全不动。

3. 电机限位开关的调整

对电机伺服系统的微机调速器,应调整好电机限位块。调整方法是:手动旋转手轮,使限位块上、下移动设计行程后能令限位开关动作,以便将电机及驱动器电源切断,使电机失磁。如为无油电液转换器,应能自动复中,接力器应能稳定在当前位置不动。

4. 油压装置的调整

(1)压力油罐。正常情况下压力油罐内约打2/3的压缩空气,1/3的压力油。首次运行前后应注意观察油标的变化,油位过高或过低都可能引起事故。

(2)中间油罐和补气阀。首次利用补气阀向压力罐充气时,工作原理与正常运行时自动补气相同。通过压力继电器调整油泵启动、停止的压力范围,通过放油阀适当调整放油速度来达到这种配合。

5. 接力器开关机时间的调整

接力器开关机时间的调整分为两种情况:一是水流惯性时间常数 T_w 较小($\leqslant 2.5$ s),采用直线关闭规律;二是水流惯性时间常数 T_w 较大(>2.5 s),采用分段关闭规律。

(1)当接力器采用直线关闭规律时,接力器最短关闭时间 T_s' 按水电站调节保证计算所得值来整定。不同型号调速器的整定方法有所不同,例如,有采用主配压阀上方的开关机时间调整螺母进行调整的,如图5-24所示;有采用节流阀调整进入接力器的油流量大小来调整开关机时间的;有采用调节插装阀上的行程调节盖板来调节开关机时间的,如图5-8所示。

(2)接力器分段关闭规律是利用可调撞块、行程阀和节流阀等实现的,分段关闭的拐点位置由可调撞块位置来整定;第二段关闭时间由单向节流阀调整,节流阀开大(逆时针旋转节流阀旋钮)可缩短关机时间,反之则延长关机时间。

5.2.9 微机调速器电气部分的调整

1. 电气接线及电源检查

(1)与调速器电气部分相配合的水电站二次网路接线应准确无误,信号线应采用屏蔽电缆,各端子连接牢固,引出接线端子板的电缆都用机械方式固定。

(2)电缆绝缘必须能承受现场温度、湿度及化学试剂的考验。

(3)电气柜应安全接地,即用直径 30 ~ 35 mm 铜导体将电气柜可靠接地,以保护人身安全和减小电流噪声。

(4)调速器电气部分所使用的电源电压在规定的工作范围内,输入电源电压(220 VAC、220 VDC)和极性连接正确。

(5)交直流电源分别供电和即时供电时,开关电源输出电压应正确,交直流电源输入在 -15% ~10% 额定电压范围变化时,开关电源输出电压应正确。

2. 电气反馈调整试验

电气反馈元件要与固定支架牢固连接,不得有任何晃动,防止信号不稳。

(1)可靠连接反馈元件接线,供电电源、电路外部接线与引线连接必须准确无误且高度可靠,以避免信号不稳、失真和干扰。

(2)导叶反馈零点调整,手动控制使接力器全关,调整导叶反馈电平在 80 ~ 100 mV,并使导叶开度指示调为零。

(3)导叶反馈全开调整,手动将接力器开到全开,调整反馈传感器,使反馈电平在 9.8 ~ 10 V,并将导叶开度指示调为 100%。

(4)操作接力器全开全关几次,检查全开值和全关值是否改变。若发生变化,应按上述方法重新调整,直至符合要求。

桨叶反馈元件的调整方法与电气反馈元件相同。

3. 人机界面检查

检查人机界面及相应功能是否正常,画面刷新及切换是否正确。例如将频率信号发生器输出的频率信号代表机组频率送入调速器,检查人机界面中的频率指示是否一致;又如将接力器手动操作至某一开度,检查显示的接力器开度值是否正确等。

检查机组运行状态是否正确指示,如模拟开机、停机、发电、调相,调速器调节模式设置及切换是否正确指示,以及各种故障时能否正确地发出故障报警信号等。

4. 人机界面操作调整

微机调速器一般标配触摸屏作为人机交互的设备,触摸屏上人机界面画面一般有主菜单画面、运行窗口画面、参数窗口画面、故障窗口画面、试验窗口画面等。下面以武汉能事达电气有限公司轴流转桨式机组微机调速器的人机界面式样为例,说明操作调整的主要内容。

1)主菜单画面操作

图 5-68 为调速器的主菜单画面,画面上有 3 个圆形表计,分别显示机组频率、导叶开度、桨叶开度;在画面下方可以观察到运行模式(频率模式、开度模式、功率模式等)、执行工况(停机过程、开机过程等)、手/自动状态(手动状态、自动状态);画面上方有 4 个下拉

窗口，点击每个窗口可进入相应子菜单画面。点击“公司主页”按钮可回到语言选择的主页画面。

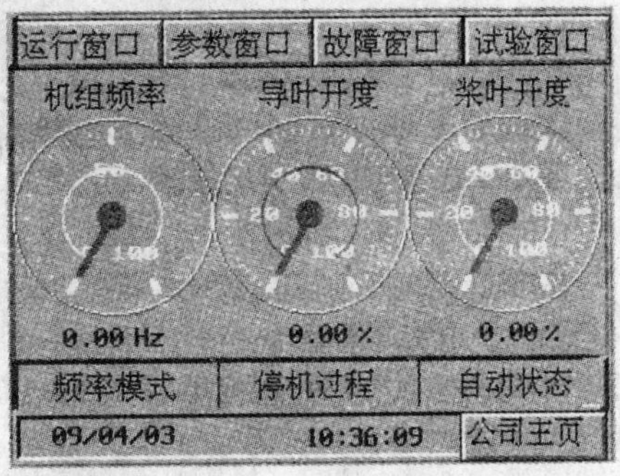

图 5-68 调速器的主菜单画面

2)运行窗口画面操作

运行窗口画面如图 5-69 所示。点击主菜单画面的“运行窗口”按钮，显示两个子菜单，即“数据报表”、“状态指示”，如图 5-69(a)所示。选择“数据报表”可进入数据报表画面，如图 5-69(b)所示。该画面显示的主要参数有机组频率、导叶开度、桨叶开度、导叶开限、有功功率、工作水头等 6 个参数，在第二列和第三列分别显示了各参数对应的给定值和实际值，以便观察、比较。

点击右下角“参数报表”键，可返回主菜单画面。

选择图 5-69(a)中“状态指示”按钮，可进入状态指示画面，如图 5-69(c)所示，画面中有空载运行、负载运行、停机等待、导叶自动、桨叶自动等状态指示。当前指示状态出现时，该状态指示框颜色变深，其余指示框颜色变浅。

点击右下角“状态指示”键，可返回主菜单画面。

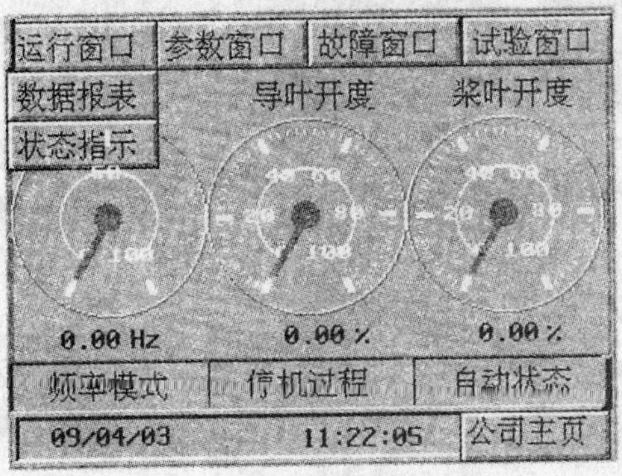

(a) 运行窗口子菜单

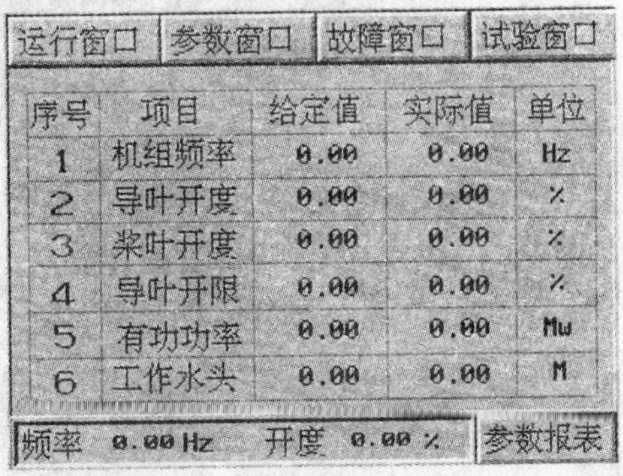

(b) 数据报表画面

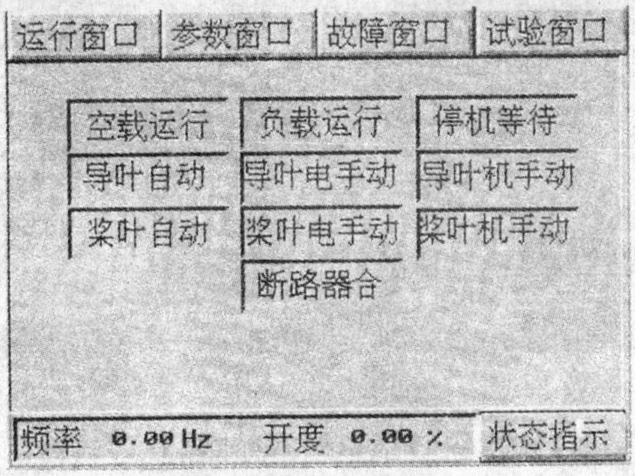

(c) 状态指示画面

图 5-69 运行窗口画面

3)参数窗口画面操作

参数窗口子菜单包括“PID”、“模式切换”、“开度设置”、“协联给定”等选项按钮。

(1)PID 参数修改。点击主菜单画面的“参数窗口”按钮,在下拉菜单上选择“PID”进入 PID 画面,如图 5-70 所示。该画面内有永态转差、暂态转差、缓冲时间、加速度时间、频率死区、开度死区等影响 PID 运行的参数,每个参数给出了设定值和设定范围。其中,参数 b_p、b_t、T_d、T_n 为调试过程中选定的较优参数;当机组频率变化超过频率死区时,调速器自动根据 b_p 值调整导叶开度和机组负荷。只有具有操作权限的操作人员才能修改画面中的参数值。

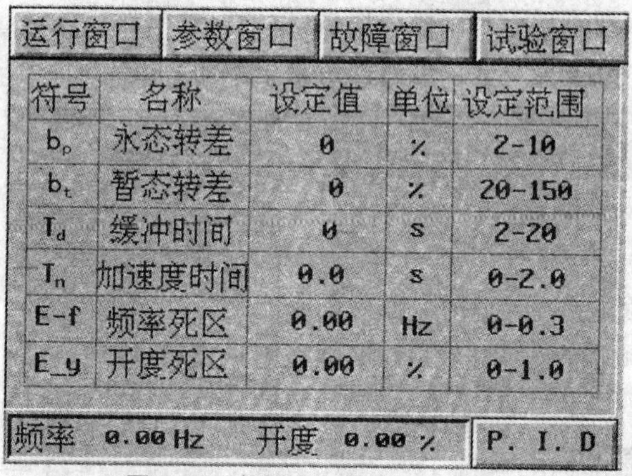

图 5-70　参数窗口内的 PID 画面

参数修改方法:触摸要修改参数(即“设定值”)的数字,就会出现如图 5-71 所示的画面,通过该键盘输入所需要的数字,点击“←”键可删除输入的错误数据,点击“×”键可以关闭该键盘,点击“↔”键可以挪动键盘的位置,输入完毕点击回车键“↵”。当输入数据在允许范围内时,触摸屏将弹出“Are you sure?”显示窗,确定输入数据无误后,点击“YES”键确认;如果输入数据超过允许范围,显示窗会显示“Error!”提示,操作者可以重新输入。

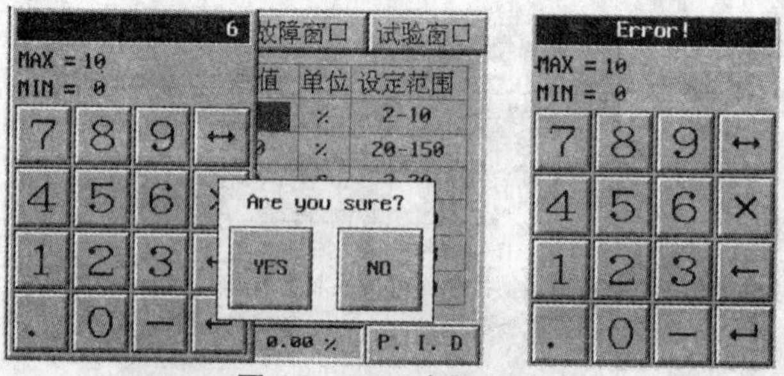

图 5-71　PID 参数修改

点击右下角“P. I. D”键,可返回主菜单画面。

(2)模式切换及给定参数修改。点击“参数窗口”选择“模式切换”,可进入模式切换画面,如图 5-72 所示。该画面设有“开限设定”、“水头设定”、“开度给定”、“频率给定”等可调整参数。操作者可根据实际需要输入符合调速器运行的数值。

开限设定值修改：触摸要修改参数的数字，同样会出现图 5-71 所示的数字键盘，触摸数据键输入数据，注意其最大值不能超过最大出力限制值。

水头设定值修改：水头信号没有自动输入时，可人工修改，以改变开机时的启动开度（包括启动开度、空载开度、最大限制开度），高水头对应低启动开度。手动输入水头应尽量符合当前实际水头，以便获得良好的运行工况。

调节模式切换：图 5-72 所示画面中有 3 种调节模式，即“频率模式”、“功率模式”和“开度模式”。在可以切换的前提下，通过“频率模式”键（或“开度模式”键或“功率模式”键）+“修改确认”键组合，可在 3 种模式之间切换；在 3 种模式下，可以分别实现“频率给定”、“开度给定”或“功率给定”的修改，通过触摸屏数字键盘输入数据。

点击右下角“模式切换”键，可返回主菜单画面。

（3）开度设置修改。点击“参数窗口”选择“开度设置”，可进入开度设置画面，如图 5-73 所示。该画面设有水头值、启动开度、空载开度、负载开限等参数。

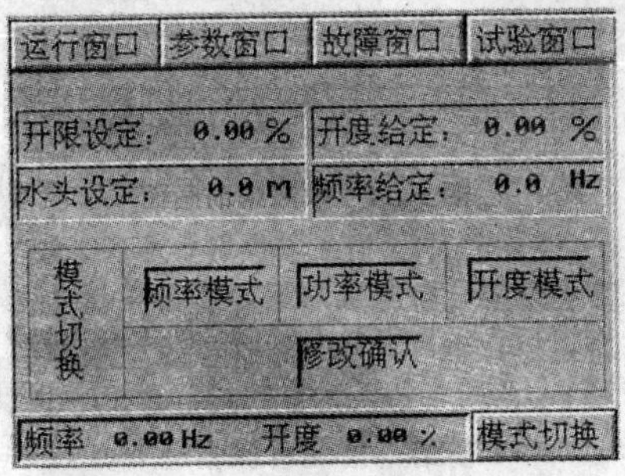

图 5-72　模式切换画面

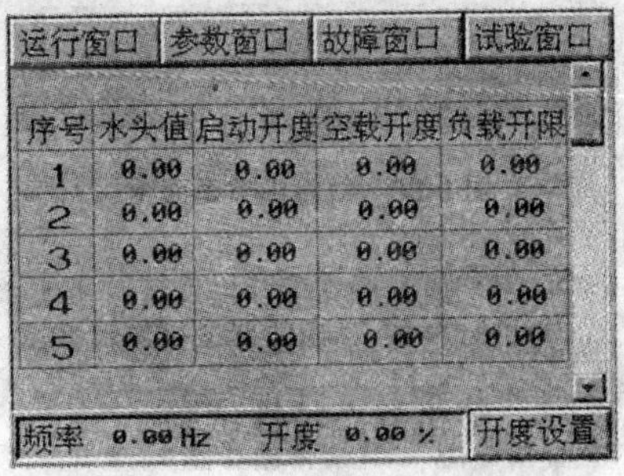

图 5-73　开度设置画面

图 5-73 中，序号表示由低到高的水头，每次显示 5 条水头及其对应的参数组；点击画面右侧的上拉或下拉键，可以看到此画面所有数据。

每一列水头对应的启动开度、空载开度和负载开限都可以根据设计或者实际需要输入符合调速器运行的数值。

当需要修改参数时，触摸要修改参数的数字，弹出数字键盘，可输入数据。只有具有操作权限的操作人员才能修改此画面中的参数值。

点击右下角“开度设置”键，可回到主菜单画面。

4）故障窗口画面操作

从主菜单点击“故障窗口”，显示故障窗口子菜单，它包括“故障细节”、“故障帮助”等选项。当面板故障灯亮时，可通过故障细节画面查询具体故障类型，通过故障帮助画面查询故障原因。

（1）故障细节画面操作。点击“故障窗口”选择“故障细节”，可进入故障细节画面，如图 5-74 所示。该画面显示故障发生日期和时间、故障清除日期和时间等，其中“A”表示故障发生，“C”表示故障清除。该画面可以储存 300 条历史故障记录。点击右下角“故障细节”键，可返回主菜单画面。值得注意的是，当 PLC 或导叶开度反馈不正常时，发事故信号，调速器由“自动”切至“手动”，此时导叶维持原有开度并发出故障信号，故障灯闪烁。

(2)故障帮助画面操作。点击“故障窗口”选择“故障帮助”，可进入故障帮助画面，如图5-75所示。该画面描述了各种类型故障发生的可能原因以及故障现象。点击右下角“故障帮助”键，返回主菜单画面。

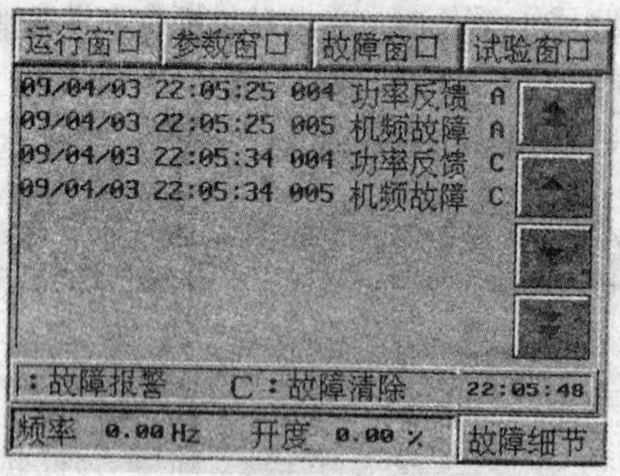

图5-74　故障细节画面

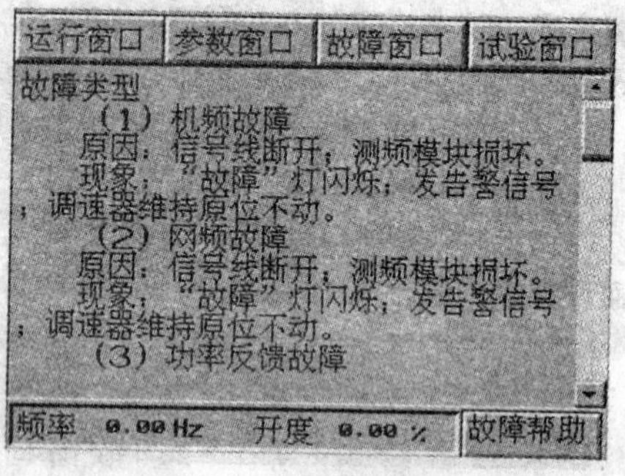

图5-75　故障帮助画面

5)试验窗口画面操作

“试验窗口”是调速器调试阶段调试人员使用的窗口，无特殊要求时，一般不允许操作。

5.3　水轮机功率调节的拓展知识(调速器特性试验与选型)

5.3.1　调速器静特性试验

调速器静特性试验的目的主要是，确定调速器的转速死区 i_x 和非线性度，综合判断调速器的制造和安装质量。调速器静特性试验一般是在蜗壳无水的情况下进行的，也可以在带负荷运行情况下进行。调速器静特性试验步骤如下：

(1)调速器处于自动工况，频率模式，负载状态，参数设置为：$b_p=6\%$，$b_t=5\%$，$T_n=0$ s，$T_d=2.0$ s，开限=100%，$Y_G=50\%$，$f_j=50.00$ Hz，$P_G=0$，$F_G=50.00$ Hz。

(2)使用输出频率精度为0.01 Hz的变频器，并把变频器的输出降压至100 V左右，然后接至调速器机频信号输入端。先把变频器输出调至50.00 Hz并保证不变，用调速器频率给定或功率给定使接力器开至50%开度处，然后使变频器输入频率升高，则接力器向关闭侧移动，待接力器接近全关时停住。再缓慢降低变频器输出频率，直到接力器刚刚开始向开启侧移动时，读取此时的频率值并记录接力器的行程值，此为调速器静特性曲线测试的起始点。接着，继续降低变频器的输出频率，每次降低0.2 Hz，待接力器稳定后记录频率值和接力器行程值。除开始测点外，其他测点应尽量选在整倍数频率点，如50.00 Hz、50.20 Hz等。当接力器全开后，再按反方向测试，升高频率直至接力器全关。在试验过程中，必须保证频率是单方向调整，要么单方向增，要么单方向减，不允许在增频试验过程中减频，否则重做试验。此外，单方向的测点要保证在10点以上。

改变 $b_p=8\%$，重复上述试验。根据试验所得数据，绘制调速器静特性曲线，如

图 5-76 所示。从实测的调速器静特性曲线求出调速器的转速死区 $i_x = \frac{n_1 - n_2}{n_r} \times 100\%$。也可以按快速计算方法:记录同一频率值的最大接力器位置偏差为 Δy_{max},接力器全行程为 y_{max},则试验的最大转速死区为 $i_x = \frac{\Delta y_{max}}{y_{max}} \times b_p$。

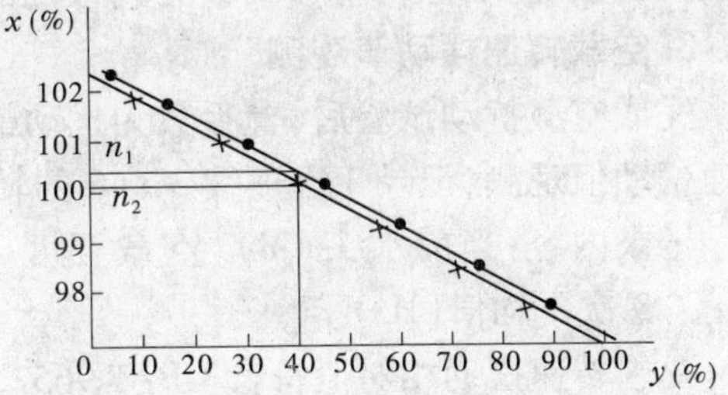

图 5-76　调速器静特性曲线

根据 GB/T 9652. 1—2007 规定,调速器的转速死区应小于表 5-4 的规定值。

表 5-4　调速器转速死区规定值

调速器类型	大型	中型	小型		特小型
	电调	电调	电调	机调	
转速死区(%)	0.02	0.06	0.10	0.18	0.20

5.3.2　整机动特性试验

1. 空载稳定性试验

1)手动开停机及稳定性观测

手动开机至空载额定转速,运转 5 ~ 10 min,如一切正常,进一步做手动空载频率摆动测试。

用自动记录仪检测机组转速摆动最大、最小值连续 3 min,并连续观测 3 次取平均值。对于配用中型微机调速器的水轮机,若手动时机组转速摆动相对值 Δx 不超过 ±0. 3%,则要求自动时机组转速摆动相对值 Δx 不超过 ±0. 25%;对于配用小型微机调速器的水轮机,若手动时机组转速摆动相对值 Δx 不超过 ±0. 4%,则要求自动时机组转速摆动相对值 Δx 不超过 ±0. 35%。

2)自动开停机检查

自动开机至空载额定转速,检查开机过程是否正常,并进行稳定性观测。

机组空载运行 5 min 后,如一切正常,切为自动停机,检查停机过程是否正常。

2. 空载扰动试验

空载扰动试验的目的是,测试能使机组空载稳定运行的调节参数范围,确定最佳空载调节参数。具体方法如下:

(1)根据经验公式(如斯坦因公式等)预先给定一组稳定参数 b_{t1}、T_{d1}、T_{n1},让调速器自动开机至空载,将开限置于适当大的位置。

(2)用频率给定信号,给调速器施加 48 Hz→52 Hz(+4 Hz)和 52 Hz→48 Hz(-4 Hz)扰动信号,记录空载扰动波形。

(3)分别置 4 组不同的 b_{t1}、T_{d1}、T_{n1} 值,用频率给定重新施加 ±4 Hz 扰动信号,记录空载扰动波形，取超调量和调整时间最优的一组参数作为运行参数。

3. 空载转速摆动值观测

完成空载扰动试验后，置参数为扰动最佳参数值，调速器置自动位置，进行机组空载转速摆动值观测，记录3次连续3 min的转速摆动值。

记录内容：当前水头（m）、空载开度（%）、最大频率（Hz）、最小频率（Hz）、摆动值（Hz）、3次平均值（Hz）。

要求转速摆动相对值符合GB/T 9652.1—2007中水轮机调节系统动特性的规定。

4. 突变负载试验

突变负载试验的目的是，选择机组孤网运行时的调节参数，确保调节系统既有良好的响应特性，又有较好的稳定性。

具体试验方法是，在机组带孤立负荷运行时，设置不同的调节参数，甩功使机组突增或突减不大于25%的额定负荷，用自动记录仪记录机组转速、接力器行程、频率、蜗壳水压等变化曲线，通过比较各组参数条件下的机组稳定性特性，确定最佳带孤立负荷运行参数。

5. 甩负荷试验

1）甩25%额定负荷试验

手动操作调速器面板功率增加/减少把手（或按钮），使机组带上25%的额定负荷，待接力器稳定后，使发电机出口断路器分闸，用记录仪录制机组转速或频率、定子电流、发电机功率、接力器行程、导叶关闭时间、调节时间等波形。

接力器不动时间 T_q 等参数应符合技术规程的有关规定。

2）甩50%、75%额定负荷试验

按照上述方法做甩50%、75%额定负荷试验，确定能否做甩100%额定负荷试验。

3）甩100%额定负荷试验

甩100%额定负荷试验的目的是，检验机组在选定的参数下调节过程的速动性和稳定性，检查能否满足调节保证计算的要求。

具体试验方法是，机组带额定负荷，待接力器位置稳定后，由中控室操作断路器分闸，用记录仪录取机组转速或频率、定子电流、发电机功率、接力器行程、导叶关闭时间、引水管道及蜗壳内水压、尾水管真空值、调节时间等波形。

分析甩负荷过程曲线，调节时间 T_E、最大转速偏差 Δn_{max}、超调量 d、超调次数 X、接力器不动时间等参数应符合国家标准GB/T 9652.1—2007关于动特性的有关规定。

6. 手、自动切换试验

开度模式下，开机至空载状态，合断路器。

操作按钮，在调速器"自动"和"手动"之间切换，观察切换前后接力器实际开度，并观察指示灯显示、继电器动作情况，即接力器开度应无明显扰动（接力器开度变化小于1%），指示灯显示、继电器动作应正确。

记录内容如下：

（1）自动转手动，断路器分：转换前后接力器开度变化（%）、机频（Hz）；断路器合：转换前后接力器开度变化（%）、机频（Hz）。

（2）手动转自动：转换前后接力器开度变化（%）、机频（Hz）。

5.3.3 水轮机调速器的选型

1. 调速器选型的内容

调速器是水轮机重要的辅助设备,任何一个新建或改建的水电站,都会遇到调速器的选型问题。调速器的选型包括调速器类型、工作容量和参数的选择。要正确地进行选择,必须在了解国内外调速器生产情况及参数范围的基础上,进行以下三个方面的工作:

(1)确定调速器的类型。首先根据水轮机的类型,确定选用单调节或双调节调速器。其次综合考虑水电站和机组的容量及其在电网中的比重、地位、系统负荷的特点及对电能质量的要求等各种影响因素,确定采用模拟式调速器或是数字式调速器。一般来讲,当水电站和机组的容量较大,在系统中占有较大的比重,常常需要承担调频任务时,或经常需要由单机向地区电网供电,且用户对电能质量要求较高时,或电网中有较大冲击负荷等情况时,宜选用高性能的微机调速器。反之,则可选用一般的 PLC 型微机调速器或机械液压调速器(电气液压调速器已逐步被微机调速器取代,所以一般不要再选取此类调速器)。近年来,我国的调速器技术发展进入一个新的阶段,电气控制技术广泛采用了技术成熟、性能可靠的 PLC、PCC 等,液压系统充分采用液压行业中先进而成熟的技术成果。随着标准化液压元件及新型电液转换器件的应用,出现了结构更简单的高油压微机控制型调速器,目前国内已有工作油压达 16 MPa 的 GKT 系列高油压微机调速器应用实例。

(2)确定调速器的工作容量(或型号)。根据水轮机的形式和参数,计算水轮机的调速功(推动调节机构各部件,包括导叶、桨叶、喷针和折向器等的操作力与其行程的乘积),然后根据调速功选用适当容量的调速器。选择调速器工作容量时应留有适当的裕量,即调速器的工作容量必须大于调速功,这样才能保证接力器可靠工作。由于中小型调速器以调速功划分容量等级,大型调速器以主配压阀活塞直径划分容量等级,所以应注意两者在选型计算方法上存在的不同。

(3)确定并校核所选调速器的参数。根据调节对象所提供的参数,利用推荐公式在所选用调速器调节参数变化范围内计算得到一组整定参数,以满足机组可靠地进行自动并网、稳定运行和具有良好的过渡过程等要求。但对于大型水电站或在调节对象的调节条件比较差的情况下,必须在调节系统稳定分析的基础上,对调节参数进行校核计算,才能选定合适的调速器。当然,在选择时还应注意尽量采用新技术,以利于推进调速器的发展。同时认真做好经济分析,做到选用设备经济合理、先进可靠。

2. 调速器工作容量选择

调速器工作容量是指其自身具有的最大输出功。调速器容量的选择原则是:在全部可能出现的水头、流量下调速器都能可靠地控制机组运行,使开关机时间满足调节保证计算的要求,并且有一定的裕量。在此仅介绍中小型调速器工作容量的选择。

中小型调速器一般为组合式,油压装置和接力器工作容量均不能改变,可通过对有关参数的整定来满足所要求的开关机时间。工作容量的选择主要是调速功计算。

小型调速器一般由制造厂选好,随水轮机配套使用。

(1)小型反击式水轮机导叶接力器所需的调速功 A 可按下式估算

$$A = (200 \sim 250)Q\sqrt{H_{max}D_1} \quad (\text{Nm}) \tag{5-17}$$

式中：Q 为最大水头 H_{max} 下机组发额定功率时的流量，m^3/s；D_1 为水轮机转轮直径，m。

当机组制造、安装质量较好时，通常选取较小的系数，并根据计算所得的调速功 A 去选取调速功接近且偏大的调速器。

(2)中型反击式水轮机导叶接力器所需的调速功 A 可按下式计算

$$A = Kb_0 a_{0max} H_{max} D_1 \quad (\mathrm{Nm}) \tag{5-18}$$

式中：b_0 为水轮机导叶高度，m；a_{0max} 为水轮机导叶最大开度，mm；K 为与机型有关的系数，对于混流式水轮机，若 $D_1 < 3.0$ m，$K = 3.92$，$D_1 > 3.0$ m，$K = 2.94$，对于轴流式水轮机 $K = 2.94$。

(3)冲击式水轮机喷针接力器所需的调速功 A 可按下式估算

$$A = 9.81 Z_0 \left(d_0 + \frac{d_0^3 H_{max}}{6\,000} \right) \quad (\mathrm{Nm}) \tag{5-19}$$

式中：Z_0 为喷嘴数或折向器个数；d_0 为额定流量时的射流直径，cm。

折向器接力器所需的调速功 A 为

$$A = 1.08 \times 10^{-3} d_0^3 H_{max} Z_0 \quad (\mathrm{Nm}) \tag{5-20}$$

按式(5-20)计算出来的调速功应乘以 1.3～2.0 的系数，因为制造、安装、润滑及工作环境等的不同，实际调速功会有所增加。

3. 调速器选型实例

已知某水电站的水轮机型号为 HL220—LJ—140，水轮机额定输出功率 $P_r = 6.8$ MW，最大水头 $H_{max} = 59.7$ m，额定水头 $H_r = 49.5$ m，额定流量 $Q_r = 15.6\ m^3/s$，额定转速 $n_r = 375$ r/min，最大水头下额定功率时的流量 $Q = 12.8\ m^3/s$，$T_w = 2.43$ s，$T_a = 5.77$ s。请选择调速器型号并初步确定其参数。

1)确定调速器工作容量

根据式(5-17)取系数为 250 后得

$$A = 250Q\sqrt{H_{max} D_1} = 250 \times 12.8 \times \sqrt{59.7 \times 1.4} = 29\,255(\mathrm{Nm})$$

2)确定调速器参数

由式(5-16)计算得 $K_P = 1.9$，$K_I = 0.23\ s^{-1}$，$K_D = 1.6$ s。同时根据水电站的情况，选 $b_p = 6\%$。

3)调速器选择

根据调速功 A 及生产厂家最新调速器产品目录，选择调速功接近且略大于计算结果的 TDBYWT—30000 型调速器。该调速器以可编程控制器(PLC)为核心，以步进电机—凸轮—主配压阀结构形式的步进式液压随动系统作为执行机构，其主要参数见表 5-5。

表 5-5　TDBYWT—30000 型调速器主要参数

比例增益 K_P	积分增益 K_I (s^{-1})	微分增益 K_D (s)	永态转差系数 b_p (%)	人工频率死区 F_a (Hz)
0.5～20	0.05～10	0～5	0～10	0～±0.5

可见，此调速器满足要求。

小　结

本项目以水轮机功率调节为主题，分为机组开机操作及水轮机调速器参数整定两个典型任务。

机组开机操作任务：以完成机组开机操作为主线，介绍水轮机调节的任务、方法，典型微机调速器的结构和原理，机组开停机操作及功率调节的流程及操作步骤。

水轮机调速器参数整定任务：以水轮机调速器参数整定及试验为主线，介绍水轮机调节系统的特性，微机调速器的基本控制规律及频率测量方式，水轮机调节参数对系统的影响及改善调节保证参数的措施，水轮机调速器参数整定的基本方法以及调速器机械和电气调整的项目及试验方法，调速器静态和动态特性试验的目的、步骤和方法，水轮机调速器选型的基本方法。

复习思考题

5-1　简述机组开机操作的步骤及注意事项。

5-2　简述我国电力系统对电能质量的基本要求。

5-3　简述水轮机调节的基本任务及方法。

5-4　简述水轮机调速器的分类。

5-5　简述微机调速器电液随动装置的结构特点。

5-6　以图5-8为例，分析GLYWT型高油压调速器机械液压系统工作原理。

5-7　简述微机调速器测量机组频率及电网频率的目的及作用。

5-8　分类列出单调节微机调速器电气调节器的对外连接信号及电源。

5-9　列出单调节微机调速器主要调整参数名称、调整范围。

5-10　绘制微机调速器的主程序流程。

5-11　简述正常停机后机组开机前的检查项目。

5-12　简述发电机准同期并列操作的条件。

5-13　简述发电机手动准同期操作的注意事项。

5-14　简述水轮机调速器参数整定的步骤及注意事项。

5-15　简述国家标准对水轮机调节系统动态品质特性的基本要求。

5-16　简述微机调速器PID各环节对调节过程所起的作用。

5-17　绘制增量型数字PID微机调速器控制系统的原理框图，并简述其工作原理。

5-18　简述调节对象特性参数对水轮机调节系统调节过程的影响。

5-19　简述调速器参数对水轮机调节系统调节过程的影响。

5-20　简述水轮机调节系统改善调节保证参数的措施。

5-21　简述微机调速器机械部分现场调整装配或大修时的检查内容及调整项目。

5-22　简述水轮机调速器选型的基本内容和步骤。

5-23　简述水轮发电机组正常停机操作的基本步骤。

5-24 简述水轮发电机组事故停机的类型及原因。

5-25 在实训室完成调速器油压装置的调整、整定及动作试验。

5-26 在实训室完成调速器的开停机操作。

5-27 在实训室完成微机调速器的空载静特性试验。

5-28 在实训室完成微机调速器的空载扰动试验。

项目6 处理水电站油系统运行故障

教学目标			
典型任务	能力目标	知识目标	素质目标
6.1 净化处理水电站用油	1. 能用压力滤油机对油品进行处理； 2. 能用真空滤油机对油品进行处理。	1. 水电站油系统的作用及组成； 2. 压力及真空滤油的原理。	1. 培养安全操作意识； 2. 掌握自主学习和获取信息的方法和途径。
6.2 检修调速器油压装置失压故障	1. 能依据故障现象判断出原因； 2. 能用工具对水电站调速器油压装置失压故障进行检修。	1. 水电站调速器油压装置结构； 2. 水电站调速器油压装置失压的处理方法。	培养发现问题、分析问题、解决问题的综合能力
6.3 检修油槽油位异常及油混水故障	1. 能依据故障现象判断出油位异常原因； 2. 能用工具对水电站油位异常故障进行修复； 3. 能依据故障现象判断出油混水原因； 4. 能用工具对水电站集油槽油混水故障进行修复。	1. 水电站调速器油位异常的处理方法； 2. 集油槽油混水信号器的组成及原理。	培养发现问题、分析问题、判断问题、解决问题的综合能力

【任务6.1】 净化处理水电站用油

油在使用和储存过程中，因渗进水分、光线的照射、温度变化等因素的影响，会出现酸值增高、沉淀物增加、机械杂质增多等情况，改变了油的性质，这种使油的性能恶化的现象称为油的劣化。劣化的油不能保证设备的安全可靠运行。

1. 净化处理水电站用油教学情境的创建

当油不符合质量标准时，应根据劣化程度采用不同措施加以净化处理。在水电站中常用的净化处理措施包括澄清、压力过滤和真空净化等。净化处理水电站用油任务分压力过滤水电站用油和真空净化水电站用油两个教学情境进行，两个教学情境的具体创建见表 6-1。

表 6-1　净化处理水电站用油教学情境的创建

项目	教学情境 6-1：压力过滤水电站用油	教学情境 6-2：真空净化水电站用油
学习形式	现场实际操作并用教学课件演示辅助	现场实际操作并用教学课件演示辅助
实施地点	多媒体教室和水电站油处理车间	多媒体教室和水电站油处理车间
使用教具	压力滤油机、电脑、投影仪	真空滤油机、电脑、投影仪
作业形式	完成学习任务单	完成学习任务单
教学步骤	(1)教师引导学生学习水电站油系统的组成及各部件的作用，压力滤油机的使用； (2)学生分组查阅水电站油系统图纸资料； (3)学生制定水电站用油的压力过滤工序及选用相关的工具和量具，经教师审查通过后进入下一步； (4)各小组执行水电站用油的压力过滤任务； (5)教师检查反馈学生任务完成情况； (6)学生汇报自评、教师评价。	(1)教师引导学生学习水电站油系统的组成及各部件的作用，真空滤油机的使用； (2)学生分组查阅水电站油系统图纸资料； (3)学生制定水电站用油的真空净化工序及选用相关的工具和量具，经教师审查通过后进入下一步； (4)各小组执行水电站用油的真空净化任务； (5)教师检查反馈学生任务完成情况； (6)学生汇报自评、教师评价。

2. 净化处理水电站用油

(1)澄清。使油长时间在储油设备中静置，比重较大的水和机械杂质便会沉淀到底部，然后将其排出。虽然澄清并不能除去全部水分和杂质，但因此方法简单、廉价，对油质没有伤害而被广泛采用。

(2)压力过滤。把加压的油通过能够吸收水分和阻拦机械杂质的过滤层称为压力过滤。用特制且经过干燥的过滤纸作为过滤介质，将油加压并过滤的设备称为压力滤油机。压力滤油机的工作原理如图 6-1 所示。滤油时，油泵将污油罐中的污油加压后进入滤油器，滤油器中的过滤纸不仅将油中的水分吸附下来，同时其纤维状毛细孔将油中的机械杂质滤了出来。滤后的油再排回清油罐。当滤纸的纤维吸饱水分或表面布满杂质后就应更换。滤油过程中，每隔一段时间应取油样化验检查，合格后方能使用。压力过滤的质量较高，但生产率较低，且过滤纸耗损较大。压力滤油机普遍用于透平油的净化。

(3)真空净化。真空净化是利用油和水的汽化温度不同，在真空罐内将水分和气体减压蒸发，从而将油中的水分及气体分离出来，达到除水脱气的目的。

真空滤油机工作原理如图 6-2 所示。污油经压力滤油机加压过滤后通过加热器送至

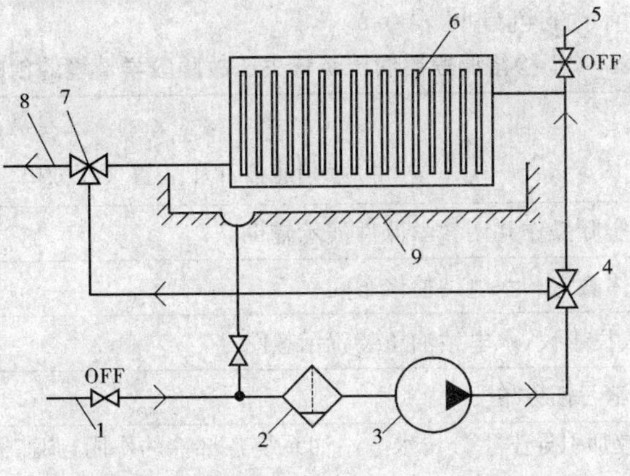

1—进油口;2—预过滤器;3—油泵;4、7—三通阀;
5—油样口;6—滤油器;8—出油口;9—油槽

图 6-1　压力滤油机工作原理

真空罐内的喷嘴喷成雾状;当真空罐上的油位计指示达到 1/2 油位时,用另一台压力滤油机或油泵将罐内的油抽回储油罐。如此不断循环,并控制进入真空罐的油压为 0.2 ~ 0.3 MPa,同时调节出油,使进出油量平衡。

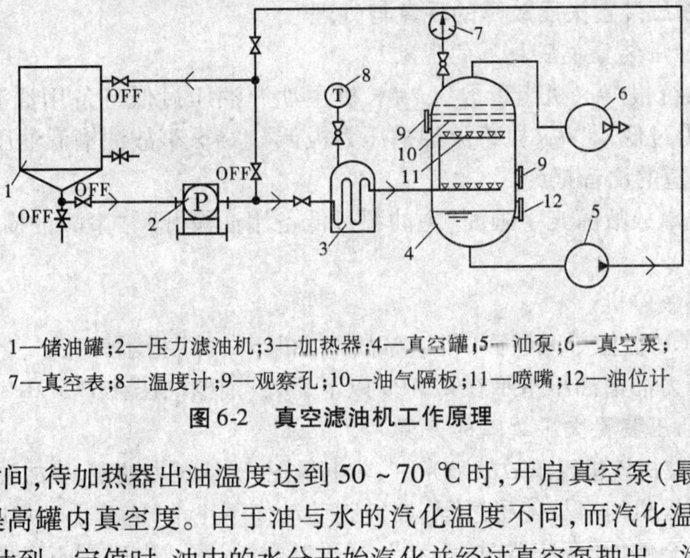

1—储油罐;2—压力滤油机;3—加热器;4—真空罐;5—油泵;6—真空泵;
7—真空表;8—温度计;9—观察孔;10—油气隔板;11—喷嘴;12—油位计

图 6-2　真空滤油机工作原理

经过一段时间,待加热器出油温度达到 50 ~ 70 ℃时,开启真空泵(最好采用油浸式真空泵),逐渐提高罐内真空度。由于油与水的汽化温度不同,而汽化温度又与压力有关,当罐内真空达到一定值时,油中的水分开始汽化并经过真空泵抽出。污油不停地循环过滤和分离,直到油的除水脱气达到合格为止。

真空分离的优点是快速除水,缺点是不能清除机械杂质。因此,真空分离主要用于机械杂质较少而绝缘强度要求较高的绝缘油的净化处理。

【任务 6.2】　检修调速器油压装置失压故障

1. 检修调速器油压装置失压故障教学情境的创建

调速器油压装置失压故障的检修是水电站油系统最常见的检修项目。检修调速器油压装置失压故障教学情境的创建见表6-2。

表6-2　检修调速器油压装置失压故障教学情境的创建

项目	教学情境6-3： 检修调速器油压装置失压故障
学习形式	现场实际操作并用教学课件演示辅助
实施地点	多媒体教室和水电站检修车间
使用教具	电脑、投影仪、水电站油压装置示教图
作业形式	完成学习任务单
教学步骤	(1)教师引导学生分析水电站油系统各部件的作用，调速器油的路径及动作过程； (2)学生分组查阅水电站油系统图纸资料； (3)学生制定调速器油压装置失压故障的处理工序及选用相关的工具和量具，经教师审查通过后进入下一步； (4)各小组执行调速器油压装置失压故障的处理任务； (5)教师检查反馈学生任务完成情况； (6)学生汇报自评、教师评价。

2. 调速器油压装置失压故障的现象与处理

1)调速器油压装置失压故障的现象

(1)监控系统报"#×机组事故"、"#×机主油源油压过低且备用油源油压极低"、"#×机压油槽压力过低"、"#×机事故油槽压力极低"、"#×事故油槽低油压压力开关动作"等信息，并有相应的语音报警。

(2)该机组事故故障光字画面"主油源过低备用油极低"、"事故油槽低油压压力开关动作"亮红光。

(3)机组事故停机。

(4)机组LCU监控单元盘面"机组事故"、"机组故障"指示灯亮。

(5)现场压力油槽油压指示在2 MPa以下，事故油槽油压在1.5 MPa以下。

2)调速器油压装置失压故障的修复

(1)翻阅上位机该机组事故故障光字、非电量图，确认压力油槽、事故油槽油压及油位。

(2)现场监视机组事故停机过程，如气制动动作不正常，应改手动加闸。

(3)待机组全停后，调速器改"手动"，且导叶全关，事故电磁阀不退出。

(4)检查自动、备用泵是否启动，若未启动，应立即手动启动油泵。如果手动启动不成功，则应检查二次回路及动力电源。

(5)检查压力油槽、事故油槽油压及油位，压油泵出口管路阀门位置是否正确，旁通阀、组合阀是否动作。

(6)检查调速系统各设备、阀门有无严重渗漏油点。

(7)检查是否是机组调节频繁造成油位较低。

(8)主、备油槽压力正常后复归信号，复归事故信号，复归事故电磁阀，并将机组恢复至正常备用状态。

【任务 6.3】 检修油槽油位异常及油混水故障

压力油槽、集油槽油位异常及油混水故障检修是水电站油系统常见的检修项目。

1. 检修油槽油位异常及油混水故障教学情境的创建

检修油槽油位异常及油混水故障任务分三个教学情境进行，三个教学情境的具体创建见表 6-3。

表 6-3 检修油槽油位异常及油混水故障教学情境的创建

项目	教学情境 6-4： 压力油槽油位异常的故障处理	教学情境 6-5： 集油槽油位异常的故障处理	教学情境 6-6： 检修集油槽油混水故障
学习形式	现场实际操作并用教学课件演示辅助		
实施地点	多媒体教室和水电站检修车间		
使用教具	电脑、投影仪、水电站油压装置示教图		
作业形式	完成学习任务单		
计划学时			
教学步骤	(1)教师引导学生分析水电站油系统的组成及各部件的作用，提出相关故障处理方法； (2)学生分组查阅水电站油系统图纸资料； (3)学生制定压力油槽与集油槽油位异常故障的处理工序及选用相关的工具和量具，经教师审查通过后进入下一步； (4)各小组执行压力油槽与集油槽油位异常的故障处理任务； (5)教师检查反馈学生任务完成情况； (6)学生汇报自评、教师评价。		

2. 压力油槽油位异常故障现象与处理

1)压力油槽油位异常故障现象

(1)机组监控上位机简报信息有“#×机组故障”、“#×机压力油槽油位极高”或“#×机压力油槽油位过高”或“#×机压力油槽油位过低”或“#×机压力油槽油位极低”等，并有相应的语音报警。

(2)上位机该机组非电量图压力油槽油位越过高(低)限值。该机组事故故障光字画面相应光字亮黄光。

(3)现场检查压力油槽油位不正常。

2)压力油槽油位异常故障处理

(1)翻阅上位机该机组非电量图，检查压力油槽油位。

(2)现场检查压力油槽油位是否正常。

(3)如油位过高，应手动向压力油槽补气到标准油位。

(4)如油压正常，油位偏低，应检查×316 阀是否已关严，必要时可手动排气使油位合格。

(5)如是自动补气装置异常引起，应将自动补气装置退出，手动调整油位到标准油位。

3. 集油槽油位异常故障现象与处理

1)集油槽油位异常故障现象

(1)机组监控上位机简报信息有“#×机组故障”、“#×机集油槽油位极高”或“#×机集油槽油位过高”或“#×机集油槽油位过低”或“#×机集油槽油位极低”等，并有相应的语音报警。

(2)上位机该机组非电量图集油槽油位越过高(低)限值。该机组事故故障光字画面相应光字亮黄光。

(3)现场检查集油槽油位不正常。

2)集油槽油位异常故障处理

(1)翻阅机组监控上位机该机组非电量图，检查集油槽油位。

(2)现场检查集油槽油位，判明是过高还是过低。

(3)计算机组油系统用油量有无较大变化。

(4)如用油量确实增加了，应采取措施，防止水轮机转轮继续进水，并联系检修人员取样化验。

(5)如用油量减少了，应检查系统管路、阀门以及水轮机转轮有无漏油、跑油的现象。

(6)如果管路、阀门跑油，应设法隔离，不能处理的，应转移机组负荷(必要时停机处理)，并联系检修人员处理。

(7)如水轮机转轮漏油，机组尽可能带固定负荷运行。由 AGC 控制运行的，应将 AGC 退出运行。

(8)联系检修人员进行充(排)油处理，调整集油槽油位至正常。

(9)检查集油槽供油阀或排油阀是否关严。

4.集油槽油混水故障现象与处理

集油槽的油运行中一旦混入水，不但会加速油品的劣化，也会直接危害机组的安全运行，检修集油槽油混水故障教学情境的创建见表 6-3。

1)集油槽油混水故障现象

(1)机组监控上位机简报信息有“#×机组故障”、“#×机回油槽油混水”等，并有相应的语音报警。

(2)上位机该机组事故故障光字画面“回油槽油混水”变黄色。

(3)机组 LCU 单元盘面“机组故障”指示灯亮。

(4)单元工控机机组故障画面“回油槽油混水”变黄色。

(5)现场取由用油设备油箱底部放出的油样进行燃烧，如有“啪啪”声，说明油中含有水分；或若发现设备在油中运行的部件有锈蚀现象，或者油呈乳白色混浊现象，都说明油中有水分，并已经劣化。

2)集油槽油混水故障处理

(1)翻阅上位机该机组事故故障光字，按“故障复归”按钮看能否复归信号。

(2)现场检查回油槽油位、油质、油色有无异常。

(3)计算机组油系统用油量有无较大变化。

(4)如用油量确实增加了，应采取措施，防止水轮机转轮继续进水。

(5)将有关情况汇报领导，取油样化验。

(6)根据含水量大小采取澄清、过滤、净化处理措施。

6.1　水电站油系统的相关知识

水电站要能够安全优质地发电，除主系统所含的进水闸门、主阀、水轮机、发电机、变压器和高低压配电装置外，还必须有保障主系统安全可靠运行的油系统、气系统和水系统。构成油、气、水系统的设备主要包括：油泵、水泵、空气压缩机以及相关的储藏设备、输送管网、控制阀门、净化处理设备、自动化元件、监视仪器等。油、气、水系统的正常安全运行，是保障机组主机正常工作的前提，与机组安全发电紧密相关。如调速器油压低于某整定值，机组就会事故停机；低压气压下降到某整定值时，机组将无法停机制动；机组冷却水中断，将会造成机组轴承温度升高而导致机组被迫停机。因此，了解油、气、水系统的作用及基本组成，掌握油、气、水系统的试验、巡查及操作方法，油、气、水系统常见故障的分析及处理方法对于水电站机电运行人员十分重要。

水电站油、气、水系统根据工作的需要，其输送管道在水电站纵横交错，同时安装了大量的控制阀门和监视器具，为区别各个系统的阀门和管道，分别在阀门上编以不同的序号，在管道上喷涂不同颜色的油漆。阀门的编号，许多厂家习惯采用四位数，其表示的意义如下：

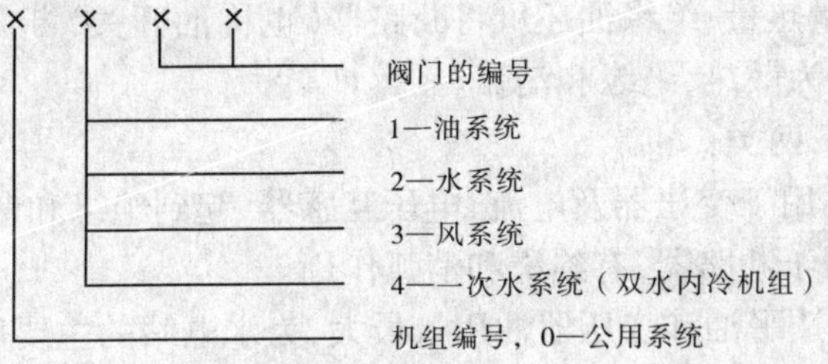

如3103阀表示3号机组油系统第3号阀门，2204阀表示2号机组水系统第4号阀门。不同管道颜色所表示的意义如表6-4所示。

表6-4　不同管道颜色所代表的含义

颜色	对应管道
红色	压力油管和进油管
黄色	排油管和漏油管
草绿色	排水管
深绿色	进水管
黑色	排污管
白色	气管
橘红色	消防水管

6.1.1　水电站用油的种类和作用

水电站机电设备在运行中，如调速器操作、机组及辅助设备润滑、电气设备绝缘和消弧等，都需要各种性能的油品。由于设备的工作条件和要求不同，使用油的种类和作用也不同。水电站用油通常分为润滑油和绝缘油两大类。

1. 润滑油

常用的润滑油有以下几种：

(1)透平油(又称汽轮机油)。它的黏度适中,可在机组的运动件与约束件之间的间隙中形成油膜,以油膜的液体摩擦代替了固体之间的干摩擦,从而降低了摩擦系数;同时由于油的流动性,还可将摩擦产生的热量以对流的方式携带出来,与空气或冷却水进行热量交换。可见,透平油在机组轴承的运行中同时起到润滑和散热两种作用。调速器和其他液压操作设备的用油也是透平油,它在这些设备中还有着传递能量的功用。

(2)机械油(俗称机油)。它的黏度较大,供电动机、水泵、机修设备和起重机等润滑用。

(3)压缩机油。压缩机油除供活塞式空气压缩机润滑外,还承担活塞与汽缸壁间的密封作用。它能在温度≤180 ℃的高温下正常工作。

(4)润滑脂(俗称黄油)。润滑脂供滚动轴承及机组中具有相对运动的部件之间的润滑,也对机组部件起防锈作用。

2. 绝缘油

绝缘油主要用于水电站电气设备中,油的绝缘性能远比空气好并可吸收和传递电气设备运行时产生的大量热量;绝缘油还可将断路器(也称油开关)断开负载时产生的电弧熄灭,故绝缘油的作用为散热、绝缘和消弧。

绝缘油主要有以下两类：

(1)变压器油。它用于变压器及电流、电压互感器,起到绝缘和散热作用。

(2)开关油。它用于断路器,有绝缘和消弧作用。

上述各类油中,以透平油和变压器油用量最大,为水电站的主要用油。

6.1.2 油的基本性质与牌号

水电站用油要起到上述作用,保证设备正常运行,其基本性质至关重要。现将润滑油和绝缘油最重要的性质及性能指标介绍如下。

1. 物理性质

(1)黏度。液体质点受外力作用而相对移动时,在液体分子之间产生阻力的大小称为黏度。黏度是流体抵抗变形的性质,也是黏稠的程度。一般油品的黏度随着工作温度上升而降低,工作温度下降而增高,而且会随着使用时间的延长而略有增高。油的黏度分动力黏度和运动黏度,常用运动黏度。动力黏度是液体中面积1 cm^2、相距1 cm的两层液体,发生速度为1 cm/s的相对移动时所受阻力的大小。运动黏度是液体动力黏度与其密度之比,常用v表示,单位为mm^2/s。

油的黏度是油的重要特性之一,也是选择油品的一项重要指标。对于透平油系统,黏度大时,易于保持液体摩擦状态,但会加大液体阻力,增加摩擦损失,也不利于散热;黏度小时则相反。同时,为便于运行管理,机组润滑用油与调速系统等操作用油宜选用同一牌号透平油,选用不同牌号油时应进行技术经济比较论证。对于绝缘油则要求较小的黏度,因为流动性好可以增强散热效果并有利于消弧。

(2)闪点。当油被加热至某一温度时，油的蒸气和空气混合后，遇火呈现蓝色火焰并瞬间自行熄灭（闪光）时的最低温度，称为闪点。若闪光时间长达 5 s 以上，此温度即为油的燃点。闪点反映了油在高温下的稳定性。闪点的高低取决于油中所含的沸点低、易挥发的碳氢化合物的数量。闪点低，油品易燃烧或爆炸。因此，闪点又是表示油品蒸发倾向和储运、使用的安全指标。

(3)凝固点。当油温下降，油品失去流动性而变为塑性状态时的最高温度称为凝固点。在测试中，将储油的试管倾斜 45°角，经过 1 min，试管内油面不发生明显变形，即认为油凝固了。油凝固后不能在管道及设备中流动，会使润滑油的油膜破坏。对于绝缘油，既降低散热和灭弧作用，又增大断路器操作阻力，故在寒冷地区应选用凝固点较低的油。

(4)灰分与机械杂质。油品燃烧后所剩下的无机矿物质占原来油重的百分比，称为灰分。在油中以悬浮状态而存在的各种固体物质，如灰尘、金属屑、纤维物及结晶盐等，称为机械杂质。灰分与机械杂质均会破坏油的润滑性能和绝缘性能。

(5)抗乳化性。油与水蒸气形成乳浊液后静置，达到完全分层所需的时间，称为抗乳化性（以 min 计）。它是透平油的专用指标。润滑油乳化后，黏度增高，泡沫加多，使机械杂质不易沉淀，析出的水分还会破坏油膜，影响润滑效果，加速部件磨损，同时也会加速油的氧化。

(6)透明度。清洁油是淡黄色透明液体。用透明度可以简易判断新油及运行油的清洁或被污染程度。

(7)水分。油中含有水分会助长有机酸的腐蚀能力和加速油的劣化，使油的绝缘强度降低，加速绝缘纤维的老化等。当油中所含水量超过 0.01% ~0.02% 时，油的绝缘强度则降低到最小值（1.0 kV）。因此，新油中不允许含有水分。

2. 化学性质

(1)酸值。油中游离有机酸的含量，称为油的酸值，以酸价表示。酸价是中和 1 g 油中的酸性物质所需氢氧化钾的毫克数。酸值是控制油品精制深度及运行油品劣化程度的重要指标之一。酸能腐蚀金属和纤维（油中含有水分时，腐蚀性更强）。含酸的油与设备的金属表面接触后，会形成一种皂化物，它在循环式润滑油系统中，妨碍油在管道中的正常流动并降低油的润滑性能。新透平油和新绝缘油的酸值都不能超过 0.05 mgKOH/g，运行中的绝缘油酸值不超过 0.1 mgKOH/g，运行中的透平油酸值不超过 0.2 mgKOH/g。

(2)抗氧化安定性。油在运行过程中（高温下）抵抗氧化的能力，称为抗氧化安定性。油温愈高，愈容易被氧化。油被氧化后会生成含有有机酸和其他物质的胶状沉淀物，从而使油管堵塞，酸值提高，引起腐蚀和润滑性能变坏。油的新标准中，要求设备运行 1 000 h 后油的酸值不得大于 2.0 mgKOH/g。目前，我国某些水电站采用在油中添加抗氧化剂的办法，从使用情况来看，这是一项提高油品抗氧化安定性、延长使用时间的有效措施。

(3)水溶性酸、碱。油中若含有水溶性酸、碱，会使金属部件产生强烈腐蚀，并加快油的劣化。因此，水电站要求使用的油为中性油，不允许含有水溶性酸、碱。

3. 电气性质

(1)介质损耗因数。油在电场作用下，要消耗部分电能并转换成热能，单位时间内消耗的电能称为介质损失，并以介质损耗因数 $\tan\delta$ 来衡量。电压和电流间相角与 90°的差值，称为介质损失角 δ。$\tan\delta$ 的大小，是绝缘油电气性能中的一个重要指标。其值越大，不仅功率损失越大，其绝缘性能也越差。$\tan\delta$ 可以很灵敏地显示出油的污染程度，故介质损失角 δ 是检验绝缘油干燥、精制程度及老化程度的重要指标。

（2）绝缘强度。绝缘强度是评定绝缘油电气性能的主要指标之一，以在标准电极下的击穿电压表示。绝缘油的绝缘强度是保证设备安全运行的重要条件。油的击穿电压受很多因素影响，但决定性的因素是含水量。当水和固体杂质存在时，油的绝缘强度将严重下降。

水电站习惯上把新买回的油称为新油；不含水分和机械杂质、符合运行标准的油称为运行油；有某一指标不符合运行标准的油称为污油。

无论是新油还是运行油，对其性能都有严格的要求。运行中的透平油质量标准见表6-5，运行中的变压器油质量标准见表6-6。

表6-5　运行中的透平油质量标准

序号	项目		设备规范	质量指标	检验方法
1	外状			透明	外观目测
2	运动黏度（40 ℃）（mm^2/s）			与新油原始测值偏离≤20%	GB/T 265
3	闪点（℃）			与新油原始测值相比不低于15	GB/T 267
4	机械杂质			无	外观目测
5	颗粒度①		250 MW 及以上	报告②	SD/T 313 或 DL/T 432
6	酸值（mgKOH/g）	未加防锈剂油		≤0.2	GB/T 264 或 GB/T 7599
		加防锈剂油		≤0.3	
7	液相锈蚀			无锈	GB/T 1143
8	抗乳化性（min）			≤60	GB/T 7605
9	水分③（mg/L）		200 MW 及以上 200 MW 以下	≤100 ≤200	GB/T 7600 或 GB/T 7601
10	起泡沫试验④（mL）		250 MW 及以上		GB/T 12579
11	空气释放值⑤（min）		250 MW 及以上		GB/T 0308

注：①对 200 MW 机组油中颗粒度的测定，应创造条件，开展检验。

②参考国外标准控制极限值 NAIS638 规定 8～9 级或 MOOG 规定 6 级（见国家规定防油质劣化措施）；有的 300 MW 透平油润滑系统和调速系统共用一个油箱，也用矿物透平油，此时油中颗粒度指标应按制造厂提供的指标。

③在冷油器处取样，对 200 MW 及以上的水轮机，油中水分质量指标为≤200 mg/L。

④参考国外标准极限值为 600 mL。

⑤参考国外标准控制极限值为 10 min。

另外，表中对闪点、水分两项指标做了修正，而颗粒度、起泡沫试验和空气释放值三项指标是新增加的，颗粒度的标准参考国际标准。

表 6-6　运行中变压器油质量标准(摘要)

项目	质量指标			试验方法
牌号	10	25	45	目测①
外观	透明、无悬浮物和机械杂质			GB 1884
密度(20 ℃)(kg/m³)不大于	895			GB 1885
运动黏度(mm²/s)				GB 265
40 ℃　不大于	13	13	11	
-10 ℃　不大于	—	200	—	
-30 ℃　不大于	—	—	1 800	
倾点(℃)　不高于	-7	-22	报告	GB 3535
凝点(℃)　不高于	—		-45	GB 510
闪点(℃)　不低于	140		135	GB 261
酸值(mgKOH/g)　不大于	0.03			GB 264
腐蚀性硫	非腐蚀性			SY 2689
氧化安定性②				ZBE 38003
氧化后酸值(mgKOH/g)　不大于	0.2			
氧化后沉淀(%)　不大于	0.05			
水溶性酸或碱	无			GB 259
击穿电压(间距 2.5 mm 交货时)③(kV)不小于	35			GB 507④
介质损耗因数(90 ℃)不大于	0.005			GB 5654
界面张力(mN/m)不小于	40		38	GB 6541
水分(mg/kg)	报告			ZBE 38004

注:①把产品注入 100 mL 量筒中,在(20±5)℃下目测,如有争议,按 GB 511 测定机械杂质含量为无。

②氧化安定性为保证项目,每年至少测定一次。

③击穿电压为保证项目,每年至少测定一次。用户使用前必须进行过滤并重新测定。

④测定击穿电压允许用定性滤纸过滤。

4. 油的牌号

在 GB 11120—89《透平油(汽轮机油)》中,国产透平油有 32#、46#、68#和 100#四种牌号,牌号的数值表示油在 40 ℃时的运动黏度。目前,中小型水电站常用的国产透平油牌号有 32#和 46#两种,且通常选择防锈型的。

在 GB 2536—1990《绝缘油(变压器油)》中,国产绝缘油中变压器油有10#、25#及45#三种牌号,开关油牌号为45#,牌号的数值表示油的凝固摄氏温度值(负值)。绝缘油一般选用25#绝缘油;在月平均最低气温不低于 -10 ℃的地区,如无25#绝缘油,可选用10#绝缘油;在月平均最低气温低于 -25 ℃的地区,宜选用45#绝缘油。

6.1.3 油系统的组成及系统图

在水电站中,用油量最大的是透平油和绝缘油这两类。用管网将这两类油的用油设备、油泵、储油罐、油处理设备、油化验设备和监测控制元件等连接起来组成系统,叫做油系统。油系统设置是否合理,不仅直接影响到油和用油设备能否可靠、经济地运行,也对运行、管理和检修有着重要的意义。由于透平油和绝缘油是两种不同性质、不同用途的油,不能混合,为了便于运行管理,水电站的油系统按两个独立系统分别设置。其他油品,如压缩机油、润滑脂等用量不大,可定时加注,因此不单独设置油系统。

1. 油系统的任务

为保证设备安全、经济运行,油系统必须完成下列任务:

(1)接受新油:采用自流或压力输送的方式将新油送入储油罐。

(2)储备净油:水电站油库一般设置两个运行油罐,每个运行油罐的容积为总容积的一半;也可按一台机组的最大用油部件充油量的110%来确定。油库中随时都应储备一定的合格备用油,以供发生事故需要更换污油和正常运行中补充损耗之用。

(3)给设备充油或添油:在设备大修后或新安装机组运行前,给设备充净油;向运行设备添油,以补充设备在运行中油的损耗。大中型水电站多采用重力加油的方式,小型水电站多采用直接加油的方式。

(4)从设备中排出污油:机组设备检修时,通过油泵或自流的方式,从设备中排出污油并送到油库的污油罐中。

(5)油的净化处理:将污油罐中的污油通过压力过滤或真空净化等净化处理后,再送回净油罐。

(6)油的监督、维护和取样化验:如分析、鉴定新油是否符合标准;定期对运行油进行取样化验;对油系统进行检查、修理和清洗。

(7)废油的收集与处理。

2. 油系统的组成

油系统通常由以下几部分组成:

(1)储油罐:储存临时的废油或从机组设备中排出的污油以及一定的净油。通常一个油系统设置的储油罐不应少于两个,包括净油罐和污油罐。储油罐的容积应相等。

(2)油处理设备:设有净油设备及输送设备,如压力滤油机、油过滤器及油泵等。

(3)油化验设备:在油化验室中,设有油化验仪器、设备及药物等。

(4)油吸附设备:用于变压器的硅胶吸附器等。

(5)管网:将油系统设备与用户连接起来的管道系统。

(6)测量及监测控制元件:用以检测和控制用油设备的运行情况。监测元件有温度信号器、压力控制器、油位信号器和油混水信号器等,目前水电站都将这些信号通过各个机组的现地控制单元(LCU)上传到全厂的监控系统进行实时的在线控制。

3. **油系统图**

表明油系统的基本组成、连接情况和运行方式的平面展开示意图,称为油系统图。油系统图是技术施工设计的依据,也是水电站管理及运行人员管理、操作和维护的依据。对油系统图的基本要求是:系统的连接明了,管道和阀门尽量精简,全部操作简单明确、程序清楚,不易导致误操作。为检查油系统设计是否合理和说明操作方式,在油系统设计中,还制定出油系统操作程序表,列出主要工作项目的操作程序,如表6-7所示。

表6-7　油系统操作程序表

<table>
<tr><td>1</td><td colspan="3">运行油罐接受新油</td><td>油槽车,26,24,2CY(1#),4(7),T2(T3)</td></tr>
<tr><td>2</td><td colspan="3">运行油罐新油自循环过滤</td><td>T2(T3),6(9),LY,4(7),T2(T3)</td></tr>
<tr><td>3</td><td colspan="3">运行油罐新油存入净油罐</td><td>T2(T3),5(8),ZJB,1,T1</td></tr>
<tr><td rowspan="4">4</td><td rowspan="4">向设备供油</td><td rowspan="4">清油罐</td><td>至推力轴承</td><td>T1,2,2CY(2#),11,12</td></tr>
<tr><td>至下导轴承</td><td>T1,2,2CY(2#),11,15</td></tr>
<tr><td>至水导轴承</td><td>T1,2,2CY(2#),11,18</td></tr>
<tr><td>至油压装置</td><td>T1,2,2CY(2#),11,21</td></tr>
<tr><td rowspan="4">5</td><td rowspan="4">设备排油</td><td>推力轴承至</td><td rowspan="4">运行油罐</td><td>14,27,10,2CY(2#),4(7),T2(T3)</td></tr>
<tr><td>下导轴承至</td><td>16,27,10,2CY(2#),4(7),T2(T3)</td></tr>
<tr><td>水导轴承至</td><td>19,T4,2CY(3#),22,10,4(7),T2(T3)</td></tr>
<tr><td>油压装置至</td><td>20,27,10,2CY(2#),4(7),T2(T3)</td></tr>
<tr><td>6</td><td colspan="3">运行油自循环过滤</td><td>T2(T3),6(9),LY,4(7),T2(T3)</td></tr>
<tr><td>7</td><td colspan="3">运行油过滤后送至净油罐</td><td>T2(T3),5(8),ZJB,1,T1</td></tr>
<tr><td>8</td><td colspan="3">运行油罐排污</td><td>T2(T3),6(9),2CY(2#),23,25,油槽车</td></tr>
<tr><td>9</td><td colspan="3">对污油泵清洗</td><td>T1,3,污油泵,23,25,油槽车</td></tr>
</table>

油系统与水电站的规模、机组形式及布置形式有密切关系。图6-3所示为某水电站透平油系统图。

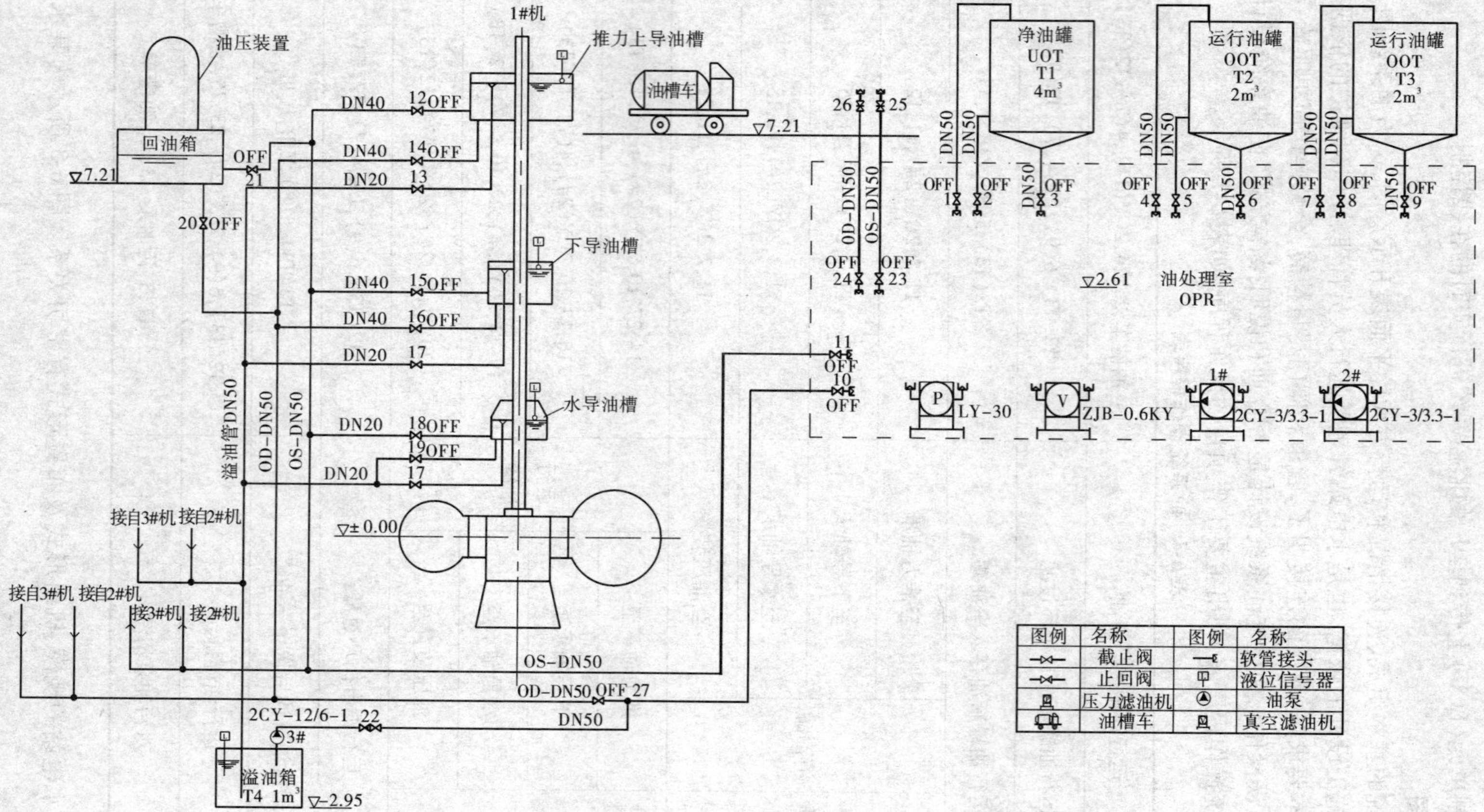

图6-3 某水电站透平油系统图

6.2 油系统的监督和运行维护

为了保证机组设备安全、稳定地长时间连续运行，就应保证油的工作性能稳定。在油运行中，应尽量减少油被污染的机会，采取相应的技术措施，使油能够长期连续稳定运行。油系统的监督和维护是对新油进行分析化验，鉴定是否符合国家标准；对运行油进行定期取样，观察其变化情况，判断运行设备是否安全；新油、运行油、污油进入油罐时，都要有化验记录。

6.2.1 减缓油劣化的措施

为延长油的使用寿命，应加强对运行油的维护工作并至少采取下述一种防劣化措施：

(1)添加对甲酚(T501)抗氧化剂。新油、再生油中 T501 含量应不低于 0.3% ~ 0.5%；运行中透平油不低于 0.15%。当油中 T501 含量低于 0.15% 时，应进行补加，补加油的 pH 值不应低于 5.0。

(2)安装连续再生装置，吸附剂的用量应为油的 1% ~2%。

(3)漏气、漏水的机组，应添加"I746"防锈剂，添加量为油的 0.02% ~0.03%。

(4)其他减缓油劣化的措施：①储油罐、变压器应设置空气干燥器；各部轴承的冷却水管都应通过耐压和渗漏试验，不允许有水分渗出。②各部轴承和油罐供油、排油时油管应伸入油面以下，以防止油流与空气混杂产生大量泡沫。③保证在正常温度范围内储油和用油，避免因油温过高加快油的劣化。④在机组轴承与基础间设置绝缘垫，以防止产生轴电流加快油的劣化。⑤用油、储油设备和输油管道要采用正确的清洗方法。⑥污油、废油应按牌号分别收集，不能混集在同一油罐中。

6.2.2 油质监测

油系统监测是对油质、油温和油位的监测，如有质量指标不符合要求，应及时采取相应的技术措施，防止和减缓油的劣化，以保证设备长时期稳定、可靠运行。

对运行油的质量监测，从直观检查、简单测试，直到定期取样化验，都属于监测工作范围。对运行中的油，应加强技术管理，建立必要的技术档案。对水电站透平油系统设备每年至少进行一次表 6-5 中的第 1、2、4、6、9 项检验。机组运行正常时，可以适当延长检验周期，但发现油中混入水分(油呈混浊)时，应增加检验次数，并及时采取处理措施。对于 300 MW 以上容量的水轮机，增加颗粒度测定。对于一些小型水电站，没有化验设备时，运行人员可通过油的颜色和一些简单测试方法鉴别油质的变化：当外观目测发现运行油比新油的颜色更褐更黑，或还有机械颗粒出现时，说明该油已经劣化；取自用油设备油箱底部放出的油样进行燃烧，如有"啪啪"声，说明油中含有水分；若发现设备在油中运行的部件有锈蚀现象，或者油呈乳白色混浊现象，都说明油中有水分，并已经劣化；在对运行设备的过滤器作定期检查和清洗时，若发现滤油器很快被堵塞，则说明油中的机械杂质较多；比较新油和运行油的颜色与机械颗粒，也可判定油质劣化与污染程度。

各设备的油过滤器滤网孔尺寸，可参考经验数据选取：推力轴承及导轴承为 50 ~ 150

μm；调速器、电液转换器为 5～10 μm。

液相锈蚀是指透平油中混入水分后使以钢铁为材质的设备发生锈蚀。锈蚀物混杂在油中则会使某些精度很高、间隙极小的部件（如调速器中的引导阀、电液转换器中的控制套等）卡阻，造成运行事故。

6.2.3 油位监测

在用油设备和油库的储油罐上，都设有油位计或油位信号器，用以观察或自动监测油位。设备在静止状态时，其各部油位都应在标定的刻度范围内。运行设备的油位若发生异常变化，如冷却水管爆裂或渗漏，会使油箱油位上升较快；而大量漏油或甩油，又会使油位下降较快。在这种情况下应立即停机检查、及时处理。

6.2.4 油温监测

通常在运行设备的油槽内设有温度计或温度信号器，运行人员在工作中应按规程规定，按时监视和记录各种用油设备的油温。一般规定透平油油温不得高于 45～50 ℃，绝缘油油温不得高于65 ℃。油温的高低还反映了设备的工作是否正常。例如，当机组过负荷、冷却水中断、油位过低或油质劣化时，都会使轴承内的油膜破坏，油温迅速升高；而当冷却水过大或冷却水渗入油中时，油温可能会降低。因此，在运行中若发现油温有异常变化，应及时进行全面的检查和处理。

小 结

水电站机电设备在运行中，如调速器操作、机组及辅助设备润滑、电气设备绝缘和消弧等，都需要各种性能的油品。本项目介绍了水电站油系统的组成、作用及运行，重点介绍了油在运行过程中出现的一些常见故障及其处理措施。油系统与水电站的规模、机组形式及布置形式、监控方式有密切关系，油系统的故障及处理方法也不完全相同，通过完成本项目各典型任务达到学习的目的。

复习思考题

6-1 水电站油、水、气系统中不同的管道颜色各代表什么意义？

6-2 水电站油、水、气系统阀门编号中各位数字代表什么意义？

6-3 水电站油系统有何作用？由哪些部分组成？

6-4 水电站常用的润滑油有哪些？常用牌号是什么？

6-5 水电站常用的绝缘油有哪些？常用牌号是什么？

6-7 水电站油系统在运行中应注意的巡视内容有哪些？

项目 7　处理水电站水系统运行故障

教学目标			
典型任务	能力目标	知识目标	素质目标
7.1　诊断修复水电站供水量不足故障	1. 能依据故障现象判断出原因； 2. 能用工具修复水电站技术供水系统的故障部件； 3. 能用工具修复水电站排水系统的故障部件。	1. 水电站水系统的组成及作用； 2. 水电站技术供水量不足的处理方法； 3. 水电站排水系统的组成及各个部件的作用。	1. 培养学生解决实际问题的综合能力，具有安全操作意识； 2. 建立责任感、敬业精神，培养吃苦耐劳、一丝不苟的工作作风。
7.2　分析处理主阀卡阻和发电机着火故障	1. 能用水电站的消防用水系统对发电机灭火； 2. 能正确地辨认水电站各机组主阀门位置； 3. 能用工具修复水电站主阀系统的故障部件。	1. 水电站消防用水系统的组成及各个部件的作用； 2. 发电机着火的原因； 3. 水电站主阀系统的组成及各个部件的作用； 4. 水电站主阀卡阻的原因。	培养学生解决实际问题的综合能力和安全操作意识

【任务 7.1】　诊断修复水电站供水量不足故障

1. 诊断修复水电站供水量不足故障教学情境的创建

水电站需要大量的水来冷却发电机、变压器及各部分轴承，水电站供水量不足故障是水系统最常见的故障之一，诊断修复该故障教学情境的创建见表 7-1。

表 7-1　诊断修复水电站供水量不足故障教学情境的创建

项目	教学情境 7-1：水电站技术供水量不足故障处理	教学情境 7-2：诊断修复排水泵出水量不足故障
学习形式	现场实际操作并用教学课件演示辅助	现场实际操作并用教学课件演示辅助
使用教具	电脑、投影仪、技术供水量示教图	电脑、投影仪、排水系统示教图
实施地点	多媒体教室和水电站检修车间	多媒体教室和水电站检修车间
作业形式	完成学习任务单	完成学习任务单
教学步骤	(1)教师引导学生分析水电站供水量不足故障的原因，熟悉水系统各主要管道的走向； (2)学生分组查阅水电站水系统图纸资料； (3)学生制定水电站技术供水量不足故障处理工序及选用相关的工具和量具，经教师审查通过后进入下一步； (4)各小组执行水电站技术供水量不足、排水泵出水量不足故障处理任务； (5)教师检查反馈学生任务完成情况； (6)学生汇报自评、教师评价。	

2. 水电站技术供水量不足故障现象与处理

1)水电站技术供水量不足故障现象

(1)各被冷却设备的温度明显升高。

(2)水管压力指示值下降，示流器指示不明显。

2)水电站技术供水量不足故障处理

(1)检查冷却水总水压是否正常，水管路是否大量跑水。

(2)检查正、反冲阀门是否因误动全开。

(3)检查减压阀门是否失灵，安全阀是否误动。

(4)检查取水口、滤水器、水管路是否堵塞，应吹扫和切换为反冲洗运行。

(5)若是橡胶水导轴承断水，应检查备用水源是否投入，如未投入，应尽快手动投入。

(6)若示流器不良，应将其断水保护停用，派人定点监视水流情况，并尽快修复示流器。

3. 水电站排水泵出水量不足故障现象与处理

1)水电站排水泵出水量不足故障现象

(1)排水廊道水位高。

(2)集水井水位过高。

2)水电站排水泵出水量不足故障处理

(1)若是进水管淹没水深不够，泵内吸入了空气，应增加水管长度，水面上放块木板，阻止空气进入水泵。

(2)若是进水管路接头处漏气、漏水，应重新安装，堵塞漏气、漏水。

(3)若是进水管路或叶轮有水草杂物，要加以清除。

(4)若是吸水扬程过高、输水高度过高，要调整吸水扬程、降低输水高度。

(5)若是减漏环及叶轮磨损太多,要更换减漏环及叶轮。

(6)若是电机功率不足,应加大配套动力。

(7)若是填料漏气,应旋紧压盖或更换填料。

【任务7.2】 分析处理主阀卡阻和发电机着火故障

1. 分析处理主阀卡阻和发电机着火故障教学情境的创建

运行中的发电机可能由于定子线圈发生匝间短路,或焊缝接头开裂等事故而着火,发电机的着火虽然不是水电站常有的故障,但鉴于发电机在水电站的最主要地位,一旦着火损失将是巨大的。分析处理主阀卡阻和发电机着火故障教学情境的创建见表7-2。

表7-2 分析处理主阀卡阻和发电机着火故障教学情境的创建

项目	教学情境7-3: 诊断修复主阀卡阻故障	教学情境7-4: 分析处理发电机着火故障
学习形式	现场实际操作并用教学课件演示辅助	现场实际操作并用教学课件演示辅助
使用教具	电脑、投影仪、主阀系统示教图	电脑、投影仪、水系统图
实施地点	多媒体教室和水电站发电机车间	多媒体教室和水电站水轮机车间
作业形式	完成学习任务单	完成学习任务单
教学步骤	(1)教师引导学生分析水电站消防水系统、主阀的组成及各部件的作用,提出对主阀卡阻故障、发电机着火故障的处理方法; (2)学生分组查阅水电站水系统、主阀系统图纸资料; (3)学生制定水电站的主阀卡阻、发电机着火故障处理工序及选取相关的工具和量具,经教师审查通过后进入下一步; (4)各小组执行水电站的主阀卡阻、发电机着火故障处理任务; (5)教师检查反馈学生任务完成情况; (6)学生汇报自评、教师评价。	

2. 主阀卡阻故障现象与处理

1)主阀卡阻故障现象

(1)开、关主阀操作不灵活。

(2)机组停机后漏水量大。

2)主阀卡阻故障处理

(1)检查主阀行程开关是否在全关位置,如果电动操作机构失灵应改“手动”。

(2)检查主阀空气围带的气压应在0.6~0.7 MPa。

(3)快速关闭检修闸门。

(4)跳开发电机出口开关及灭磁开关。

(5)落下发电机风闸对机组进行刹车,以防机组长期低速空转。

(6)报告领导,通知检修人员。

3. 水电站的发电机着火故障现象与处理

1)水电站的发电机着火故障现象

发电机空洞冒浓烟,有浓重的烧焦味。

2)水电站的发电机着火故障处理

(1)确认发电机已着火,灭火前应对发电机进行必要的电气隔离(发电机内部着火不准用砂子或泡沫灭火器来灭火)。

(2)保护已动作,出口开关已跳闸(若保护未动作,应立即切除出口开关并发停机令)。

(3)机组已灭磁(确认无电压)。

(4)关闭发电机风洞进人门。

(5)打开发电机消防水阀。

(6)检查灭火情况(到水车室检查风洞下部盖板应有水流下)。

(7)确认火已熄灭,关闭消防水阀。

(8)灭火后进行全面检查。灭火过程中不准进入风洞内,灭火后进入风洞检查必须戴有氧防毒面具,并有二人同行。

7.1 水电站水系统的相关知识

水电站的水系统包括供水系统和排水系统,其中供水系统又分为技术供水系统、消防供水系统和生活供水系统。

7.1.1 技术供水系统

1. 技术供水的作用及要求

1)技术供水的作用

技术供水又称生产供水,其主要作用是对运行设备进行冷却,有时也用来进行润滑(如水轮机橡胶瓦导轴承)及水压操作(如射流泵、高水头水电站用的主阀)。需要技术供水进行冷却的设备有以下几种。

(1)发电机的冷却。发电机运行时将产生电磁损失及机械损失,这些损耗会转化为热量。这些热量如不及时散发出去,不但会降低发电机的效率和出力,而且会因局部过热破坏线圈绝缘,影响使用寿命,甚至引起事故。因此,运转中的发电机必须加以冷却。水轮发电机大多采用空气作为冷却介质,用流动的空气带走发电机产生的热量。除小型发电机可采用开敞式或管道式通风外,大中型发电机普遍采用密闭式通风,即发电机周围封闭着一定体积的空气,利用发电机转子上装设的风扇(有的不另设风扇,利用异型轮辐当风扇),强迫空气通过转子线圈,再经定子的通风沟排出。吸收了热量的热空气再经设置在发电机定子外围的空气冷却器,将热量传给冷却器中的冷却水并带走,然后冷空气又重新进入发电机内循环工作。空气冷却器的冷却效果对发电机的出力及效率有很大影响:当进风温度为35 ℃时,发电机允许发出额定出力;当进风温度较低时,发电机的效率较高,允许出力提高;当进风温度升高时,发电机的效率显著下降,允许出力降低。

(2)发电机推力轴承及导轴承油的冷却。机组运行时轴承处产生的机械摩擦损失，以热能形式聚积在轴承中。由于轴承是浸在透平油中的，油温高将影响轴承寿命及机组安全，并加速油的劣化，因此应将油加以冷却并带走热量。轴承油槽内油的冷却方式有两种：一种是内部冷却，即将冷却器浸在油槽内；另一种是外部冷却，即将润滑油用油泵抽到外面的专用油槽内，再利用冷却器进行冷却。无论哪种方式，都要通过冷却器的冷却水将热量带走。还有的将冷却水直接通入导轴承瓦背进行冷却，这样可以提高冷却效果，但制造及安装质量要求比较严格。

(3)水冷式变压器油的冷却。由于水冷却器具有良好的冷却效果和较低的运行成本，所以容量较大的变压器通常用内部水冷却和外部水冷却的方式。内部水冷式变压器，其冷却器装在变压器的绝缘油箱内，而外部水冷式（即强迫油循环水冷式）变压器，是利用油泵将变压器油箱内的油送至特殊的且浸入冷却水中的油冷却器进行冷却，这种方式提高了散热能力，使变压器尺寸缩小，便于布置。为防止冷却水进入变压器油中，应使冷却器中的油压大于水压 0.15 ~ 0.7 MPa。

(4)水冷式空压机的冷却。空气被压缩时，将产生大量的热。为了降低气温，提高效率，防止汽缸内活塞产生积炭及润滑油分解，通常在汽缸体及汽缸盖周围包上水套，通入冷却水以带走热量。在两级或多级压缩时，空气经第一级压缩后，要用中间冷却器进行冷却，然后再进入第二级汽缸做第二次压缩。

(5)其他冷却。如油压装置回油箱、贯流式机组顶起油箱等有时也设置冷却器，以带走回油在工作中因摩擦阻力而产生的热量；有些变压器直接以水淋的方式散热等。

有的水轮机导轴承采用橡胶轴瓦，需要用清洁水来润滑。此外，深井泵的导轴承也是橡胶轴瓦的，同样需要清洁水润滑。

水头较高的水电站，有的用高压水来操作主阀及其他液压阀，这样可以节省油压设备或使油系统简化（应注意工作部件的防锈防蚀问题）。此外，射流泵的工作也是靠技术供水来传递能量的。除上述各项外，水轮机主轴工作密封普遍用水压起作用。

2)用水设备对技术供水的要求

各种用水设备对供水的水量、水压、水质、水温均有一定的要求，其总的原则是：水量足够、水压合适、水质良好、水温适宜。现分述如下：

(1)水量。用水设备对供水水量的要求，一般由制造厂经设计计算后提出。但在初步设计阶段，往往需要水电站设计单位参考相类似的水电站种类，用经验公式或曲线图表估算，以求得近似的数值作为设计依据。在技术设计阶段，再按制造厂提供的资料作修改与校核。

根据我国已运行的大中型水电站机电设备用水情况分析，水量分配比例大致为：发电机空气冷却器为70%，推力与导轴承的油冷却器为10%，水轮机导轴承（水润滑）为5%，水冷式变压器为6%，其余用水设备为1%。所以，发电机的用水对水电站技术供水系统的规模起着决定性的作用。因此，常用发电机的用水量来代替总用水量。粗略估算时，可由图 7-1 查取。对于不设发电机空气冷却器的小型机组水电站，其用水量最大的设备是机组推力轴承油箱中的油冷却器。由此可见，水电站发电机的用水对技术供水系统的规模起着决定性的作用。

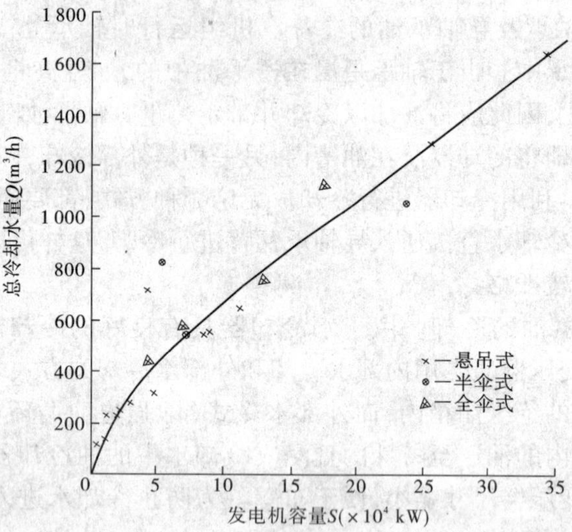

图 7-1　水轮发电机容量与总冷却水量关系曲线

(2)水压。

①进入机组轴承冷却器的冷却水,应有一定的水压,以保持必要的流速和所需的流量。机组各轴承冷却器进口水压受强度限制,一般不超过 0.2 MPa,如有特殊需要,可与制造厂协商提高水压。在满足冷却器水量的前提下,进口水压的下限取决于冷却器内部压降及排水管路水头损失。冷却水通过冷却器的水头损失按下式计算

$$\Delta h = n_1(\lambda \frac{l_0}{d} + \xi) \frac{v^2}{2g} \quad (\text{m}) \tag{7-1}$$

式中:n_1 为水在冷却器内来回流动的路数;λ 为管子沿程阻力系数,常用铜管的 λ 可取 0.031;l_0 为管子有效长度,m;d 为管子内径,m;ξ 为局部阻力系数,空气冷却器可取 ξ = 1.3,油冷却器可取 ξ = 3.5 ~ 4;v 为管内水流速度,m/s,一般取平均流速为 1.0 ~ 1.5 m/s。

冷却器长期使用之后,由于铜管内壁发生积垢和氧化作用,会降低冷却器的散热性能,因此制造厂提供的水头损失比计算值大 1 倍或更多,国内一般采用水头损失为 4.0 ~ 7.5 m。

②水冷式变压器如果发生水管破裂(内部冷却)或热交换器破裂(强迫油循环外部冷却),就会使油水渗合,危及变压器安全运行。因此,对水压要求较严。通常,制造厂要求冷却器进口处水压不超过 0.05 MPa,油压必须大于水压 0.08 MPa。这样,冷却水管破裂时,只能使油进入水中,而水不能进入油内。

③水冷式空压机的供水水压一般为 0.15 ~ 0.3 MPa。

(3)水质。水电站用水设备对水质有一定要求。水电站的技术供水,不论是取自河水或是地下水,对水质的要求均可按以下标准掌握:①要求水中不含悬浮物(如杂草、碎木等),以免堵塞冷却器等设备。②泥沙含量应尽量少。③为避免形成水垢,冷却水应是软水(水的硬度是指溶解在水中的钙盐与镁盐含量的多少,钙镁离子的总和相当于 10 mg 氯化钙称之为 1 度,8 度以下为软水,8 ~ 16 度为中水,16 度以上为硬水,30 度以上为极硬水)。硬度大的水易形成水垢和析出物,易腐蚀金属,降低传热性能和水管的过水能力并难以清除。④为了防止管道与用水设备的腐蚀,要求水的酸碱度 pH 值为中性(pH = 7),

水的 pH 值过大或过小都会腐蚀金属,产生沉淀物堵塞管道。大多数天然水的 pH 值为 7~8。⑤水中力求不含有机物、水生物及微生物。⑥水中应不含油分。总之,应以管道的腐蚀、结垢和堵塞等来检查水质。此外,对水轮机橡胶导轴承(水导轴承密封、推力轴承水冷瓦)润滑水的水质要求为:含沙量及悬浮物必须控制在 0.1 g/L 以下,泥沙粒径应小于 0.01 mm;润滑水中不允许含有油脂及其他对轴承和主轴有腐蚀性的杂质。

(4)水温。供水水温是供水系统设计中的一个重要条件,一般按夏季经常出现的最高水温考虑。水温与水源、取水深度及当地气温等因素有关。制造厂通常以 25 ℃(进水温度)作为设计依据。水温超过 25 ℃的地区,制造厂需另设计特殊的冷却器。水温对冷却器的影响很大,由于进水温度增高,冷却器金属的消耗增加,同时,冷却器尺寸的增大会造成布置上的困难。冷却器高度与冷却水温(进水温度)的关系见表 7-3。由表 7-3 可见,由于水温增高 3 ℃,冷却器高度增加 50%。同时,水温超过设计温度,也会使发电机无法达到额定出力。因此,正确地控制水温是很重要的问题。进水温度最高应不超过 30 ℃。北方某些地区,水库水温长年达不到 25 ℃,可根据图 7-2 进行折算,以减小供水水量。冷却水温过低也是不适宜的,这会使冷却器黄铜管外凝结水珠。一般要求进口处水温不低于 4 ℃,冷却器进出口水的温差不能太大,一般要求保持在 2~4 ℃,避免沿管长方向因温度变化太大而造成裂缝。

表 7-3 冷却器高度与进水温度的关系

进水温度(℃)	25	26	27	28
冷却器高度(mm)	1 600	1 800	2 050	2 400
相对高度(%)	100	113	128	150

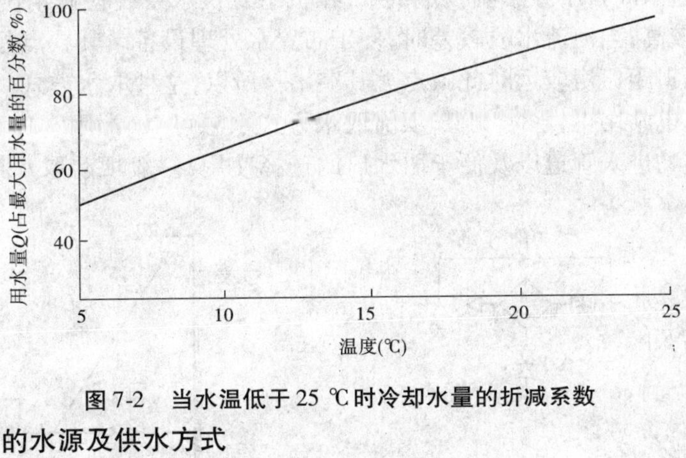

图 7-2 当水温低于 25 ℃时冷却水量的折减系数

2. 技术供水的水源及供水方式

1)水源选择的原则

技术供水水源的选择非常重要,在技术上必须考虑水电站的形式、机组设备的布置、水电站的水头等因素;满足用水设备所需的水量、水压、水质和水温的要求,力求取水可靠、水量充足、水温适宜、水质符合要求,以保证机组安全运行,整个供水系统管路简单且操作维护方便;在经济上还必须考虑投资和运行费用最省。如果选择不当,不仅可能增加投资，而且可能给水电站以后的运行和维护增加困难。因此，应根据水电站具体情况，进行详细的分析论证，从所有可能的方案中，选出技术先进、运行维护方便可靠、经济合理的方案。

技术供水系统除主水源外，还应有可靠的备用水源，防止因供水中断而停机。对水轮机导轴承的润滑水和推力瓦的冷却水，要求备用水能自动投入，否则，若供水稍有中断，轴瓦就有被烧毁的可能。一般情况下，均采用水电站所在的河流（水电站上游水库或下游尾水）作为供水系统的主水源和备用水源，只有在河水不能满足用水设备的要求时，才考虑其他水源（例如地下水源）作为主水源、补充水源或备用水源。

2）水源种类

一般可作为技术供水水源的有河流水源和地下水源。河流水源又可分为上游水库和下游尾水。

（1）上游水库水源。上游水库是一个丰富的水源。从水质方面看，水库调节容量越大，水就越深。水中除含有一些悬浮的落枝、飘草等需要进水口拦污栅和管路中滤水器加以清除的杂质外，平时泥沙含量不多，不至于阻塞部件；从水温方面看，上游水库的底层水温比自然径流或低坝浅库的水温要低，有利于提高冷却效果。取水方式有以下几种：①压力钢管取水和蜗壳取水，如图 7-3 所示。此种取水位置的优点是引水管道短，投资较省，管道阀门等可以集中布置，便于操作。压力钢管取水一般是从进水阀（如有的话）的前面取水。取水口的位置最好布置在钢管或蜗壳断面的两侧，一般在 45°方向上，避免布置在底部和顶部，因为取水口布置在顶部易被悬浮物堵塞，如布置在底部又容易积存泥沙。②坝前取水，如图 7-4 所示。直接从坝前取水的优点是取水口可以设置数个，装设在不同的高程上，随着上游水位的变化，可以选择合适的水温及水质（含泥沙和杂质少）；某个引水口遭到堵塞或损坏时，不致影响技术供水；在机组及供水系统检修情况下，供水仍不中断，供水可靠性较高；当河流水质较差时，便于布置水处理设备。其缺点是引水管道长，特别当水电站进水口距厂房较远时此缺点尤其突出。所以，这种取水方式一般在河床式、坝内式和坝后式水电站用得较多。由于坝前取水方式水源可靠，常用它作为备用水源。为了防止水库悬浮物进入管道以及便于取水口的选择使用，一般坝前取水口处均装设拦污栅和小型闸门。

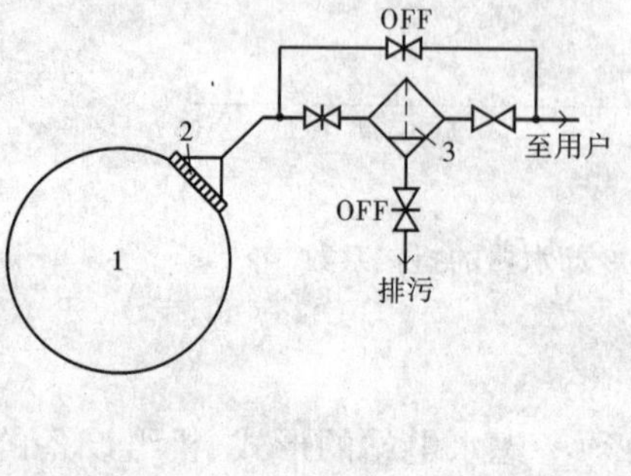

1—压力钢管（或蜗壳）；2—取水口；3—滤水器

图 7-3　压力钢管和蜗壳取水

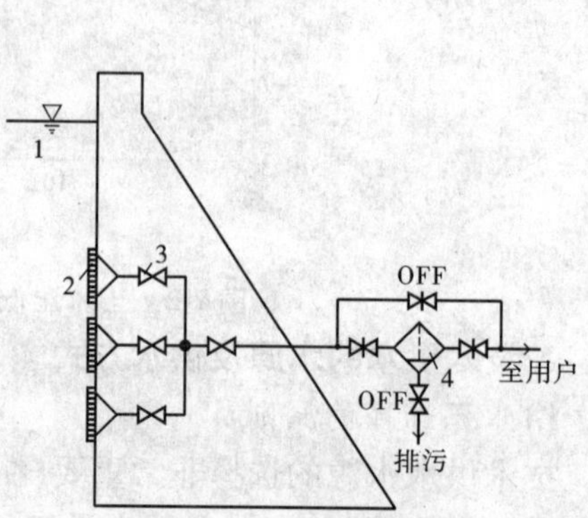

1—上游水库；2—取水口；3—取水口阀门；4—滤水器

图 7-4　坝前取水

(2)下游尾水水源。如果上游水库形成的水头过高或过低，常用下游尾水作水源，通过水泵将水送到用水部件。自下游尾水取水时，注意取水口不要设置在机组冷却水排水口附近，以免取水的水温过高，影响机组冷却效果。同时，应注意机组尾水冲起的泥沙及引起的水压脉动，以及下游水位因机组负荷变化而升降等情况给水泵运行带来的影响。从尾水取水作为主水源或备用水源时，要考虑在水电站安装或检修后，首次投入运行时供机组启动的用水。尾水管内或尾水管出口附近，由于水轮机补气使水中含有气泡，这些气泡带入冷却器中影响冷却效果，必须设置除气设施。

(3)地下水源。为了取得经济、可靠和较高质量的清洁水，以满足技术供水特别是水轮机导轴承润滑用水的要求，水电站附近有地下水源时，可考虑加以利用。地下水源一般比较清洁、水质较好，某些地下水源还具有较高的水压力，有时可能获得经济实用的水源。为了获得这种水源，在水电站勘测初期需提出任务，要求勘测部门详细了解该地区地下水分布情况，如地下水流量、水质、水量、水温、静水位及动水位等的数据及变化情况。若地下水水压不足，可通过水泵抽水增压，以满足技术供水的需要。总之，水源的选择是决定供水系统是否经济合理、安全可靠的关键。在选择水源时必须全面考虑，根据水电站具体条件进行详细的分析论证。

3)供水方式

水电站技术供水方式因水电站水头范围等不同而不同，常用的供水方式有：

(1)自流供水。水头在15～40 m的水电站，当水温、水质符合要求时，一般采用自流供水。水压由水电站的自然水头来保证。这种方式简单可靠，操作方便，易于维护。

水头大于40 m的水电站采用自流供水时，为了保证各冷却器进口水压符合制造厂的规定，应通过减压装置减压，削减掉一部分多余水压，实际上是能量的浪费。当水头大于80 m时，由于减压过多地增加了水能的损耗，这就需要把浪费的水能和装设水泵供水时耗用的电能及设备费用等进行比较，以确定经济合理的供水方式。

(2)水泵供水。当水电站水头高于80 m时，用自流供水方式已不经济，而当水头小于12 m时，技术上又不可能用自流供水方式，此时通常采用水泵供水方式。对低水头水电站，取水口可设置在上游水库或下游尾水，视具体情况而定；对高水头水电站，一般均采用水泵从下游取水，如图7-5所示。水泵供水系统由水泵来保证所需水压和水量；水质不良时，布置水处理设备也较容易。水泵供水的主要缺点是供水可靠性差，当水泵动力中断时供水也会中断，此外设备投资和运行费用一般较大。

(3)混合供水。水电站水头为12～20 m，不宜采用单一供水方式时，一般设置混合供水系统，即自流供水和水泵供水的混合系统。当水头比较高时采用自流供水，水头不足时采用水泵供水，经过技术经济比较确定操作分界水头。因为水泵使用时间不多，可不设置备用水泵，主管道只设一条，这样可以在不降低安全可靠性的条件下，减少设备投资，简化系统。也有一些混合供水的水电站，根据用水设备位置及水压、水量要求的不同，采用一部分设备用水泵供水，另一部分设备用自流供水的方式。

(4)其他供水方式。①射流泵供水，当水电站水头为80～160 m时，宜采用射流泵供水，由上游水库取水作为高压工作液流，在射流泵内形成射流，抽吸下游尾水，两股液流相互混合，形成一股压力居中的混合液流，作为机组的技术供水，如图7-6所示。上游压力

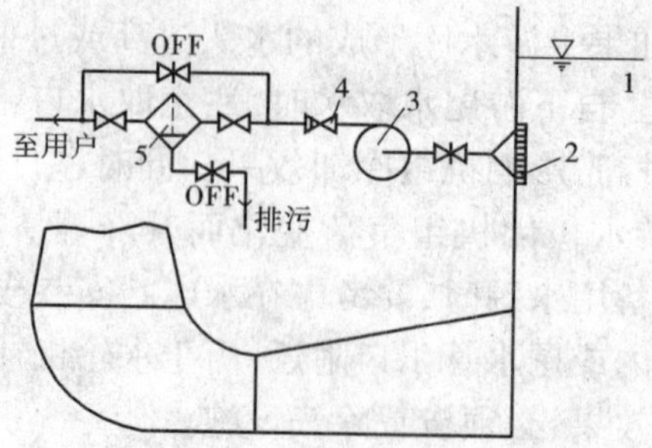

1—下游尾水;2—取水口;3—供水泵;4—单向阀;5—滤水器

图 7-5　水泵供水

水经射流泵后,水压减小,不需再进行减压,原减压所消耗的能量被利用来抽吸下游尾水,增大了水量,供水量是上、下游取水量之和。射流泵供水是一种兼有自流供水和水泵供水特点的供水方式,它运行可靠,维护简单,设备和运行费用较低,无须动力电源,但运行效率较低。②顶盖供水方式,对于中高水头的水电站可从水轮机顶盖取水,利用转轮密封漏水作为机组的技术供水。顶盖取水方式的特点是间隙对漏水起到良好的减压和过滤作用,保证了水质清洁、水压稳定,对机组正常运行未发现有不良影响;同时,操作控制简单,能随机组启停而自动供停水,能随机组出力增减而自动增减供水流量。但当机组作调相运行时需另有其他水源供水。

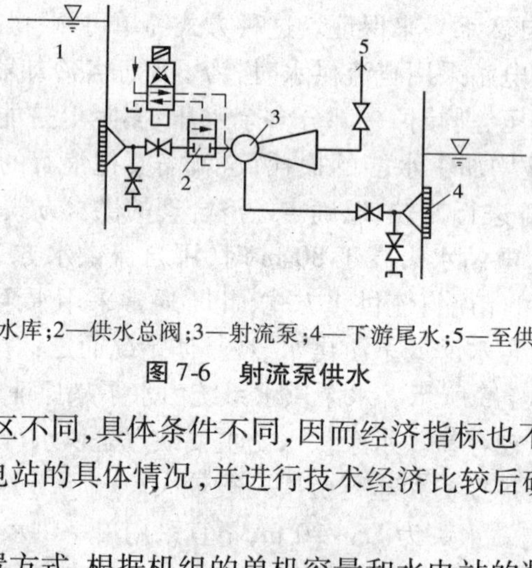

1—上游水库;2—供水总阀;3—射流泵;4—下游尾水;5—至供水用户

图 7-6　射流泵供水

由于水电站所在地区不同,具体条件不同,因而经济指标也不一样。因此,设计时供水方式的选用应分析水电站的具体情况,并进行技术经济比较后确定。

4)设备配置方式

供水系统的设备配置方式,根据机组的单机容量和水电站的装机台数确定,一般有以下几种类型:

(1)集中供水。全水电站所有机组的用水设备,都用一个或几个公共取水设备取水,通过全水电站公共的供水干管供给各机组用水。这种设备配置方式便于集中布置,运行、维护比较方便,适用于中小型水电站。

(2)单元供水。全水电站没有公共的供水干管,每台机组各自设置独立的取、供水设备。这种设备配置方式适用于大型机组,或水电站只装机一台的情况。特别对于水泵供水的大中型水电站,每台机组各自设一台(套)工作水泵,其特点是:虽然水泵台数可能多一些，但机组间互不干扰，可靠性高，容易实现自动化，便于运行与维护。

(3)分组供水。机组台数较多时，采用集中供水，管道过长可能造成供水不匀，或管道直径过大给设备布置带来困难，而采用单元供水，设备数量又过多。此时，将机组分成若干组，每组构成一个完整的供水系统。其特点是：既减少了设备，又方便了运行。

3. 技术供水系统图

以上我们讨论了水电站各供水对象对于水量、水压、水温和水质的要求，各种可能采用的水源、供水方式和设备配置方式。由于各水电站的具体条件、特点、机组形式和供水要求不同，就产生了适于各种具体情况的各式各样的技术供水系统图。

供水系统图的优劣应根据系统运行安全可靠、操作维护方便简单等条件来衡量。

图 7-7 为自流供水系统图（图中未示出供水用户部分）。该系统在每台机组的蜗壳或压力钢管上取水，并且全厂连接成一供水干管 6，蜗壳或压力钢管上的取水口 1 按 1.5 ~ 2 台机组的用水量设计，同时可作为另外机组技术供水的备用水源。取水口后装有单向阀 4，以免输水系统故障时冷却水倒流。此外，全厂设 2 ~ 3 个坝前取水口 5 作为总技术供水的备用水源和生活用水及消防用水水源。在洪水季节坝前取表层水，水中含沙量较小；夏季水温较高时取深层水，提高冷却效果。此种系统具有布置简单、运行可靠的优点。大型水电站当水头适合、水质条件好时，一般都采用这种系统。图 7-7 中每台机组均装有供水总阀，以实现开机前自动投入供水，停机后自动切断供水的操作。其他阀门的开度都调节好，开停机时一般不再进行操作。供水总阀常采用电磁液压阀或电动闸阀等形式。

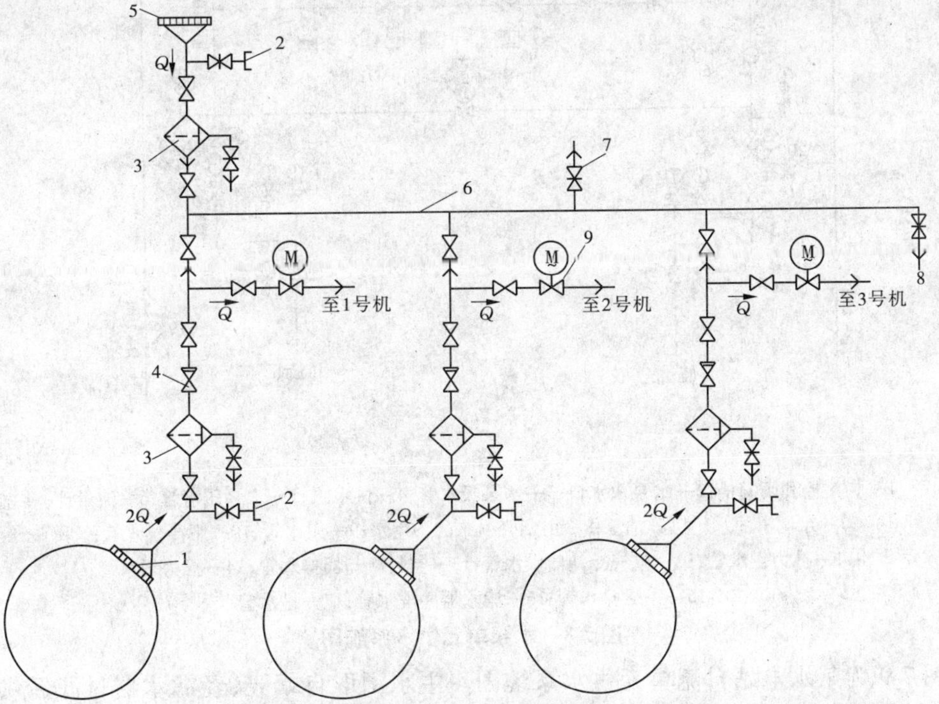

1—蜗壳或压力钢管取水口；2—压缩空气吹扫接头；3—转动式滤水器；4—单向阀；5—坝前取水口；6—供水干管；7—放气阀；8—管道清洗时通向下游的排水管；9—机组供水电动总阀

图 7-7 自流供水系统图

图 7-8 为用于大型机组的水泵单元供水系统图。每台机组各有一套独立的供水系统，两台供水水泵，一台工作，另一台备用。工作水泵随机组的开停而开停。该系统的优点在于管路系统简单可靠，水泵自动化接线简单，管理方便。但水泵台数较多，投资较大。图 7-8 中水轮机导轴承为水润滑，供水可靠性要求高，除原有主水源两路供水外，另用蜗壳引水作备用水源，并设有备用水自动投入装置。管路系统中直径大于 $\phi 250$ mm 的阀门采用电动闸阀，以改善操作条件。

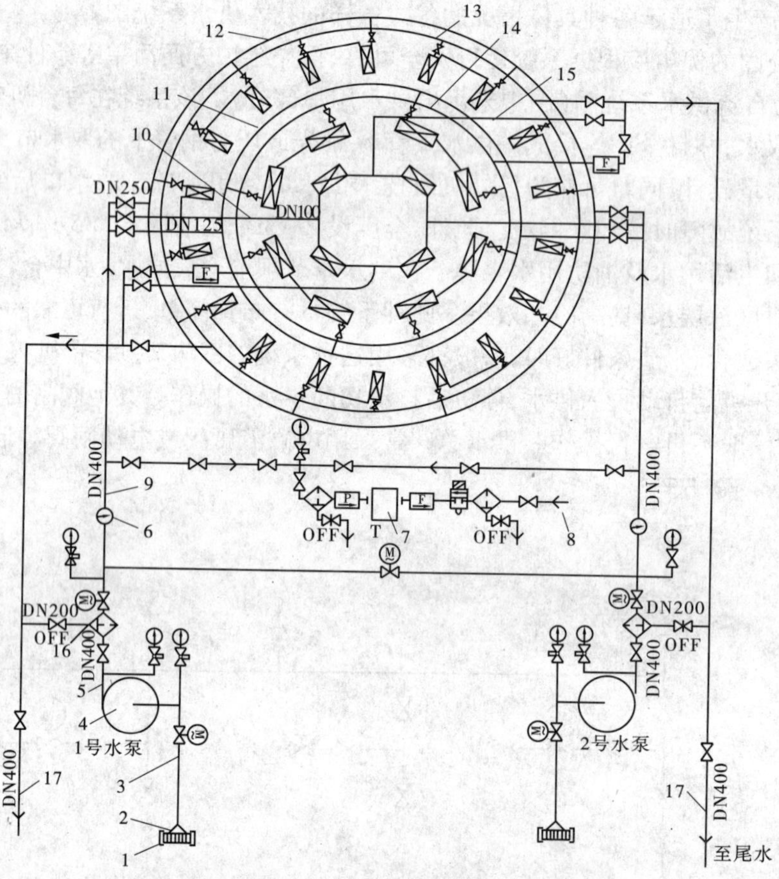

1—拦污栅和闸门槽；2—水泵取水口；3—水泵吸水管；4—供水泵；5—水泵压水管；6—流量计；
7—水润滑的水轮机导轴承；8—由蜗壳引来的备用水；9—供水管；10—下导供水管；
11—推力供水管；12—空气冷却器供水管；13—空气冷却器排水管；14—推力排水管；
15—下导排水管；16—滤水器冲洗水管；17—排水管

图 7-8　水泵单元供水系统图

图 7-9 为某水电站自流单元供水系统图。主水源取自蜗壳，经滤水器过滤后供机组冷却、润滑用。坝前取水作为技术供水的备用水源。两种水源之间设有联络管道及阀门。坝前取水不受机组安装、停机检修等的影响，因此与机组开停状态无关的用水，如水冷式空压机用水，消防、生活用水，都由该水源供水。图 7-8 和图 7-9 中，机组各供水用户分别

采用了常用的两种不同表示方式示出：图 7-8 用若干同心圆表示机组各轴承冷却器和发电机空气冷却器的供排水环管，这种表示方法能清晰地示出各种冷却器的个数及其连接方式，常用于大中型机组；图 7-9 则将机组各轴承及发电机空气冷却器按其相对位置上下排列，多用于中小型机组。

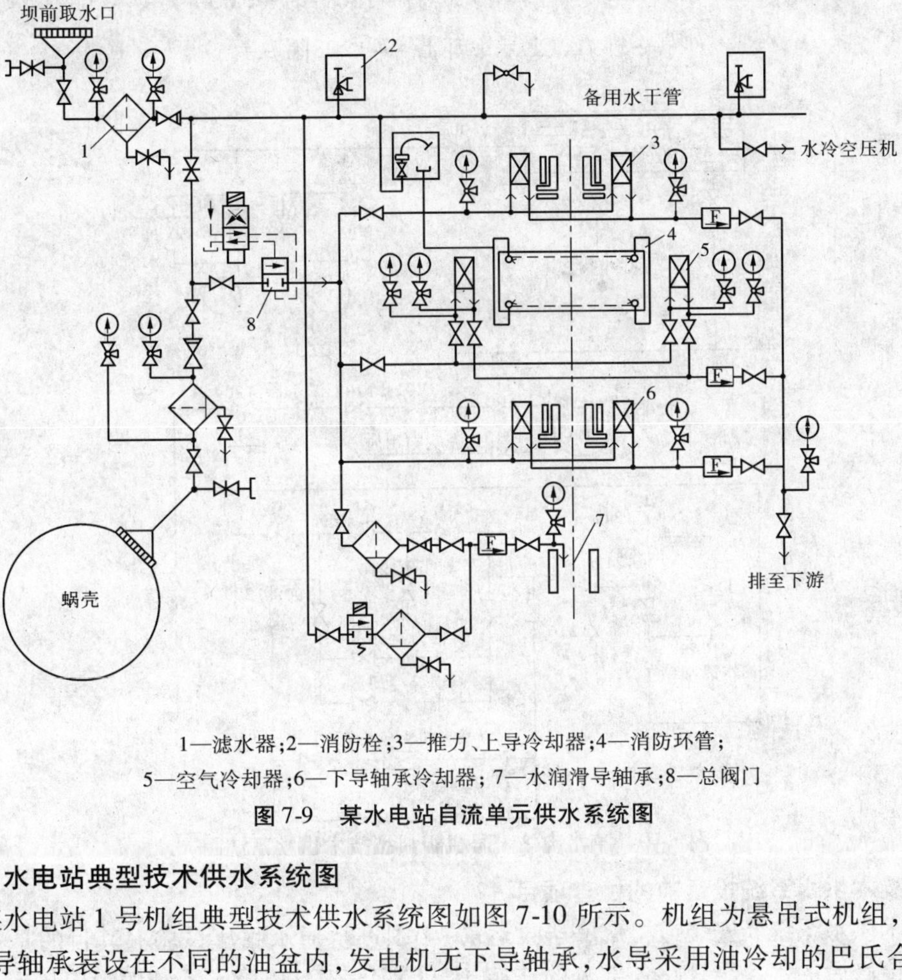

1—滤水器；2—消防栓；3—推力、上导冷却器；4—消防环管；
5—空气冷却器；6—下导轴承冷却器；7—水润滑导轴承；8—总阀门

图 7-9　某水电站自流单元供水系统图

4. 水电站典型技术供水系统图

某水电站 1 号机组典型技术供水系统图如图 7-10 所示。机组为悬吊式机组，推力轴承、上导轴承装设在不同的油盆内，发电机无下导轴承，水导采用油冷却的巴氏合金瓦。供水方式采用蜗壳取水并经滤水器后自流供水的方式，同时全厂设了一套水泵提水并经稳压水池供水的备用技术供水系统，在自流供水水压不足的情况下可采用备用系统保证机组的技术供水。

电动阀门 YM3 ~ YM6 是倒换冷却水向的，正常时一组关闭，一组打开，如 YM3、YM5 全开，YM4、YM6 关闭，或者与此顺序相反。1203 阀是滤水器的排污阀，也兼顾调节水轮发电机组总冷却水压的功能。1205 阀是公用冷却水母管与 1 号机组冷却水总管的联络阀，正常时在关闭位置，当 1204 阀前的滤水器堵塞，减压阀损坏时，开启 1205 阀，关闭 1204 阀及其前面的阀门，仍不影响主机的运行。

结合图 7-10，1 号机组技术供水的正向流程为：

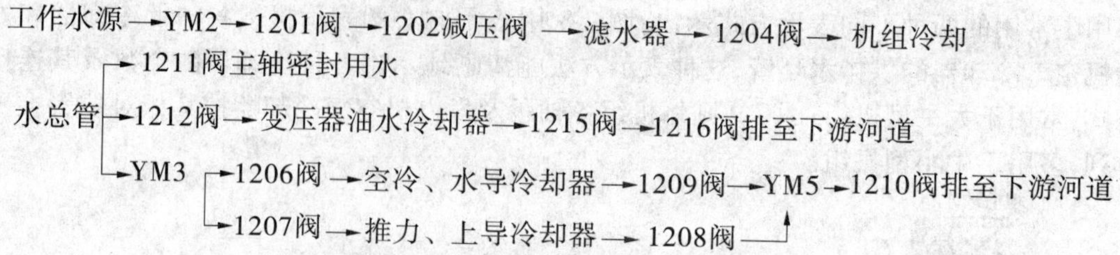

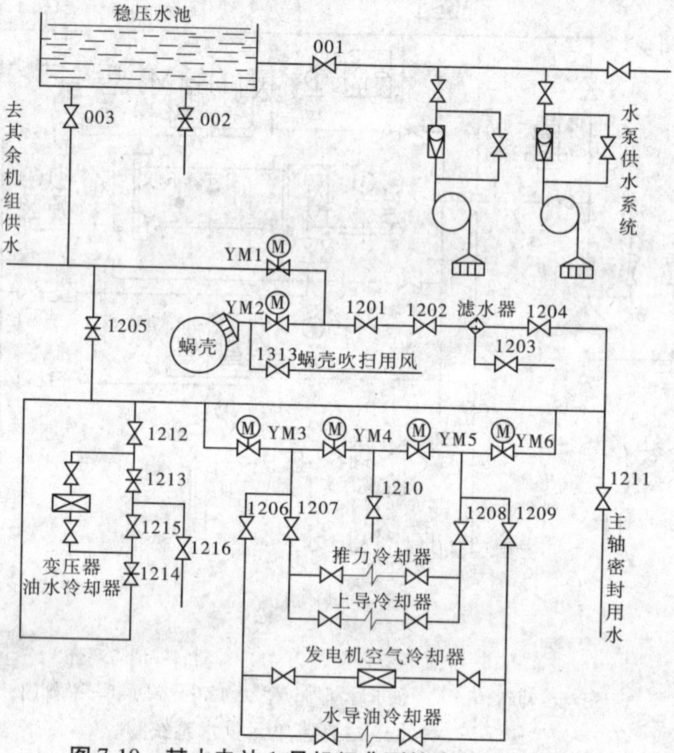

图 7-10　某水电站 1 号机组典型技术供水系统图

5. 技术供水系统投运前的检查项目

技术供水系统新安装或检修完毕投运前，必须进行通水耐压试验。其目的是检查新安装或检修后的水系统管路各部分的连接、密封是否完好，以及水系统的耐压强度是否合格，并调节好各阀门的位置，以满足各冷却器在水压和水量方面的要求，为以后的自动开机做准备。

通水耐压试验的原则是：保证排水流畅，且在通水过程中，采用逐级提高水压和加大水流量的原则，以防止水系统因排水不畅导致管路憋压，使水压过高而损坏设备。水系统通水耐压时间通常为 30 min。

结合图 7-10，1 号机组冷却水系统通水耐压试验前应进行以下项目的检查：

（1）取水口的过滤网及水过滤网清洗试验检查合格。

（2）各阀门编号标示和位置正确，管路颜色符合规定。

（3）水管道上自动阀门电源正常，电气回路绝缘及接点试验检查合格，联动试验合格，并处于关位。

(4)确认总供水管路水压正常。

(5)46DCF、47DCF 开机联动模拟试验合格。

(6)如果是水泵供水的系统,应对水泵本身及其电动机进行全面检查,并对引水回路进行检查;如果是离心水泵,还应检查出水管路的出水阀及止回阀是否正常,引水底阀是否正常,吸水管充水是否正常等。

上述检查合格后,可按以下操作步骤对冷却水系统进行通水耐压试验:①1210 阀开;②1208 阀开;③1209 阀开;④1206 阀小开;⑤1207 阀小开;⑥YM3 阀开;⑦YM5 阀开;⑧YM4阀关;⑨YM6 阀关;⑩水导冷却器进、出口阀开;⑪水导油位作标记;⑫空冷进、出口阀开;⑬推力冷却器进、出口阀开;⑭推力油位作标记;⑮上导冷却器进、出口阀开;⑯上导油位作标记;⑰1216 阀开;⑱1215 阀开;⑲检查 1213、1214 阀是否关;⑳变压器油水冷却器水阀、油阀全开;㉑1212 阀小开;㉒变压器冷却器潜油泵手动启动投运(保证变压器油水冷却器中油压大于水压);㉓1203 阀开(防止憋压);㉔1204 阀开;㉕检查减压阀全关;㉖1201 阀开;㉗检查 YM2 阀是否全关;㉘YM1 阀开;㉙减压阀小开;㉚检查各管网系统有无渗漏;㉛检查各油盆油位是否正常;㉜减压阀开大,适当升高机组冷却水压;㉝检查各部分有无渗漏;㉞1206 阀适当开大;㉟1207 阀适当开大;㊱1211 阀适当开大;㊲减压阀开大,调机组冷却总水压至正常;㊳用 1206 阀调空冷、水导冷却水流量(水压)至正常;㊴1207 阀调推力、上导冷却水流量(水压)至正常;㊵用 1212 阀调变压器冷却水流量(水压)正常;㊶通水耐压时间到后,YM1 阀全关;㊷变压器潜油泵停运。

通水耐压试验合格后,供水系统可投入正常运行。

6. 供水系统投入运行与停止运行

(1)第一次投入运行时,按上述通水耐压试验步骤逐项进行操作和检查。如为停机后开机,则只需打开电动阀 YM2 并进行相应检查即可。

(2)按机组技术供水要求,确认各阀门所处位置正确。

(3)现场检查各处水压、示流信号器是否正常,管道有无渗漏水现象,特别注意发电机空气冷却器的漏水检查。

(4)机组停机后,冷却水由电动阀 YM2 关闭,并应现场检查。

(5)供水前要特别注意检查发电机灭火管道的供水阀门。

(6)严冬寒冷低温时,注意按现场运行规程规定,停止供冷却水。

(7)由水泵供水的供水系统,水泵的开停要专人值班负责,并按水泵运行规程开停。

7.1.2 消防供水系统

1. 消防供水的水源和供水方式

水电站设计时,消防供水水源应与技术供水水源同时考虑。消防供水方式取决于各消防对象对供水的要求、水电站的水头和选定的水源,一般有自流供水、水泵供水和混合供水等方式。

(1)自流供水。当水头高于 30 m 时,可采用自流供水。水源和取水口与技术供水合用,但应设单独的消防供水总管,用两根联络管与技术供水总管连接,形成环形供水。

(2)水泵供水。水头低于 30 m 的水电站,供水压力达不到消防用水要求,宜设置专用的消防水泵供水。一般只设一台,手动操作,且从下游取水,取水口位置应使水泵在任何运行工况下都能自行引水。水泵应随时处于完好备用状态,电路应绝对可靠,无备用电源时,应设内燃机动力源。当技术供水也采用水泵供水方式时,可考虑采用两者结合的供水系统。

(3)混合供水。当水头在 30 m 左右,但其变幅较大时,消防供水亦可采用混合供水方式,即水头高时,采用自流供水;水头低时,采用水泵供水。

2. 水电站消防对象和消防措施

水电站中有各种各样的易燃物,如木结构、油类及电气设备等,具有着火的可能性。一旦发生火灾,应当将火及时扑灭,防止对生命和财产造成危害。水、沙和化学灭火剂等都是常用的灭火材料。水灭火具有效果好、费用低、方便、量足和易得等优点。所以,水电站都设有消防供水系统,专门供厂区、厂房、发电机及油系统等的消防用水。

1)厂房消防

水电站厂房的消防,多以消防栓经软管、喷嘴射出的水柱为主,化学灭火器为辅。

消防栓及软管、喷嘴均为标准化产品,中小型水电站常用 $\phi50 \sim \phi65$ mm 的消防软管,配用 $\phi13 \sim \phi19$ mm 的喷嘴。国内生产的消防软管,工作压力为 0.75 MPa,最大试验压力达 1.5 MPa。

消防栓的位置和数量应通过计算水柱射程决定,必须保证两相邻消防栓的充实水柱能在厂房内最高最远的可能着火点处相遇。当厂房长度小于 50 m 时,可只设两个消防栓。对于中小型水电站,由于厂房宽度较小,其布置一般为与发电机消防相结合的单列式,且最好嵌在厂房侧墙内,活接头高度控制在距发电机层地面 1.35 m 左右。当厂房较宽时,可采用双列式。

消防用水量根据消防栓喷射流量计算,一般按两股水柱同时工作,每股耗水量 2.5 L/s以上作为计算依据。

2)发电机消防

运行中的发电机可能由于定子线圈发生匝间短路,或焊缝接头开裂等事故而着火,为防止事故扩大应设置灭火装置。制造厂一般都在发电机定子线圈上下方布置灭火环管,如图 7-11 所示。在环管对着线圈一侧交错钻有两排直径为 2 ~ 5 mm 呈一定角度的喷射小孔,孔的间距为 30 ~ 100 mm。灭火时均匀地向线圈端部喷水,水吸收热量并汽化成蒸汽,阻隔空气使火窒息。

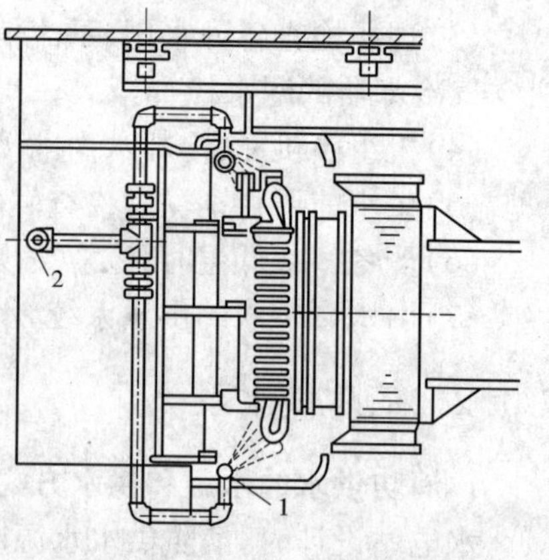

1—灭火环管;2—进水管道

图 7-11　发电机灭火管道

设计发电机消防水管时,应采取有效措施,防止平时有水漏入发电机而造成事故。对有人值班的水电站,可手动操作供水,供水管道如图 7-12 所示。平时活接头断开,需要灭火时,利用软管快速接头与消防水源接通,再开启阀门。给灭火环管供水的消防栓,各机组可单独设置,也可与厂房消防栓合并,后者必须采用双水柱式消防栓。

对无人值班的电站，可采用消防自动控制装置，如图 7-13 所示。在发电机风罩内装设电离式烟探测器、感温式火灾探测器等。探知火情后，立即将信号送至中控室报警、记录，并使消防自动控制装置中的电磁阀 2 开启，压力水进入环管来灭火。排水电磁阀 6 平时开启，将电磁阀 2 的漏水排入排水系统。集水罐 3 中有水位信号器 4，排水管堵塞或漏水量过大时，发出信号。在发电机着火时，由火灾报警装置的信号将电磁阀 6 关闭。

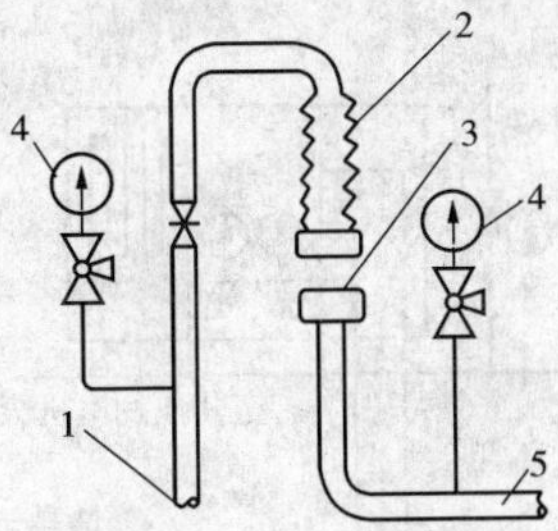

1—引自消防泵管；2—消防软管；
3—快速接头；4—压力表；5—至灭火环管

图 7-12　灭火环管供水快速接头

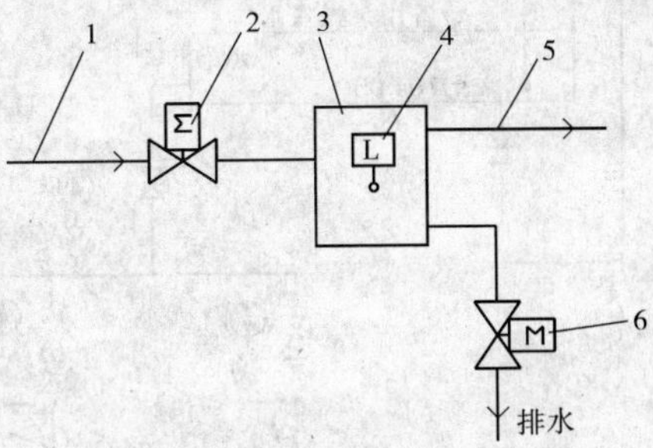

1—引自消防水源；2、6—电磁阀；3—集水罐；
4—水位信号器；5—至灭火环管

图 7-13　发电机消防自动控制装置

灭火环管的断面面积与环管供水方式有关，当环管从一端供水时，其断面面积应比 1/2 环管上喷水孔总面积大 1.25～1.5 倍；当从两端供水时，其断面面积应比 1/4 环管上喷水孔总面积大 1.25～1.5 倍。

灭火环管的入口水压应不小于 0.2～0.25 MPa。其消防水流量取决于供水压力和环管直径及长度。

3）油系统消防

水电站中油库、油处理室、油化验室等都是消防的重点，均需要设置消防设备。

油处理室及油化验室一般采用化学灭火器及沙土灭火。当接收新油或排出废油时，为了防止油或干燥的空气沿管道流动时与管壁摩擦产生静电而引起火灾，在管道出口及管道每隔 100 m 处都应装接地线，并且用铜导线将所有的接头、阀门及油罐良好接地。

油库采用的消防设施，还应在储油罐上方加装消防喷头，下部装设事故排油管。发生火灾时，将存油全部经事故排油管排至事故油池。同时，消防喷头喷出水雾包围油罐，既降低油罐表面温度，又阻隔空气，从而使明火窒息，防止火灾蔓延和油罐爆炸，从多方面达到灭火的目的。小型水电站可只设置化学灭火器及沙箱。

油罐消防喷头的供水水源与油库的布置位置有关，当油库布置在厂房内时，从厂房消防总管引取；当油库布置在厂房外且与厂房相距较远时，应设置单独的消防水管，阀门则采用手动控制。供水压力应保证喷水雾化，试验证明，常用的消防喷头入口水压为 0.5～0.6 MPa 时，喷水雾化较好，灭火效果显著。

3. 消防供水系统图

图 7-14 为消防供水系统图。水泵的主水源引自下游尾水，备用水源引自坝前取水口。为了防止水泵出现故障，还设置了消防水箱作为备用水源。消防水箱的水源可以从

技术供水管道引来。发生火灾时,先由两台水泵供水;当水量不足时,打开消防水箱同时供水。为了迅速扑灭火源,也可在水泵开启的同时打开消防水箱。消防供水系统图也可与技术供水系统图一起考虑。

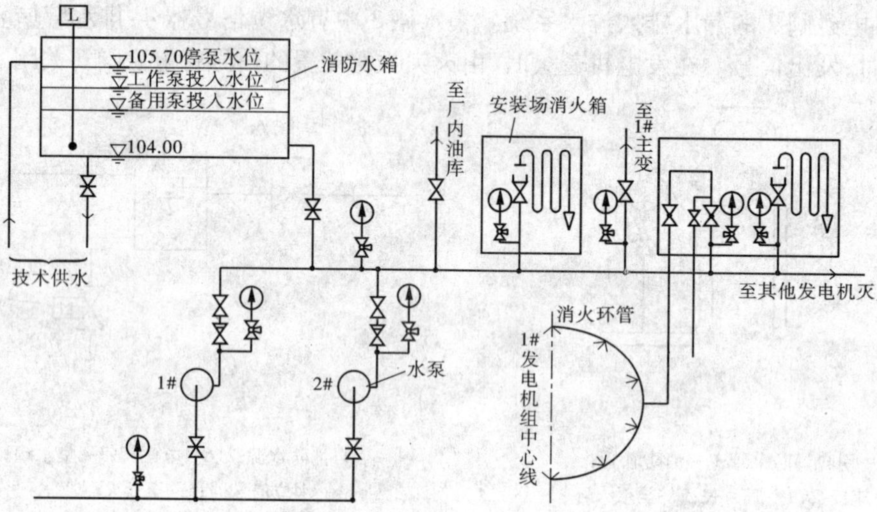

图 7-14　消防供水系统图

7.1.3　排水系统

1. 排水系统的作用与组成

1)排水系统的作用

水电站除需要设置供水系统外,还必须设置排水系统。排水系统的作用是排除生产废水、检修积水和生活污水,避免厂房内部积水和潮湿,保证水电站设备的正常运行和检修。

2)排水系统的组成

水电站的排水可分为生产用水排水、渗漏排水和检修排水三大类。只有渗漏排水和检修排水列入排水系统。

(1)生产用水排水。其包括发电机空气冷却器的冷却水;发电机推力轴承和上、下导轴承油冷却器的冷却水;稀油润滑的水轮机导轴承冷却器的冷却水等。这类排水对象的特征是排水量较大,设备位置较高,一般都能靠自压直排下游。因此,习惯上把它们列入技术供水系统组成部分,不再列入排水系统范围。

(2)渗漏排水。①漏水:水轮机顶盖与主轴密封的漏水,压力钢管伸缩节、管道法兰、蜗壳及尾水管进人孔盖板等处的漏水。②生产排水:冲洗滤水器的污水、气水分离器及储气罐的排水、空气冷却器壁外的冷凝水、水冷空压机的冷却水等,当不能靠自压排至厂外时,归入渗漏排水系统。③厂房水工建筑物的渗水,低洼处积水和地面排水。④厂房下部生活用水的排水。渗漏排水的特征是排水量小,不集中且很难用计算方法确定;在厂房内分布广,位置低,不能靠自流排至下游。因此,水电站都设有集中储存漏水的集水井或排水廊道,利用管、沟将它们收集起来,然后用设备排至下游。

(3)检修排水。当检查、维修机组或厂房水工建筑物的水下部分时,必须将水轮机蜗壳、尾水管和压力钢管内的积水排除。检修排水的特征是排水量大、高程低,只能采用排水设备排除。为了加快机组检修,排水时间要短。

2. 排水方式

1)渗漏水排水方式

(1)集水井排水:此种排水方式是将水电站厂房内的渗漏水经排水管、排水沟汇集到集水井中,再用离心泵排至厂房外。由于厂内设置集水井容易实现,离心泵安装、维护方便,价格低廉,所以目前中小型水电站渗漏排水多采用这种方式。

(2)廊道排水:这种排水方式是把厂内各处的渗漏水通过管道汇集到专门的排水廊道内,再由排水设备排至厂外。此种方式多采用立式深井泵,且水泵布置在厂房一端。由于设置排水廊道受地质条件、厂房结构和工程量的限制,仅在装有立式机组的坝后式和河床式水电站中应用,加之立式深井泵的安装、维护复杂,价格昂贵,因此目前中小型水电站中采用较少。

2)检修排水方式

(1)直接排水:此种排水方式是将各台机组尾水管与水泵吸水管用管道和阀门连接起来,在机组检修时,由水泵直接将积水排除。其排水设备亦多采用离心泵。水泵可以和渗漏排水泵集中布置或分散布置。直接排水方式运行安全可靠,是防止水淹泵房的有效措施,目前在中小型水电站中采用较多。

(2)廊道排水:这种排水方式是把各台机组的尾水管经管道与排水廊道连接,在机组检修时,先将积水排入廊道,再由水泵排至厂外。采用此种方式时,渗漏排水也多采用廊道排水,两者可共用一条排水廊道,条件许可时,渗漏水泵亦可集中布置在同一泵房内。因廊道排水方式的限制条件较多,所以它在中小型水电站中采用较少。

3. 排水系统图

水电站的排水系统应能安全、可靠、有效地完成排水任务。因此,其一般应由吸水口、排水设备、控制设备、监测设备、输水设备和保护设备等组成。但对不同的水电站,具体构成需根据电站形式、水文地质地形条件、厂房形式、结构及机组类型等因素来决定。

按照排水任务的要求,将排水系统的组成元件和设备进行合理的连接和配备,使其能够反映排水系统的规模、表达排水过程的程序,实现排水设备和运行方式的切换,完成渗漏排水和检修排水的任务,这样的图形就称为排水系统图。

绘制排水系统图时,要考虑厂房水下部分实际结构,排水设备的布置位置,根据系统要求进行连接,一般是将渗漏排水和检修排水绘制在一张图上。对于小型水电站,由于系统简单,亦有将油、气、水系统图绘制在一起的,这样可以示出全厂辅助设备的配置和相互联系,给出清晰的总体概念。

4. 中小型水电站中比较典型的排水系统图

下面介绍几种在中小型水电站中比较典型的排水系统图。

1)渗漏排水和检修排水不完全合一的排水系统

如图 7-15 所示,该系统设置两台卧式离心泵,作渗漏排水和检修排水之用。正常运行时,两台泵作渗漏排水用,平时一台工作,另一台备用,运行方式可定期切换,互为备用。由液位信号器根据整定的集水井水位控制其启停。机组检修时,先关闭阀 1,打开阀 2,由两台水泵一起排除检修积水。待积水排除后,再关闭阀2,打开阀1,由1#水泵自动排除厂内渗漏水,2#水泵手动排除进水口闸门和尾水管闸门的漏水。这种排水系统只要集水井中水泵的吸水管底阀正常,就可以避免水淹泵房和厂房的事故。但是在两台泵同时排除尾水管积水时,会影响厂房内渗漏水的排除,若用一台水泵进行渗漏排水,又会延长检修排水时间。而且,因排水泵的安装高程不可能低于尾水管底板高程,尾水管排水管口也不能安装底阀,加之此处底阀长期不工作,极易产生锈损或被杂物卡塞等故障,又很难进行维修。为了满足检修排水泵在低水位时能启动引水,增设了一台真空泵。

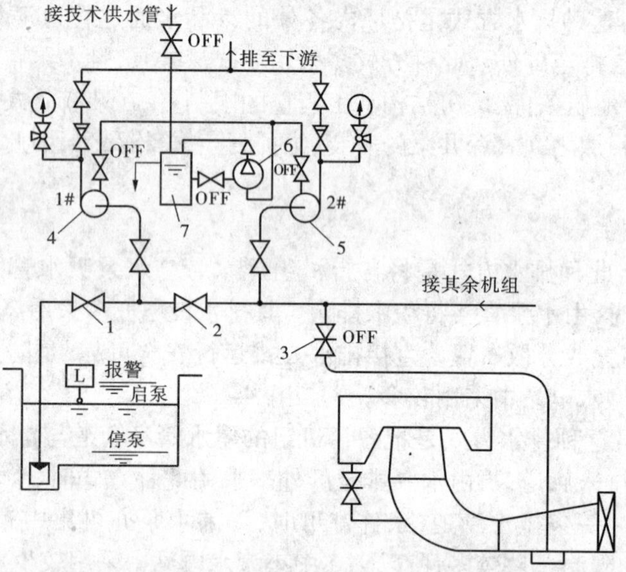

1—阀1;2—阀2;3—阀3;4—1#水泵;

5—2#水泵;6—水环式真空泵;7—水箱

图7-15　渗漏排水与检修排水不完全合一的排水系统

2)渗漏排水和检修排水不分开的改进系统

如图7-16所示,为了改进渗漏排水和检修排水不分开排水系统的不足,仅在该系统上增设一台检修排水泵,其排水量按检修排水量选择。原来两台水泵排水量则按渗漏排水量选择。正常运行时,两台渗漏排水泵(1#,2#)互为备用,自动排除厂房内渗漏水。在机组检修时,1#水泵仍自动排除厂内渗漏水,2#水泵切换为手动,与3#水泵共同排除机组检修积水,待积水排干后,再由3#水泵单独排除进水口闸门和尾水管闸门漏水,而2#水泵则又恢复为1#水泵的备用泵。这种排水系统运行方式灵活,不间断厂内渗漏排水,小型水电站采用较多。

3)射流泵排除渗漏水的排水系统

当水头适合时,可采用射流泵排除渗漏水的排水系统,如图7-17所示。检修排水同图7-16所示,仍为直接排水方式。渗漏排水采用射流泵为主水泵,2#泵为备用泵,由电极式水位计控制电磁液压阀,实现射流泵和备用泵的启停。射流泵的高压水源取自蝴蝶阀前压力引水管。

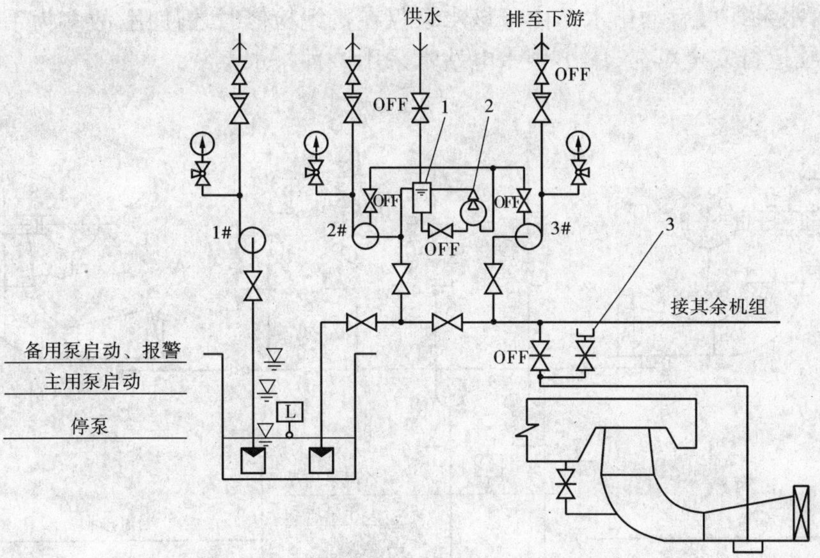

1—水箱;2—水环式真空泵;3—压缩空气吹扫接头

图 7-16　渗漏排水与检修排水不分开的改进系统

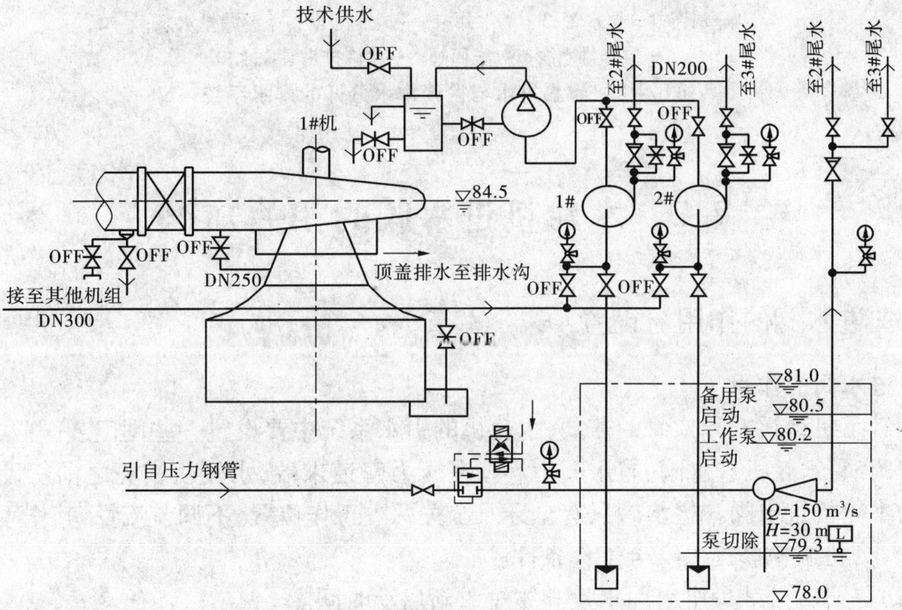

图 7-17　射流泵排除渗漏水的排水系统

4)渗漏排水和检修排水分开的排水系统

图 7-18 所示是渗漏排水和检修排水分开的排水系统。该系统采用两台渗漏排水泵和两台检修排水泵。整个设备可以集中布置在同一水泵房内。渗漏排水采用集水井排水方式,两台水泵互为备用,由集水井液位信号器自动控制。检修排水采用直接排水方式,水泵经主排水管道与各机组尾水管排水管相连。机组检修时,打开该机组尾水管排水管

上的阀门,水泵即可启动排水。由于该水泵仅在机组检修时才使用,故多为手动控制。这种排水系统运行安全可靠,中小型水电站常采用该种排水系统。

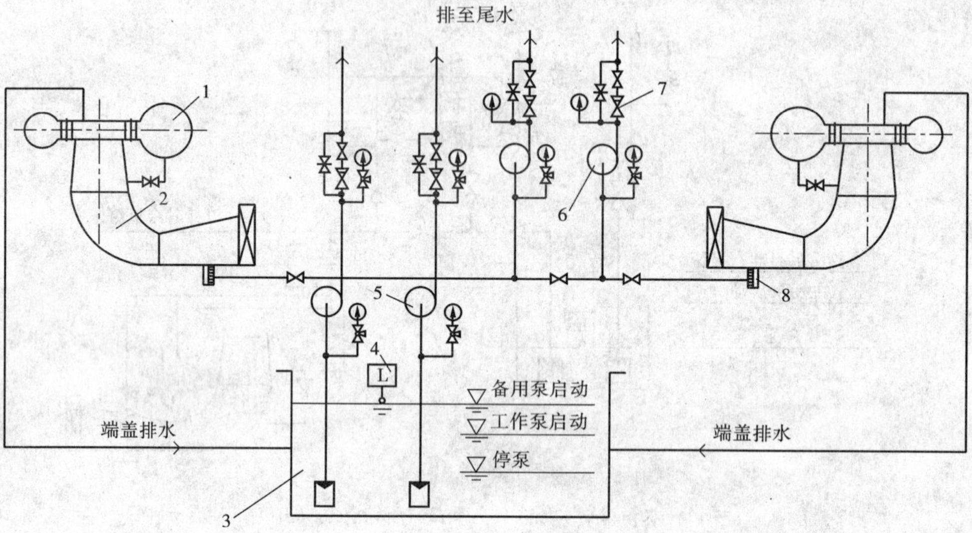

1—蜗壳;2—尾水管;3—集水井;4—液位信号器;5—渗漏排水泵;
6—检修排水泵;7—止回阀;8—检修排水泵取水口

图 7-18　渗漏排水与检修排水分开的排水系统

7.2　水轮机进水阀的相关知识

7.2.1　进水阀的作用与设置

1. 进水阀的作用

为满足机组运行和检修的需要,水轮机的引水系统中要设置一些闸门或阀门,如引水管进口闸门、水轮机进水阀、尾水闸门等。在压力管道末端,水轮机蜗壳之前所设置的阀门称为水轮机进水阀。进水阀只有全开及全关两种工作位置,不调节流量,其作用是:

(1)为机组检修提供安全工作条件。

(2)停机时可减少机组漏水量和缩短重新启动时间。

(3)防止机组飞逸事故扩大。

2. 设置进水阀的条件

水轮机进水阀在一些水电站起着上述的重要作用,但是进水阀造价昂贵,而且增大水电站的土建和安装工作量,因而在设置进水阀时,一般应符合下列条件:

(1)采用联合供水方式的水电站,应在每台水轮机前设置进水阀。

(2)采用单元供水方式的水电站(一台机组一根压力管道),当水头高于 120 m 或引水管道较长时,为了保护机组和运行方便,可考虑在每台水轮机前设置进水阀。

(3)当最大水头低于120 m且引水管较短时,一般不设置进水阀,但应在引水管进水口设置快速闸门。如需设置水轮机进水阀,应经过技术经济的论证。

3. 对进水阀的技术要求

进水阀是水电站引水系统上的重要设备,对进水阀的结构和技术性能有以下要求:

(1)进水阀应结构简单、尺寸小、重量轻,工作可靠且操作方便。

(2)机组正常停机或检修时,进水阀应能够可靠关闭。

(3)进水阀及其操作机构应有足够的强度、刚度,应能承受各种工况下的水压力。

(4)在阀门两侧压力差不大于最大静水压力的30%时,应能够正常开启。

(5)机组发生事故时能在动水中快速关闭。关闭时间应满足机组允许的飞逸时间及承受最大水锤压力的要求,一般不大于2 min。应注意,进水阀不允许在动水条件下开启。

(6)进水阀全开时对水流的阻力应尽量小,蝴蝶阀在全开时的阻力系数应小于0.2。

7.2.2 进水阀的形式、结构及型号

中小型水电站常用的进水阀有蝴蝶阀、闸阀和球阀等。在这些阀门中,以蝴蝶阀使用最广泛。

1. 蝴蝶阀

(1)蝴蝶阀的结构组成。蝴蝶阀由阀体、活门、密封装置、操作机构及其附属部件等构成。圆筒形的阀体内安装可绕轴转动的饼形活门,全关时活门四周与阀体接触,切断水流通路;全开时活门与水流方向平行,水流从活门两侧绕过,如图7-19所示。

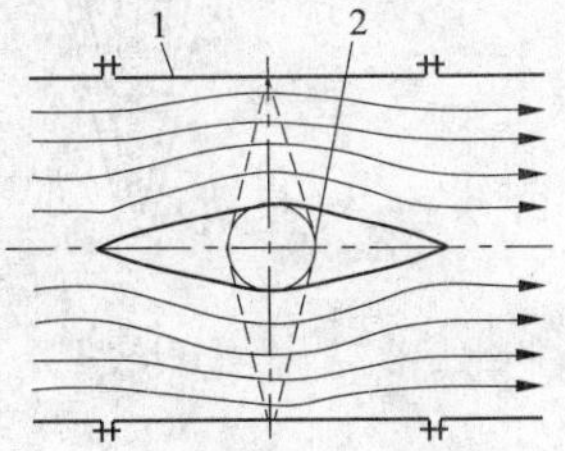

1—阀体;2—活门

图7-19 蝴蝶阀中的水流运动

(2)蝴蝶阀的形式。按装置方式不同,蝴蝶阀分为卧轴和立轴两种形式。两种形式的蝴蝶阀在水力性能上没有明显区别,运行情况均良好,其性能主要由设计、制造情况决定。立轴蝴蝶阀的操作机构位于阀体顶部,结构上比较紧凑且占地面积小;操作机构的运行维护和检修较方便,还便于防潮。但是,其活门轴竖直布置,底部必须设推力轴承,使结构复杂,运行中还容易被泥沙淤塞,需要定期清洗。卧轴蝴蝶阀不需要推力轴承,结构相对简单;操作机构布置于阀体一侧或两侧,占地面积大,也不利于检修。卧轴蝴蝶阀如图7-20所示。

(3)蝴蝶阀的主要部件。①阀体与活门:阀体是蝴蝶阀的承重部件,呈圆筒形,水从其中通过,阀体应有足够的强度、刚度。直径较小、水头不高的阀体多用铸铁铸造,中型以上的阀体为铸钢结构。活门安装在阀体内,呈饼形,全开时它处于水流中心并与水流方向平行,全关时它承受静水压力。活门除应有足够的强度、刚度外,还要求有良好的水力性能,以减小全开时的水力损失,如图7-21所示为常见的几种活门剖面形状,其中图7-21(a)为菱形,结构简单,但水流阻力较大,适用于低水头。图7-21(b)为圆滑过渡的铁饼形,水流阻力较小,适用于高水头。活门用铸铁或铸钢制造,常用空心框架结构。为保证强度、刚度,活门的厚度随应用水头提高而增大,但可能形成较大的水力损失。为了减小水力损失并改善密封性,出现图7-21(c)所示的双平板形活门。两块面板互相平行,用若干顺水流方向的筋板连接成整体。全开时两平板之间也通过水流,水力损失减小;全关时

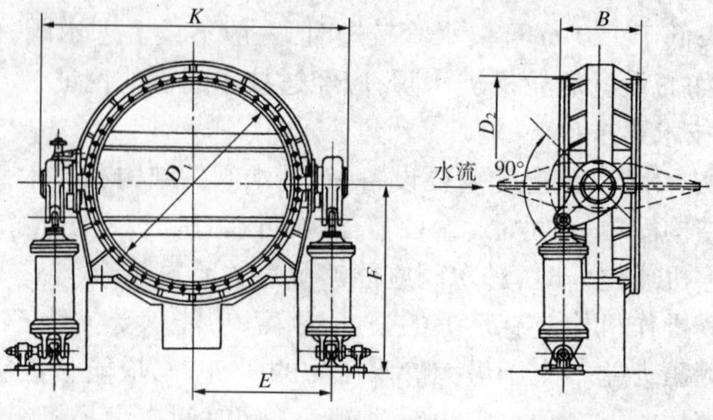

图 7-20　卧轴蝴蝶阀

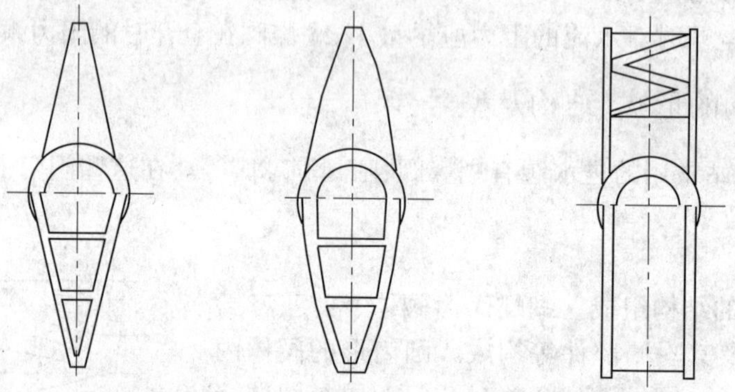

(a)菱形　(b)铁饼形　(c)双平板形

图 7-21　蝴蝶阀的活门

由于活门呈箱形结构,可承受较大的静水压力,而且密封性能好。活门在阀体内绕自身的轴转动,转轴大多与活门直径重合。卧轴蝴蝶阀也有采用偏心结构的,使转轴上、下的活门表面积相差 8% ~10%,活门一旦离开全开位置就会受到促使它关闭的水流力矩作用,这有利于在动水中迅速关闭。②轴承:活门转轴由装在阀体上的轴承支持。卧轴蝴蝶阀有左、右两个导轴承,立轴蝴蝶阀除上、下导轴承外,还有支承活门重量的推力轴承。轴承常用铸造锡青铜作轴瓦,润滑脂润滑。③密封装置:活门密封装置有端部和圆周两处。轴端密封对直径较小的蝴蝶阀常用青铜胀圈式结构;对直径较大者采用橡胶围带式结构。圆周密封也有两种结构,图 7-22 所示的橡胶围带式圆周密封用于直径较大的蝴蝶阀;而图 7-23 所示的压紧式圆周密封用于较小的蝴蝶阀。活门关闭后向围带充入比静水压力高 0.1 ~0.3 MPa 的压缩空气,使围带膨胀消除漏水间隙。④锁锭装置:为防止误操作和操作系统失控时活门被水流冲击而发生自动作,蝴蝶阀配有锁锭装置,在活门全关或全开位置时都应投入锁锭,保持活门位置。

2. 闸阀

(1)闸阀的结构组成。闸阀由阀体、阀盖、闸板、操作机构及附属装置构成。闸阀关闭时,闸板的四周与阀体接触,封闭水流通路;闸阀开启时,闸板沿阀体中的闸槽上升,直至完全让出水流通道,全开时闸阀的水力损失较小。

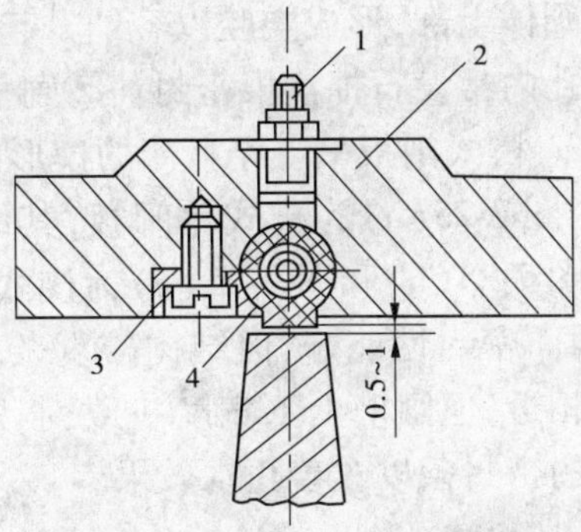

1—围带嘴;2—阀体;3—压条;4—橡胶围带

图 7-22　橡胶围带式圆周密封

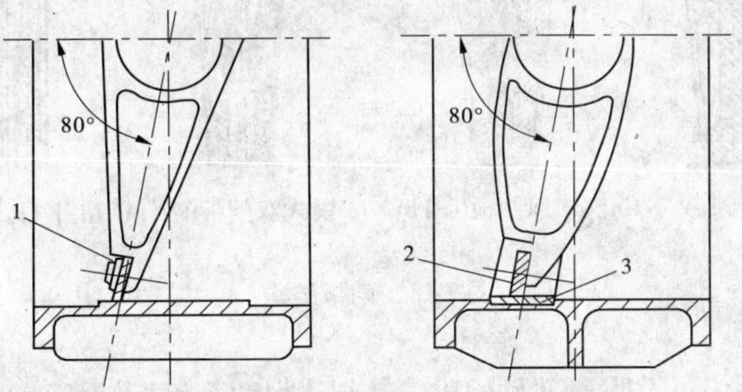

1—橡胶密封环;2—青铜密封环;3—不锈钢衬套

图 7-23　压紧式圆周密封

(2)闸阀的形式。闸阀按阀杆螺纹和螺母是否与水接触分为明杆式和暗杆式。明杆式闸阀如图 7-24 所示,其阀杆螺纹与螺母在阀盖以外不与水接触,工作条件较好。暗杆式闸阀的阀杆螺纹与螺母装在阀盖以内,高度可以减小,但受水的浸泡,工作条件较差。

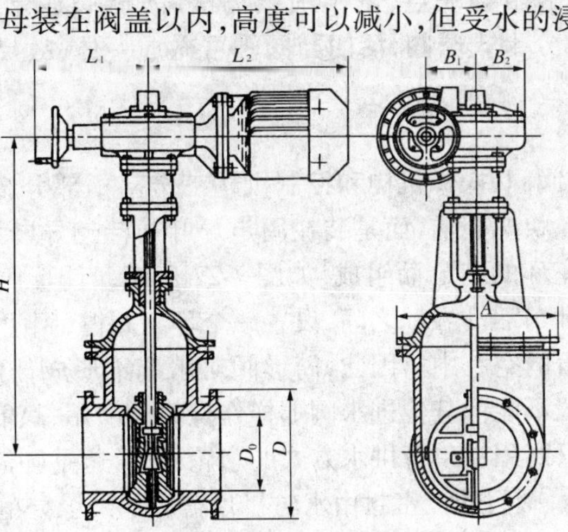

图 7-24　明杆式闸阀

(3)闸阀的主要部件。①阀体与阀盖:阀体是闸阀的承重部件,呈圆筒形,水流从其中通过,阀体上部开有供闸板启闭的孔口,内部留有相应的闸槽,全关时闸板四周与闸槽接触以实现密封;阀盖安装在阀体上部,形成空腔以容纳升起的闸板。阀体与阀盖都用铸造结构,阀盖顶部阀杆经过的孔内常设石棉盘根密封。②闸板:闸板按结构不同分为楔式和平行式两类,如图 7-25 所示。楔式闸板呈上厚下薄的楔形,闸槽也加工成相同的形状,关闭时靠操作力压紧而密封。图 7-25(a)为楔式单闸板,其结构简单,尺寸也小,但配合精度要求高,检修也较困难。图 7-25(b)和图 7-25(c)为楔式双闸板,全关时操作力使两块闸板分向两侧,挤压闸槽,因而密封性能好,但结构较复杂。而图 7-25(d)为平行式双闸板,动作情况与楔式双闸板相近,但闸槽上下宽度一致,制造和检修更方便。闸板与闸槽接触的部位,通常设铜合金的密封条以改善止水效果。

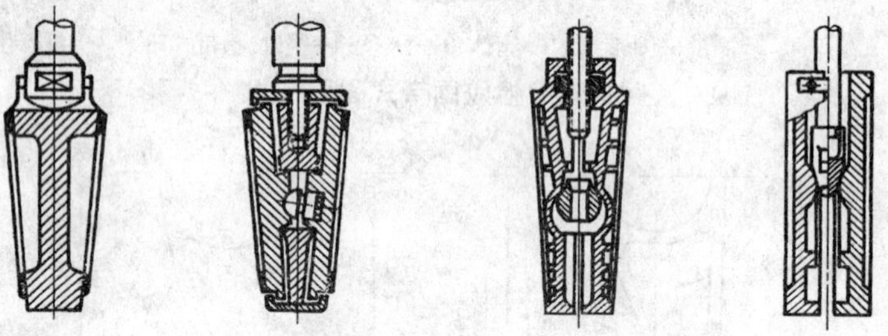

(a)楔式单闸板　(b)楔式双闸板(明杆)　(c)楔式双闸板(暗杆)　(d)平行式双闸板

图 7-25　闸板结构

3. 球阀

球阀由阀体、活门以及附属部件构成。其阀体由两个可拆卸的半球构成,圆筒形的活门可在阀体内作 90°旋转,如图 7-26所示。全开时,活门的过水断面与引水钢管直通,相当于一般管道,几乎不增加水流阻力。全关时,活门旋转 90°后由活门外壁截断水流,靠专门的球面密封结构止水,密封性能良好。球阀也有立轴和卧轴两种,但立轴球阀因结构复杂,运行中易积沙和卡阻等缺点,基本上被淘汰,故球阀通常为卧轴装置形式。如图 7-26所示为卧轴对称分半式球阀,活门与阀轴可做成一体,故尺寸小,质量轻,有利于吊装。

4. 筒形阀

筒形阀由圆筒形的阀门、操作机构和控制机构三个基本部分组成。与蝶阀和球阀不同,筒形阀不是装在水轮机蜗壳前,而是装在固定导叶与活动导叶之间,筒形阀的阀腔由水轮机的顶盖、底环和座环的结合而组成,如图 7-27 所示。筒形阀的阀门实际上是一个圆筒,在水轮机固定导叶与活动导叶之间,设置一个环状阀槽,阀门落下切断水流;阀门开启时,阀门被提升到顶盖的空腔中。因此,筒形阀对水流不形成任何阻力,有良好的水力性能。但是,筒形阀一般不能像其他进水阀那样作检修阀门用,只能起事故阀门和停机后的止水作用。所以,它只能用在单管供水方式的水轮机前,这是圆筒阀的不足之处。筒形阀的密封如图 7-28 所示,阀门的上密封由水轮机顶盖底部外缘处的环行橡皮板和压板组成;下密封由设在水轮机底环外缘的环行橡皮条和压板组成。当阀门关闭后,上、下檐与密封条压紧,事实证明这种密封不但止水效果好,而且使用寿命也较长。

上述各类进水阀中,球阀关闭最严密,水力损失最小,操作力也小,而且球阀活门的刚性比蝴蝶阀好,所以在动水关闭时的振幅比蝴蝶阀小,但结构复杂,体积笨重,造价高,通

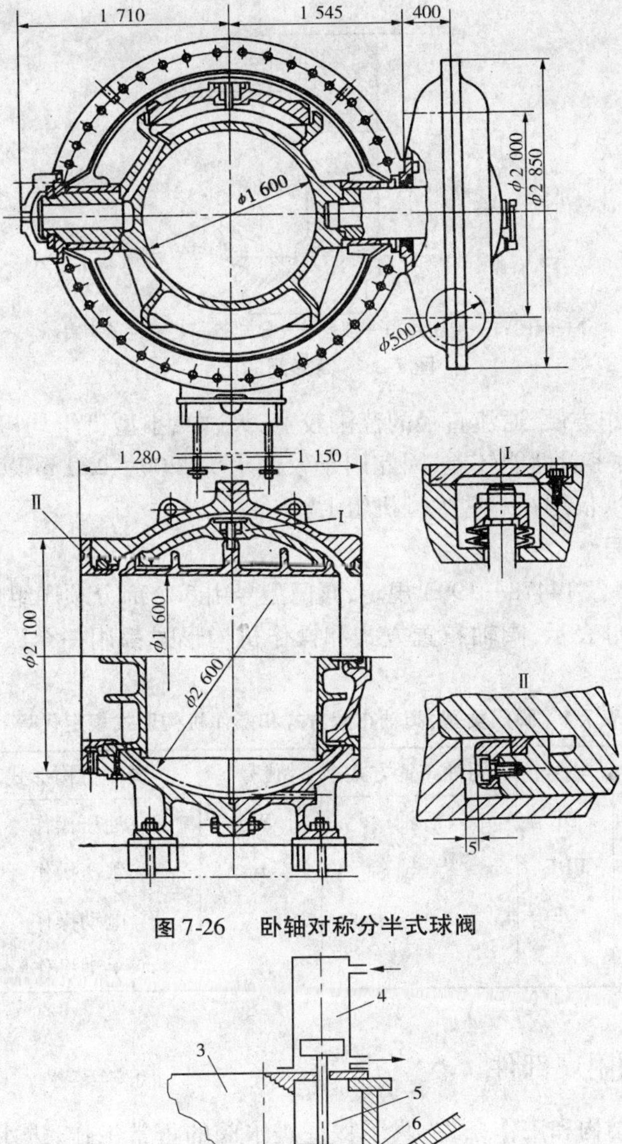

图 7-26　卧轴对称分半式球阀

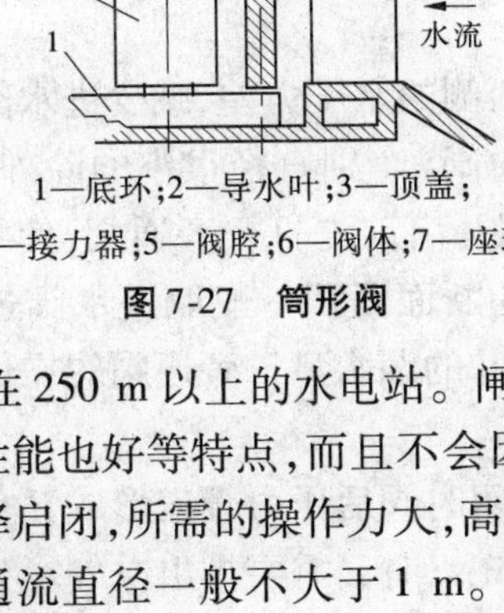

1—底环;2—导水叶;3—顶盖;

4—接力器;5—阀腔;6—阀体;7—座环

图 7-27　筒形阀

常管径 2 ~ 3 m,一般用于水头在 250 m 以上的水电站。闸阀具有结构简单、维护方便,全开时水力损失小,全关后密封性能也好等特点,而且不会因水流冲击自行开启,因而不需要锁锭装置。但是,闸阀为升降启闭,所需的操作力大,高度大、自重大,启闭时间较长,通常用于较高水头的小型机组,通流直径一般不大于 1 m。蝴蝶阀外形尺寸小、质量轻,结

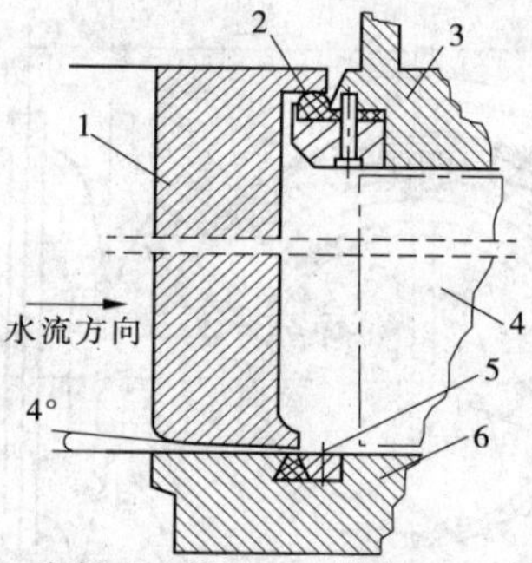

1—阀门;2—上密封;3—顶盖;4—导叶;5—下密封;6—底环

图 7-28　筒形阀的密封

构简单,造价低,操作方便,通流直径的范围较宽,大、中、小型机组均可应用,但是全开时水力损失大,全关时密封性能较差,因此用于较低水头(200 ~ 250 m 以下)。筒形阀结构较特殊,使用比较少,仅用在一些大型机组上。

5. 进水阀的型号

据国家标准 GB/T 14478—1993 规定,阀门型号由 5 个部分顺序组成,具体如下:阀门类型用汉语拼音字母表示,阀轴布置方式和操作机构形式都用一个汉语拼音字母表示。其规定代号见表 7-4。

表 7-4　阀门类型、阀轴布置方式和操作机构形式规定代号

进水阀门类型	代号	阀轴布置方式	代号	操作机构形式	代号
铁饼形蝴蝶阀	DF	卧轴	W	油压操作	Y
平板形蝴蝶阀	PDF	立轴	L	水压操作	C
球形阀	QF			电动操作	D
				手动操作	S

7.2.3　进水阀的附属部件

根据进水阀的结构和工作条件,为了保证进水阀的正常工作,进水阀还设置有旁通阀、空气阀等附属部件。

1. 旁通管与旁通阀

为消除进水阀开启时活门两侧的水压力差,减少进水阀在静水中开启所需的操作力,进水阀通常设置有旁通管和旁通阀(个别直径很小的除外),将进水阀的上、下游侧连接起来,如图 7-29 所示。在进水阀开启前先打开旁通阀,使蜗壳充水,直至进水阀上、下游压力平衡再开启活门。旁通管的断面面积一般取进水阀过流面积的 10% 左右。经过旁通阀的流量,必须大于水轮机导叶的漏水量。旁通阀的操作方式有电动、液动或者手动。

2. 空气阀

为防止蝴蝶阀、球阀紧急关闭时阀后压力管道形成真空而遭到破坏,需要向阀后补入空气。同时,进水阀开启前阀后充水时又需要排出空气。为此,在进水阀后的压力管道上设置空气阀。常用的空气阀如图 7-30 所示。进水阀关闭时阀后水面下降,空气阀浮筒下沉,空气由通气孔流入阀后压力管道;反之,进水阀开启前,阀后充入压力水,空气经通气孔流出,直至水面上升使空气阀关闭为止。

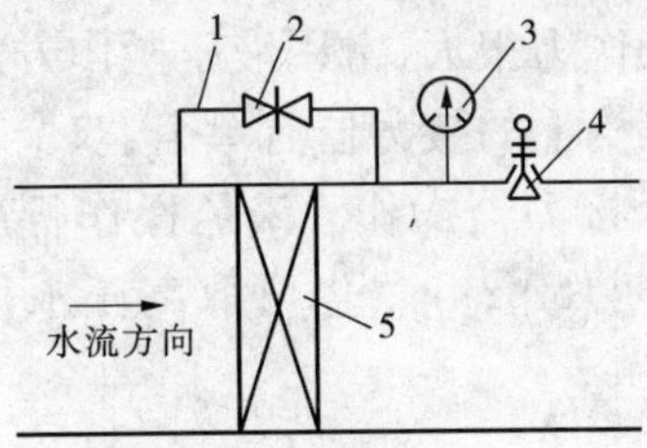

1—旁通管;2—旁通阀;3—压力信号器;4—空气阀;5—活门

图 7-29 进水阀的附属部件

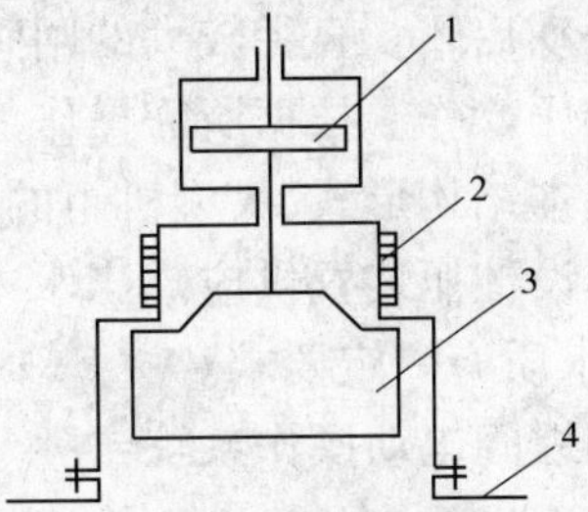

1—导向活塞;2—通气孔;3—浮筒;4—压力管道

图 7-30 空气阀

3. 伸缩节

进水阀的上游(或下游)侧压力钢管上设有伸缩节,既可补偿钢管的温度变形,又方便进水阀的安装与检修。图 7-31 为伸缩节的一般结构,伸缩节与进水阀用螺栓连接,伸缩缝中装有 3 ~ 4 层石棉盘根或橡胶盘根,用压环挤紧以防漏水。

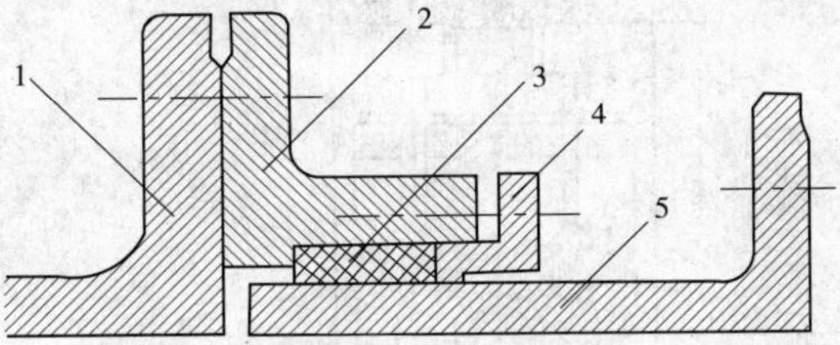

1—进水阀; 2—伸缩节座;3—盘根;4—压环; 5—伸缩管

图 7-31 伸缩节

4. 卸荷阀

卸荷阀是用来控制球阀止漏盖启闭的。开启球阀时,必须先开启卸荷阀,以降低止漏盖后端的水压。卸荷阀的排水宜排至下游,也可排至尾水管内。

7. 2. 4 进水阀的操作方式和操作系统

1. 进水阀的操作方式

进水阀的操作方式,按动力不同分为手动操作、电动操作和液压操作三种方式。不论哪种操作方式,在开启时都应满足三个基本条件:进水阀的上、下游侧水压基本相等、密封装置退出工作位置、锁锭退出,才能将阀开启。机组正常运行关闭时应满足两个条件:水轮机导叶完全关闭、锁锭退出,进水阀才能关闭。当机组在运行中发生事故时,进水阀在接到事故关机信号后,只需锁锭退出就可在水轮机导叶没有完全关闭的情况下进行动水关闭。当进水阀运转到全开或全关位置后,锁锭必须重新投入。

为保证进水阀操作的准确性,要求一般进水阀设置下列信号装置:

(1)进水阀开启和关闭位置信号。

(2)直径 1 000 mm 及以上的球形阀活塞式密封环的位置信号。

(3)锁锭投入和拔出的信号。

(4)空气围带压力信号。

直径很小的闸阀和蝴蝶阀,所需操作力小,可以用手动操作方式。一般中小型水电站的闸阀、蝴蝶阀多用电动操作方式。在电动操作机构上,同时也设有手动操作机构,必要时可用手动启闭。直径较大的闸阀和蝴蝶阀,由于操作力很大,常用液压操作方式。球阀一般为液压操作。根据所需操作力的大小,其操作机构上的接力器有单个、双个对称接力器两种基本结构形式,大型机组的进水阀甚至用多个接力器操作。液压操作所用的压力油一般单设油压装置供应。当水电站水头高于 120 ~ 150 m 时,也可取高压水作水压操作,但对水质有一定要求。

2. 蝴蝶阀电动操作系统

电动操作系统分为 Q 形和 Z 形两种。Q 形输出轴只能转动 90°,适用于蝴蝶阀;Z 形输出轴可旋转若干圈,适用于闸阀。如图 7-32 所示为 Q 形电动操作系统,行程开关 6 在活门全关及全开位置切断电动机电源,控制活门的转动角度;电动机 2 经减速箱 1 带动螺杆 3 旋转,从而造成螺母 4 移动。转臂与活门轴固定连接,其滑槽中的滑块与螺母铰接,螺母的左、右移动即造成活门开启和关闭。

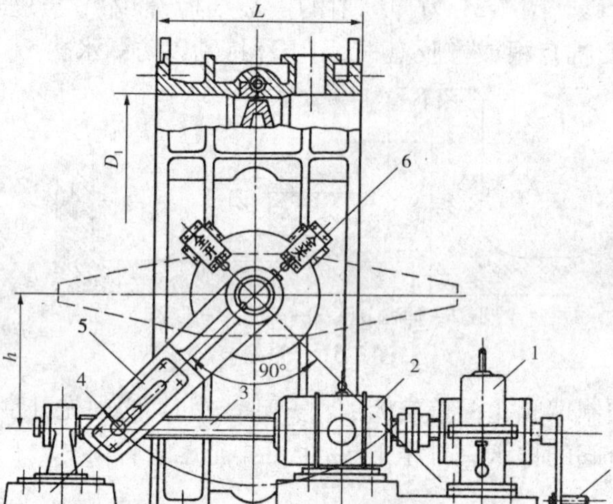

1—减速箱;2—电动机;3—螺杆;4—螺母;5—转臂;6—行程开关;7—手动操作手柄

图 7-32 蝴蝶阀电动操作系统

3. 蝴蝶阀液压操作系统

液压操作的闸阀如图 7-33 所示。接力器安装在阀顶部,活塞直接带动闸板升降。

蝴蝶阀液压操作机构如图 7-34 所示。图 7-34(a)为导管式接力器结构。接力器油缸固定,压力油推动接力器活塞,活塞经曲柄连杆带动转臂。图 7-34(b)为摇摆式接力器结构,接力器油缸缸筒与地基铰接,在操作过程中缸筒发生摇摆。摇摆式接力器尺寸较小,常用于大中型蝴蝶阀或球阀的操作。为适应油缸的摆动,其高压油管常用一段软管连接,如图 7-34(b)所示。

图 7-35 所示为蝴蝶阀液压操作系统(全关位置)。除接力器外,旁通阀和锁锭也是液压操作的,止水围带的充、排气由电磁空气阀自动控制。各元件的动作程序是:

(1)开启蝴蝶阀。首先发出蝴蝶阀开启信号,电磁配压阀 DP1 的开启线圈带电,使阀芯左移阀右位。由此造成以下动作:①液控阀 YF2 阀芯上方的油经 DP1 排出,油压力使其阀芯上移,压力油流进四通滑阀 HF4,为接力器的操作打开压力油源。②压力油经 DP1 流入锁锭 SD11,形成的推力克服弹簧阻力拔出锁锭。③压力油流进液动配压阀 YP3,使其阀芯下移。④旁通阀 9 的阀芯上方与排油相通,下方接通压力油,因而上升打开,蝴蝶阀后的压力钢管及蜗壳开始充水。⑤在一定时间后阀后水压力与阀前的平衡,压力信号器 YX10 接点接通,使电磁空气阀 DKF8 动作左位,蝴蝶阀止水围带排气、放松。待围带空气排完,压力信号器 YX7 动作,使电磁配压阀 DP5 的开启线圈带电,阀芯右移阀左位,四通滑阀 HF4 左端油腔连接排油管,右端油腔连接压力油 HF4 的阀芯左移,使压力油流进接力器的上腔,而接力器下腔经 HF4 排油。油压力将推动接力器下降,打开蝴蝶阀。活门开至全开位置时,行程开关 DFD13 动作,将蝴蝶阀开启继电器释放,使电磁配压阀 DP1 复归为图示位置,使锁锭 SD11 投入,旁通阀 9 关闭,液控阀 YF2 关闭,切断压力油。四通滑阀 HF4 保持右位。

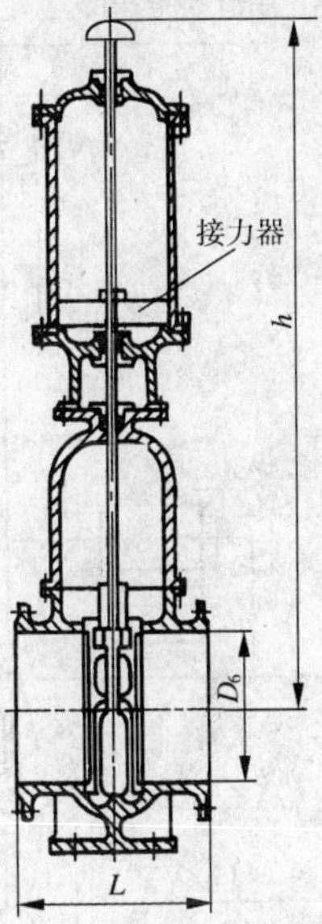

图 7-33　液压操作的闸阀

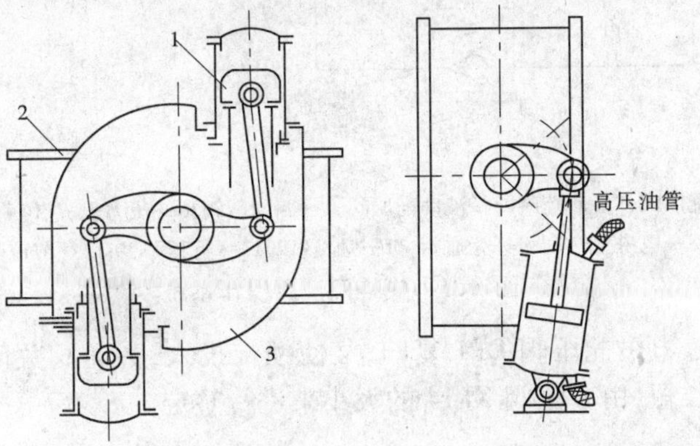

(a)导管式接力器结构　(b)摇摆式接力器结构

1—导管式接力器;2—阀体;3—控制箱

图 7-34　蝴蝶阀液压操作机构

(2)关闭蝴蝶阀。发出蝴蝶阀关闭信号,电磁配压阀 DP1 开启线圈带电,使阀芯左移阀右位。与前述过程一样,液控阀 YF2 接通四通滑阀油源,锁锭 SD11 拔出,旁通阀 9 开启。关闭信号还使电磁配压阀 DP5 复归右位。DP5 的动作使四通滑阀 HF4 活塞移向右端,压力油进入接力器关闭腔,使蝴蝶阀关闭。活门关至全关位置,行程开关 DFD12 动作,将蝴蝶阀关闭继电器释放,同时使电磁空气阀 DKF8 动作,止水围带充气压紧。随着

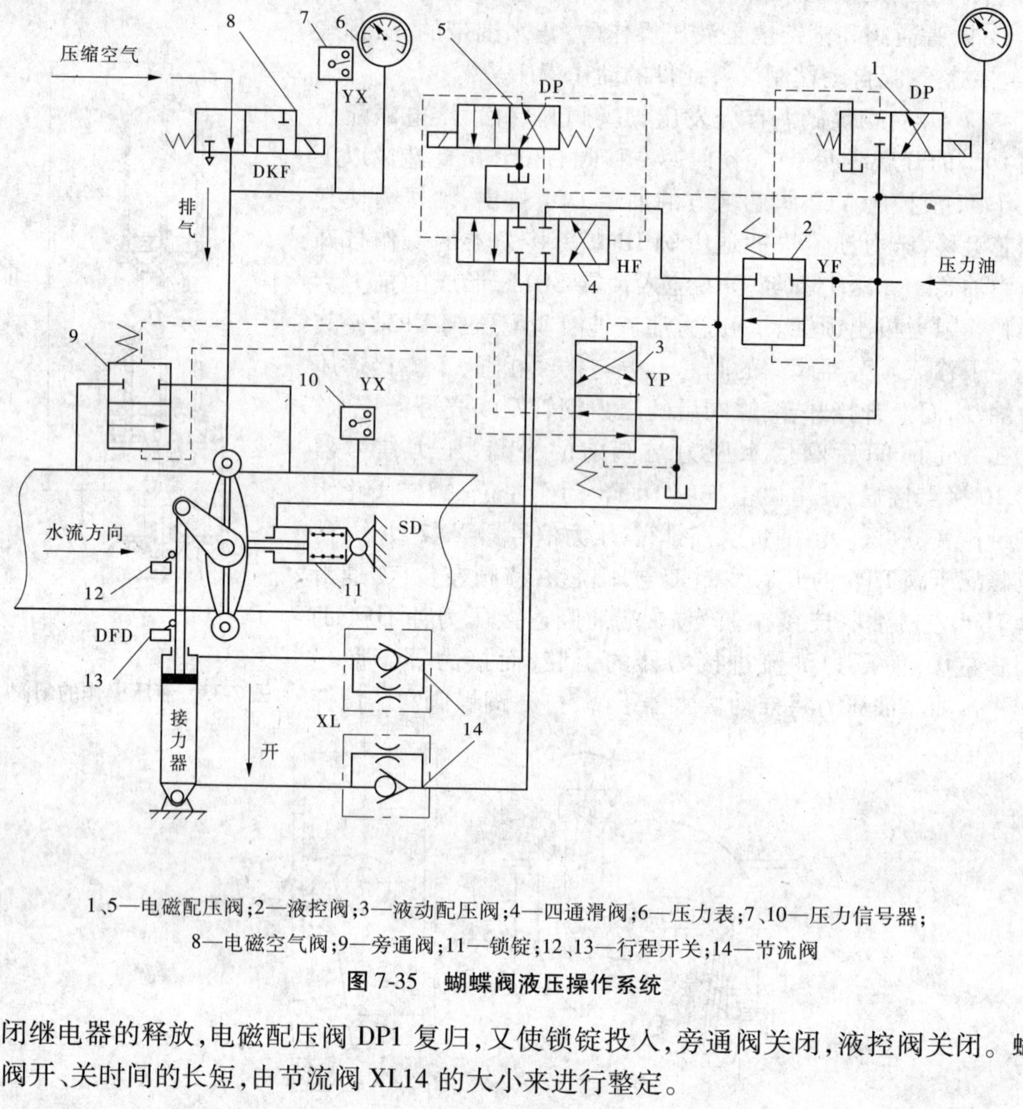

1、5—电磁配压阀;2—液控阀;3—液动配压阀;4—四通滑阀;6—压力表;7、10—压力信号器;
8—电磁空气阀;9—旁通阀;11—锁锭;12、13—行程开关;14—节流阀

图 7-35　蝴蝶阀液压操作系统

关闭继电器的释放,电磁配压阀 DP1 复归,又使锁锭投入,旁通阀关闭,液控阀关闭。蝴蝶阀开、关时间的长短,由节流阀 XL14 的大小来进行整定。

小　结

本项目介绍了水电站水系统和主阀的组成、作用及运行,重点介绍了水系统在运行过程中出现的一些常见故障及其处理措施,通过完成本项目各典型任务达到驱动、引领学习的目的。水系统的管路结构较为复杂,范围也广,而且供水管、排水管、消防水管又常混在一起,不易辨认,学习时或工作中一定要仔细、认真查看核对。进水主阀是为了保护机组的安全、减轻导叶间隙磨蚀破坏、缩短引水钢管的充水时间而设置的,通过本项目的学习应当掌握进水主阀的结构特点和操作原理。

复习思考题

7-1　水电站的供水包括哪些方面？技术供水的作用及主要供水对象有哪些？

7-2　结合图 7-8 简述水泵单元供水系统的原理。

7-3　水电站技术供水系统日常巡视主要项目有哪些？

7-4　水电站排水系统的作用是什么？主要由哪些部分组成？

7-5　结合图 7-17 简述水电站排水系统的原理。

7-6　水电站排水系统日常巡视主要项目有哪些？

7-7　水电站渗漏排水、检修排水主要采用哪些方式？

7-8　水轮机为什么要装设进水主阀？常用的进水主阀有哪些类型？

7-9　蝶阀、球阀、闸阀各适用于什么范围？

项目 8　处理水电站气系统运行故障

教学目标			
典型任务	能力目标	知识目标	素质目标
8.1　检修压缩气系统气压不足故障	1. 能依据故障现象判断出原因； 2. 能用工具对水电站高、低压气系统的故障进行修复。	1. 水电站高、低压气系统的组成及各个部件的作用； 2. 高压气系统的故障原因及处理方法； 3. 水电站低压气系统的组成及各个部件的作用。	1. 培养学生安全生产的意识； 2. 培养学生分析问题、解决问题，用理论指导实践的能力； 3. 培养学生思考、创新和再学习的能力，认真负责、重视细节的意识。
8.2　检修空压机运转中温度异常和有异响故障	1. 能依据故障现象判断出原因； 2. 能用工具对水电站空压机在运转中温度异常升高的故障进行修复； 3. 能用工具对水电站空压机在运转中有异响的故障进行检修。	1. 水电站空压机的组成及各个部件的作用； 2. 空压机运行中温度上升的处理措施； 3. 空压机运行中有异响的处理措施。	1. 培养学生刻苦钻研、敢于竞争的精神和社会责任感； 2. 培养学生解决实际问题的综合能力。

【任务 8.1】　检修压缩气系统气压不足故障

1. 检修压缩气系统气压不足故障教学情境的创建

水电站压缩气系统分为高压气系统和低压气系统两部分，检修压缩气系统气压不足故障任务通过检修高压气系统气压不足故障和检修低压气系统气压不足故障两个教学情境完成，见表 8-1。

表8-1　检修压缩气系统气压不足故障教学情境的创建

项目	教学情境8-1： 检修高压气系统气压不足故障	教学情境8-2： 检修低压气系统气压不足故障
学习形式	现场实际操作并用教学课件演示辅助	现场实际操作并用教学课件演示辅助
使用教具	电脑、投影仪、水电站气系统示教图	电脑、投影仪、水电站气系统示教图
实施地点	多媒体教室和水电站检修车间	多媒体教室和水电站检修车间
作业形式	完成学习任务单	完成学习任务单
教学步骤	(1)教师引导学生学习水电站高、低压气系统的组成及各部件的作用； (2)学生分组查阅水电站气系统图纸资料； (3)学生制定高、低压气系统气压不足的故障处理工序及选用相关的工具和量具，经教师审查通过后进入下一步； (4)各小组执行高、低压气系统气压不足的故障处理任务； (5)教师检查反馈学生任务完成情况； (6)学生汇报自评、教师评价。	

2. 高压气系统气压不足故障现象及处理

1)故障现象

(1)中控室监控系统有“高压气压过低强制启动”、“高压备用空压机启动”、“高压风机都启动”等光字信号或语音报警。

(2)中控室监控系统显示高压空压机压力在快速下降。

2)管路漏气的处理

(1)检查确认漏气点，关闭漏气点管路两端的阀门。

(2)关闭各台机组补气阀，退出所有机组的自动补气装置。

(3)关闭高压气系统总出口阀。

(4)将高压空压机操作把手放“切”位置。

(5)向生产部门领导汇报，联系维护人员进行处理。

3)储气罐漏气的处理

(1)关闭各台机组补气阀，退出所有机组的自动补气装置。

(2)关闭高压储气罐进口阀及出口阀。

(3)将高压空压机操作把手放“切”位置。

(4)向生产部门领导汇报，联系维护人员进行处理。

3. 低压气系统气压不足故障现象及处理

1)故障现象

(1)中控室监控系统有“低压气压过低强制启动”、“低压备用空压机启动”等光字信号及语音报警。

(2)中控室监控系统显示低压风机压力在快速下降。

2）管路漏气的处理

（1）检查确认漏气点，关闭漏气点管路供气端的阀门。

（2）向生产部门领导汇报，联系维护人员进行处理。

（3）在气系统压力未恢复之前，尽量避免机组的气制动停机操作。

3）储气罐漏气的处理

（1）关闭漏气的低压储气罐进口阀、出口阀或关闭漏气的高压储气罐进口阀及出口阀。

（2）将低压空压机操作把手放“切”位置。

（3）向生产部门领导汇报，联系维护人员进行处理。

（4）在故障未处理好之前，应手动启动低压空压机以保持低压储气罐压力。

【任务 8.2】 检修空压机运转中温度异常和有异响故障

1. 检修空压机运转中温度异常和有异响故障教学情境的创建

由于制造质量问题、运行时间、运行环境等各种因素，会导致空压机在运转中温度升高。检修空压机运转中温度异常和有异响故障教学情境的创建见表 8-2。

表 8-2 检修空压机运转中温度异常和有异响故障教学情境的创建

项目	教学情境 8-3：检修空压机运转中温度异常故障	教学情境 8-4：诊断修复空压机运转中有异响故障
学习形式	现场实际操作并用教学课件演示辅助	现场实际操作并用教学课件演示辅助
使用教具	笔记本电脑、投影仪、水电站气系统示教图	电脑、投影仪、水电站气系统示教图
实施地点	多媒体教室和水电站检修车间	多媒体教室和水电站检修车间
作业形式	完成学习任务单	完成学习任务单
教学步骤	（1）教师引导学生分析空压机在运转中温度异常升高、有异响故障的主要原因，提出处理的方法； （2）学生分组查阅水电站气系统图纸资料； （3）学生制定空压机在运转中温度异常升高、有异响的故障检修处理工序及选用相关的工具和量具，经教师审查通过后进入下一步； （4）各小组执行空压机在运转中温度异常升高、有异响的故障检修处理任务； （5）教师检查反馈学生任务完成情况； （6）学生汇报自评、教师评价。	

2. 空压机运转中温度异常故障现象及处理

1）空压机运转中温度异常升高的故障现象

中控室监控系统有“空压机温度异常”或“空压机温度升高”等光字信号及语音报警；到现场用手拭摸空压机表面温度很高。

2）空压机运转中温度异常升高的故障处理

（1）润滑油严重变质，特别是润滑油油量严重不足，应更换或补充新的润滑油。

(2)活塞、轴承严重磨损或轴瓦烧毁,使润滑油油温升高,此时,应立即停机,采取措施,通知检修人员分解处理。

(3)吸排气网被堵或吸气阀未全开,吸气阀不严、漏气,使效率降低或用气量过大,运转时间过长,此时,应清扫吸气网或全开吸气阀,分解更换吸排气阀,调整临时用气,关严系统排气阀,消除漏气点。

(4)冷却水中断或冷却水量不足,水路内部积垢堵塞,此时,应检查水阀和自动给水阀位置正确,分解清扫冷却系统使水路畅通。

3. 空压机运转中有异响故障现象及处理

1)空压机运转中有异响的故障现象

在现场可听到“嗒嗒嗒”或“咣咣咣”的不同于平时的异响,有时也会伴随有振动声音,气压表抖动幅度偏大。

2)空压机运转中有异响的故障处理

(1)低压机检修后阀室中活塞顶点与缸盖调整间隙太小,吸气阀安装位置不对或元件松弛,阀片或弹簧损坏,此时,应立即停止空压机运行,按要求做好检修安全措施。

(2)汽缸内检修后遗留金属碎片,连杆衬套和活塞环过度磨损,此时,应通知检修人员分解检查更换处理。

(3)曲轴箱内连杆瓦和滚子轴承过紧或曲轴挡油圈松脱,飞轮未装紧或键配合过松,应通知检修人员分解检查更换处理。

(4)空压机和电动机基础螺丝松动,应调整紧固基础螺丝。

8.1 水电站压缩空气系统的组成、作用及运行

8.1.1 压缩空气系统的用途、任务和组成

1. 压缩空气系统的用途

空气具有极好的弹性(即可压缩性),是储存压力能的良好介质,同时压缩空气使用方便、安全可靠,易于储送,因此在水电站中得到了广泛应用。

(1)供液压操作的油压装置压力油罐用气:额定压力一般为2.5 MPa,大型机组选用4 MPa或6 MPa。目前国内调速器最高油压已达16 MPa。

(2)机组停机过程中的制动用气:额定压力0.7 MPa。

(3)水轮发电机组调相运行时转轮室压水用气:额定压力0.7 MPa。

(4)机组、设备在安装和检修中的风动工具及设备吹扫清污用气:额定压力0.7 MPa。

(5)水轮机主轴检修围带密封充气、发电机封闭母线微正压用气:额定压力0.7 MPa。

(6)蝴蝶阀止水围带充气:工作压力应比阀门承受的水压力高0.2~0.4 MPa。

(7)灯泡贯流式机组发电机舱密闭增压散热用气:一般为0.7 MPa。

(8)前池或压力管道进口拦污栅处防冻吹冰用气:额定压力0.7 MPa。

(9)大中型机组水轮机强迫补气:一般为0.7 MPa。

(10)气动配电装置中的空气断路器及气动隔离开关操作和灭弧用气:工作压力一般

为 2 ~2.5 MPa。但为了满足设备空气干燥的需求,压缩空气的额定压力应为工作压力的 3 ~4 倍,甚至更高。

根据水电站用气设备实际所需用气压力不同,工作性质及要求不同,将水电站的压缩空气系统进行分类:①厂内高压气系统,≥2.5 MPa;②厂内低压气系统,0.7 MPa;③厂外高压气系统,2 ~4 MPa;④厂外低压气系统,0.7 MPa。当然,也有将水电站组成的压缩空气系统以压力不同分为高、中、低压气系统的。

2. 压缩空气系统的任务

水电站压缩空气系统的任务,就是及时、可靠地供给用气设备所需的气量,同时满足用气设备对气压、清洁和干燥的要求。

3. 压缩空气系统的组成

压缩空气系统由下列四个部分组成:

(1)空气压缩装置,包括空气压缩机、电动机、储气罐和气水分离器。

(2)供气管网,由干管、支管和管件组成。管网将气源和用气设备联系起来,输送和分配压缩空气。

(3)测量和控制元件,包括各种类型的自动化元件,如压力继电器、温度信号器、电磁空气阀等。其主要作用是监测、控制,保证压缩空气系统的正常运行。

(4)用气设备,如油压装置的压力油罐、制动闸、风动工具等。

8.1.2 压缩空气的产生

压缩空气主要是以电动机为动力,带动空气压缩机将自由空气进行压缩而得到的。

1. 空气压缩机的类型

根据各气系统对用气压力和用气量要求的不同,空气压缩机有多种形式。按作用原理可分为往复式、离心式、回转式等。水电站多采用往复活塞式空气压缩机,简称活塞式空压机,按其排气量和工作压力不同可进一步分类。

(1)按排气量分:①微型,排气量 $V<1\ m^3/min$;②小型,排气量 $V=1\sim10\ m^3/min$;③中型,排气量 $V=10\sim100\ m^3/min$;④大型,排气量 $V>100\ m^3/min$。

(2)按工作压力分:①低压,工作压力 0.2 ~1 MPa;②中压,工作压力 1 ~10 MPa;③高压,工作压力 10 ~100 MPa。

2. 活塞式空压机的工作过程

当空气质量一定时,它的压力、容积和温度之间存在如下关系:

$$\frac{pV}{T} = 常数$$

式中:p 为绝对压力,MPa;V 为容积,m^3;T 为绝对温度,K(0 ℃ =273 K)。

在温度不变或改变不大的情况下,减小空气的体积势必会提高其压力,这就是空气的可压缩性。活塞式空压机就是利用空气的这一特性,通过活塞在汽缸内往复运动,减小空气体积,使气体压力提高。如图 8-1 所示,活塞式空气压缩机的结构由汽缸 2、活塞 4、曲轴 11、连杆 10、机架 1、汽缸盖 6 及进气阀 7 和排气阀 8 等组成。机架是铸造的箱件,用以支承和安装其他部件；机架的底部是润滑油箱 12，内存空压机润滑油，利用油泵或靠曲轴、连杆在转动中使油飞溅去润滑各运动件。汽缸是个圆筒形部件，顶端用汽缸盖封闭而形成一定的工作容积；活塞被曲轴、连杆带动在汽缸内往复移动，不断改变汽缸内空气的体积从而产生压缩空气。汽缸内壁平整而光滑，活塞上装设了若干活塞环（分油环和密封环）与之紧密配合以保证密封。空气经过设在汽缸盖上的进、排气阀吸入或排出。进、排气阀是带有弹簧的盘形阀门，在压力差的作用下单向导通。为了散热、冷却，汽缸及汽缸盖可做成带水腔的夹层结构，让水从夹层中流过（水冷式）；也可在汽缸、汽缸盖外壁上设若干散热片，运转时靠风来冷却（风冷式），如图 8-1 所示。活塞式空压机的曲轴每旋转一周，活塞就往复移动一次完成一个工作循环，每个循环可分为吸气、压缩和排气三个过程。

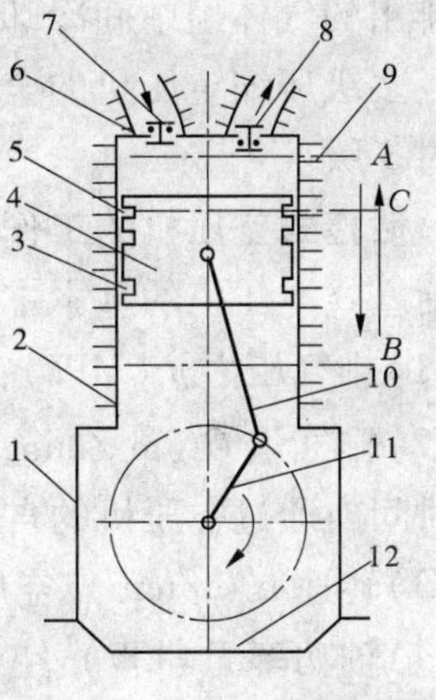

1—机架；2—汽缸；3—油环；4—活塞；5—密封环；6—汽缸盖；7—进气阀；8—排气阀；9—散热片；10—连杆；11—曲轴；12—润滑油箱

图 8-1 活塞式空气压缩机简图

（1）吸气过程。活塞由 A 移向 B，汽缸容积不断加大，汽缸内空气体积膨胀而使压力降低，当外界压力与汽缸内压力之差大于弹簧阻力时，进气阀 7 开启。随着活塞的继续移动，空气被吸入汽缸内。

（2）压缩过程。活塞达到极限位置 B 后将转而向 A 移动，此时进气阀 7 已关闭而排气阀 8 尚未开启，活塞移动使汽缸容积减少，汽缸内空气被压缩而使压力上升。

（3）排气过程。活塞移到 C 及以后，汽缸内空气压力超过弹簧和排气管压力的阻碍，将排气阀 8 顶开，活塞由 C 向 A 的移动将使汽缸内已被压缩的空气向排气管排出。

这样周而复始地运转，空压机就不断吸入并压缩空气。空压机排气压力与吸气压力之比，称为空压机的压缩比，它表示空气压力提高的程度。空气只经过一个汽缸，被压缩一次的空压机叫单级压缩空压机。单级空压机的压缩比存在极限，一般不大于 5。这是因为空气在被压缩时温度上升较高，而且压缩比越大，温度上升越高。但是，空压机的润滑油只能在 180 ℃以下正常工作，这就限制了空压机的压缩比不能太高。因此，单级空压机不可能产生较高压力的压缩空气。

为了获得较高压力的压缩空气，可采用多级压缩空压机。用两个或更多的汽缸串联起来，逐级对空气进行压缩，在级与级之间加装中间冷却器来控制温度。如图 8-2 所示就是两级压缩空压机的基本组成情况。两级汽缸串联工作，第一级

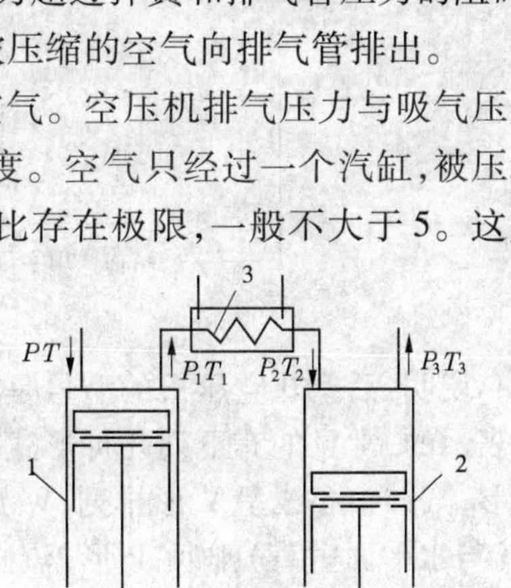

1—第一级汽缸；2—第二级汽缸；3—中间冷却器

图 8-2 两级压缩空压机简图

汽缸排出的气体经中间冷却器3用水冷却到接近于大气温度后进入第二级汽缸，作二次压缩。多级压缩空压机的全压缩比是各级压缩比的乘积。实际运行的空压机，级数一般不超过3级。

3. 活塞式空压机的工作参数

活塞式空压机的基本工作参数，包括排气压力、排气量、转速、轴功率和效率等。

(1)排气压力 p_r(MPa)：空压机在额定工况下排出压缩空气的压力值。

(2)排气量 Q_r(m^3/min, L/min)：空压机在单位时间内排出的空气容积值，其值等于单位时间内通过空压机的自由空气的容积值。

(3)转速 n_r(r/min)：空压机的额定转速值。

(4)轴功率 P_r(kW)：空压机在额定工况时应保证的轴功率。

(5)效率 η(%)：空压机理论功率与轴功率之比，一般在40%～70%。

上述参数中，排气压力 p_r 和排气量 Q_r 是选择空压机型号的依据；转速 n_r 和轴功率 P_r 是选配电动机，决定传动方式和传动比的依据；效率 η 是表示空压机对能量的有效利用程度。

4. 空压机的规定工况

空压机的规定工况有如下六种：①吸气压力，0.1 MPa(绝对压力)；②吸气温度，20 ℃；③水冷空压机冷却水进水温度，15 ℃；④水冷空压机冷却水进水量，m^3/min(按产品技术文件规定)；⑤风冷空压机冷却空气温度，℃(为吸气温度20 ℃时相应所处的环境温度)；⑥排气压力和转速，MPa、r/min(按产品技术文件规定)。

5. 活塞式空压机的型号

活塞式空压机的型号是用汉语拼音字母和阿拉伯数字共同表示的，其含义如下：

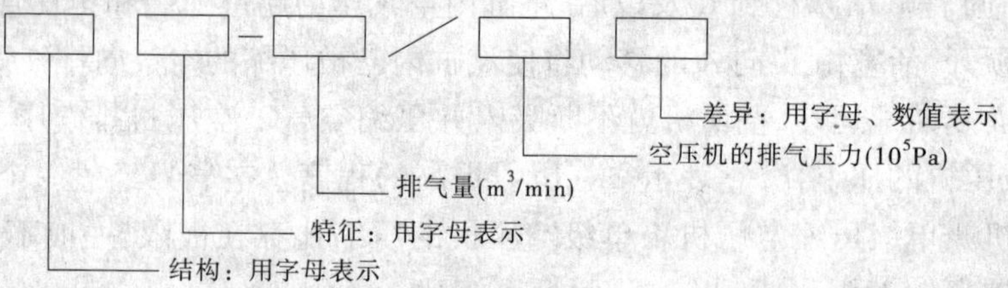

说明：活塞式空压机的型号是根据空压机汽缸中心线相互位置的排列，用汉语拼音字母表示的，常见的有下列几种形式：L形，汽缸中心线相互为90°呈立卧结合的L形排列；V形，汽缸中心线呈V形排列；W形，三条汽缸中心线呈W形排列；Z形，汽缸中心线为立式(与水平面垂直)排列；P形，汽缸中心线为卧式排列；M形，空压机的曲柄轴为对称平衡式。

例：V—0.65/7型号表示为：活塞式空压机，二级风冷移动式，汽缸中心线呈V形排列，排气量为0.65 m^3/min，排气压力为 7×10^5 Pa。

6. 压缩空气的冷却

尽管空压机采取了一定的冷却措施，但排气温度仍然很高，不能直接供给用气设备使用，必须对压缩空气作进一步的冷却处理。

压缩空气的冷却方式有两种：①自然冷却，即让压缩空气在管道和储气罐中停留，逐渐散热降至接近环境温度，其多用于小型水电站。②水强制冷却，即冷却器设置在空压机到储气管的管道上，可以有多种结构形式。如图 8-3 所示为蛇形管式冷却器，压缩空气流经蛇形管时，被管外的冷却水冷却而降低温度。冷却器中心部分的结构用于汇集高温气体冷却时分离出来的水分和油分。冷却器在运行中应定期打开底部的排污阀排污。

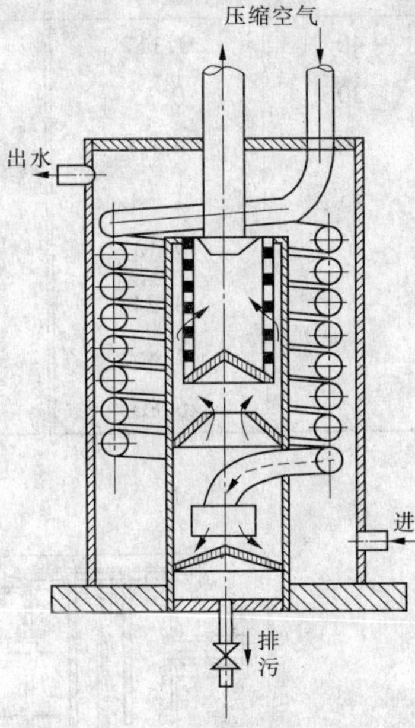

图 8-3　蛇形管式冷却器

7. 压缩空气的除湿和干燥

空气总是含有水蒸气和细小灰尘，但水蒸气在空气中的含量却存在极限值，1 m^3 空气中所能够容纳的水蒸气的克数，称为空气的湿容量。空气的湿容量是随温度而变化的，温度下降时湿容量明显减少，见表 8-3。在一定的温度下，如果空气中的水蒸气过多，超过湿容量的部分就会凝结成水滴，灰尘也就附着在水滴上。含有水蒸气的空气被空压机压缩后，体积被压缩，温度升高，于是湿容量加大，水蒸气仍以气态存在。但出空压机后，温度降低，湿容量很快减少，因此必然有部分水蒸气凝结成水滴。冷却后的压缩空气不仅有水滴，还会夹带油滴。这是空气在空压机中流动时，冲击润滑油造成的。为使压缩空气干净、干燥，须在供气管路上设置气水分离器。气水分离器应设置在冷却器后面。气水分离器也称为油水分离器，虽有多种结构，但都是利用液体和气体的质量不同，让气流转弯或旋转，靠离心力的作用并利用油、水的黏性使液体甩附着在容器壁面上，由容器收集后排除。常用的气水分离器有隔板式和旋转式两类，如图 8-4 所示。压缩空气在进入后面的管道、储气罐后，随着温度的进一步降低，还会凝结出水滴来。另外，饱和状态的压缩空气导电率高，不能用于电气设备。对空气"干燥"要求严格的设备，清除水滴之后还应进一步降低空气中水蒸气的含量。使空气"干燥"的方法很多，有热力法、物理法及化学法等。比如让压缩空气流过硅胶一类的吸水剂；使压缩空气先冷却至较低的温度，排水后再升温使用等。但应用最多的是降压干燥法，即首先将空气压缩到工作压力 2 ~ 4 倍的高压力，经过冷却、排水，储存在高压储气罐中。工作时通过减压阀使空气降压膨胀，在减压阀后设置气水分离器，分离出压缩空气在降压后所析出的水分和油分，再按工作压力向设备供气。另外，也可在减压阀后设置工作压力储气罐。减压前处于饱和的空气，减压后容积加大 2 ~ 4 倍，每 1 m^3 内的水蒸气的数量减少了，也就变成"干燥"空气了。降压干燥的过程伴随着空气温度下降，必然与外界发生热量交换，因而也称为热力干燥法。这种方法供气量大，使用方便，但所需设备较多，投资和运行费用较高，通常只在电气设备供气和防冻吹冰供气上采用，大型油压装置上也有采用。

表 8-3　空气的温度与湿容量的关系

温度(℃)	湿容量(g/m^3)	温度(℃)	湿容量(g/m^3)	温度(℃)	湿容量(g/m^3)
-40	0.117	10	9.40	60	130.2
-30	0.33	15	12.8	70	198.1
-20	0.80	20	17.3	80	293.5
-15	1.38	25	23.0	90	423.5
-10	2.14	30	30.4	100	597.7
-5	3.24	35	39.8	120	1 122
0	4.85	40	51.2	150	2 584
5	6.80	45	65.4	180	5 145

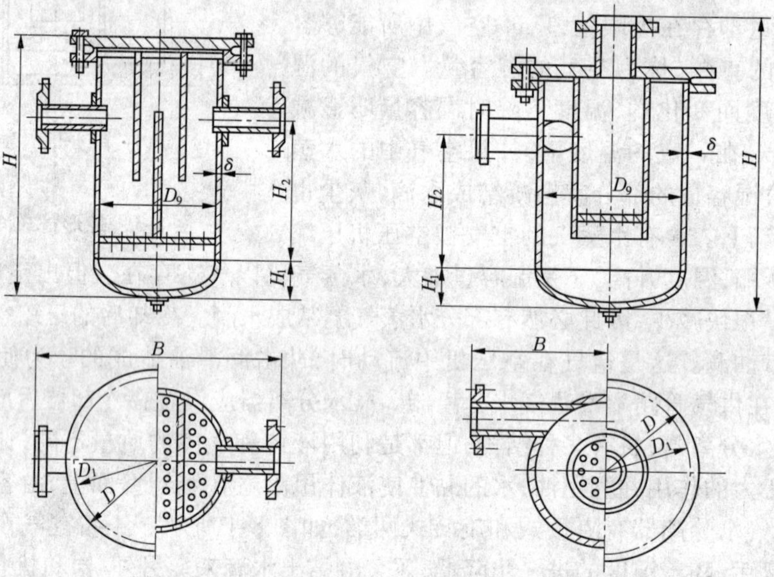

(a)隔板式　　(b)旋转式

图 8-4　气水分离器

8. 压缩空气的储存

水电站大多数用气设备，都是要求瞬时或短时间内使用大量的压缩空气，这就需要采用储气罐。储气罐能够缓和活塞式空压机由于断续动作而产生的压力波动，使压缩空气压力平稳，同时满足用气设备的气量要求。另外，压缩空气进入储气罐，温度进一步降低，分离出的水和油定时排除，使压缩空气更干净。

空压机的启停一般由储气罐上装置的压力信号器或电接点压力表进行控制。压力电接点分别控制工作和备用空压机的启动和停止。为了保证压缩空气系统的安全，在储气罐上还装置了安全阀。当罐内压力超过工作压力上限值时，安全阀自动开启，放掉部分压缩空气，限制罐内气压的升高。罐底部设有手动排污阀，定期开启排污。

储气罐属于压力容器，是非标准件，由专门的单位设计和制作，切不可无证自造。储气罐现已经有系列化的产品，且通常是钢板焊接结构。其常见的结构形式如图 8-5 所示。

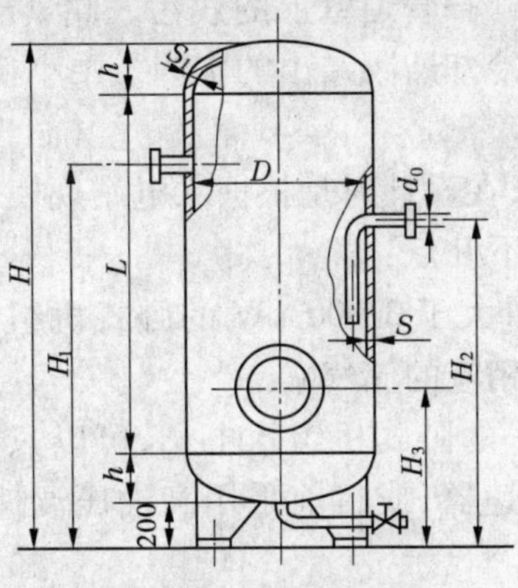

图 8-5　储气罐结构

8.2　压缩空气系统图

压缩空气系统图是水电站的运行操作、维护管理的依据。

8.2.1　高压压缩空气系统

油压装置作为调速器和液压阀门等的操作能源，是水电站高压压缩空气的主要用户。油压装置需在罐内储存 60% ~70% 容积的压缩空气以维持罐内压力平稳。运行时，油的消耗由油泵补充；当空气量不足时须由压缩空气系统补充。它的用气，包括压力油罐的初次充气和在运行中补气两种情况。由于罐内工作压力一般为 2.4 ~ 2.5 MPa（目前也有少数达到 6 MPa 的），故供气的压力应超过压力油罐工作压力，通常为 2.5 ~ 3.0 MPa。

油压装置供气系统图如图 8-6 所示。该系统设有两台空压机，由电接点压力表控制，一台工作，另一台备用，自动保持储气罐压力正常。压缩空气经过气水分离器 6 排水，再经单向阀 5 存入储气罐，并在这一过程中自然冷却。由于高压气系统供气的时间少，所以

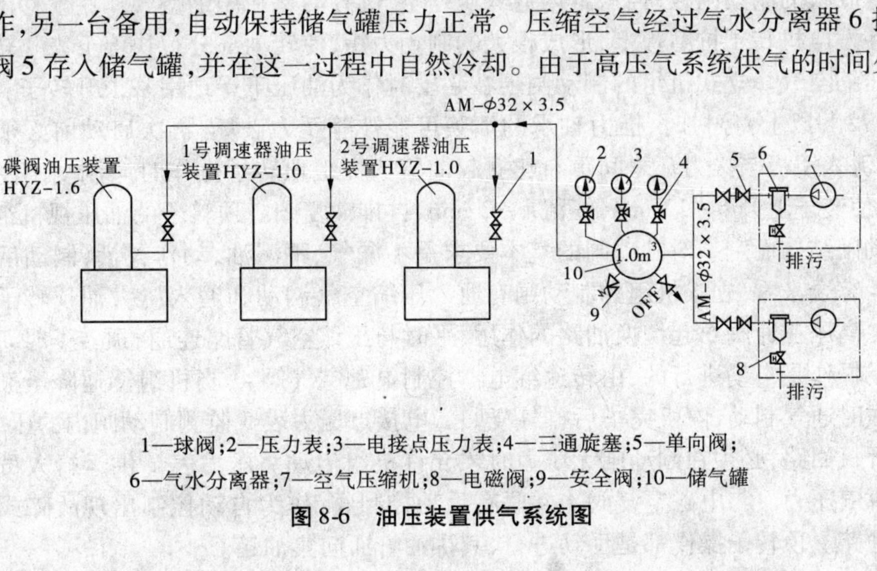

1—球阀；2—压力表；3—电接点压力表；4—三通旋塞；5—单向阀；
6—气水分离器；7—空气压缩机；8—电磁阀；9—安全阀；10—储气罐

图 8-6　油压装置供气系统图

气水分离器的排污用手动控制。空压机停机时开启排污,空压机启动后延时关闭。利用空压机启动初期的压缩空气吹扫管道壁上的残污。储气罐底部的排污阀定期手动开启,以排除储气罐中空气进一步冷却所凝结出的水滴。中小型水电站向压力油罐的充气和补气均为手动操作。

油压装置用高压气系统,在设计时是根据水电站规模、机组及油压装置形式等条件来拟订的。一般说来考虑了以下几点:

(1)立式机组及单机容量大于 3 000 kW 的卧式机组水电站,设置两台空压机,一台工作,另一台备用,同时配置相应的储气罐。

(2)单机及总容量均较小的卧式机组水电站,可以只设一台空压机,配一个储气罐。对采用 YT—600 及以下的调速器,或目前采用高油压调速器的水电站,一般可以不设油压装置。

(3)中小型水电站油压装置的充、补气一般采用手动操作,对自动化程度较高的大中型水电站,则可用油位信号器和压力信号器来控制电磁阀,实现自动补气。

8.2.2 低压压缩空气系统

1. 机组制动装置供气系统

水轮发电机组的转动惯量相当大,当机组停机并与电力系统解列、导叶全关之后,仍会长时间旋转,转速下降十分缓慢。长时间的低速转动会使轴承润滑条件恶化,尤其是推力轴承可能会发生干摩擦或半干摩擦而烧损。为保护轴承,须缩短机组的停机过程。通常在机组转速降至额定值的30%左右时投入制动闸,让机组很快静止下来。水轮发电机组的制动闸多用压缩空气作为强迫制动的能源来推动制动闸操作,悬式机组制动闸装在发电机下机架上,一般 4 个(及以上)制动闸并联工作;卧式机组制动闸装于飞轮两侧,通常两个制动闸并联工作。制动闸的工作压力为 0.5 ~ 0.7 MPa。制动闸结构如图 8-7 所示。制动供气系统图如图 8-8 所示。制动闸由汽缸、活塞、闸板等组成。活塞顶部固接带有石棉橡胶板的制动闸板,当汽缸内通入压缩空气后,活塞在压缩空气作用下移出使闸板紧紧顶在发电机转子抗磨板上,形成很大的制动力矩,使转动部分很快停下来。转子静止后排出压缩空气。立式机组的制动闸还在必要时作为油压千斤顶用来顶升转子。当机组长时间(72 h 以上)停机时,推力轴承的油膜可能被静压力破坏,再次启动前必须抬高转子,让油流入镜板与推力瓦之间重新建立起油膜。机组顶转子操作时向制动闸注入高压透平油,使转子上升 6 ~ 12 mm,停留 1 ~ 2 min,再排油复归。顶转子的油压视机组转子重量和制动闸结构而定。对制动闸的基本要求是不漏气、不漏油,动作灵活,制动后能够正确复归。综合来看,立式机组的制动闸有通入压缩空气制动和通入压力油顶转子两种工作状态。高压三通阀 6 起切换油路的作用,平时与压缩空气管路连通,顶转子时切换为油路。制动操作是自动进行的,由转速继电器控制电磁空气阀 4,当机组转速降至额定值的30%左右时通气制动,停机完毕后排气复归。电接点压力表 5 监测制动闸内的压力,作用于自动开机回路,必须在制动闸无压力时才允许机组启动。压力表 2 供运行人员随时监视制动供气压力。与电磁空气阀 4 并联有手动控制阀,作为自动控制出现故障或检修时的备用通路。顶转子操作都是手动进行,其排油管通向集油箱。

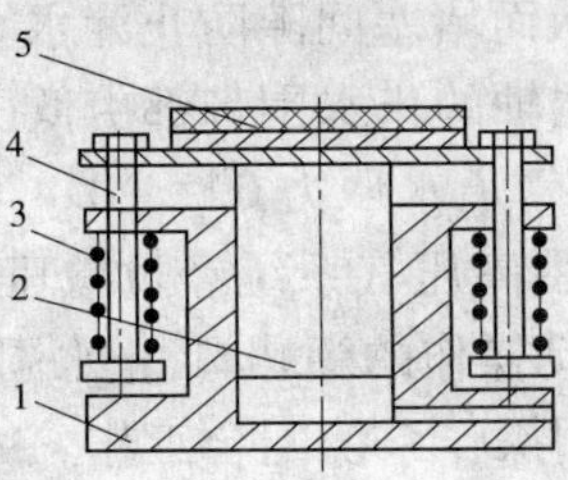

1—底座；2—活塞；3—弹簧；4—螺栓；5—闸板

图 8-7　制动闸结构

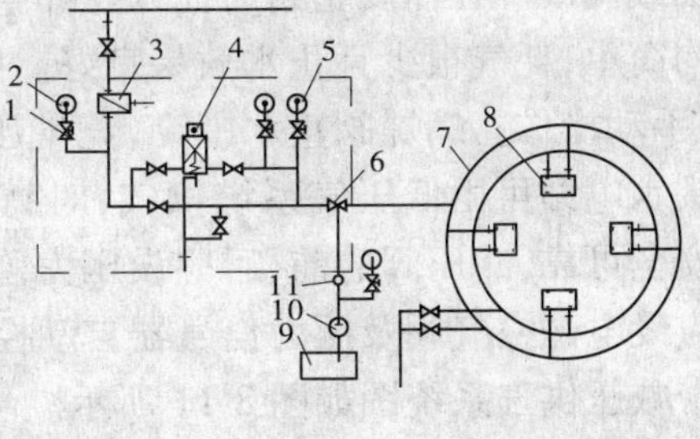

1—仪表三通阀；2—压力表；3—空气过滤器；4—电磁空气阀；5—电接点压力表；6—高压三通阀；7—制动环管；8—制动闸；9—油箱；10—电动高压油泵；11—快换接头

图 8-8　制动供气系统图

2. 调相压水充气系统

当电力系统无功功率不足时，常让水轮发电机组转为调相运行。作调相运行的机组导叶全关闭，发电机呈同步电动机状态运行，从系统吸收有功功率，向系统输出无功功率。此时必须使水轮机转轮与水脱离，否则会消耗过多能量。试验证明，水轮机转轮在水中转动，功率消耗比在空气中转动大 5 ~ 10 倍。由于反击式水轮机转轮常低于下游水面，机组作调相运行时就必须向转轮室及尾水管充入压缩空气，压低尾水管内的水面。一般要求尾水管水面比转轮下沿低 0.5 ~ 1.0 倍的转轮直径 D_1，而充气的压力应抵消下游与尾水管水面间的压力差，以保证转轮在空气中旋转。调相压水充气系统如图 8-9 所示。机组转为调相运行时，电磁配压阀动作，开启液压操作阀使压缩空气流入转轮室。流入的空气首先在顶盖以下形成气垫，再逐步压低水面，到规定的下限水位 I 时，水位信号器动作，停止供气。已充入的空气在运行中会不断漏失，尾水管水面将再次上升，当水面升到上限水位Ⅱ时，水位信号器又发出命令开启电磁配压阀，补入所损耗的空气。这样，水位信号器及所控制的阀门将保证尾水管水面在规定范围内，机组调相运行正常。充气压水的效果受机组形式、结构、充气位置及转轮室内的水流运动、充气压力、流量等多种因素的影响。导叶关闭后转轮的转动会在尾水管内造成定向的水流运动，如图 8-10 所示，水的这种流动会夹带空气排向下游。在转轮室已出现气水分界面，特别是转轮脱水之后，水的回流运动会大大减弱，被它带走的空气也相应减少。因此，充气压水的关键是看最初能否顺利形成气垫，即造成气水分离界面。由于水的回流运动在不同部位夹带空气的能力不同，而且存在极限量，因此充气的位置和充气的流量就直接影响压水效果。对混流式水轮机，从导叶与转轮之间的顶盖边沿充气，损失量最少，但结构复杂，制造、安装困难；由顶盖中部经转轮减压孔充气，损失量稍多，但结构简单、便于操作，是最常用的方式。如果从尾水管上段充气，空气与由上而下的水流相遇，损失量最大。无论从哪个位置充气，都必须保证有足够的充气量，否则充入的压缩空气全被水流带走，就不能形成气水分离界面。但是，需要的最小充气量受各种因素影响，目前尚不能精确计算。设计时只能参照已建成水电站的经验，从充气压力、管径、管长、流动阻力等方面考虑，保证有较大的充气量。

3. 止水围带用气

水轮机主轴的检修密封及蝴蝶阀的止水结构都常用空气围带，以空心的橡胶围带包围主轴或阀瓣。在需要密封时充入压缩空气使之膨胀,从而堵塞间隙防止漏水。止水围带结构简单,耗气很少且止水效果良好。中小型水轮机主轴的止水围带都由低压气系统供气,手动操作。蝴蝶阀止水围带,充气压力应高出压力管道水压力 0.2 ~ 0.4 MPa。对低水头水电站可由低压气系统供气,对高水头水电站可由高压气系统经过减压阀供气。为了安全可靠,减压阀的前、后应设压力监视仪表。对自动操作的蝴蝶阀,止水围带的充、排气应设电磁空气阀及压力信号器自动控制,并与蝴蝶阀操作系统配合工作。蝴蝶阀密封围带减压供气系统图如图 8-11 所示。

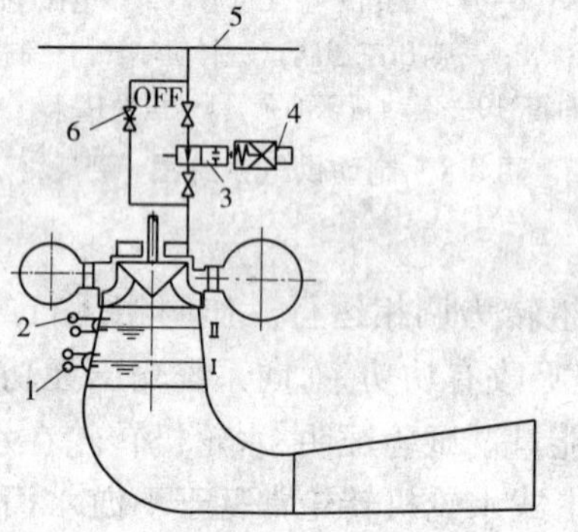

1、2—水位信号器;3—液压操作阀;4—电磁配压阀;
5—供气干管;6—手动补气阀

图 8-9　调相压水充气系统

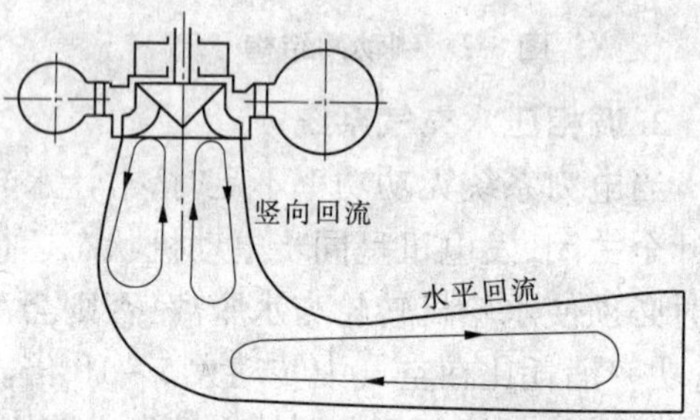

图 8-10　调相运行(压水前)尾水管水流运动

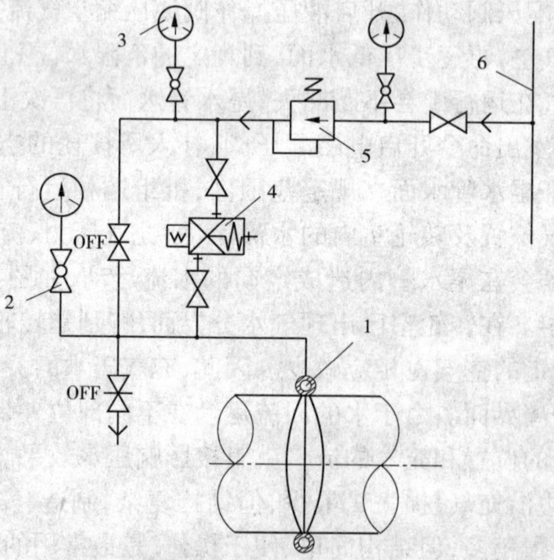

1—蝴蝶阀围带;2—旋塞;3—压力表;
4—电磁空气阀;5—减压阀;6—供气干管

图 8-11　蝴蝶阀密封围带减压供气系统图

4. 风动工具及吹扫用气

风铲、风动扳手、风砂轮等风动工具,具有体积小、重量轻、使用方便,比电动工具安全等优点，同时还能自动吹走污物，是水电站维护检修常用的工具。利用压缩空气进行设备及管道的吹扫、除尘，更是水电站必需的。风动工具及吹扫用气，工作压力一般为0.5～0.7 MPa，常在低压系统干管设置供气活接头，再用软管引至工作地点使用。

对于小型水电站，系统的构成根据水电站的具体情况决定，低压压缩空气的上述用户，通常用统一的低压气系统为之供气。

低压压缩空气系统通常采用自动操作方式，设置必要的自动化元件。在储气罐或供气干管上设压力信号器（常用电接点压力表），用以控制空压机的启动及停止，从而保证正常的供气压力；在空压机出口设温度信号器，监视排气温度，超过允许温度时发出事故信号，必要时作用于空压机控制回路，使空压机停机；所有的储气罐都应配置安全阀和压力表。气水分离器的排污管可设电磁阀控制，并与空压机操作回路联动，空压机停机时开阀排污；空压机启动后延时关闭（如延迟0.5～1 min）。制动用气的控制阀组布置在发电机旁边，设置电磁空气阀自动充、排气。阀前设压力表供运行人员监视供气压力不能过低（如不低于0.5 MPa），阀后设压力信号器监视制动闸是否无压。

5. 卧式机组低压压缩空气系统图

典型的卧式机组水电站低压气系统图如图8-12所示。该水电站设计水头42 m，装机容量4 ×1 250 kW＝5 000 kW，采用HL220—WJ—71型水轮机，TSW143/61—10型发电

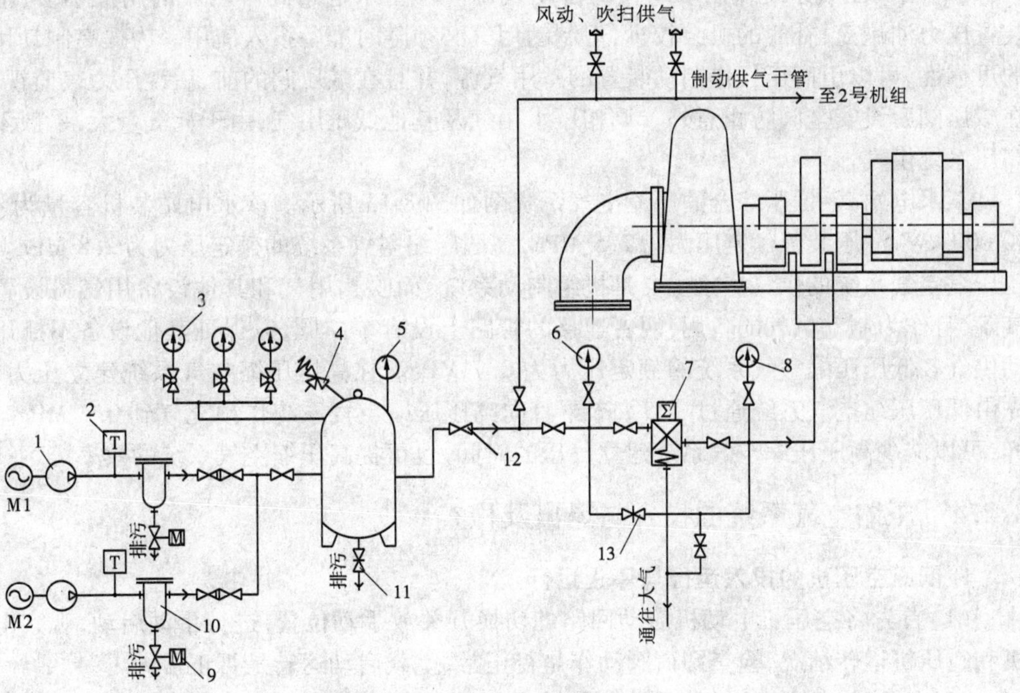

1—空压机；2—温度信号器；3、8—压力信号器；4—安全阀；5、6—压力表；7—电磁空气阀；9—电磁排污阀；10—气水分离器；11—手动排污阀；12—总供气阀；13—手动供气阀

图8-12　卧式机组水电站低压气系统图

机。使用低压压缩空气的设备有制动闸、蝴蝶阀止水围带、风动工具及吹扫。由于采用YT—600 型调速器,不设高压气系统,压力油罐由中间油罐(也称补气罐)自动补气。为保证供气可靠,选用了两台 V—0.42/7 型低压空压机,各经过测温筒、气水分离器及单向阀向储气罐供气。空压机由储气罐上的电接点压力表自动控制,一台工作,另一台备用。制动用气由阀组控制,正常情况下电磁空气阀自动充、排气,事故情况下用手动阀门操作。蝴蝶阀止水围带的充、排气由手动控制。

8.2.3 高、低压综合的压缩空气系统

为提高压缩空气系统的运行经济性,使系统更灵活、更可靠,常将高、低压气系统互相联系起来,组成一个综合的压缩空气系统。这主要是从以下两个方面考虑:

(1)用低压空气向高压系统作预充气。活塞式空压机效率不高,而且压缩比越大效率越低,高压空气在管内流动的压力损失也大于低压空气。因此,在运行中尽量利用低压空压机,减少高压空气的消耗是经济合理的。高压储气罐及高压用户的充气过程,可以分成两个阶段来完成;先用低压气系统供气,压力由 0 升至 0.7 MPa;再改由高压空压机供气,将压力继续提高到工作压力。前一阶段称为预充气。由低压气系统向高压部分作预充气的管道,必须设置单向阀防止高压空气倒流。

(2)用高压气系统作制动用气的备用气源。小型水电站高压空气的用户不多,油压装置压力油罐充、补气的机会较少,但制动用气必须随时准备投入使用。为提高制动用气的可靠性,可以引高压气作制动装置的备用气源,并且在减压阀的前、后设压力表监视,或在减压阀后设安全阀防止意外。调相压水用气及其他低压用气,由于耗气量大,一般不由高压系统供气。

某水电站高、低压综合的压缩空气系统图如图 8-13 所示。该水电站装机容量为 4 × 10 000 kW,油压装置额定压力为 2.5 MPa,高压压缩空气系统的额定压力为 2.8 MPa。低压压缩空气系统的供气对象主要是机组制动系统,而吹扫用气和其他设备用气另设置储气罐,且作为制动供气的备用,两者连接的管路上设有单向阀,以保证其他设备不挪用制动供气。低压压缩空气系统的额定压力为 0.7 MPa。在高压压缩空气系统建立压力时,先由低压压缩空气系统通过 ϕ25 mm 干管向高压压缩空气系统作预充气到 0.7 MPa。这样,可以减少高压压缩空气系统建立气压的时间,也可提高压缩空气系统的效率。

8.2.4 压缩空气系统的投入与退出及检查

1. 低压空压机的投入运行与停止运行

(1)首先将空压机电动机启动回路的切换开关放手动位置,进行手动启动,观察电动机和空压机运转情况,检查卸荷阀动作是否正常、空载启动运转是否正常。

(2)检查电动机和空压机及全部管路和阀门有无漏气泄气现象。

(3)手动位置运行正常后,将切换开关切向自动位置,一台机放主用,另一台机放备用。

(4)进行空压机自动停机试验,压力在 0.7 MPa 时即自动停机。

(5)进行备用机自动启动试验,压力下降到 0.5 MPa 时,备用机自动启用,两台空压

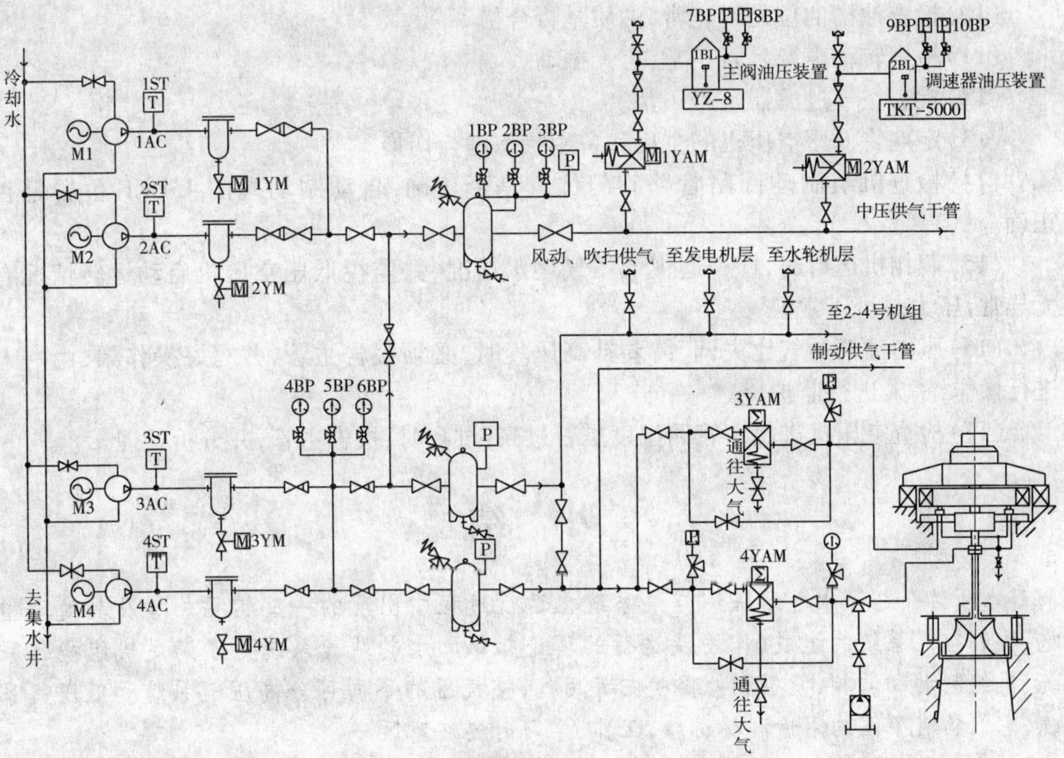

图 8-13　立式机组电站压缩空气系统图

机同时运转。

(6)进行主用机启动试验,压力下降到 0.6 MPa 时,主用机自动启动。

(7)一般 1～2 个月将两台空压机主用和备用状态定期互换,以使两台机的工作时间相近。

2. 高压空压机的投入运行与停止运行

高压空压机一般用手动操作,操作时注意声音、气压等,检查管路及阀门情况。

3. 压缩空气系统巡视检查

(1)定期对高压空压机进行手动开机运转检查。

(2)低压空压机较长时间未自动启动运转时,应切换手动进行运转检查。

(3)自动启动过程中,监视启动间隔时间是否异常。

(4)检查各压力表指示情况、压力继电器接点动作情况。

(5)检查管路阀门位置是否正确,有无漏气现象。

(6)定期对储气罐及气水分离器进行排污,发现含水量和含油量过大时,应及时查明原因并进行处理。

(7)检查润滑油是否正常。

(8)检查气体压力是否正常。

(9)检查冷却水压力是否正常。

(10)检查油槽油位是否正常,油质是否合格。

(11)检查转动声音是否正常,有无振动。

(12)检查空气过滤器是否正常。

(13)定期将低压空压机的主用和备用状态进行切换。

(14)检查机组制动回路管路阀门位置是否正确,自动制动阀门 45DCF 位置是否正确。

(15)调相机运行时,检查巡视低压气尾水情况,并监视低压空压机启动运转情况有无异常,压力是否正常。

(16)压力油槽油气比失调,需要补高压气时,必须报告主管,并写好操作票,由一人进行操作,一人进行监护。

(17)检查空压机进出口管路温度是否过高,过高时,报告主管,并分析处理。

小　结

本项目介绍了水电站压缩空气系统在运行过程中出现的一些常见故障及其处理措施,压缩空气系统的组成、作用及运行的理论知识。水电站气系统为了满足机组操作系统、机组制动和调相、设备和检修吹扫等用气,按气压的不同可分高压气系统和低压气系统,它们各有不同的用途和标称值,工作、学习时要注意区分。

复习思考题

8-1　水电站压缩空气系统有哪些主要作用?

8-2　水电站主要设备用气的压力分别是多少?

8-3　水电站压缩空气系统主要由哪些设备组成?

8-4　水电站气系统在运行中注意的巡视内容有哪些?

8-5　调相压水的气压力是多少,目的是什么?

项目 9　分析处理水轮机运行故障

教学目标			
典型任务	能力目标	知识目标	素质目标
9.1 分析处理水轮机机械故障	1. 能对水轮机机械故障现象进行分类； 2. 能根据故障现象编制故障分析报告； 3. 能编制故障处理方案。	1. 水轮机常见的机械故障及处理方法； 2. 水轮机机械故障分析的方法和步骤； 3. 水轮机常见机械故障的分类； 4. 水轮机改造方案的编制。	1. 培养学生发现问题、分析问题、判断问题的能力； 2. 培养学生认真负责、重视细节的意识。，
9.2 分析处理水轮机出力不足故障	1. 能对水轮机出力不足故障现象进行分类； 2. 能根据故障现象编制故障分析报告； 3. 能编制故障处理方案。	1. 了解水轮机常见的出力不足故障及处理方法； 2. 熟悉水轮机出力不足故障分析的方法和步骤； 3. 掌握水轮机常见出力不足故障的分类； 4. 掌握水轮机改造方案的编制。	

【任务 9.1】　分析处理水轮机机械故障

1. 分析处理水轮机机械故障教学情境的创建

分析处理水轮机机械故障的工作任务用分析处理蓬辣滩水电站水轮机桨叶不能打开故障、分析处理水府庙水电站 4 号机 7 号导叶损坏故障、分析处理金沙峡水电站 2 号水轮发电机组振动故障三个教学情境完成，教学情境的具体创建见表 9-1。

表 9-1　分析处理水轮机机械故障教学情境的创建

项目	教学情境 9-1： 分析处理蓬辣滩水电站 水轮机桨叶不能打开故障	教学情境 9-2： 分析处理水府庙水电站 4 号机 7 号导叶损坏故障	教学情境 9-3： 分析处理金沙峡水电站 2 号水轮发电机组振动故障
学习形式	教师集中指导，学生按 6～8 人分组扮演专家组：分析故障原因并完成故障处理方案		
实施地点	多媒体教、学、做一体化教室		
使用教具	电脑、投影仪、水电站相关实训设备		
作业形式	完成学习任务单		
教学步骤	(1)教师介绍故障概况，引导学生学习水电站水轮机常见机械故障分类、原因及处理方法，掌握故障分析报告编制方法； (2)学生分组查阅相关资料； (3)学生分组学习、分析讨论故障主要原因，经教师审查通过后进入下一步； (4)各小组制订故障处理的方案报告； (5)教师检查反馈学生任务完成情况； (6)学生汇报自评、教师评价。		

2. 蓬辣滩水电站水轮机桨叶不能打开故障现象

1)基本情况

蓬辣滩水电站位于广东省大埔县境内，电站安装 4 台灯泡贯流转桨式水轮发电机组，装机容量 4×11 MW。水轮机型号为 GZ(K239323)—WP—440A，调速器为 BWST—100 步进式可编程双微机调速器，与之配套的油压装置型号为 HTZ—6.0—4B。调速系统额定工作油压 3.92 MPa。1 号机组于 2002 年 5 月投入运行。

2)故障现象

2002 年 10 月 20 日，投入运行不久的 1 号机组在正常运行中，出现了水轮机桨叶可关闭但不能打开的故障。具体情况如下：

故障发生前，1 号机组在系统中并列运行，水轮机导叶开度和转轮桨叶开度分别为 75%、80%。当班人员奉调度令，对 1 号机组执行负荷调整操作时，无论是自动还是手动操作调速器开启桨叶，桨叶不但不能开启，反而关闭。桨叶全关闭后(桨叶转角 =0°) 再也不能打开。在执行桨叶关闭操作时，桨叶的关闭动作正常，且随动性很好。单独操作导叶的启闭时，未发现任何异常情况，且导叶随动于调速器的情况良好。

首先对调速器进行解体检查(主要针对桨叶主配压阀及其步进式电液转换器)，未发现异常情况，故障现象依然存在，因此可排除调速器故障的可能。在对桨叶(桨叶转角 = 0°)单独进行开启试验时，桨叶虽然不能打开，但主配压阀有明显的油流声音，且受油器开、关两侧油压指示仪表示值正常。随后在转轮室用 5 t 手拉葫芦把桨叶朝开启方向拉拽至 15% 的开度后再进行桨叶开启试验，此时桨叶开启操作又恢复正常。

当时由于这一故障已消失，没有进行全面分析便继续开机运行。至 2003 年 1 月初，这一故障又重复发生了多台次，其中 1 号机组发生了 3 次，2 号机组发生了 1 次(此时 3

号、4 号机组尚未投入运行)，说明上述处理方法没有根本解决问题。在每次故障发生后按上述方法处理，所需工时较长，弃水损失大，给水电站造成重大经济损失，特别是该故障发生越来越频繁，严重影响到水电站的正常生产，必须尽快查明真正原因并消除故障。

3. 水府庙水电站 4 号机 7 号导叶损坏

1)基本情况

湖南省水府庙水电站建于 1960 年，装机容量 4 ×7 500 kW，采用 HL365—LH—230 型水轮机，其主要参数为：转轮直径 2.3 m，额定出力 7.8 MW，额定流量 31.7 m^3/s，额定转速 187.5 r/min，飞逸转速 375 r/min，额定水头 27.7 m，安装高程 66.2 m。水府庙水电站后来进行了水轮机转轮的改造，采用了 JF3912 转轮，其额定出力可达到 9.2 MW。在水轮机改造前曾发生 4 号机 7 号导叶损坏事故。

事故损毁损失情况：

(1)7 号导叶双连臂弯曲，并折断一边。

(2)损失有功电量约 28 万 kWh。

2)故障现象

1961 年 8 月 3 日，4 号机小修后开机，当导叶在 30% 的开度时，调速器工作不稳定，振动很厉害，为了防止设备损坏，决定停机后调整试验。

4. 金沙峡水电站 2 号水轮发电机组振动故障现象

1)基本情况

金沙峡水电站工程地处青海省大通河甘青交界段，为低坝径流引水式水电站，海拔 2 200 m。该水电站设计水头 72.5 m，设计引用流量 116 m^3/s。水电站总装机容量为 3 × 20 MW + 10 MW，机型为立轴混流式，2 号发电机(大机)型号为 SF20—20/4250，额定转速为 300 r/min，转子总质量为 78 t，直径为 3 618 mm，磁轭、制动环及风扇支架均为组焊结构。

2)故障现象

2007 年 7 月 7 日，2 号机组并网成功，随即进行了甩负荷试验及 140% 额定转速过速试验。试验后检查机组振动未发现有明显增大。然后进入 72 h 试运行，试运行期间测得机组振动值超标。由于当时大通河正处于丰水期，业主为了效益，在机组试运行结束后便直接进入了商业运营。在机组并网运行了 20 多天后，现场安装人员在巡检时发现机组振动值比试运行时明显增大，通过测量，发电机上机架的振幅达 1.04 mm，并随着转速的升高而增大。遂决定停机检查，发现发电机上盖板与上机架之间的连接螺栓均有松动和剪断的情况发生，分别对发电机上、下导轴承进行解体检查，下导轴承未发现异常情况，但上导轴承的导瓦支架与上机架之间的定位销及紧固螺栓部分松动，并且有两支螺栓剪断。

【任务 9.2】 分析处理水轮机出力不足故障

水轮机出力不足是水电站常见的故障现象，水轮机出力不足将导致机组出力下降，直接影响到水电站的经济效益。因此，本任务要求根据水轮机出力不足的故障现象，编制故障分析报告并提出故障处理方案。

1. 分析处理水轮机出力不足故障教学情境的创建

分析处理水轮机出力不足故障，计划采用教师集中指导，学生按 6 ~ 8 人分组扮演专家组的方式组织教学，教学情境的建立见表 9-2。

表 9-2　分析处理水轮机出力不足故障教学情境的创建

项目	教学情境 9-4：解决福建永安上坂水电站出力不足故障	教学情境 9-5：解决福建双溪口水电站出力不足故障
学习形式	教师集中指导，学生按 6 ~ 8 人分组扮演专家组：分析故障原因并完成故障处理方案	
实施地点	多媒体教、学、做一体化教室	
使用教具	电脑、投影仪、水电站相关实训设备	
作业形式	完成学习任务单	
教学步骤	(1)教师介绍故障概况，引导学生学习水电站水轮机常见出力不足故障分类、原因及处理方法，掌握故障分析报告编制方法； (2)学生分组查阅相关资料； (3)学生分组学习、分析讨论故障主要原因，经教师审查通过后进入下一步； (4)各小组制订故障处理的方案报告； (5)教师检查反馈学生任务完成情况； (6)学生汇报自评、教师评价。	

2. 福建永安上坂水电站出力不足故障情况

1）上坂水电站基本情况

上坂水电站位于福建永安县小陶镇上坂村上游 1.5 km 处，距离永安城关 51 km，是沙溪支流文川溪梯级电站中装机容量最大，具有调节库容的龙头电站。水电站装机容量 2 ×5 000 kW，水电站大坝为砌石双曲拱坝，坝高 51 m，坝顶弧长 142 m，水库正常蓄水位 305.0 m，死水位 280.0 m，设计洪水位 305.43 m，校核洪水位 305.85 m，堰顶高程 300.8 m，调洪库容 229 万 m^3。水电站引水系统布设在右岸，为隧洞有压引水，主洞总长为 240.33 m，直径 3.7 m；支洞长 44.52 m，直径 2 m。引水隧洞出口装设两个蝴蝶阀。水电站采用立式水轮发电机组，水轮机型号为 HL—250—LJ—140，设计水头 39.1 m，最小水头 25 m，设计流量 14.78 m^3/s；发电机型号为 SF5000—16/3250，额定电压 6 300 V，额定电流 573 A，额定转速 375 r/min，励磁方式为可控硅微机励磁，水电站出口电压 110 kV。1994 年 7 月 25 日 1 号机组投产发电，同年 9 月 25 日 2 号机组投产发电。

2）故障情况

该水电站在开始投入运行时，两台机组同时运行可以满发，有时还可以超发 100 ~ 200 kW。但是在 2008 年以来运行发现，即使只有一台机组运行且水头、流量满足要求时，机组最多只能带 4 800 ~4 900 kW；若两台机组同时运行且水头和流量能满足要求，机组也无法达到正常出力且出力还会下降。但是，在机组运行过程中，没有出现机组振动现象。

3. 福建双溪口水电站出力不足故障情况

1)双溪口水电站基本情况

双溪口水电站位于福建省仙游县榜头镇,坝址距仙游城关 23 km。水电站装机容量 2×5 000 kW,水库正常蓄水位为 164.0 m,水库常年运行死水位为 140.0 m,极限死水位为 136.0 m,相应调节库容分别为 1 423 万 m^3 和 1 529 万 m^3。水电站年发电量 2 990 万 kWh,保证出力 1 930 kW。水电站采用主管引水,到厂房前再分岔的方式,其中引水隧洞(有压)未衬砌段洞径 4 m,长 1 320.951 m;喷锚段洞径 3.8 m,长 609.793 m;混凝土衬砌段洞径 3.4 m,长 166.981 m;调压井后的高压管道混凝土衬砌段洞径 3.4 m,长 74.26 m;钢板衬砌段管径 2.5 m,长 83.85 m;1 号机支管管径 1.5 m,长 37.0 m;2 号机支管管径 1.5 m,长 41.0 m。水轮机采用 HLA384—LJ—106 型,额定出力 5 208 kW,额定转速 600 r/min,最大水头 81 m,加权平均水头 66.1 m,额定水头 65 m,最小水头 50 m,额定流量 8.878 m^3/s,比转速 234.61 m · kW,吸出高度 +0.642 m;水轮发电机采用 SF5000—10/2600型,额定功率 5 000 kW,额定电压 6.3 kV,额定电流 572.8 A,额定功率因数 0.8(滞后),采用静止可控硅励磁方式,水电站出口电压 110 kV。

2)故障情况

该水电站在额定水头下,两台机组的出力只能达到 9 000 kW,在机组的运行过程中,先后出现以下几种情况:①在发电机层,当导叶开度大于 67% 时,仪表盘指示机组出力下降。②人员站在尾水平台处,可以明显感觉到尾水补气加剧,并有撞击声,同时尾水管出口处的气泡量增加,尾水平台处振动感加大。③在尾水进人门处,用手触摸进人门,振动的感觉明显,但是只能听到过水声,而没有听到撞击声。

4. 分析水电站水轮机出力不足的典型原因并提出处理方法

水轮机出力不足的主要原因有:

(1)引水系统存在堵塞。

(2)转轮室内漏水量过大。

(3)水轮机导叶开度不够。

(4)水轮机经长期修补,导叶表面变形,效率低下。

(5)水轮机选型与安装存在质量问题。

(6)水轮机设计与制造存在质量问题。

9.1 水轮机故障诊断相关知识

以混流式水轮机常见故障原因及处理措施为例。

由于各个水电站的具体情况不同,例如水工建筑物的施工情况、机电设备的安装质量、机电设备的性能、水流情况以及运行管理的水平等,因而故障出现的原因也是多样的。若故障不能及时地予以排除,就会对整个机组的安全运行带来极大影响。对从事水电站运行、检修人员来说,首先应确定故障的属类,再进一步缩小分析、观察的范围,找出原因,采取不同的处理措施。

水轮机的常见故障随机组结构的不同略有不同,但大部分是基本相同的,一般易发生的故障及处理方法见表9-3。

表9-3　混流式水轮机常见故障及处理方法

故障现象	故障原因	故障处理方法
1. 机组出力下降	(1)上游泥沙淤积,使流量和水头减小	观察、测量引水渠前的水深,清除淤积的泥沙和杂物
	(2)上游引水渠坍塌堵塞,使流量减小	检查渠道,清除杂物,修复引水渠
	(3)下游尾水渠淤积和阻塞,引起壅水,降低水头	防止河岸和尾水渠边坡崩坍,禁止杂物倒入引水渠,定期清除尾水渠中的沉积物
	(4)拦污栅阻塞或冰冻	清除拦污栅上的污物和冰冻
	(5)水轮机导叶开度不够,或导叶被杂物堵塞,使流量减小	检修调速机构和增加导叶开度,并将堵塞杂物清除
	(6)水轮机的转轮叶片被阻塞或损坏,引起流量减小,转速降低	清除阻塞叶片的杂物,补焊叶片,检查间隙
	(7)尾水管出口淹没深度不够	设法保证尾水管出口淹没深度不小于0.3~0.6 m
	(8)机组的传动设备工作不正常(例如机械部分拐臂销脱出、拐臂断裂等)	装复拐臂销,或更换新拐臂,排除机械故障
	(9)尾水管里衬出现裂缝	把裂纹焊补好,如严重损坏,应更换
	(10)转轮叶片与转轮之间的间隙过大、漏水较多	修复叶片和止漏环
	(11)水轮机室(明槽式)的淹没深度不够	设法保证水轮机室(明槽式)达到要求的淹没深度
	(12)当水轮机通过冰针时,导叶和尾水冻结	将导叶全部打开,使水轮机满负荷运转,经过水轮机通流部分的冰针数量应该大致不超过水轮机总流量的20%,消除在下游形成冰坝的可能性
2. 水轮机运转时发出杂音和异响	(1)水轮机在空蚀区内(一般是在低水头、低负荷下运行)	改变水轮机运行工况
	(2)水轮机转动部分与固定部分摩擦	检查转轮室、轴承室、密封盖等处,找出故障所在,校正中心,或更换已损坏的零件
	(3)水轮机过水部件间落有杂物	关闭阀门,把水轮机室的水放空,清除过水部件间的杂物
	(4)支承结构的螺母松动而造成轴承移动	停机,重新调整机组中心线后,固定轴承
	(5)润滑油供给中断,冷却器损坏,造成轴承运行不正常	停机,检查轴承及其润滑系统,并排除故障

续表 9-3

故障现象	故障原因	故障处理方法
3. 水轮机振动	(1)水轮机空蚀,泥沙、化学磨损	分析磨损原因,采取适当措施,例如控制下游水位,使水轮机在允许的吸出高度下运行,重新选择转轮形式、材质等
	(2)转动部件不平衡	校正转动部件,消除偏心,更换已损坏的部件
	(3)轴弯曲	校正或更换
	(4)基础不牢	加固基础和拧紧地脚螺栓或重浇基础
	(5)推力轴承或导轴承调整不当	改进轴承装配和更换损坏的轴承。按设备技术参数重新调整校正轴承配合间隙和装配位置,确保符合实际运行状况,更换轴承时其参数要基本一致
	(6)水轮机出力增大超过限度或外界负荷太轻,或外界负荷变化较大	使水轮机在不产生振动的范围内运行
	(7)发电机和水轮机主轴不同心,连接法兰端面和圆周偏差超过规定	重新找正,使发电机轴和水轮机轴同心,连接法兰端面和圆周偏差在规定范围内
	(8)机组转动部分与静止部分发生碰撞	检查转动部分与静止部分的间隙,使其达到标准
	(9)轴承座固定螺栓松动	重新紧固螺栓
	(10)尾水管中涡带引起的振动	使水轮机避免在 40% ~70% 负荷范围内长时间运行
	(11)卡门涡列引起的振动,即水流流经非线形障碍物时,在其后面尾流中分裂出一系列变态旋涡列	改变卡门涡列频率使其与叶片固有频率不接近,即避免在 50% 额定出力以上的某种工况下运行
	(12)转轮止漏环间隙不均匀	修复转轮及相关零部件,使转轮止漏环间隙均匀
	(13)转轮入口处压力脉动	适当增加导叶出口到轮叶进口之间的距离,或变更导叶、转轮叶片数目
	(14)机组水力不平衡,水轮机过流部分有局部堵塞,剪断销剪断,在转轮叶片出口处开口值不一致	清除过流部分上的堵塞物,校正转轮叶片开口值,使开口值均匀
4. 压力表和真空表指示不正常	(1)管子和仪表中有空气或堵塞	由放气阀将空气排出
	(2)尾水管淹没深度不够	设法保证尾水管出口淹没深度不小于 0.3 ~ 0.6 m
	(3)尾水管本身漏气	停机检查漏气点,进行堵漏

续表 9-3

故障现象	故障原因	故障处理方法
5. 水轮机在空载时达不到额定转速	(1)阀门没有完全开启	完全开启阀门
	(2)进口的拦污栅阻塞	清除拦污栅的阻塞物
6. 轴承温度超过规定值和烧瓦	(1)摩擦面损坏	洗净研刮
	(2)机组摆度过大	调整机组轴线,紧固联轴器螺栓
	(3)轴瓦修刮不良	重新修刮轴瓦
	(4)润滑油牌号不符	换厂家所推荐的润滑油牌号
	(5)轴承润滑油路不畅	拆开清洗干净
	(6)润滑油长期不换,变质	更换新油
	(7)轴颈与轴瓦间落入杂物	清洗轴颈与轴瓦
	(8)轴瓦的安装不良,间隙过大及振动过大	重新安装并调整轴瓦间隙、紧力,消除振动过大的原因
	(9)轴位过低或缺油	重新加油
	(10)冷却管堵塞,冷却水管结垢或漏水	排除堵塞及补漏
	(11)厂房室温过高	降低室温,采取如加强通风等措施
	(12)机组振动超过允许值	减小机组振动,采取如重新调整轴承或减少水力不平衡等措施

9.2 水轮机机械故障分析处理

9.2.1 蓬辣滩水电站水轮机桨叶不能打开故障分析处理

1. 故障分析

1)相关设备的结构及其工作原理

蓬辣滩水电站水轮机为灯泡贯流转桨式，转轮直径 4.4 m，主要由转轮体、转轮接力器、操作架、滑键、斜连杆机构、桨叶(4 个)及其枢轴密封、泄水锥等组成。转轮接力器活塞直径 920 mm。在接力器活塞杆内部有油分配管,在高压油的交替作用下,活塞可作前后相对移动,最大行程(从全关到全开)208.3 mm。活塞的移动,使操作架、斜连杆机构作平面运动,从而带动桨叶转动。桨叶转角 =0°~35°。桨叶正常工作油压 3.92 MPa,设计动作油压 0.5 MPa。

水轮机主轴为中空结构,孔内安装操作油管,油管由内外两管组成,与主轴内孔形成三腔。其中外腔和中间腔经受油器分别与调速器开、关腔以及转轮接力器活塞开、关腔接通,内腔经受油器分别与外部油箱及转轮体内腔相连。受油器结构如图 9-1 所示。

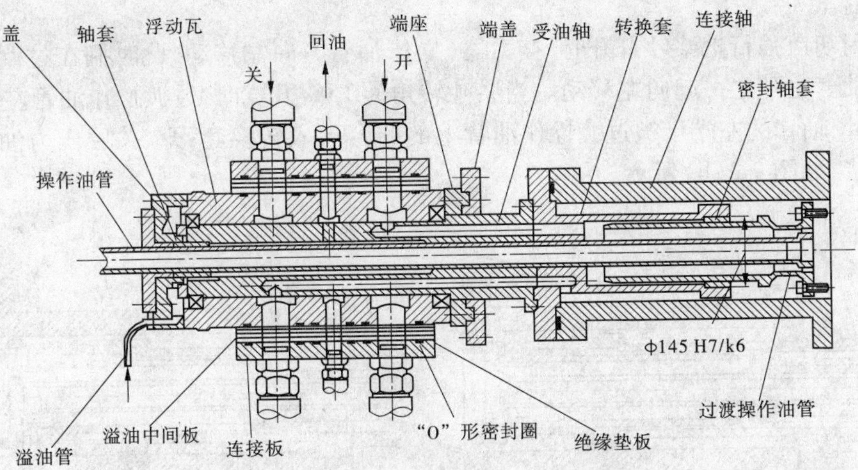

图 9-1　GZ(K23923)—WP—440A 水轮机受油器结构

2)故障分析

根据计算,在工作油压 $P=3.92$ MPa 时,作用于接力器活塞某一腔的压力为 2 322.6 kN,如此巨大的作用力都未能打开桨叶,而仅用一个 5 t 葫芦却能把桨叶打开,凭这一点,就可排除转轮操作机构摩擦力过大、接力器活塞拉缸、桨叶卡死等可能。在排除这些因素之后,故障的焦点是:在操作调速器打开桨叶时,压力油虽然经主配压阀进入受油器,但没有进入接力器活塞开启腔。从图 9-1 可知,压力油从配油管经浮动瓦、受油轴、转换套后,进入过渡操作油管中间腔,再从操作油管中间腔进入转轮活塞的开启腔,此间有许多法兰密封面。如果说在这些密封面中,因密封圈损坏造成开、关腔窜油,那么必有两种结果:其一是如果窜油严重的话,无论进行开、关操作都会失效;其二是故障必然永久存在,不因桨叶的转角变化而出现和消失。

在受油器转换套的一端装有一个轴套,该轴套的材料为 ZCuSn5Pb5Zn5,其作用是限制过渡操作油管的回转中心,并阻断操作油管开、关腔的通道。假设轴套与过渡操作油管的配合间隙过大,必然使窜油增大,其结果仍如前所述。但是,若该轴套在开机前已脱离转换套,此时进行开机操作,来自主配压阀的压力油本应全部进入操作油管中间腔,却因轴套脱落,操作油管中间、外两腔短路,压力油经短路进入操作油管外腔再返回调速器回油腔。在此情况下,桨叶肯定不能打开,其故障原因就此便可认定。

可是,轴套为什么会在机组运行中自动脱落?特别是在故障发生后,用葫芦把桨叶打开至 15% 左右的转角后,该故障却会自行消失?难道轴套脱落后会自行复位?

带着这些疑问,笔者查阅了厂家有关设计图纸,发现该轴套与转换套的设计公差与配合为 145 H7/ k6(过渡配合),其配合间隙为 0.028 ~ 0.037 mm,采用冷套工艺安装,无定位螺钉。轴套内径 135 mm,外径 145 mm,长 72 mm。经计算,在额定油压下进行开机操作时,轴套所受正轴向压力(假设主轴的顺水流方向为正向,逆水流方向为反向)为 $F_k=8.01$ kN。在这一轴向力作用下,轴套有可能脱离转换套并落在过渡操作油管上面,造成桨叶接力器开、关腔短路,如图 9-2(a)所示。这时如果进行桨叶开启操作,压力油除进入接力器开启腔外,还通过短路点进入桨叶关闭腔。接力器开、关两腔等压,桨叶必定无法开启。

当用葫芦强行把桨叶打开时，接力器（操作油管）向左移动，此时搁在过渡操作油管上面的轴套也随之一起向左移动。当桨叶转角为15%开度时，过渡操作油管左移了31.2 mm，此时，轴套的左端已被过渡操作油管上的凸台顶入转换套，开、关腔压力油流道又被轴套封堵，如图9-2(b)所示。

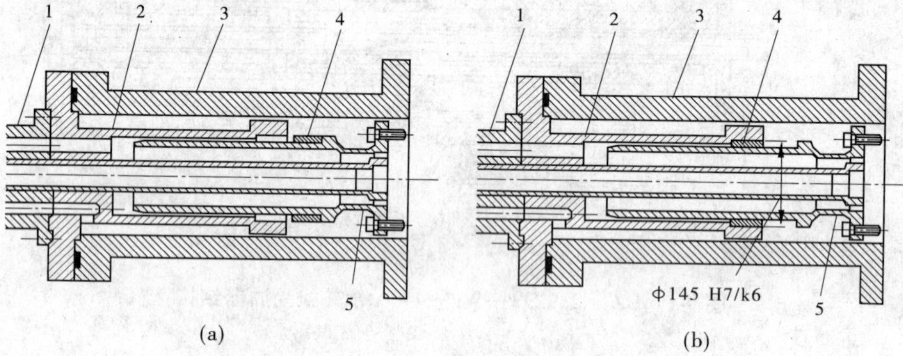

1—受油轴；2—转换套；3—连接轴；4—密封轴套；5—过渡操作油管

图9-2　受油器转换套与轴套在故障情况下的相对位置

此时若进行桨叶开启操作，压力油全部进入接力器开启腔（少量窜油忽略不计）。开启腔受压，桨叶便能正常开启。此后，随着桨叶继续开启，接力器不断左移，轴套继续被顶入转换套。当接力器走完全行程（桨叶全开）时，轴套尚未被完全顶入。这时如果进行停机操作，压力油施加在轴套右端的反向压力为 $F_g = 16.63$ kN。在这一反向油压力的作用下，轴套将完全复位。

2. 故障处理

根据分析情况，拆出1号机组受油器，对其转换套进行检查，发现该轴套果然已脱离了转换套。于是重新安装转换套，并在轴套与转换套的配合面上增加4个M8轴向骑缝定位螺钉。同时，对2号机组及安装中的3号、4号机组也采用同样的方法进行了处理，从根本上消除了转轮桨叶不能打开的故障，取得了良好的经济效益。

9.2.2　水府庙水电站4号机7号导叶损坏故障分析处理

1. 事故原因分析

(1) 安装时配合太紧，摩擦大，但4号机运行一年来，导叶开度自0~100%，操作自如，即使有发生折断剪断销的可能，也不应使双连臂弯曲、折断。

(2) 导叶开度在30%引起剪断销折断，处理过程中导叶又开到80%，这说明并非导叶安装时卡死。

(3) 检修后4号机开机运行2 h，其他导叶达84%开度时，7号导叶关闭至超过正常全关位置25%左右，这说明导叶本身是活动的。所以，判断是7号导叶由于外物卡死，引起剪断销折断，其理由有：

①坝前拦污栅间隙是88 mm×600 mm（宽×长），外物很可能进入。

②快速闸门的门框可进入 300 mm×2 m(直径×长)的外物。

③4 号机出现事故时,导叶开度在 30%,停机检查 7 号导叶卡死在 80% 开度的位置上,疑似 7、8 号导叶间有外物,当 8 号导叶关闭时,将 7 号导叶顶开。检修人员用木头将 7 号导叶向关的方向撬不能转动,向开的方向撬能转动,因此说明有外物卡在 7、8 号导叶间。

④在导叶处于无控制的自由状态下,4 号机组试运行,当导叶开度在 84% 时,由于水力作用,将外物冲掉,7 号导叶在自由状态,其他导叶开得大,7 号导叶受力,使之从不能关至冲得关过了头。因水轮机进水不平衡而产生了振动,停机后 7 号导叶被关在外面了。

2. 事故处理过程

值班人员立即手动停机,转速下降到 80% 额定转速时,当班值长误加风闸一次;当转速下降达 60% 额定转速时,就不再下降了。去现场检查系 4 号机的 7 号导叶剪断销剪断,双连臂弯曲,立即紧急关闭了 4 号机的快速闸门,停机检查。7 号导叶位于开启 80% 位置,3 名检修人员用 15 cm 粗 2 m 多长的木杆向关闭方向敲打,丝毫不动,但往开启方向敲打时,可以转动。分析认为可能 7、8 号导叶之间有外物被卡,决定开启 4 号机的快速闸门至 10% 位置将外物冲掉,经操作后毫无效果,又关闭了 4 号机的快速闸门。然后拆掉 7 号导叶的双连臂和剪断销,此时发现双连臂断了一边。领导要求检查导叶,由于没有尾水闸门,蜗壳水抽不干,要抽就得连尾水渠的水一起抽,时间需要一个多星期,还不一定抽得下去。最后决定让 4 号机的 7 号导叶呈自由状态,调速器切手动开机,4 号机组手动开机并网试运行。

4 号机并网试运行 2 h 后,机组有功负荷由 5 200 kW 上升到将其他导叶全开时,用千斤顶向开启侧顶 7 号导叶可以转动,可回到正常关闭位置。装上双连臂及剪断销后,对调速器进行了调整并模拟操作后,于 1961 年 8 月 5 日 6 时 52 分,合发电机出口断路器并入电网运行。

9.2.3 金沙峡水电站 2 号水轮发电机组振动故障分析处理

1. 故障分析

通过对机组 20 多天的运行情况分析,相关专业技术人员一致认为机组不能继续运行,必须进行振动原因的分析和消除。然后业主单位组织成立了由生产厂家、监理单位及施工单位有关专业技术人员组成的专家组对机组振动原因进行全面分析,在分析会上各方意见不尽相同,归纳起来可概括为四个方面的原因:①水轮机蜗壳及固定导叶内有异物,导致水力不平衡产生振动;②机组轴线摆度偏差超标,引起机组振动;③机组电磁场不平衡,引起机组振动;④机组转动部分质量不平衡,引起机组振动。

通过对机组负荷试验过程及试运行期间状态的详细分析,认为第四种原因符合实际情况,并对前三种原因不符合的情况做了详细的分析:

(1)流道内水力不平衡产生的振动首先表现为水导轴承的振动,通过对水导部位振动的测量,发现水导部位的振动值满足安装规范要求,水导轴承至下导轴承轴长为 3 m,具有一定的弹性,不可能将较大的力传递到上导轴承及发电机盖板上,而且下导轴承在解体检查时未发现异常情况,确认不是水力不平衡的问题。

(2)机组轴线摆度偏差超标时,其振动的幅值最大不可能超过导瓦间隙,设计导瓦间隙为0.1～0.15 mm，摆度超标引起的质量偏差不会很大，不至于引起发电机上机架的大幅度振动。而且轴系摆度大时首先表现为导瓦温度升高，但机组运行过程中导瓦温度一直正常，可以断定不是轴线问题。

(3)电磁场不平衡造成的振动，应该表现在空载运行和负载运行时产生的振动不同，且负载运行时振动会增大很多。而该机组在试运行及商业运行的过程中，均表现为空载运行及负载运行时的振动变化不大，因此可以排除电磁场不平衡原因。

2. 故障处理

2007 年 7 月 29 日生产厂家专业人员到现场进行动平衡试验及配重，试验所用仪器为申克现场动平衡测振仪。首先将机组转速升至 100% 额定转速，将仪器的振动和转速传感器架设在规定的部位(上机架的上、下边各架一支振动传感器，发电机轴头部位架设一个光电转速测头)，开启仪器电源测量并自动记录。然后停机，在转子上加配一定质量的基准配重(本次选配 35 kg 配重)，并以此配重块为起始点，按逆时针方向对风扇叶片编号(本机组叶片为 40 片，两风扇叶夹角为 9°)。再重新启动机组，将转速升至 100% 额定转速(300 r/min)，智能化仪器将在屏幕上提出一个问题："是否取掉基准配重"，如果输入命令"是"，仪器将告诉试验人员在基准配重的某角度加配某质量的配重，如果输入命令"否"，仪器同样通过运算后显示另外一个方位的配重和质量。

29 日 13 时 30 分第一次进行试验，根据仪器显示结果，考虑到所测得的质量不平衡较大，对仪器输入"取掉基准配重"命令后，仪器的计算结果为 120°方向配重 65 kg。根据计算结果配重，机组振动未消除，如此改变基准配重位置反复多次，根据仪器计算结果配重，均未能消除机组振动。考虑仪器可能不准，生产厂家更换了仪器及试验人员，用同样方法测试配重两次，问题仍没有解决。此时专家组大部分成员开始考虑振动的原因可能没有找准，要求进行流道检查及轴线检查。进行流道检查工作量非常大，首先要进行尾水封水及蜗壳排水，考虑到尾水出口可能有杂物，闸门密封不严，排水难度大，流道检查有困难。进行轴线检查同样要进行流道排水，上、下水导轴承排油及解体，工作量非常大，耗工耗时，影响发电。在各方意见分歧较大的情况下，其中一位技术人员一直坚持认为机组振动与流道存在杂物与否及轴线摆度偏差无关。有以上的原因分析为证，同时磁轭、制动环及风扇支架均为组焊件，存在质量不平衡的可能性大，并且机组在升速过程中，随着转速升高振动在加剧，直接证明转动部分质量不平衡是引起机组振动的原因。笔者想起该水电站 4 号机的动平衡试验情况，仪器在问"是否取掉基准配重"时(当时基准配重较小，为 17 kg)输入了"否"命令，结果一次配重成功，可能 2 号机组质量偏差较大，会直接影响仪器测试的准确性。基于这种认识，测试小组用上述方法再做最后一次测试，结果一次性配重成功，机组振动值满足标准要求，运行正常。

9.3 水轮机出力不足典型故障分析

9.3.1 上坂水电站水轮机出力不足原因分析及解决办法

1. 原因分析

针对上坂水电站水轮机出力不足现象，可以初步判断引起上述现象的原因有两个方面：一是水轮机转轮的过流表面刚度、强度不足，造成转轮抗空蚀和抗磨能力不足，使得水轮机在运行时转轮叶片的表面出现空蚀磨损现象，水轮机转轮效率下降；二是引水道中存在堵塞物，如树木、淤泥等，减小了流道的过水断面，使得流量不足。上述两种原因是造成水轮机出力不足的主要因素。

2. 存在问题的解决办法

1）针对引水道中存在堵塞物的问题

由于上坂水电站位于河道的中间，河道两边树木繁茂，不可避免地有许多树枝和树叶落到水库之中，而这些树枝和树叶会顺着水流流道进入引水道入口处，在入口处拦污栅前形成堵塞现象，这样在入口处拦污栅前形成水头落差，无形之间降低了水轮机的工作水头。同时有一些石头、淤泥等会在水流流道中淤积，也会造成流道过水面积的减小。所以，需要对拦污栅前以及水流流道中的堵塞物进行清理，以保证水流流动顺畅。

2）针对转轮的过流表面刚度、强度不足的问题

转轮的过流表面刚度、强度不足，是造成抗空蚀和抗磨能力不足的主要原因。针对这一现象，可以从几个方面进行改造：一是在转轮的过流表面以及其他过流部件表面易空蚀磨损的部位铺焊不锈钢，以提高抗空蚀磨损的效果；二是在转轮的制造过程中，需要采用刚度和强度较高的钢材，根据实际需要采取对应的措施，在一些重要的部位需要使用较好的钢材，其他部位可以采用一般的钢材。

3）针对水轮机转轮型号不合适的问题

HL250 型转轮目前较少使用，因为原来该机组可以满发，有时还可以多发 100～200 kW，因此针对水轮机转轮型号不适合的问题，可以有几种做法：一是在满足转轮的强度、刚度的基础上，重新更换一个 HL250 型转轮，这样可以保证有关过流部件的结构尺寸（主要是导叶方面）不用改变，有利于减少机组技术改造的投资成本；二是重新选择一个各方面性能更为优良的转轮，这样可能会使得有关过流部件的结构尺寸（主要是导叶方面）发生改变，这种做法会增加机组的投资成本。

如果采用第一种方案，我们可以寻求能够生产 HL250 型转轮的相关厂家进行生产，主要要求生产厂家在满足转轮的强度、刚度的基础上，重新生产一个 HL250 型转轮，这样可以保证有关过流部件的结构尺寸（主要是导叶方面）不用改变，有利于减少机组的投资成本。但是据了解，目前国内还没有 HL250 型转轮型号。

如果采用第二种方案，根据该水电站的实际情况，我们选择了两种型号的转轮与 HL250 型转轮进行比较，3 种不同转轮型号的参数计算结果见表 9-4。

表 9-4　3 种不同转轮型号的参数计算结果

转轮型号	Q'_1 (m^3/s)	n'_{10} (r/min)	n_s (r/min)	b/D_1	η_{M0} (%)	η_M (%)	η_{max} (%)	$\Delta\eta_1$ (%)	$\Delta\eta_2$ (%)	$\Delta\eta$ (%)	η_s (%)
HL250	1.206	84	276.6	0.314	89.57	87.9	91.80	2.23	−1.0	1.23	89.13
HLA551C	1.410	83	298.2	0.304	93.50	88.7	95.10	1.60	−1.0	0.60	89.30
HLF13	1.480	82.2	300	0.350	92.40	89.5	94.24	1.84	−1.0	1.84	90.34

注：Q'_1 为转轮限制工况点的单位流量；n'_{10} 为模型转轮最优单位转速；n_s 为模型转轮比转速；η_{M0} 为模型转轮最高效率；η_M 为模型转轮限制工况点效率；η_{max} 为原型转轮最高效率；$\Delta\eta_1$ 为原、模型转轮的效率差；$\Delta\eta_2$ 为原、模型转轮加工误差；η_s 为原型转轮额定点实际效率。

根据表 9-4 的参数计算结果可以看出，HLF13 型转轮的各种参数与 HL250 型转轮的参数相差较大，尤其是导叶相对高度较 HL250 型转轮的相差较大；HLA551C 型转轮的各种参数与 HL250 型转轮的参数比较接近，导叶相对高度只是相差 0.01，因此初步决定采用 HLA551C 型转轮。

根据选用的 HLA551C 型转轮，对 HL250 型转轮和 HLA551C 型转轮的各种效益参数指标进行计算比较，表 9-5 中 HL250 型转轮的出力以机组的实际出力参数为准，年利用小时数以多年平均年利用小时数 3 560 h 为准。

表 9-5　HL250 型转轮与 HLA551C 型转轮的机组效益参数指标的比较

转轮型号	H (m)	Q (m^3/s)	η_s (%)	η_f (%)	N_f (kW)	$2N_f$ (kW)	E (kWh)	ΔE (kWh)	W ($\times10^6$ 元)	ΔW ($\times10^6$ 元)
HL250	39.10	14.78	89.13	98.00	4 900	9 800	3.49×10^7		10.50	
HLA551C	39.10	18.23	89.30	98.00	6 107	12 214	4.34×10^7	0.85×10^7	13.02	2.52
HLA551C	38.00	16.55	89.30	98.00	5 400	10 800	3.84×10^7	0.35×10^7	11.52	1.02
HLA551C	37.00	16.37	89.30	98.00	5 200	10 400	3.70×10^7	0.21×10^7	11.10	0.60

注： H 为额定水头；Q 为额定流量；η_s 为原型水轮机额定点效率；η_f 为发电机效率；N_f 为发电机实际出力；E 为机组年发电量，按运行 3 560 h 计算；ΔE 为 HLA551C 型转轮与 HL250 型转轮机组的年发电量差；W 为不同水头下 HLA551C 型转轮与 HL250 型转轮机组的年收益；ΔW 为不同水头下 HLA551C 型转轮与 HL250 型转轮机组的年收益差。

从表 9-5 的数据可看出，与 HL250—LJ—140 型水轮发电机组的发电量相比较，如果更换一个新的 HLA551C 型转轮，同时发电机不进行改造，只是对导水机构的拐臂进行更换，在流道的条件可以满足流量的前提下，水头为 39.10 m 的时候，每年可以增发 0.85×10^7 kWh 的电能，该水电站的上网电价是 0.30 元/kWh，经过计算，每年经济收入可以增加 2.52×10^6 元（由于机组出力达到 6 107 kW，发电机也要进行改造，这样会增加机组改造的费用，我们可以通过控制导叶开度来对机组出力进行限制，将机组出力控制在发电机出力限制范围内）；水头为 38.00 m 时，每年可以增发 0.35×10^7 kWh 的电能，每年经济收入可以增加 1.02×10^6 元；水头为 37.00 m 时，每年可以增发 0.21×10^7 kWh 的电能，每年经济收入可以增加 0.60×10^6 元。

4）更换转轮的费用和经济效益比较

根据水电站更换 HLA551C 型转轮的改造方案，制造厂家提出了 3 种方案：一是整个转轮（上冠、叶片和下环）为不锈钢材料；二是上冠为碳钢材料，叶片和下环为不锈钢材料；三是整个转轮（上冠、叶片和下环）为碳钢材料。而整个转轮材料为不锈钢材料，其运行寿命是整个转轮材料为碳钢材料的 3～5 倍。有关各种方案的转轮以及相关配套的技术改造项目价格见表 9-6。

表 9-6　HLA551C—LJ—140 型水轮机转轮更换费用　（单位：万元）

方案	材料	材料及加工	测绘	拐臂更换	转轮与主轴配合带锥度内径的测量	引水流道进口清理
1	全不锈钢	42	2	2	2	6
2	半不锈钢	38	2	2	2	6
3	全碳钢	30	2	2	2	6

从表 9-6 可看出，加上引水流道进口清理费用，方案 1 的总费用为 54 万元，方案 2 的总费用为 50 万元，方案 3 的总费用为 42 万元。

表 9-7　3 种水头下方案 1、2、3 收益与技术改造费用差的比较

转轮型号	H (m)	W ($\times 10^6$ 元)	ΔW ($\times 10^6$ 元)	改造费用(万元)			收益与技术改造费用差 ($\times 10^7$ 元)		
				方案 1	方案 2	方案 3	方案 1	方案 2	方案 3
HL250	39.10	10.50							
HLA551C	39.10	13.02	2.52	54	50	42	2.466	2.47	2.478
HLA551C	38.00	11.52	1.02	54	50	42	0.966	0.97	0.978
HLA551C	37.00	11.10	0.60	54	50	42	0.06	1.00	1.80

从表 9-7 可看出，3 种水头下方案 1、2、3 收益与技术改造费用差分别是 2.466×10^7、2.47×10^7、2.478×10^7 元，0.966×10^7、0.97×10^7、0.978×10^7 元和 0.06×10^7、1.00×10^7、1.80×10^7 元，故这个技术改造完成后，可在第二年就将技术改造费用回收并有盈余。因此，水电站应尽快更换为 HLA551C—LJ—140 型水轮机转轮，同时对拐臂以及引水流道进行相应处理。

9.3.2　双溪口水电站水轮机出力不足原因分析及解决办法

1. 原因分析

根据双溪口水电站的水轮机出力不足的现象，从两个方面对其原因进行分析。

1）机组选型与安装的原因

机组选型主要有水头、流量、效率和出力等方面原因。下面对这些原因及安装的原因进行分析。

（1）水头的因素。经计算，在额定水头和额定流量下，从压力钢管进水口至 1 号机蜗壳进口断面的水力损失为 6.843 m，至 2 号机蜗壳进口断面的水力损失为 6.933 m。水电站上游正常高水位为 164.0 m，当两台机下泄流量为 17.756 m^3/s 时，对应的下游水位为 82.55 m，则：

1 号机实际的工作水头为：$H=164-82.55-6.843=74.61$（m）。

2 号机实际的工作水头为：$H=164-82.55-6.933=74.52$（m）。

1 号机和 2 号机的工作水头都高于水轮机所需的水头。因此，从上述计算结果可以

看出,水头不足的因素可以排除。

(2)流量、效率和出力的因素。根据计算,当 $H_W = 65$ m, $Q'_1 = 1.012$ m^3/s, $\eta = 91.75\%$, $Q = 9.17$ m^3/s, $N = 5\ 365$ kW $\geqslant 5\ 263$ kW,因此可以看出,流量、效率和出力的因素可以排除。

(3)机组安装的原因分析。从机组竣工后的安装各参数的记录情况来看,机组的各参数都符合规范要求,因此机组安装质量的因素可以排除。

从以上结果可以看出,机组选型和安装方面是没有问题的。

2)水轮机的设计与制造质量的原因

(1)转轮的剖面形状问题。如图 9-3 所示,该转轮为厂家生产制造的转轮形状。从图 9-3 中可以看出,该转轮的泄水锥的长度不足,这应该是厂家设计的原因。由于这种设计,使得泄水锥的长度不足,造成转轮出口处的水流直接发生了撞击。而撞击的发生,会造成以下几种结果:第一,当导叶开度大于 67% 时,仪表盘指示机组出力下降。这就说明随着导叶开度的加大,转轮出口处的水流发生撞击的强度增强,使得水轮机转轮中的气泡量增加,效率下降,从而造成机组出力的下降。第二,由于补气的作用,使得转轮出口到尾水管处的气泡量增加,这些增加的气泡量也会随着水流流向下游,造成下游尾水管出口处的气泡量增加。第三,由于转轮出口处的水流直接发生撞击,以及补气装置的补气原因,在使得水轮机转轮中的气泡量增加、效率下降的同时,也使得尾水管的水力效率下降,尾水管回收转轮出口处的能量的作用受到削弱。

(2)水轮机的导水机构数据问题。HLA384—LJ—106 型水轮机的导水机构的导叶数为 16 个,导叶最大开度为 185 mm;而该水轮机额定工况点的导叶的模型开度为 35.0 mm,计算出的实际额定工况点的导叶最大开度应为 185.5 mm。因此,在水轮机的设计方面不存在问题。

2. 存在问题的解决办法

为解决上述问题,水电站采取了将尾水管补气阀进行封堵的方法。当封堵完成后,尾水管进人门的振动感降低明显,尾水管出口处的气泡量减少,机组出力也增加了 100 kW。分析其原因,应该是当将尾水管补气阀进行封堵时,由于尾水管没有补气,使得转轮出口处的气泡量减少,尾水管中的气泡量也减少;同时,由于尾水管中的气泡量减少,尾水管回收转轮出口处的能量的效率得以提高。

但上述办法不是解决问题的根本办法,因为机组出力仍然还是无法满发。解决这个问题的根本办法,就是要将转轮进行重新加工,适当加长转轮泄水锥的长度。重新加工后的转轮形状如图 9-4 所示。当转轮具备该泄水锥的长度时,可以达到以下效果:

(1)通过加长转轮泄水锥的长度,使得转轮泄水锥能够将转轮出口处的水流以平顺的方式引向下游尾水;同时可以避免转轮出口处的水流直接发生撞击,使得转轮出口处的水流平稳,提高转轮的效率。

(2)由于转轮出口处的水流是以平顺的方式向下游流动,因此尾水管内的水流流动平稳,这样就能够提高尾水管的水力效率,增强尾水管回收转轮出口处的能量的作用。

(3)通过加长转轮泄水锥的长度,可以保证尾水管的补气装置正常工作,使得当转轮出口处至尾水管进口处的真空加大时,进行正常补气,而不必将尾水管补气阀进行封堵。

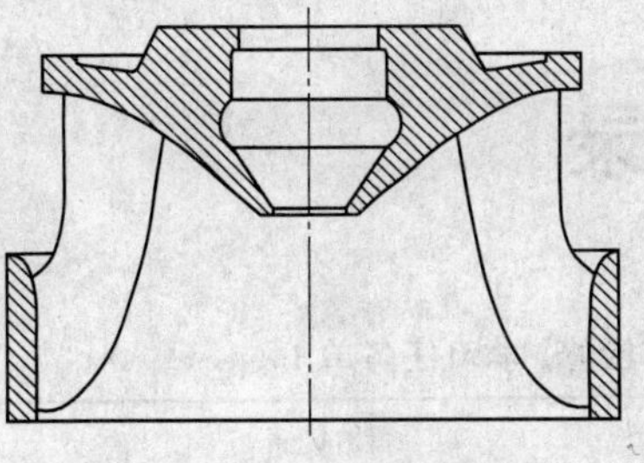

图 9-3　厂家生产制造的转轮形状

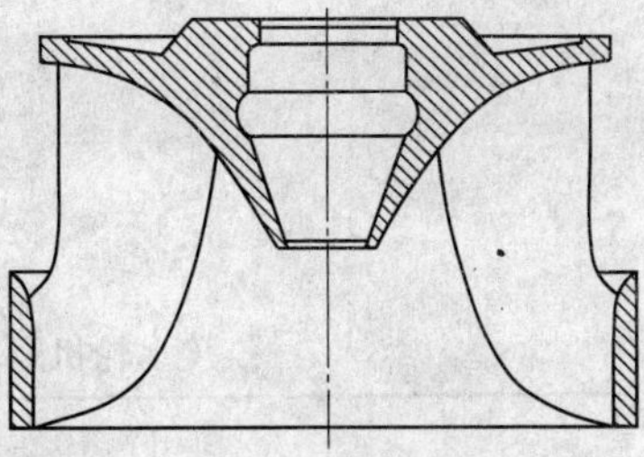

图 9-4　重新加工后的转轮形状

小　结

本项目以分析处理水轮机运行故障为主题,分为分析处理水轮机机械故障和分析处理水轮机出力不足故障两个典型任务。

分析处理水轮机机械故障任务:以水轮机常见的机械故障为主线,介绍水轮机常见故障的现象、原因及处理方法,并对 3 座水电站典型的水轮机机械故障进行了详细分析及处理。

分析处理水轮机出力不足故障任务:以水轮机出力不足故障现象的分析和处理为主线,通过对 2 座水电站典型的水轮机出力不足故障的演变过程及现象的分析,介绍水轮机出力不足的典型原因及分析处理方法。

复习思考题

9-1　简述混流式水轮机出力下降的典型故障原因。

9-2　简述水轮机振动的典型故障原因。

9-3　简述轴承温度过高和烧瓦的典型故障原因。

9-4　简述水轮机运转时发出杂音和异响的原因和处理方法。

附 录

《水轮机及辅助设备运行与检修》学习任务单1

项目1:编写水电站介绍书	姓名:	成绩:
	班级:	日期:

一、学习情境描述

1. 编写水电站介绍书。
2. 水轮机型号及参数调查核定。

二、相关知识(理论必做题,以填空题为主)

1. 水电站里承担电能生产的设备称为水电站动力设备,包括__________、__________和__________等。
2. 水轮机按利用水能的特征可分为________和________两种。
3. 水轮机的基本参数有________、________、________、________和________等。
4. 水电站的水工建筑物包括________、________、________、________等。
5. 反击式水轮机可分为________、________、________、________四种类型。
6. 交流发电机可分为________和________两种。
7. 发电机通常由________、________、________和________等部件组成。
8. 定子由________、________、________和________等部件组成。
9. 转子由________、________、________、________和________等部件组成。

三、技能考核

(一)笔答题(简答或填空)

1. 水轮机的主要参数有哪些?
2. 水轮机有哪几种形式?各形式水轮机的特点是什么?
3. 掌握水轮机型号编制方法的有关规定。
4. 简述混流式水轮机转轮基本组成及各部分作用。
5. 简述轴流转桨式水轮机转轮的基本组成及各部分作用。
6. 简述水力发电的过程。
7. 请解释下列水轮机牌号,并注明下列图形是何种型号的水轮机。

(1)HL180—LJ—550

(2)ZZ560—LH—1130

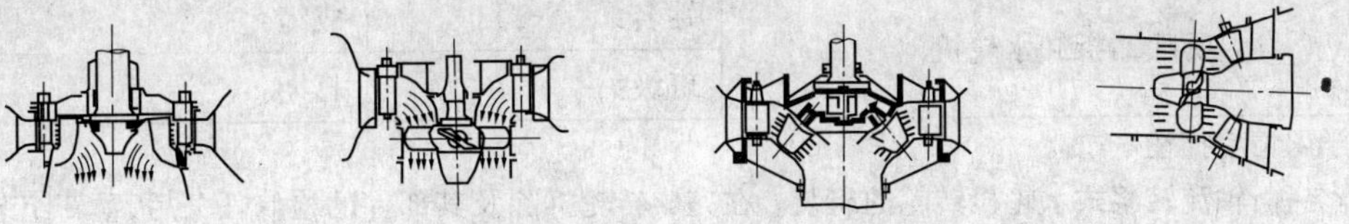

8. 已知某水电站在设计工况下：上游水位 $Z_u=63$ m，下游水位 $Z_d=44.4$ m，通过水轮机的流量为 825 m^3/s，发电机的效率为 0.968，水轮机的效率为 0.86。如忽略引水建筑物中的水力损失，试求水轮机输出功率和机组功率。

9. 如某机组带有功负荷 80 MW，发电机效率 0.95，求水轮机主轴输出功率。

（二）实操题

绘制水力发电厂简图　　　时限：30 分钟　　总分：20 分

序号	项目配分	评分标准	扣分	得分	备注
1	工、量具的使用（2 分）	备齐所需的工、量具（2 分）			
2	（1）绘制水电站剖面简图； （2）绘制水力发电机组简图。 （16 分）	（1）缺少主要设备，一个部件扣 1 分； （2）分布不合理扣 1 分； （3）不清洁扣 1 分； （4）设备未标号或不规律扣 1 分； （5）设备名称少一项扣 1 分； （6）设备名称混乱扣 1 分； （7）装配错误视情况扣 1 ~ 4 分； （8）厂房结构不正确扣 3 分； （9）机组结构不正确扣 3 分。			
3	安全文明生产（2 分）	（1）图面不清洁扣 1 分； （2）不清理场地扣 0.5 分。			
4	超时扣分	每超时 1 分钟扣 1 分，超时 5 分钟不予及格。			
合　计					

《水轮机及辅助设备运行与检修》学习任务单2

项目2:拆卸水轮机	姓名:	成绩:
	班级:	日期:

一、学习情境描述

情境名称:轴流转桨式水轮机转轮的组装。在完成转轮拆除及其部件的检修任务后,重新组装转轮,为机组回装作准备。

二、相关知识(理论必做题,以填空题为主)

1. 叶片操作机构安装在转轮体内,它是由____________来控制的,其作用是用来改变叶片的转角,使之与________________及________________相适应,即协联关系,从而保证水轮机在高效率区运行。

2. 紧固叶片螺栓时,通常采用____________的方法来控制预紧力。

3. 我国工程上规定设计工况时的叶片转角为____________,向关闭方向转动时称为____________,向开启方向转动时称为____________。

4. 弹簧的压紧力对λ形叶片密封装置的密封效果起着至关重要的作用。压紧力过小,____________;压紧力过大,容易造成λ形密封圈____________。通常采用在弹簧底部____________的方法来调整压紧力。

5. 叶片操作的液压传动系统由____________、____________、____________、固定油管和____________组成。

6. 圆柱形转轮体制造简单,但________随转角不同而改变,漏水量大,容积效率低。

7. 受油器操作油管应参加盘车检查,其摆度不应大于__________;受油器瓦座与操作油管的同轴度,对于固定瓦不应大于__________,对于浮动瓦不应大于__________。

三、技能考核

(一)笔答题(简答或填空)

1. 轴流转桨式水轮机转轮由哪些部件组成?各有什么作用?

2. 简述安装叶片传动机构的步骤及注意事项。

3. 简述安装叶片及叶片密封装置的步骤及注意事项。

4. 进行转轮油压试验时,应满足哪些技术要求?

5. 组装无操作架轴流转桨式转轮,应将转轮________在钢支墩上;组装有操作架轴流转桨式转轮,应将转轮________在钢支墩上。

6. 盘车时,如果受油器内、外操作油管的摆度过大,可通过在上操作油管与法兰的结合面上调整____________的方法来处理。

7. 吊出轴流转桨式转轮之前,应测量____________的间隙值及____________的标高并作好记录。

8. 按编号将连杆转臂装配,逐个吊入转轮体内就位时,应保证其与止推铜瓦的________,并固靠于止推铜瓦________。

9. 安放转轮时,通常采用____________的方法来调整转轮体法兰表面水平度;要求转轮体法兰表面水平度____________。

10. 拆除和组装叶片枢轴时,必须使用________________________________。

(二)实操题(现场操作或虚拟操作)

轴流转桨式水轮机转轮的组装　　　时限:7天　　　总分:40分

序号	项目配分	评分标准	扣分	得分	备注
1	制定组装转轮的工序,完成小组人员的任务分配(5分)	(1)制定组装转轮的工序,应正确无误,符合电力技术标准及制造厂家的要求;(2分) (2)制定组装转轮的工序,应符合行业安全标准的要求;(2分) (3)小组人员的任务分配合理。(1分)			
2	根据组装工序,确定所需的工器具及设备(5分)	(1)组装转轮所需的工器具齐全,无缺漏及损坏;(2分) (2)桥机检查处理符合安全规程;(2分) (3)转轮组装部件已检修、验收合格。(1分)			
3	组装前准备工作(6分)	(1)组装与试验用钢平台、钢支墩准备完毕,水平度符合标准要求;(2分) (2)螺栓清扫、研磨、试配完毕;(1分) (3)连杆与转臂装配完毕;(2分) (4)接力器缸体预装和煤油渗漏试验完毕。(1分)			
4	安装叶片传动机构(10分)	(1)活塞及活塞杆放置完毕;(2分) (2)转轮体倒置完毕,水平度应符合标准要求;(2分) (3)连杆转臂装配,逐个吊入转轮体内就位,与轴瓦的同心度应符合标准要求;(2分) (4)枢轴装配完毕,装配工艺及质量符合标准要求;(2分) (5)转轮装配、翻身正置完毕,操作工序符合标准要求。(2分)			
5	安装叶片、叶片密封装置、转轮接力器(6分)	(1)叶片密封装置装配完毕,工艺及质量符合标准要求;(2分) (2)叶片装配完毕,工艺及质量符合标准要求;(2分) (3)转轮体接力器装配完毕,工艺及质量符合标准要求。(2分)			
6	转轮油压试验(6分)	(1)转轮油压试验设备布置完毕;(2分) (2)油压试验操作步骤正确;(2分) (3)油压试验结果符合质量标准要求。(2分)			
7	安全文明生产(2分)	不清洁工、量具及现场者扣1分。			
8	超时扣分	每超时1天扣1分,超时3天不予及格。			
		合　计			

《水轮机及辅助设备运行与检修》学习任务单3

项目3:水轮机修复	姓名:	成绩:
	班级:	日期:

一、学习情境描述

1. 水轮机空蚀和磨损的部位寻查与修复。

2. 水轮机振动现象原因分析与处理。

二、相关知识(理论必做题,以填空题为主)

1. 根据发生空蚀的位置和条件,水轮机空蚀可分为__________、__________、__________和__________四种。

2. 水轮机发生磨损的常见部位有:__________、__________、__________和__________。

3. 水轮机运行最优工况的必要条件是__________和__________。

4. 水流在转轮内的运动可分为__________、__________和__________三种。

5. 水轮发电机组振动根据振动的原因可分为__________、__________和__________三种。

6. 水轮发电机组振动根据振动的方向分为__________和__________两种。

7. 水轮机的能量损失可分为__________、__________和__________三种。

三、技能考核

(一)笔答题(简答或填空)

1. 水轮机的能量损失及其效率有哪些?减小能量损失有哪些途径?

2. 什么是水轮机的最优工况?其必要条件是什么?

3. 什么是水轮机的空化?空化的破坏机制有哪三种?哪种是主要的?

4. 水轮机空化破坏的主要危害是什么?

5. 水轮机空蚀的类型有哪三类?它们常发生的部位和影响是什么?

6. 反击式水轮机不发生翼型空蚀的条件是什么?

7. 什么是水轮机的吸出高度 H_s?各种形式水轮机的 H_s 起算位置如何规定?H_s 为正值或负值意味着什么?合理选择吸出高度 H_s 有何意义?

8. 什么是安装高程?各种形式水轮机的安装高程以何处为标记基准?

9. 水电站中,常用哪些措施来防止水轮机空化?

10. 什么是水轮机磨损?它与水轮机空化特征有哪些区别?防止水轮机磨损应采用哪些措施?

11. 引起水轮机振动的原因有哪些?消除振动有何方法?常采用哪些消减振动的措施?

12. 某电站装置 HL240—WJ—60 型水轮机，额定水头 $H_r = 32$ m，最低尾水位 278.5 m，$\sigma_M = 0.23$，试求水轮机最大允许吸出高度和安装高程。

（二）实操题

1. 水轮机空蚀和磨损的部位寻查与修复　　时限：30 分钟　　总分：30 分

序号	项目配分	评分标准	扣分	得分	备注
1	考前准备（1 分）	备齐所需的工、量具和仪表及设备（1 分）			
2	检查诊断（10 分）	（1）能根据空蚀或磨损现象确认故障的部位；（4 分） （2）检查、操作次序正确；（4 分） （3）操作安全、文明。（2 分）			
3	排除故障（18 分）	（1）选择正确的处理方法；（4 分） （2）完成修复；（8 分） （3）修复表面光滑整洁；（2 分） （4）修复部位结合完好；（2 分） （5）选择正确修复材料；（2 分） （6）不能选择正确方法，不能修复者扣完 18 分。			
4	安全文明生产（1 分）	不清洁工、量具及现场者扣 1 分。			
5	超时扣分	每超时 1 分钟扣 1 分，超时 5 分钟不予及格。			
		合　计			

2. 水轮机振动现象原因分析与处理　　时限：30 分钟　　总分：30 分

序号	作业项目及配分	评分标准	扣分	得分	备注
1	考前准备（1 分）	备齐所需的工、量具和仪表及设备（1 分）			
2	检查诊断（10 分）	（1）能根据机组振动现象确认振动的类型；（4 分） （2）检查、操作次序正确；（4 分） （3）操作安全、文明。（2 分）			
3	分析与处理（18 分）	（1）选择正确的处理方法；（4 分） （2）对振动进行处理；（10 分） （3）处理后机组运行正常；（4 分） （4）不能选择正确方法，不能处理者扣完 18 分。			
4	安全文明生产（1 分）	不清洁工、量具及现场者扣 1 分。			
5	超时扣分	每超时 1 分钟扣 1 分，超时 5 分钟不予及格。			
		合　计			

《水轮机及辅助设备运行与检修》学习任务单4

项目4:水轮机总装	姓名:	成绩:
	班级:	日期:

一、学习情境描述

1. 水轮机导水机构的拆卸。
2. 水轮机水导机构的拆卸。
3. 水轮机埋设部件的安装。
4. 水轮机导水机构的安装。

二、相关知识(理论必做题,以填空题为主)

1. 水轮机导水机构的四大件是指__________、__________、__________、__________。
2. 水轮机导轴承的主要作用是____。
3. 按润滑介质不同,分为__________导轴承和__________导轴承两种。
4. 水轮机埋设部件主要包括______________、______________、______________、______________、__________、__________等。
5. 水轮机的辅助装置主要有______________、______________、______________、______________、__________、__________等。
6. 轴流转桨式水轮机安装基准为____。
7. 混流式水轮机安装基准为____。

三、技能考核

(一)笔答题(简答或填空)

1. 简述水轮机导水机构的一般拆卸流程。

2. 简述水轮机水导机构的一般拆卸流程。

3. 简述水轮机埋设部件的一般安装流程。

4. 简述水轮机导水机构的一般安装流程。

5. 水轮机导水机构安装的主要技术要求是什么?

6. 怎样用电气回路法进行环形部件的圆度和中心位置的测量?

(二)实操题(现场操作或虚拟操作) 1. 水轮机的拆卸 (分小组操作)　　时限:120 分钟　　总分:20 分					
序号	项目配分	评分标准	扣分	得分	备注
1	考前准备(1 分)	备齐所需的工、量具和仪表及设备(1 分)			
2	拆除导水机构(9 分)	(1)现场无统一指挥的扣 3 分; (2)分解次序错乱的每次扣 1 分; (3)各零件未做标记的扣 1 分; (4)零件摆放不整齐扣 1 分; (5)工、量具及零件掉地的每次扣 1 分; (6)每漏拆一个零件扣 2 分。			
3	拆除水导轴承(8 分)	(1)分解次序错乱的每次扣 1 分; (2)各零件未做标记的扣 1 分; (3)零件摆放不整齐扣 1 分; (4)工、量具及零件掉地的扣 1 分; (5)每漏拆一个零件扣 2 分。			
4	安全文明生产(2 分)	(1)未戴安全帽或未按要求戴安全帽的扣 2 分; (2)未穿工作服进现场的扣 1 分; (3)不清理工、量具及现场者各扣 1 分; (4)违章操作扣 2 分。			
5	超时扣分	每超时 20 分钟扣 1 分,超时 60 分钟不予及格。			
合　计					

2. 水轮机埋设部件的安装 (分小组操作)　　时限:180 分钟　　总分:40 分					
序号	项目配分	评分标准	扣分	得分	备注
1	考前准备(1 分)	备齐所需的工、量具和仪表及设备(1 分)			
2	安装尾水管里衬(18 分)	(1)现场指挥混乱的扣 3 分; (2)未清扫尾水管里衬的扣 1 分; (3)未检查尾水管里衬圆度的扣 2 分; (4)未做好安装标记的扣 1 分; (5)未进行机坑清理检查的扣 1 分; (6)未设置挂线架的扣 2 分; (7)未进行尾水管里衬中心测量与调整的扣 2 分; (8)未进行尾水管里衬高程测量与调整的扣 2 分; (9)未检查尾水管里衬安装允许偏差的扣 2 分; (10)未进行尾水管里衬加固的扣 1 分; (11)工、量具及零件掉地的扣 1 分。			

序号	项目配分	评分标准	扣分	得分	备注
3	安装基础环、转轮室、座环(11分)	(1)未清扫基础环、转轮室、座环的扣1分; (2)未设置挂线架的扣2分; (3)未进行转轮室中心测量与调整的扣2分; (4)未进行转轮室高程测量与调整的扣2分; (5)未检查转轮室安装允许偏差的扣2分; (6)未进行基础环、转轮室、座环加固的扣1分; (7)工、量具及零件掉地的扣1分。			
4	安装整体式蜗壳(8分)	(1)未清扫蜗壳的扣1分; (2)未进行蜗壳中心测量与调整的扣2分; (3)未进行蜗壳高程测量与调整的扣2分; (4)未进行蜗壳加固的扣2分; (5)工、量具及零件掉地的扣1分。			
5	安全文明生产(2分)	(1)未戴安全帽或未按要求戴安全帽的扣2分; (2)未穿工作服进现场的扣1分; (3)不清理工、量具及现场者各扣1分; (4)违章操作扣2分。			
6	超时扣分	每超时30分钟扣1分,超时90分钟不予及格。			
合　计					

3. 水轮机导水机构的安装(分小组操作)　　时限:180分钟　　总分:40分

序号	项目配分	评分标准	扣分	得分	备注
1	考前准备(1分)	备齐所需的工、量具和仪表及设备(1分)			
2	安装转动部分(17分)	(1)现场无统一指挥的扣3分; (2)未清扫机坑的扣1分; (3)未检查起重设备的扣2分; (4)未进行转轮体中心测量与调整的扣2分; (5)未进行水轮机主轴法兰面水平测量与调整的扣2分; (6)未将叶片与转轮室的间隙盖好的扣1分; (7)未进行最后复测转轮体中心、水平、高程的扣2分; (8)安装次序错乱者每次扣1分; (9)工、量具及零件掉地的扣1分。			
3	安装导水机构(20分)	(1)未检查底环与座环严密性的扣2分; (2)未均匀对称地拧紧组合螺栓的扣2分; (3)未检查转轮与顶盖的轴向间隙的扣2分; (4)未检查导叶端面总间隙的扣2分; (5)未检查导叶上部轴承间隙的扣2分;			

序号	项目配分	评分标准	扣分	得分	备注
3	安装导水机构(20分)	(6)未进行导叶端面间隙测量与调整的扣2分; (7)未进行导叶立面间隙测量与调整的扣2分; (8)未进行压紧行程调整的扣2分; (9)安装次序错乱者每次扣1分; (10)工、量具及零件掉地的扣1分。			
4	安全文明生产(2分)	(1)未戴安全帽或未按要求戴安全帽的扣2分; (2)未穿工作服进现场的扣1分; (3)不清理工、量具及现场者各扣1分; (4)违章操作扣2分。			
5	超时扣分	每超时30分钟扣1分,超时90分钟不予及格。			
合计					

《水轮机及辅助设备运行与检修》学习任务单5

项目5:水轮机功率调节	姓名:	成绩:
	班级:	日期:

一、学习情境描述

1. 机组启动与并列操作票编写。
2. 机组开机操作。
3. 水轮机调速器参数的初定。
4. 水轮机调速器的调整试验。

二、相关知识(理论必做题,以填空题为主)

1. 按照元件结构分类,调速器可以分为________和________两大类。
2. 油压装置按其布置方式可分为________和________两种。
3. 微机调节器中模拟量的输入通道主要由____________、____________、放大器、采样保持器和____________组成。
4. 微机调节器的计算机控制系统硬件由________、__________、__________、__________、________等组成。
5. 判断水轮机调节系统过渡过程品质优劣的指标有:____________、____________和____________。
6. 微机调速器的PID控制算法,P表示__________,I表示__________,D表示__________。

三、技能考核

(一)笔答题(简答或填空)

1. 微机调速器有哪些结构形式?其由哪些基本部分组成?

2. 微机调速器PID算法的基本类型有哪些?各有何特点?

3. 微机调速器常见的控制器有哪些?

4. 按信号类型说明微机调速器常见的输入输出信号。

5. 简述PLC测频的基本原理。

6. 简述步进电机、比例阀和伺服比例阀的工作原理。

7. 简述调速器参数对调节过程的影响。

8. 简述TDBYWT—18000微机调速器电气系统的组成及各部分的作用。

9. 简述TDBYWT—18000微机调速器电液随动系统的工作原理。

10. 试述调速器选择的基本内容和步骤。

(二)实操题

1. 机组启动与并列操作票编写　　时限:30 分钟　　总分:20 分

序号	项目及配分	评分标准	扣分	得分	备注
1	工、量具的使用(2 分)	备齐所需的工、量具(2 分)			
2	编写机组启动与并列的操作票(16 分)	(1)不按照标准设计操作票扣 1 分; (2)少一个步骤扣 2 分; (3)操作顺序不正确扣 2 分; (4)设备名称不正确扣 1 分; (5)设备编号不正确扣 1 分。			
3	安全文明生产(2 分)	(1)图面不清洁扣 1 分; (2)不清理场地扣 0.5 分。			
4	超时扣分	每超时 1 分钟扣 1 分,超时 5 分钟不予及格。			
		合　计			

2. 机组开机操作　　时限:30 分钟　　总分:30 分

序号	项目及配分	评分标准	扣分	得分	备注
1	考前准备(1 分)	备齐所需的工、量具和仪表及设备(1 分)			
2	开机前检查(10 分)	(1)列出开机条件;(4 分) (2)检查、操作次序正确;(4 分) (3)操作安全、文明。(2 分)			
3	开机操作(18 分)	(1)选择正确的开机过程;(4 分) (2)按步骤正确完成操作;(8 分) (3)机组正常启动;(2 分) (4)机组运行各参数正常;(2 分) (5)机组运行平稳;(2 分) (6)不能选择正确方法,机组不能正常运行者扣完 18 分。			
4	安全文明生产(1 分)	不清洁工、量具及现场者扣 1 分。			
5	超时扣分	每超时 1 分钟扣 1 分,超时 5 分钟不予及格。			
		合　计			

3. 水轮机调速器参数的初定　　时限:30 分钟　　总分:30 分

序号	项目及配分	评分标准	扣分	得分	备注
1	考前准备(1 分)	备齐所需的工、量具和仪表及设备(1 分)			
2	整定前检查(10 分)	(1)按要求列出整定参数;(4 分) (2)检查、操作次序正确;(4 分) (3)操作安全、文明。(2 分)			

序号	项目及配分	评分标准	扣分	得分	备注
3	整定操作(18分)	(1)选择正确的整定过程;(4分) (2)按步骤正确完成操作;(8分) (3)参数整定正确;(2分) (4)机组运行各参数正常;(2分) (5)机组运行平稳;(2分) (6)不能选择正确方法,参数不能整定完全者扣完18分。			
4	安全文明生产(1分)	不清洁工、量具及现场者扣1分。			
5	超时扣分	每超时1分钟扣1分,超时5分钟不予及格。			
		合　计			

4. 水轮机调速器的调整试验　　时限:30分钟　　总分:30分

序号	作业项目及配分	评分标准	扣分	得分	备注
1	考前准备(1分)	备齐所需的工、量具和仪表及设备(1分)			
2	试验前检查(10分)	(1)按要求列出调整试验步骤;(4分) (2)检查、操作次序正确;(4分) (3)操作安全、文明。(2分)			
3	试验操作(18分)	(1)选择正确的试验过程;(4分) (2)按步骤正确完成试验;(8分) (3)按要求记录试验数据;(2分) (4)分析试验数据;(2分) (5)得出试验结果;(2分) (6)不能选择正确方法,试验不能完成者扣完18分。			
4	安全文明生产(1分)	不清洁工、量具及现场者扣1分。			
5	超时扣分	每超时1分钟扣1分,超时5分钟不予及格。			
		合　计			

《水轮机及辅助设备运行与检修》学习任务单 6

项目 6:处理水电站油系统运行故障	姓名:	成绩:
	班级:	日期:

一、学习情境描述

情境名称:水电站调速器油压装置失压的诊断处理。水电站原来在正常运行,各油压表、油位表均在正常指示。现值班员报告调速器油压失压,请求处理。

二、相关知识(理论必做题,以填空题为主)

1. 水电厂油系统进油管涂成__________色,排油管涂成__________色。

2. 阀门编号为 1109 表示__________,编号为 1219 表示__________。

3. 水电站油系统主要由__________、__________、__________、__________、__________、__________六部分组成。

三、技能考核

(一)笔答题(简答或填空)

1. 润滑油在水电厂有哪些用途?常用牌号是什么?

2. 绝缘油在水电厂有哪些用途?常用牌号是什么?

3. 水电厂油系统巡视内容有哪些?

(二)实操题(现场操作或虚拟操作)

调速器油压装置失压的诊断与排除　　时限:60 分钟　　总分:30 分

序号	项目配分	评分标准	扣分	得分	备注
1	考前准备(1 分)	备齐所需的工、量具和仪表及设备(1 分)			
2	检查诊断故障(10 分)	(1)能根据故障现象确认故障的部位;(4 分) (2)能根据故障现象说出故障原因;(3 分)(每错判一个故障扣 1 分) (3)检查、操作秩序正确。(3 分)			
3	排除故障(18 分)	(1)能排除故障,使油压恢复正常指示值;(10 分) (2)气制动动作不正常,应改手动加闸;(2 分) (3)检查自动、备用泵是否启动,若未启动,应立即手动启动油泵;(2 分) (4)检查压力油槽、事故油槽油压及油位,压油泵出口管路阀门位置是否正确,旁通阀、组合阀是否动作;(2 分) (5)检查调速系统各设备、阀门有无严重渗漏油点;(2 分) (6)不能使油压油位恢复正常,不能排除故障者扣完 18 分。			
4	安全文明生产(1分)	不清洁工、量具及现场,不穿工作服,不戴安全帽,穿拖鞋者各扣 1 分。			
5	超时扣分	每超时 1 分钟扣 1 分,超时 30 分钟不予及格。			
		合　计			

《水轮机及辅助设备运行与检修》学习任务单 7

项目 7:处理水电站水系统运行故障	姓名:	成绩:
	班级:	日期:

一、学习情境描述

情境名称:水电站技术供水量不足的故障诊断与处理。水电站原来在正常运行,各水压表、水位表、示流器均在正常指示。现值班员报告发现技术供水量不足,请求处理。

二、相关知识(理论必做题,以填空题为主)

1. 水电厂技术供水系统进水管涂成______色,排水管涂成_____色;消防水管涂成_____色。
2. 技术供水水源有___________、___________、___________。
3. 阀门编号为 2209 表示________________,编号为 1219 表示____________。
4. 水电站消防的对象是__________、__________、__________、__________。
5. 水轮机的进水主阀主要有________、__________、__________、__________四种,蝴蝶阀主要由________、________、__________、__________、__________五大部件构成。

三、技能考核

(一)笔答题(简答或填空)

1. 结合图 7-10 简述水电站典型供水系统的工作过程。

2. 渗漏排水和检修排水的特点各是什么?

3. 结合图 7-17 简述水电站排水系统的原理。

4. 水轮机为什么要装设进水主阀?常用的进水主阀有哪些类型?

(二)实操题(现场操作或虚拟操作)

技术供水量不足的故障诊断与排除　　时限:60 分钟　　总分:30 分

序号	项目配分	评分标准	扣分	得分	备注
1	考前准备(1 分)	备齐所需的工、量具和仪表及设备(1 分)			
2	检查诊断故障(10 分)	(1)能根据故障现象确认故障的部位;(4 分) (2)能根据故障现象说出故障原因;(3 分)(每错判一个故障扣 1 分) (3)检查操作秩序正确。(3 分)			
3	排除故障(18 分)	(1)能排除故障,恢复正常供水量;(8 分) (2)供水管路是否大量跑水;(2 分) (3)检查正、反冲阀门是否因误动全开;(2 分) (4)检查减压阀是否失灵,安全阀是否误动;(2 分) (5)检查取水口、滤水器、水管路是否堵塞,若堵塞,应吹扫和切换为反冲洗运行;(2 分) (6)检查备用水源是否投入。(2 分)			
4	安全文明生产(1 分)	不清洁工、量具及现场,不穿工作服,不戴安全帽,穿拖鞋者各扣 1 分。			
5	超时扣分	每超时 1 分钟扣 1 分,超时 30 分钟不予及格。			
	合　计				

《水轮机及辅助设备运行与检修》学习任务单8

项目8:处理水电站气系统运行故障	姓名:	成绩:
	班级:	日期:

一、学习情境描述

情境名称:水电站压缩空气系统高压气压不足的故障诊断与处理。水电站原来在正常运行,各高低气压表、油位表均在正常指示。现值班员报告高压气压表指示值低下,请求处理。

二、相关知识(理论必做题,以填空题为主)

1. 水电厂压缩空气系统管道涂成________色,阀门编号为3309表示______________。

2. 水电站高压气系统的气压一般是__________MPa,低压气系统的气压一般是__________MPa。

3. 压缩空气系统由__________、__________、______________、______________四个部分组成。

三、技能考核

(一)笔答题

1. 压缩空气在水电厂有哪些用途?

2. 水电站是如何获得更高压力的压缩空气的?

3. 水电厂压缩空气系统巡视内容有哪些?

(二)实操题(现场操作或虚拟操作)

高压气系统气压不足的故障诊断与排除　　时限:60分钟　　总分:30分

序号	项目配分	评分标准	扣分	得分	备注
1	考前准备(1分)	备齐所需的工、量具和仪表及设备(1分)			
2	检查诊断故障(10分)	(1)能根据故障现象确认故障的部位;(4分) (2)能根据故障现象说出故障原因;(3分)(每错判一个故障扣1分) (3)检查、操作秩序正确。(3分)			
3	排除故障(18分)	(1)能排除故障,使气压恢复正常指示值;(12分) (2)检查气系统各管路的漏点;(2分) (3)检查气系统各阀门的漏点;(2分) (4)检查高低压气系统储气罐的漏点;(2分) (5)不能使气压恢复正常,不能排除故障者扣完18分。			
4	安全文明生产(1分)	不清洁工、量具及现场,不穿工作服,不戴安全帽,穿拖鞋者各扣1分。			
5	超时扣分	每超时1分钟扣1分,超时30分钟不予及格。			
合计					

《水轮机及辅助设备运行与检修》学习任务单 9

项目 9:分析处理水轮机运行故障	姓名:	成绩:
	班级:	日期:

一、学习情境描述

1. 学习水轮机故障诊断的相关知识。
2. 分析处理水轮机机械故障。
3. 分析处理水轮机出力不足故障。

二、简答题

1. 水轮机出力不足的典型原因有哪些?

2. 混流式水轮机运转时发出杂音或异响的原因主要有哪些?

3. 混流式水轮机运转时振动严重主要是什么原因?

4. 哪些原因会造成水轮机轴承温度超过规定值和烧瓦?

三、分析题

1. 广西某水电站水轮机(单机容量 3 200 kW,立轴混流式)接到停机令后,运行人员执行正常停机操作,当机组转速降至 35% 时投入刹车制动,此后机组一直在 5% 转速长转不停,试分析其原因。

2. 福建某水电站 2#水轮机(单机容量 1 600 kW,卧轴混流式)运行近 3 年,发现大轴严重磨损且振动较严重,试分析其原因。

3. 某水电站 3#水轮机(单机容量 3 200 kW,立轴混流式)大修后两年,运行人员发现丰水期该水轮机在开度为 100% 时的出力只有 2 800 kW,出力严重不足,试分析其原因。

(二)实操题

1. 水轮机导轴承温度显示偏高故障的处理　　时限:30 分钟　　总分:30 分

序号	项目配分	评分标准	扣分	得分	备注
1	填写检修操作票(10 分)	(1)不按照标准设计操作票扣 1 分; (2)少一个步骤扣 2 分; (3)操作顺序不正确扣 2 分; (4)设备名称不正确扣 1 分; (5)设备编号不正确扣 1 分。			
2	编制故障分析处理报告(10 分)	(1)故障分析报告不规范扣 1 分; (2)故障现象表述不清楚扣 2 分; (3)故障分析原因不全面扣 2 分; (4)故障处理过程表述不清楚扣 1 分; (5)故障处理总结及建议不规范扣 2 分。			

序号	项目配分	评分标准	扣分	得分	备注
3	操作处理故障(10分)	(1)不做好安全防护措施扣10分; (2)不按正确操作票操作扣10分; (3)不正确使用工、量具一项扣1分; (4)缺一项原因检查不出扣5分; (5)缺一项原因不能正确处理扣2分。			
4	超时扣分	每超时1分钟扣1分,超时5分钟不予及格。			
合计					

2.导叶端面上下间隙不均匀故障的处理　　时限:30分钟　　总分:20分

序号	项目配分	评分标准	扣分	得分	备注
1	填写检修操作票(5分)	(1)不按照标准设计操作票扣1分; (2)少一个步骤扣2分; (3)操作顺序不正确扣2分; (4)设备名称不正确扣1分; (5)设备编号不正确扣1分。			
2	编制故障分析处理报告(5分)	(1)故障分析报告不规范扣1分; (2)故障现象表述不清楚扣2分; (3)故障分析原因不全面扣2分; (4)故障处理过程表述不清楚扣1分; (5)故障处理总结及建议不规范扣2分。			
3	操作处理故障(10分)	(1)不做好安全防护措施扣10分; (2)不按正确操作票操作扣10分; (3)不正确使用工、量具一项扣1分; (4)调整操作不规范扣2分; (5)调整结果与技术规范要求偏差1 mm扣1分; (6)不处理工、量具及清理现场扣2分。			
4	超时扣分	每超时1分钟扣1分,超时5分钟不予及格。			
合计					

参考文献

[1]梁建和,童文勇,陈炳森,等. 水轮机及辅助设备[M]. 北京:中国水利水电出版社,2005.
[2]蔡燕生. 水轮机调节[M]. 郑州:黄河水利出版社,2009.
[3]龚在礼. 水电厂机电设备运行与管理[M]. 郑州:黄河水利出版社,2009.
[4]汪俊. 水轮机机组安装与检修[M]. 郑州:黄河水利出版社,2009.
[5]电力行业职业技能鉴定指导中心. 水轮发电机组值班员[M]. 2 版. 北京:中国电力出版社,2011.
[6]富丹华,吕建平,徐伟. 水轮发电机组及辅助设备运行与维修[M]. 南京:河海大学出版社,2010.
[7]孙效伟. 水轮发电机组及其辅助设备运行[M]. 北京:中国电力出版社,2010.
[8]湖南省水力发电工程学会,湖南省电力公司. 水电站事故(障碍)案例与分析[M]. 北京:中国电力出版社,2004.
[9]刘云. 水轮发电机故障处理与检修[M]. 北京:中国水利水电出版社,2002.
[10]王洪云,戴钧. 中小型混流式水轮发电机组机械检修及主要易损部件的修复技术[M]. 北京:中国水利水电出版社,2007.